生產運營
管理實務

主編 ○ 梁　川、王積慧、陳宜華

財經錢線

前　言

亞當·斯密在《國富論》中指出，勞動是國民財富的源泉，勞動創造的價值是工資和利潤的源泉。生產是人類從事的最基本的活動，是社會財富的主要來源，是企業創造價值、獲取利潤的主要環節。生產營運管理是指以產品的生產過程為對象的管理，即對企業的生產技術準備、原材料投入、工藝加工直至產品完工的具體活動過程的管理。20世紀初的科學管理運動也始於生產管理。

泰勒秉承了斯密的分工理論。他對科學管理的一個重大貢獻，就是不僅強調生產技術的分工，而且主張組織結構和管理職能的分工。

隨著科學技術的發展和市場經濟秩序的不斷完善，生產營運管理成為提升企業競爭力並獲取競爭優勢的重要途徑和管理實踐的內容。

本書在吸收與借鑑國內外生產營運管理實踐和理論的最新成果的基礎上，詳細地介紹了生產營運管理的基本內容與核心思想，針對高職高專工商管理和財經大類學生的特點，理論部分盡量按必用和夠用的原則，引入了大量的案例分析，每個模塊都安排有實踐訓練項目，教師和學生可以根據教學計劃和學習目標選用。

本書設計了學習目標、技能目標、相關術語、案例導入、案例分析、知識鞏固、實踐訓練等欄目，構建了相對完整的生產營運管理理論及操作體系，迴歸了以培養學生技術應用能力為主線的高職高專教育本位，體現了教材定位、規劃、設計與編寫等方面的國家骨幹示範院校教學改革和精品教學資源建設的示範性。

全書分為12個模塊：生產營運管理系統認知，生產率、競爭力和戰略，流程分析，產品和服務設計，生產過程組織與工藝選擇，車間、工作中心和設備布置與維護，選址規劃與分析，質量管理，綜合計劃的編製與控制，生產物料管理，生產現場管理，項目管理。在各模塊（項目）下結合工作崗位設計了相應的實踐訓練和任務，突出了教材的實訓教學功能。

本書是編者在多年教學實踐中不斷探索、完善的基礎上編寫而成的。本書案例大多來自網路，在此對原作者表示感謝。在編寫本書的

前言

過程中，得到了西南財經大學出版社、成都職業技術學院、成都嘉隆利食品有限公司、富士康科技集團成都分公司等單位領導的大力支持，並參考了許多國內外公開出版的優秀教材及文獻資料，在此表示感謝。

由於編者水平有限，時間比較倉促，書中難免存在不妥之處，敬請廣大讀者批評指正。

編　者

目　錄

模塊一　生產營運管理系統認知 … (1)
　　任務一　企業內部組織的職能 … (3)
　　任務二　生產系統的設計與營運 … (6)
　　任務三　生產系統的不同特徵 … (7)
　　任務四　營運部經理及管理 … (7)
　　知識鞏固 … (23)
　　實踐訓練 … (23)

模塊二　生產率、競爭力和戰略 … (24)
　　任務一　生產率 … (25)
　　任務二　競爭力 … (30)
　　任務三　戰略管理 … (32)
　　知識鞏固 … (43)
　　案例分析 … (44)
　　實踐訓練 … (45)

模塊三　流程分析 … (46)
　　任務一　流程圖的繪製 … (47)
　　任務二　流程績效的三個主要指標 … (52)
　　任務三　流程的律特法則 … (56)
　　任務四　瓶頸和流程能力 … (57)
　　任務五　流程利用率與能力利用率 … (63)
　　任務六　流程分析的 6 步法 … (65)
　　知識鞏固 … (69)
　　案例分析 … (70)
　　實踐訓練 … (74)

模塊四　產品和服務設計 … (76)
　　任務一　設計流程 … (77)
　　任務二　研究與開發 … (79)

目錄

　任務三　標準化 ……………………………………（84）
　任務四　產品設計 …………………………………（88）
　任務五　服務設計 …………………………………（93）
　任務六　質量功能展開 ……………………………（97）
　知識鞏固 ……………………………………………（99）
　案例分析 ……………………………………………（100）
　實踐訓練 ……………………………………………（101）

模塊五　生產過程組織與工藝選擇 ………………（103）
　任務一　生產線的移動方式與週期 ………………（105）
　任務二　流水生產線設計 …………………………（110）
　任務三　成組技術與柔性製造系統 ………………（117）
　知識鞏固 ……………………………………………（127）
　案例分析 ……………………………………………（128）
　實踐訓練 ……………………………………………（129）

模塊六　車間、工作中心和設備布置與維護 ……（131）
　任務一　設施布置的基本規劃 ……………………（132）
　任務二　工藝原則布置設計 ………………………（140）
　任務三　產品原則布置設計 ………………………（141）
　任務四　單元布置 …………………………………（146）
　任務五　服務業佈局 ………………………………（149）
　知識鞏固 ……………………………………………（156）
　案例分析 ……………………………………………（157）
　實踐訓練 ……………………………………………（159）

模塊七　選址規劃與分析 …………………………（161）
　任務一　制定選址決策的一般程序 ………………（163）
　任務二　影響選址決策的因素 ……………………（164）
　任務三　選址方案評估 ……………………………（170）

目　錄

　　知識鞏固 …………………………………………………… (184)
　　案例分析 …………………………………………………… (185)

模塊八　質量管理 ………………………………………………… (189)
　　任務一　質量管理發展 ……………………………………… (190)
　　任務二　質量成本 …………………………………………… (192)
　　任務三　質量控制 …………………………………………… (196)
　　任務四　六西格瑪管理 ……………………………………… (203)
　　知識鞏固 …………………………………………………… (218)
　　實踐訓練 …………………………………………………… (218)

模塊九　綜合計劃的編製與控制 ………………………………… (220)
　　任務一　綜合計劃活動概述 ………………………………… (221)
　　任務二　編製綜合計劃 ……………………………………… (223)
　　任務三　核定生產期量標準 ………………………………… (229)
　　任務四　平衡生產能力 ……………………………………… (232)
　　任務五　編製作業計劃 ……………………………………… (237)
　　任務六　生產作業控制 ……………………………………… (241)
　　知識鞏固 …………………………………………………… (243)
　　案例分析 …………………………………………………… (243)
　　實踐訓練 …………………………………………………… (245)

模塊十　生產物料管理 …………………………………………… (246)
　　任務一　編製物料需求計劃 ………………………………… (247)
　　任務二　物料的入庫管理 …………………………………… (251)
　　任務三　庫存管理 …………………………………………… (252)
　　任務四　物料的領用管理 …………………………………… (260)
　　知識鞏固 …………………………………………………… (261)
　　案例分析 …………………………………………………… (262)
　　實踐訓練 …………………………………………………… (271)

目錄

模塊十一 生產現場管理 …………………………………………（272）
　任務一　生產現場目視管理 ……………………………………（273）
　任務二　生產現場定置管理 ……………………………………（278）
　任務三　生產現場 5S 活動 ……………………………………（285）
　任務四　豐田生產方式 …………………………………………（295）
　知識鞏固 …………………………………………………………（300）
　案例分析 …………………………………………………………（300）
　實踐訓練 …………………………………………………………（302）

模塊十二 項目管理 ………………………………………………（303）
　任務一　項目管理 ………………………………………………（306）
　任務二　編製項目進度計劃 ……………………………………（315）
　任務三　計算項目時間 …………………………………………（320）
　任務四　項目人力資源管理 ……………………………………（323）
　任務五　優化項目計劃 …………………………………………（325）
　知識鞏固 …………………………………………………………（333）
　案例分析 …………………………………………………………（333）
　實踐訓練 …………………………………………………………（334）

參考文獻 …………………………………………………………（335）

模塊一
生產營運管理系統認知

【學習目標】

1. 理解生產營運管理（POM）。
2. 區分企業組織的三個主要職能範圍並描述它們的相互聯繫。
3. 區別生產系統的設計和運行。
4. 綜述不同類型的營運。
5. 掌握營運管理決策的主要內容。

【技能目標】

1. 能夠界定企業組織內部的職能。
2. 學會生產系統的設計與運行方法。
3. 掌握生產與服務營運的不同特徵。
4. 掌握營運部經理的職責及管理過程。

【相關術語】

營運管理（operations management）
勞動分工（division of labor）
提前期（lead time）
系統設計（system design）
系統運行（system operation）
價值增值（value-added）

【案例導入】

從福特的大量生產到戴爾的大量定制生產

20世紀初，美國福特汽車公司開創了人類大量生產的新時代。1903年，福特與底特律的煤炭業大亨亞歷山大・麥肯錫等人合夥成立了福特汽車公司（以下簡稱福特）。福特成立不到一個月，就推出了A型車，並且在銷售上取得了成功。繼A型車之後，福特又連續推出N型、R型、S型等大眾化汽車。這些產品在銷售上取得了巨大成功，使福特更堅定了走汽車大眾化的路線。1907年，福特宣布：「生產一種設計簡單的人人

都能買得起的標準化大眾車,是本公司今后的主要目標。」

為了實現大規模生產大眾化汽車的理想,福特發明了大規模流水生產線,並推出了一款獨霸天下的 T 型汽車,讓福特 19 年連續大量生產這種型號的汽車。在汽車工業的發展史上,福特的這種大規模流水生產線帶來了工業生產方式的革命性轉變。福特首創的這種以生產方法和管理方式為核心的福特制,為后來汽車工業的發展豎立了標杆,掀起了世界範圍內具有劃時代意義的大批量生產的產業革命。

然而,在 21 世紀初的今天,在客戶需求多變的時代,福特的這種生產方式受到了挑戰。客戶需求個性化越來越明顯,用大規模流水線長期生產一種型號汽車的時代已經不復存在,取而代之的是訂單生產。為了實現像福特生產方式一樣的規模經濟,另一種新的生產方式誕生了,即大量定制生產。這種生產方式一出現就受到理論界與企業界的廣泛回應。戴爾就是實現大量定制生產方式的成功者。

戴爾成功地利用互聯網技術,實現電腦生產與銷售的快速交貨和按訂單大量定制的競爭策略。戴爾的零件來自世界各地,90% 的電腦業務是按照客戶需求定制的,每臺電腦生產時間不超過 8 小時。「每臺電腦都是按訂貨生產,但從打電話到裝上車只需 36 小時。」這就是邁克爾·戴爾為自己找到的競爭法寶。

戴爾公司每年生產數百萬臺個人計算機,每臺個人計算機都是根據客戶的具體要求組裝的。戴爾公司讓用戶按照自己的愛好配置個人計算機和服務器,用戶可以從戴爾公司的網站上選定他們所需要的聲卡、顯像卡、顯示器、喇叭以及內存容量。戴爾公司甚至可以告訴用戶:他是否因為挑選某個部件需要延遲付貨,是否需要考慮一個部件和另一個部件的兼容問題。戴爾公司是企業家、網路技術專家、企業軟件匯集在一起的完美例子。

以戴爾為其大客戶福特公司提供的服務為例,戴爾公司為福特公司不同部門的員工設計了各種不同的配置,當通過福特公司內聯網接到訂貨時,戴爾公司馬上就知道訂貨的是哪個工種的員工,他需要哪種計算機,戴爾公司便迅速組裝好合適的硬件,甚至安裝好適當的軟件,其中一些包括福特公司存儲在戴爾公司的專有密碼。戴爾公司的后勤服務軟件非常先進,因此他能以較低的成本開展大規模定制服務。

福特公司為這種專門服務會額外支付一定費用。支付這筆錢錢值得嗎?如果福特汽車從當地經銷商那裡購買個人電腦,經銷商運來一些箱子,需要懂得信息技術的工人取出機器進行配置。這一過程需要一個專業人員花費 4~6 小時,並且常常出現配置錯誤。

是什麼支持戴爾公司做到定制化生產和服務的呢?是 IT 技術、物流技術還是其他秘訣。戴爾每臺電腦都按訂單生產,從打電話到裝上車只需 36 小時。訂貨源源不斷地轉到戴爾公司的三大生產廠之一——奧斯汀、檳榔嶼和愛爾蘭的利莫瑞克。但是這些工廠是見不到庫存的。「我們所有的供應商都知道,我們要的配件必須在一小時之內送到」,奧斯汀工廠的總經理認為。芯片、集成線路和驅動器裝上卡車直接開到距離組裝線僅 50 英尺(1 英尺=0.304,8 米,下同)的卸車臺。在那裡也沒有製成品的庫存。

戴爾的定制化生產之所以取得成功,一是因為它充分利用了當代先進的網路技術。互聯網使戴爾公司能輕鬆自如地同每一個用戶進行持續的一對一的對話,確切瞭解他們的愛好並做出迅速反應,滿足用戶的一切要求。因此,受到用戶的普遍歡迎,使戴爾公司能不費勁地收集到大量數字化的定制數據。有了這樣的基礎,戴爾公司便在內

部建立起處理客戶訂單的專門機構，而且從事網上商務的力量比其他任何公司都要多。戴爾認為，公司未來個人電腦業務的發展，最重要地是熟練掌握大規模定制技術，更好地簡化網上高質量信息的傳遞。二是戴爾公司擁有一整套進行大規模定制生產的技術裝備。戴爾公司的數據庫儲存有數萬億字節的信息；計算機控制的工廠設備和工業機器人使生產工廠能夠很快地調整裝配線；條形碼掃描儀的普遍使用差不多能使工廠跟蹤每一個部件和產品。一切都那麼靈巧，整個工廠、所有的生產線都像一個人在操作一樣。三是戴爾公司採用了先進的后勤管理軟件。這些軟件有的是戴爾公司內部開發的，有的是IT技術公司生產的。軟件把從成千上萬的用戶那裡接收到的信息傳給公司內部需要信息的每個部門。訂單來了以後，將收集到的數據迅速分發，組織原材料供應和產成品銷售。如：傳給需要趕快運送硬盤的供應商，或者根據客戶需要的配置把成品迅速送到對方手裡。這種后勤管理軟件的最大好處在於：及時地知道用戶需要什麼？什麼時候需要？需要多少？從而實現零庫存生產和供貨。產品一旦下了裝配線，就徑直送到用戶手裡去了。甚至戴爾也不必儲備成噸的零部件。這是由於訂貨信息準確、及時，公司手頭總是有供組裝計算機的標準件，總是能保證正常生產的需要。

另外，計算機零部件的價格大約每週下跌1%，過多的儲存無異於增加生產成本。而先進的后勤管理軟件總是能在適當的時候把適當的零部件和產品送到適當的地方，從而使公司的生產成本大大下降而效益大幅度提高。

大規模定制的最好的、也是最有名的例子，是戴爾計算機公司，他與顧客建立直接的聯繫，只生產客戶下訂單的計算機——這就是全球著名的經濟週刊《財富》對戴爾的評價。

「邁克爾·戴爾徹底改變了計算機世界！」——《財富》如是說。

思考題：
1. 福特汽車公司的大量生產的優勢是什麼？劣勢是什麼？
2. 戴爾公司的定制化生產和服務是如何實現的？定制化生產和服務的競爭優勢是什麼？
3. 戴爾公司定制化生產和服務取得成功的要素有哪些？戴爾公司為大客戶（如福特公司）提供的定制化服務和生產能為其客戶與公司自身帶來哪些利益？

任務一　企業內部組織的職能

生產營運管理包括對製造產品或提供服務過程中各種活動的計劃、協調和實施。這一概念與經濟生活中的時勢報導和企業營運管理是緊密結合的：生產率、質量、來自國內外的競爭及顧客服務常見諸新聞媒體。這些都是生產營運管理中的內容。

任何組織的成立，都要追求一定的目標。群體的協同努力比個人的單獨工作更有利於目標的實現。企業組織從事產品生產或提供服務。它們可能是營利性或非營利性的組織。它們的目標、產品和服務可能相似或完全不同。然而，它們的職能及營運方式卻大同小異。

典型的企業組織有三個基本職能：財務、行銷和生產營運（見圖1-1）。這三個職

能和其他輔助職能分別完成不同但又相互聯繫的活動，這些活動對組織的經營來說都是必不可少的。

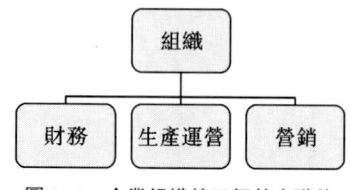

圖 1-1　企業組織的三個基本職能

這三個基本職能的相互依賴關係可用圖 1-2 來表示。這些職能須相互配合才能實現組織的目標，並且每個職能都起著重要作用。通常一個組織的成功不僅依賴於各個職能發揮得如何，而且還依賴於這些職能相互的協調程度。例如：若生產部門不與行銷部門相互配合，則行銷部門推銷的可能是那些低質量、高成本的產品；或者生產部門可能生產那些沒有市場需求的產品或服務。同樣，若無財務部門與生產部門的密切配合，當組織需擴大規模或購買新設備時，可能因資金無著落而難以實現。

圖 1-2

一、營運管理

營運管理職能由與生產產品或提供服務直接相關的所有活動組成。營運職能不僅存在於產品導向的製造和裝配運作方面，而且存在於服務導向的領域，諸如醫療、運輸、食品經營和零售。營運管理的多樣性可用表 1-1 來說明。

表 1-1　　　　　　　　　　　　不同類型的營運舉例

營運類型	例子
產品生產	製造、建築、採掘、農業、發電
儲備/運輸	倉庫、貨車運貨、快遞服務、搬遷、出租車、公交車、酒店、航空公司
交換	零售、批發、網購、銀行業務、租入或租出
娛樂	電影、廣播和電視、戲曲演出、音樂會
通信	報紙、電臺和電視臺的新聞廣播、電話、微信、QQ、衛星

對大多數企業組織來說，生產營運職能是其核心。一個組織產品或服務的創造正是通過營運管理職能來完成。利用投入通過一個或多個轉換過程（如儲存、運輸、加工）可獲得製成品或服務。為確保獲得滿意的產出，需在轉換過程的各個階段進行檢測（反饋），並與制定好的標準比較，以決定是否需要採取糾正措施（控制）。圖 1-3 說明了這一轉換過程。

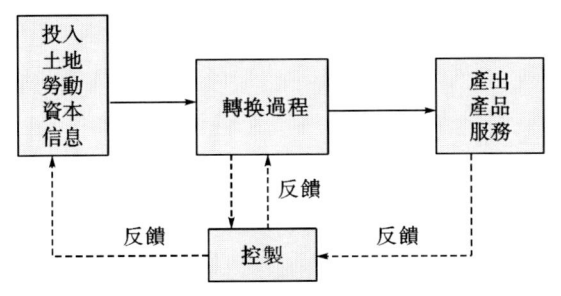

圖 1-3　生產營運職能的轉換過程

營運管理職能的實質是在轉化過程中發生價值增值。增值是用來反應投入成本與產出價值或價格之間差異的一個概念。其增值部分越大，說明其營運效率越高。企業用增值帶來的收入進行研究與開發，投資於新的設施和設備，從而獲取豐厚利潤。結果增值越大，可用於這些方面開支的資金越多。

企業提高其生產率的一個辦法是對工人所做的工作進行嚴格檢查，看是否帶來了價值增值。企業將未增值的工作視為浪費，消除或改進這些工作可降低投入或加工成本，從而提高增值。

二、財務

財務管理職能包括為確保以有利的價格獲取資源並將這些資源在組織內分配而進行的活動。財務人員與營運管理人員要密切合作，在如下活動中及時交流信息。

（1）預算。要定期編製預算，對財務需求做出安排。

（2）投資方案經濟分析。對投資於工廠和設備的備選方案的評估需要營運管理與財務人員共同參與。

（3）資金供應。給生產營運部門及時提供必要的資金是重要的，而在資金緊張的時候，這甚至會關係到組織的生存。企業的大多數盈利主要是通過產品和服務的銷售收入來獲得的。

三、行銷

行銷是指銷售或推銷一個組織的產品和服務。行銷部門要進行廣告宣傳和定價決策。該部門還要對顧客需求做出估計，並將這一信息傳遞給營運部門（短期）和設計部門（長期）。這就是營運管理部門需要有關中短期顧客需求的信息，以便據此做出計劃。設計部門需要這方面的信息，從而有利於對目前產品與服務做出改進和設計新的產品。

因此，行銷、營運和財務三部門必須在產品及工藝設計、預測、確定可行的工作進度以及質量與數量決策方面協調一致，加強相互間優勢和劣勢狀況的溝通。

任務二　生產系統的設計與營運

營運部經理負責生產產品和提供服務，包括資源的獲取和通過一個或多個轉換過程將這些投入轉變為產出，並對工人、設備、設施、資源分配、工作方法等構成要素進行計劃、協調和控制。這包括大多數組織必須做的一項工作：對產品和服務進行設計。設計工作要和行銷相結合。行銷部門可提出有關新品種對舊品種改進的見解。營運管理人員經歷了產品和服務的形成過程，也可就改進措施提出新思路。事實上，產品和服務的設計與提供過程直接決定著一個組織的競爭力。

系統設計涉及以下幾個方面的決策：系統生產能力、設施選址、工作部門及設備的布置、產品與服務計劃。系統運行包括人事管理、庫存計劃與控制、進度安排、項目管理和質量保證。在許多情況下，營運部經理更多地是進行日常運行決策而非設計決策。

表1-2　　　　　　　　　　　設計及營運決策

序號	決策範圍	基本問題
1	設計	
1.1	產品和服務設計	顧客需要什麼？產品和服務如何改進？
1.2	工藝選擇	組織採用什麼樣的工藝流程？
1.3	生產能力	需要多大的生產能力？
1.4	布置	從成本、生產率的角度看，部門、設備、工作流程和倉庫的最佳布置是什麼？
1.5	工作系統設計	激勵雇員的最好方法是什麼？生產率如何提高？工作如何衡量？怎樣改進工作方法？
1.6	選址	什麼是設施（工廠、門店等）的最佳選址？
2	營運管理	
2.1	質量	怎樣給質量下定義
2.2	質量控制	工序能力如何？應採用什麼標準？達到了質量標準嗎？
2.3	全面質量管理	如何創造優質產品和服務？怎麼改進？
2.4	綜合計劃	中期有多大生產能力？如何最大限度地滿足生產能力的需要？
2.5	庫存管理	訂購量有多大？何時續訂？哪些物資應重點管理？
2.6	物料需求計劃	需要什麼物料、零件和部件？何時需要？
2.7	項目管理	完成項目的最關鍵活動有哪些？項目的目標是什麼？需要什麼資源？何時需要？

任務三　生產系統的不同特徵

掌握不同的生產類型具有的不同特徵，將有助於更好地理解營運管理的本質和範圍。

一、標準化程度

標準化的產出是指產品或服務高度一致。標準化的產品包括電視機、計算機、報紙、罐裝食品、汽車輪胎、鋼筆和鉛筆。標準化的服務包括汽車清洗、保養，電視廣播及商業性高鐵運輸、航空服務等。定制型的產出標準化程度極低。定制型的產品包括定做的服裝、窗戶玻璃（按大小切割）和窗簾等。定制型服務包括婚慶策劃、出租車駕駛和外科手術等。

二、產品生產與服務營運的比較

製造組織與服務組織的主要區別在於前者是產品導向型的，而后者是活動導向型的。其區別包括以下幾個方面：①與顧客的聯繫程度；②投入的一致性；③工作勞動含量；④產出的一致性；⑤生產率的測量；⑥質量保證。

表 1-3　　　　　　　　　產品與服務的明顯差異

特徵	產品	服務
產出	看得見的	看不見的
顧客聯繫	少	多
勞動含量	低	高
投入一致性	高	低
生產率測定	容易	較難
交付顧客前解決質量問題的機會	多	少

任務四　營運部經理及管理

營運部經理既是計劃者又是決策者。

【案例】1-1　上海汽車總公司的國產化道路

上海汽車工業總公司，是由 1956 年 5 月成立的上海市內燃機配件製造公司逐步發展起來的。1995 年，上海汽車工業總公司改制為上海市汽車工業（集團）總公司。20 世紀 80 年代初，上海汽車工業引進外資，與德國大眾合資生產桑塔納轎車。

合資初期，上海的零部件廠技術設施與水平不能滿足桑塔納轎車的要求。1987 年，桑塔納轎車零部件國產化率為 2.7%，即只有 4 種零件是自己生產的：輪胎、收音機、天線和喇叭。當時我國為了提高國產化率，制定了有關政策：國產化率達到 40% 以上

的，就可以自由進口；國產化率在60%以上的，進口稅可以減半。

在當時的環境下，能否提高國產化率，不僅影響到零部件能否自由進口，從而影響到整車的產量，而且影響到整車的採購成本。因此，當時公司從上到下，從中方經理到外方經理，大家都達成了共識：要提高國產化率。具體採取了以下決策：

一、提高國產化率

為了提高國產化率，就需要對當時的零部件廠進行技術改造，即需要大量的投資。當時由於處在開放初期，外方對中方的市場心中沒底，因此提出合資部分不包括銷售業務。而事實上，合資初期桑塔納轎車市場銷售情況很好。當時成立了國產化基金，每銷售一輛桑塔納轎車，將其中的2萬元放入基金。1990年，國產化基金已達60億元。這筆基金全部用於改造零部件廠。全部零部件廠的投資總額為上海大眾總裝廠的2倍（即零部件廠與裝配廠的投資比例為2∶1，其他國家零部件廠與整車廠的投資比例為0.2∶1）。由於對零部件廠進行了全面技術改造，因此國產化率迅速提高。1995年，國產化率已達到88%。國產化率達到88%以後，國產化水平基本穩定，因為國產以外的12%的零部件由外方企業規模生產，所以外購比自製更便宜，質量也更好。

二、規模效益

國產化率提高以後，自由進口的障礙解決了，由於進口稅減半，採購成本也下降了。這時公司不失時機地提出實現規模效益的問題。產量逐年提高，由最初的8千輛/年提高到20萬輛左右/年，使得成本進一步下降。

三、危機教育

由於公司在管理上採取了一系列正確的決策，上海汽車總公司生產的桑塔納轎車在全國的銷售市場形勢很好，曾經一度占領市場份額的51%。公司員工從上到下都很高興，但同時也有些沾沾自喜。公司及時進行了危機教育，查找自己與其他兄弟公司的差距。通過危機教育，大家看清了差距。

提高國產化水平已成為上海汽車總公司的一段歷史。他們在繼提高國產化水平之後，又在引進外資、縮小與國際水平的差距方面做了不懈的努力。現在，我國已加入WTO，競爭更加激烈，他們又在迎接新的挑戰。

思考題：

1. 從營運戰略的觀點評價分析上海汽車總公司提高國產化率的策略的實質。

2. 從營運系統功能目標與結構決策的角度分析「規模效益」和「危機教育」決策的實質。

【案例】1-2 沃哥曼斯食品市場

沃哥曼斯食品市場有限公司（Wegmans Food Market, Inc.）（以下簡稱沃哥曼斯）是美國最早的食品連鎖店之一。沃哥曼斯總部設在紐約的羅切斯特市。它經營有70多個分店，主要在羅切斯特、布法羅和錫拉丘茲。還有一些分店在紐約州的其他地方和賓夕法尼亞州。該公司雇員有23,000多人，去年銷售額超過20億美元。除了超市外，該公司還經營Chase-Pitkin, Garden Centers和一個蛋雞廠。

沃哥曼斯以向顧客提供優質產品和一流服務而聞名。目前沃哥曼斯已發展成了一個很成功的組織。事實上，沃哥曼斯做得相當出色，全國的食品連鎖店都派代表來這裡參觀。

超級市場

該公司的許多商場面積達 100,000 平方英尺（1 平方英尺＝0.092,9 平方米，下同），是一般超市的兩三倍。你可從下面的描述中對這些商場的規模有一定的瞭解：它們通常有 25~30 個結帳通道，忙的時候，所有這些結帳點都在工作。僅一家超級市場就要雇用 500~600 人。

沃哥曼斯的各個商場在實際規模及一些特色上略有差異。除了在超級市場上常見的特色外，它們通常有一個服務周到的熟食店；一個 500 平方英尺的魚鋪，大多時間這裡可提供 10 種鮮魚；一個烘焙店（各商場都烘焙自己的麵包、卷餅、蛋糕、餡餅和糕點）；一個農產品部。它們也提供膠卷沖洗、錄像帶出租業務，設有品類齊全的藥店和一個 Olde World Cheese 部。商場內花卉店的場地面積多達 800 平方英尺，裡面擺放有品種繁多的鮮花供顧客挑選。商場內還設有明信片綜合服務店（Card Shop），面積為 1,000 多平方英尺。散裝食品部可向顧客提供任意數量的食品和鳥食、寵物食品。

各個商場都有自己的特色。一些商場設有干洗部和色拉店等。還有的商店裡設有被稱作 Market Café 的餐館，裡面布置了許多食品臺，各自提供一定種類的食物。例如，一個食物臺備有義大利式比薩餅和其他義大利特色菜，另一個食物臺提供東方飯菜，還有一個食物臺專門提供雞或魚。Market Café 裡面還有三明治小吃店、色拉店和點心店臺。顧客常在各食物臺之間走動，以確定要訂購的食物。在一些 Market Café，就餐者吃飯時可以喝點酒，在星期天能吃到晚一點的早餐。在一些人流匯集的地方，顧客下班回家的路上，可走進商場內挑選剛剛調制好的花樣很多的晚餐主菜及一些配菜。許多沃哥曼斯商場在午餐時間提供現成的以及定制的三明治。一些商場有咖啡間，裡面有桌椅，購物者在這裡可以品嘗到普通的或特製的咖啡以及許多誘人的糕點。

農產品部

該公司為提供新鮮農產品而自豪。商場一天要補充農產品多達 12 次。較大商場農產品的規模是一般超市的四五倍。沃哥曼斯提供當地生長的季節性農產品。它採用了「農場到市場」這一方法。因此，一些當地種植者直接將他們的農產品運到各個商場，而不是運到總庫。這樣，減少了公司的庫存持有成本，使農產品盡可能地進入商場。種植者可使用專門設計好的可放在商場地面上的盛物器，而不使用大冰箱。這就避免了將果品和蔬菜從大箱裡移到貨架上常出現的碰損，同時也節省了人力投入。

肉食部

除了大量擺放新鮮和冷凍的肉加工品外，許多商場設有服務周到的肉鋪，顧客既可買到各類鮮肉加工品，也可根據其要求由屠夫切割為成塊的肉。

訂貨

商場裡每一部門都要自己訂貨。儘管銷售記錄可從結帳處查知，但這些不能直接作為補充貨源的依據，還必須考慮其他如定價、特別促銷、當地情況（如節日、天氣狀況）等因素。然而，對於像假日這樣季節性時期，管理者常常要查看一下銷售記錄以瞭解過去可比期的需求情況。

這些超級市場每天要從總庫收到一卡車貨。在高峰期，一家商場可能從總庫收到兩卡車貨。由於訂貨間隔期不長，所以產品脫銷的時間大大縮短，除非總庫裡也缺貨。

該公司對供應品實行嚴格的控制，保證產品質量和準時交貨。

雇員

該公司認識到有一支好的雇員隊伍的重要性。它平均要投資 7,000 美元來培訓每一位新雇員。新雇員除了學會商場營運外，還要認識到良好的顧客服務的重要性，並知道如何提供這一服務。雇員應當愉快地回答顧客的問題。通過報酬、利潤分成和津貼相結合來激勵雇員。《財富》雜誌對雇員的一次調查顯示，沃哥曼斯在美國最好的公司中排名第 16 位。

質量

質量和顧客滿意在沃哥曼斯管理者與雇員心目中是至高無上的。一般品牌甚至名牌貨都要定期在檢測室同新產品一起接受檢測。經理負責檢查並保持本部門的產品及服務質量。另外，公司鼓勵雇員向其經理報告問題。

如果一個顧客對買回的產品不滿意，退回了該產品或其中一部分，那麼將給顧客兩種選擇：更換產品或退款。如果該物品是沃哥曼斯牌食品，那麼就把該物品送到監察室以查明問題的根源。待根源查明後，要採取糾正措施。

思考題：

1. 試用生產營運管理的原理分析該超市的營運特色和競爭力。
2. 顧客如何評價超市的質量？
3. 說明為什麼下列幾個因素對超市運作的成功才是重要的：
(1) 顧客滿意。
(2) 預測。
(3) 生產能力計劃。
(4) 選址。
(5) 庫存管理。
(6) 商場的布置。
(7) 進度規劃。

【案例】1-3　上海日用電機廠進軍汽車配套零部件市場

1998 年，當被列為上海市第一號工程的上海通用汽車公司（以下簡稱上海通用）正干得熱火朝天時，在此背後，一場爭奪零部件配套資格的競爭也正激烈地展開著。參加競爭汽車發動機散熱器風扇配套項目的上海日用電機廠廠長馬寶發 10 年來又一次面對重大的挑戰。如果贏得上海通用的配套權，對於已是我國汽車散熱器風扇排頭兵的上海日用電機廠來說，是第二次創業的契機，無疑能進一步鞏固其市場地位；反之，如果競爭失利，不僅僅是 70% 的市場佔有率將會受到衝擊，而且 10 年來通過全廠員工艱苦奮鬥創下的家業也有可能受到重創。因此，在這場競爭中，馬廠長是志在必得。但是，這次的情況與 10 年前大不相同，這次面對的是強勁對手，其中不但有中美合資的已建成汽車微型電機基地的上海埃梯梯汽車電器系統有限公司，還有一些世界著名的跨國公司，如西門子、法雷奧等企業參與角逐。上海日用電機廠能否取勝？如何才能穩操勝券？一個個問題縈繞在馬寶發廠長的心頭。當回想起 10 年的艱苦創業歷程，當想到有一支善戰的職工隊伍，馬廠長既感到責任重大，又是充滿著信心。

一、未雨綢繆尋找增長點

1987 年，時逢桑塔納轎車大規模實施國產化進程，上海日用電機廠遇到了第一次

創業的大好機會。一個僅有200多萬元資產的小廠，為求生存求發展，擠進了汽車工業。

上海日用電機廠是在20世紀80年代初由上海調速機廠與上海電機專用機械廠合併而成的，主要生產交流小電機、金相試驗設備和0.5噸電動鏟車，工廠機電加工俱全，是典型的小而全工廠。1981年機械產品產值占總產值的55%，電機產品產值占總產值的45%。當時正逢管理體制轉換，政府斷了奶，逼著企業走向市場找飯吃。他們看好空調機市場，開發出空調風扇電動機。廠長背著電機跑推銷，硬是打開了一片新天地，躋身全國空調電機五強之一，小日子過得還不錯。但是空調電機是異步交流機，結構簡單容易製造，行業內生產同類產品的企業林立，大的空調機廠又有自己固定的配套廠，所以上海日用電機廠的生產總是不太正常，企業一度只能靠銀行貸款過日子。尤其當回想起我國排浪式的消費規律，由此引發的盲目投資、重複建設，最後導致的無序競爭，令工廠決策者深感不安，企業必須尋找新的發展支點。1987年，國家經委和上海市政府聯合召開的桑塔納轎車國產化會議為國內眾多企業帶來了機遇，上海日用電機廠躍躍欲試，試圖進軍汽車行業，開闢新的天地。

企業是否進入汽車行業，各有利弊，所以存在正反不同的意見。反對者認為：目前空調電機產銷兩旺，技術成熟，近期又開發成功一種噪音低、耗能少的新型空調電機。家用電器行業是朝陽工業，還有很大的發展空間。而汽車散熱器風扇對上海日用電機廠來講是一個新領域，一旦進去了，原有設備不適合製造直流電機，就需要大量的投資，所以沒有必要進入對他們而言並不十分熟悉的汽車電機行業。況且初期的配套任務只有3萬臺，市場需求存在很大的不確定性，認為不值得冒這個風險。贊成者認為：從企業發展的長遠利益考慮，儘管目前上海日用電機廠的空調電機產品有較好的市場需求，但由於空調電機技術含量不高，一般電機製造廠都有能力製造，很容易進入該行業。國內有許多企業具有相當的實力，隨著國內空調市場供大於求，競爭必定會日趨激烈，惡性競爭的結果必定是降價銷售，大家都會變得無利可圖。儘管目前的汽車散熱器風扇市場容量很小，但汽車工業的生產規模不可能長期停留在很低的數量之上。另外，目前在這個市場上，國內還沒有具有壟斷實力的廠商，進入障礙還不大，而一旦進入該市場後，由於產品具有較高的技術含量，不易被仿製。如果誰想進入，還必須得到上海大眾公司的嚴格審查，可以使已進入的企業保持一定的壟斷性，處於有利的競爭地位。至於需要大量的投資問題，企業成長的規律就是靠投資，不是投向這個產品就是投向其他產品，我國的汽車工業要大發展，真是上海日用電機廠創業的天賜良機，因此認為冒點風險是值得的。

1987年10月29日，這是一個值得紀念的日子。在上海日用電機廠的大會議室內正在舉行由桑塔納轎車國產化辦公室、上海大眾公司、電機公司和上海日用電機廠參加的四方會議。會上，在國產化辦公室的協調下，排除了種種疑慮，終於好事多磨達成一致意見，同意由上海日用電機廠承擔桑塔納轎車散熱器風扇國產化試製項目。

項目給爭來了，可如何把它造出來卻不是一件容易的事情，特別是其中的那臺只有拳頭大小的電機。

雖然說空調電機與汽車電機都是電機，但兩種電機的原理和結構卻大不相同，製造工藝也大相徑庭。前者是交流電機，結構簡單容易製造；後者是直流電機，結構複雜加工困難。汽車電機又具有低電壓大電流的特點，製造難度又加大了，並且必須採

用德國大眾公司的技術標準，可謂難上加難。上海日用電機廠能否研製出符合標準的工裝樣品？樣品能否通過上海大眾的鑒定與認可？以上海日用電機廠現有的生產工藝和設備水平能否進行批量生產，順利地向上海大眾公司供貨？假定所有這些問題都解決了，區區 3 萬臺的配套量是否能有利可圖？一系列的問題等待領導層的決策。

二、八方聯手初戰洋電機

中國的轎車工業起步並不遲，始於 20 世紀 50 年代，由於眾所周知的原因，到了 20 世紀 80 年代仍然十分弱小，非常落後。1986 年我國制定了汽車工業「高起點、大批量、專業化」的發展方針，其含意是很清楚的，必須引進當代先進的車型和技術。但當桑塔納轎車項目立項後，又發現除了輪胎、收放機等幾種零件外，其餘的自己都不能製造，全部需要進口。國內數以千計的汽車配件廠只能生產一般卡車零件，這些廠規模小、廠房簡陋、設備陳舊、技術落後，國產化的難度可想而知。因此，通常的辦法是先全面引進國外技術，包括技術資料與加工設備，然後再消化、吸收、改進。上海日用電機廠的決策者是十分清楚的：直接從國外引進技術和設備，通過這條途徑可以節省時間和精力，技術上的風險也較小。但也存在許多不足之處：要花費大量的資金，僅購買技術資料就要花費數百萬元；存在國外技術不符合中國實際情況的可能；因產量小還貸能力低。以一家小廠的實力靠舉債全面引進技術並不是上策，應該尋求一條更適合自己的路。

上海日用電機廠規模雖小，但在建廠的歷史上幾度調整，造過多種微型電機，在電機製造方面也累積了不少的經驗。他們曾經為上海牌轎車生產刮水器電機等，對汽車電機並不陌生，是否可以走自主開發的道路？走這條路會面臨許多意想不到的困難，要花費較長的時間和較多的精力，也要承擔較大的開發失敗的風險。但它的優點也顯而易見：一是可以節省大量投資；二是可以為企業培養一批技術骨幹，增強企業技術開發的實力。

全面引進，企業資金不足；自主開發，企業技術實力又不夠。這正是困擾許多國有企業的一個難題。上海日用電機廠的決策者是聰明的，他們並沒有把眼光停留在自己廠內，而把視野擴展到社會上。

我國的汽車工業是落後的，與發達國家的差距很大，但我國的電機工業並不落後。新中國成立後，黨和政府非常重視我國的電氣化事業，培養了大批的電機專業人才，建起了一個完整的電機工業。特別是我國製造的電機產品電磁性能絕對不比國外的差，差的是材料和製造設備。如果能借助國內的技術力量，充分發揮自己累積的經驗，調動能工巧匠的聰明才智，是有把握把散熱器電機造出來的。上海日用電機廠決定走自主開發之路。但自主開發又談何容易，上海日用電機廠能夠得到整車廠提供的全部資料僅僅是一張總圖（這是德國大眾的圖紙）和對產品的技術標準等的要求。這等於是說：要求我告訴你了，產品你自己造。不過他們的主意已定，就這樣在一張可有可無的總圖上，上海日用電機廠開始走向桑塔納，走進汽車工業，拉開了建廠後第一次創業的序幕。

散熱器總成安裝在發動機和空調散熱系統的后部，當發動機水箱溫度達到 95℃ 時，風扇自動啓動；當水溫達到 105℃ 時，則電機加速，加快冷卻速度；當水溫超過 120℃ 時，自動報警，提示散熱器出現故障，並使轎車停止工作；當汽車空調系統投入運行時，散熱器也自動運轉。可想而知，電機處於高溫工作環境，電機運轉的可靠性和高

壽命是產品的重要特點。

產品的設計依據，除了上述總圖和供貨技術條件外，上海大眾又提供了德國 AEG 公司生產的樣機。樣機小巧玲瓏，結構緊湊，看不到一顆螺釘，整體感很強。經解剖分析果然不出所料，電磁設計方面的難度不大，還是難在電機結構和加工工藝。樣機的機殼採用鋼板卷圓硬接口成型工藝，接縫無須焊接，外觀平整美觀；端蓋採用無切削的衝壓拉伸工藝；機殼與端蓋連接採用不可拆的鉚克裝配法。

在試製的第一年中，為了嚴格保證德國大眾的質量標準和測試標準，他們制定了嚴密的設計工作程序。在市有關部門的組織協調下，先後三次舉行有多方面人員參加的項目會議，反覆核對德國大眾的圖紙和技術標準，討論消化技術問題。

緊接著試製首批樣機。首先比較順利地完成了電樞繞組多方案設計、試驗及電磁設計計算，確定了主要零部件的尺寸，同時由技術科工藝組編製試製工藝方案。在加工製造過程中，全廠有關科室和車間共同配合，利用工廠原有設備，設計加工了部分模具，改造了部分設備，自製部分的檢測與試驗設備。他們用自己改裝的工藝裝備實現了機殼、端蓋、軸承座等主要結構件的加工，電樞繞組採用手工繞制，部分工藝通過外協加工完成。首批樣機交付上海大眾公司測試（其中 5 臺做 1,000 小時壽命試驗，3 臺做道路試驗）。鑒定結果為：基本符合要求，給予條件認可。消息是鼓舞人心的，不過在道路試驗中還是出現了故障，情況不容樂觀。道路試驗要經受 4 萬千米的行駛，就等於在實際使用中檢驗，會遇到各種意想不到的問題，出現了故障說明產品的可靠性有問題。

散熱器風扇國產化工作的關鍵就是產品的可靠性與壽命。他們在試製過程中認識到，要提高散熱器風扇的可靠性必須從設計抓起，搞好產品的可靠性設計。他們請來了上海工業大學機械系可靠性工程研究室的專家和教授，對企業的技術人員進行培訓；他們請來了機械委北京技術經濟綜合研究中心歸口可靠性指標考核的領導，對產品的可靠性研究進行指導。

為了瞭解影響電機壽命的因素，掌握內在的客觀規律，上海日用電機廠主動與出租汽車公司聯繫，請他們試用上海日用電機廠的新產品，並對產品的使用情況進行跟蹤調查。在實踐中，他們對影響電機壽命的因素獲得重要認識。

他們認為電機壽命與電機超重有關，AEG 公司的電機重 1.87 千克，上海日用電機廠的樣機超重 0.19 千克，做第一次改進設計後，把電機重量減到 1.92 千克。但是，幾乎與此同時卻又發現使用進口 CKD 零件裝配的風扇電機，在實際使用中出現的故障率高達 2%，結果是令人吃驚的。這時又認為是電機輸出功率太小不堪重負所致，上海大眾公司要求試製功率為 250W 的電機，並稱德國大眾也已訂購 250W 的電機，今后 150W 的電機上海大眾公司將不再採購。電機從 150W 增大到 250W，在結構上要做重大變動，重新開模具需要半年的時間。在這種情況下不得不先採用加長鐵芯的方法，把功率提高到 200W 做道路試驗，以后再考慮試製 250W 的電機。1989 年 1 月 30 日按期交出 200W 的電機，經道路試驗反應情況良好，但其重量重達 2.09 千克，試製工作又遇到了難題。

於是，他們一方面分析產生故障的原因，另一方面瞭解汽車的使用情況。綜合各方面資料，他們終於找到了影響電機實際運行故障率高、壽命短的主要原因，使他們對電機結構設計的認識上升到理性的高度。電機的兩端各有一個軸承，該電機一端採

用滾珠軸承，另一端為開啟式的含油軸承。這種結構設計在歐美道路狀況好、車速高、空氣清潔的環境下是合理的，而到了中國則是不合理的。我國道路狀況普遍較差、交通擁擠、車速慢，因此進入車頭的風就小，對發動機的冷卻作用也就小，這時不得不主要靠散熱器風扇強迫冷卻，使電機的連續工作時間遠遠大於歐美的平均水平；同時，我國城市空氣質量差，塵埃含量高，電機的安裝位置正對著車頭的進風口，灰塵很容易進入開啟式的含油軸承室內，使摩擦力增大，最終使軸瓦咬死而燒毀電機。原因找到了，必須改變電機結構，把開啟式含油軸承改成封閉式的滾珠軸承，使電機壽命大幅度提高。但他們還是不滿意。經過進一步研究，他們發現電機壽命與軸承室的結構參數也有關。通過反覆試驗，他們找到了合理的參數，從而就完全掌握了結構設計的主動權，使電機壽命又有所提高。

　　桑塔納轎車散熱器風扇系由電機和軸流風葉構成。如果說造汽車電機上海日用電機廠還有點經驗，那麼造風葉則完全是一竅不通。根據上海大眾公司提供的圖紙和供貨技術要求，均需在開發認可中進行風扇的氣動性能測試和提供特性曲線。這是在試製工程中遇到的又一個難題。這個問題不僅涉及研究國產風葉的設計與國產電機的匹配問題，而且還要研究氣動試驗臺的試製鑒定認可問題。上海日用電機廠與同濟大學、機械委上海材料研究所和中國船舶總公司上海七一一研究所進行技術合作，在他們的支持與協助下，研製成功了國產化風葉，並在消化吸收國外產品製造技術的基礎上，設計了國產化風葉的模具。此外，他們還委託上海機械學院、九三學社和上海七一一研究所承接了風扇氣動性能試驗臺的設計。把自製的試驗臺測試得出的樣機氣動性能參數和被測樣機送到德國驗證，結果是完全一致的，順利通過德國大眾鑒定認可。

　　經過試製人員的不懈努力，前後做了5次大的改進設計，歷時3年，共提交65臺樣機，試製的工裝樣品達到了上海大眾公司要求的標準，個別性能指標優於德國AEG公司的產品。上海日用電機廠試製的桑塔納轎車散熱器風扇樣機達到了20世紀80年代末國際同類產品的先進水平。試製的總費用不過幾十萬元，主要花費是兩套模具和一套自製的測試設備。

　　一件售價不到200元的產品，花了3年時間才得到初步的認可。但由於幾乎是白手起家，開發試製過程既是學習過程，又是消化吸收過程，還是一個創新過程。自主開發遇到的挫折比較多，但正是在一次次的失敗中使他們認識了汽車電機，獲得了真知灼見，才掌握了開發技術上的主動權。例如，他們主動採用端蓋整體拉伸，連軸承座衝壓新工藝，省去了進口樣機上的一些零件，減少了故障隱患。更重要地是自主開發培養起一群技術人才，技術科的12位設計人員，人人具備獨立設計的能力，正是這個群體在今后的企業發展中起到了不可估量的作用。

三、精益求精力保獨家經營

　　汽車工業是一門綜合性的產業，現代汽車工業圍繞著整車廠形成一個巨大企業群，整車廠處於核心地位。整車廠為了保證整車的製造質量和成本，都是嚴格挑選配套廠，為了自身的利益往往選擇兩家以上的配套廠。上海日用電機廠十分清楚，工裝樣機獲得上海大眾公司的技術認可只是表明在技術上有能力製造，但這只是國產化項目進程的第一步，還要分別通過質量的認可和批量生產的認可。即使都通過了認可，如果提供的配件不盡如人意，上海大眾公司完全可能尋找第二家配套廠。如果僅有的幾萬臺配套任務由兩家廠供貨，那就更沒有效益可談，所以他們深知還必須在產品的性能和

質量上花大力氣，加工工藝也還需要改進和完善。

上海日用電機廠的質量意識歷來是比較強的，他們的質量管理工作也抓得比較好。但是，1990年上海日用電機廠的散熱器風扇兩次送上海大眾公司認可，兩次都被退回，暴露出工廠質量管理水平與國外跨國大公司的差距，使他們認識到要實現桑塔納轎車風扇的國產化，還必須大幅度提升工廠的質量管理水平。他們提出了「以科技為先導，以質量為主線」的工作方針。廠長馬寶發同志說：「如果不重視產品的質量、不重視企業質量管理水平的提高，只滿足於完成產值和利潤，不能算個好廠長；如果單純地追求產值利潤，不顧質量、品種，甚至降低質量、粗制濫造、弄虛作假，損害國家和用戶的利益，那是一個廠的恥辱，是對人民的犯罪行為。」馬寶發同志把推行全面質量管理工作作為衡量一個廠長質量意識強弱、精神狀態高低、是否有理想和具有改革進取精神的主要標誌。工廠把「深化質量管理，確保產品質量穩定提高」作為1991年的主要任務來抓。在全廠職工中進行質量教育，增強質量意識。一位老資格的技術人員回憶說：「我們廠即使在比較困難的時候，在產品開發初期，也是把質量放在第一位的。我們首先要保證產品質量，再考慮降低成本。」

全廠上下制定出一套針對提高桑塔納轎車風扇質量的工作程序。第一步，確定問題，定義什麼是問題；第二步，進行觀察和分析，搞清楚問題的特點；第三步，對問題的特點進行分析，找出主要原因；第四步，提出解決問題的措施；第五步，檢查結果，確定所採取的措施是否有效；第六步，制定標準。1992年，由於產量增加，優質產品率有所下降，又暴露出意識上、設備上和工藝上所存在的種種問題。經過兩年的努力，通過工藝改進、設備更新、深化管理等措施，終於在1993年9月通過上海大眾公司按德國汽車工業聯合會採用ISO9004制定的質量保證體系審核要求的評審，得分82分，被評定為B級供貨企業。1994年使成品一次合格率達到99.32%，個別型號的產品達到99.92%。同年獲得「上海市重點產品質量攻關一等獎」。1997年被上海大眾公司評定為A級。其成品一次合格率一直穩定在98%以上。

散熱器風扇工裝樣機（型號為QF1281）於1989年獲得上海大眾的認可，1991年開始批量供貨（生產了13,207臺）。隨著技術進步和高新技術的發展，1991年2月德國大眾重新修訂了供貨條件和其他有關標準。1992年，上海日用電機廠決定以高性能、高可靠性、新型節能產品QF1281A型替代原QF1281型，歷時14個月完成任務。新產品幾乎在電機所有方面做出重大改進。電磁性能上由於重新設計，選用新型磁鋼，使效率大幅提高，輸入電流大幅度減小，降低了低速運轉時內部溫度升高的問題；在結構上對轉軸、定子、端蓋三大主要零部件全部進行改進，相應地採用了更先進的加工工藝。如轉軸採用無芯磨磨削工藝，既提高精度和光潔度，又提高加工速度。電樞採用F級自粘性漆包線等新材料后，提高了產品的耐熱性能，還把製造工藝從16道工序減為5道工序。QF1281A型產品改進了老產品低速性能不佳的缺點，使低速性能優於AEG產品。平均壽命提高30%~35%，風扇效率提高5%，損耗功率平均減少22%。1993年12月25日通過鑒定，達到20世紀90年代初國際同類產品的先進水平。

由於上海日用電機廠的產品過硬，保持著為桑塔納轎車獨家供貨的地位，風扇產量與桑塔納轎車產量等量增長。1992年為79,282臺，1993年為113,451臺，較大的生產批量，為降低成本、提高效益創造了條件。在以後幾年中，為一汽大眾的捷達和奧迪提供的散熱器風扇，也靠著優異的性能和質量保持了100%的配套率，牢牢地占領著

我國的汽車散熱器風扇市場。

四、四面出擊轉戰神州大地

1990年，由於市場疲軟，上海日用電機廠的主導產品空調電機的產量急遽下降，銷售額僅為329.34萬元，利潤為2.46萬元。客觀現實使他們意識到不能再把全廠的主要精力放在空調電機上，應該加快桑塔納轎車散熱器風扇的生產和促銷工作。下半年把散熱器風扇的生產計劃量加大，使年利潤達到137萬元，靠散熱器風扇制止了經濟效益滑坡的局面。但進入20世紀90年代，中國的汽車市場並沒有出現如人們所想像的那樣迅猛發展。桑塔納轎車的生產能力到了20萬輛後，市場銷售額一直緩慢增長。對於整車廠，年產20萬輛已屬規模經濟，但對於零部件廠20萬輛的產量絕對是不經濟的，當初擔心批量上不去的情況還是發生了。但此時上海日用電機廠的決策者是胸有成竹，不失時機地對企業產品結構進行調整，把為汽車行業配套的產品列為主導產品，要把散熱器風扇產品向一汽大眾、神龍富康和向所有的國產轎車擴散，向麵包車、大客車、貨車擴散，把產品推向全國的汽車市場，要占領全國的汽車散熱器風扇市場，乃至進軍世界汽車市場。

他們首先把開拓市場的目標選定在技術標準相同的一汽大眾轎車生產基地。1992年上海日用電機廠相繼完成QF1285捷達/高爾夫轎車、QF1284奧迪轎車和QF1381五十鈴汽車散熱器風扇樣機試驗，同時還完成了QF1283和QF2283客車空調用冷凝風扇樣機試製。

1993年，QF1285產品獲得一汽大眾和德國大眾的樣品認可和最終認可，並供應400臺裝車使用，獲得通過。同年又開發成功ZD1721桑塔納轎車的鼓風機電機，為企業的產品結構增加了一個新的品種。

1994年，完成了一汽小紅旗轎車和北京吉普的散熱器風扇樣機製造，又研製成捷達轎車的鼓風機電機，形成汽車鼓風機電機系列。

1995年，爭取到捷達、奧迪、小紅旗轎車的配套任務，相繼有11種產品小量出口，市場開拓到澳大利亞、德國、美國和丹麥。是年還開發出奧托微型車、金杯麵包車、神龍富康轎車、東風卡車的散熱器風扇。1995年是一個轉折點，迎來了配套供應的新曙光，在我國八大轎車車型中上海日用電機廠為五種車型配套生產，市場佔有率達到66%。

1996年，開發出為一汽奧迪200配套的QF12811和QF12819散熱器風扇，為上海大眾2V-QS發動機配套的散熱器風扇，以及為一汽大眾城市—高爾夫轎車配套散熱器風扇和鼓風機產品。這一年生產桑塔納轎車散熱器風扇24.9萬臺，生產其他車型的散熱器風扇7.5萬臺。同年10月經過與眾多對手的激烈競爭，奪取到了為上海大眾2V-QS新發動機散熱器風扇的獨家配套任務。該發動機的生產綱領為年產18萬臺，對於上海日用電機廠的持續發展是很重要的。同年7月上海日用電機廠派員參加美國GM公司的國際採購招標活動，GM公司的高級採購也來上海日用電機廠考察，上海日用電機廠開始向世界汽車業霸主發起衝擊。

1997年對於上海日用電機廠來說是大收穫的一年，以破竹之勢連克國內主要的大汽車公司，國內市場迅速擴大，為當年國產的45萬輛轎車中的40萬輛配上了散熱器風扇，市場佔有率達到70%。在國際市場上，產品從1994年開始小量出口，到1997年出口的散熱器風扇達到17,741臺，創匯50.7萬美元，品種有19種之多。全廠銷售收

入超億元（不含稅）。在產品構成中，汽車產品已穩居第一位，原主導產品空調電機只生產了 2.9 萬臺。這一年企業利稅達到 1,542 萬元，在上海電機公司所屬的 18 家企業中，上海日用電機廠這家最小的電機製造廠，利稅指標卻排名第一。

1996 年 4 月，上海日用電機廠在上海市現代企業制度試點工作會議上做交流發言，引起社會各界的強烈反響，有 18 家新聞單位到廠採訪，稱她為「昔日的小舢板變成今日的小巨人」。

五、精打細算追求最大效益

對於一家企業能把新產品研製成功是一回事，能把開發的產品造好又是一回事，能把產品造得有利可圖那更是另一回事，而後者才是企業要達到的基本目的。上海日用電機廠進入汽車行業是冒著風險的。其中的風險之一是面對並不大的發展緩慢的國內汽車市場，要有利可圖。他們根據企業的自身條件、市場容量，採取了持續的滾動發展方式，取得了較好的經濟效益。

當汽車散熱器風扇產品設計開發出來后，接下來就是產品的批量生產問題。當時工廠的製造工藝和設備十分落後，但由於生產批量不大，上海日用電機廠沒有貿然進行大量投資和大規模更新設備，而是對引進設備帶來的效益和花費的成本進行了對比與分析。他們認為如果此時大批更換設備，採用價格昂貴的高效的專用設備，必然造成設備閒置，單位產品的固定成本勢必很高，投資不能迅速收回。上海日用電機廠根據自己的技術力量和財力，採取了在保證質量的前提下，只要原有設備可以利用的就進行改造，決不貪大求全的態度。如定子的機殼和端蓋加工，雖然工藝複雜，但只要解決了模具問題，原有的衝壓設備完全可以利用。自己尚無能力生產的，決不盲目投資，首先考慮外協單位加工。如電樞的衝片及塑料風葉，設備費用昂貴，小批量生產採用外協方式更經濟。工廠集中有經驗有能力的骨幹工人參加新產品製造，用人的創造性和干勁彌補了工藝上和設備上的不足，保證了產品的質量。

1988—1991 年，上海日用電機廠為實現散熱器風扇的小批量生產，分階段地總共投資 690 萬元，建成桑塔納轎車散熱器風扇總成配套項目。在這一項目中，上海日用電機廠重點引進了電機電樞加工關鍵設備，並自行設計、建造了兩條裝配線。通過這一技術改造，到 1994 年上海日用電機廠形成了年生產散熱器風扇總成 10 萬臺套的能力。通過廠房改造和引進關鍵設備並進行消化吸收，上海日用電機廠終於試製定型了散熱器風扇及從動輪，成功地實現了散熱器風扇的批量生產。從 1991 年起，上海日用電機廠生產的桑塔納散熱器風扇取代進口，直接為大眾配套。但這樣也存在一些問題：在「七五」技改時，衝片及塑料風葉均由外協單位解決，工藝及設備不夠先進，生產效率較低，經濟性較差。並且，隨著產量的增加，成本提高，質量控制難度加大，外協單位的供貨時間及運輸的矛盾愈加突出。

根據上海大眾的桑塔納轎車發展規劃，在 1995 年之前形成年產 15 萬輛轎車的能力，1995 年將生產 12 萬輛轎車。再考慮維修用的配件市場，按 20% 計算，工廠需要有年產 18 萬臺散熱器風扇的生產能力。這是一個比較好的投資機遇，上海日用電機廠在 1991 年提出了桑塔納轎車 15 萬輛配套技改項目。

該項目投資 600 萬元（含 74 萬美元）。利用這一機會上海日用民機廠引進了幾臺高效高精度的關鍵設備，既可以提高加工效率，又可以保證加工質量。衝壓工藝引進高速衝床和多工位拉伸液壓機，使工廠的衝壓工藝達到國際先進水平，生產效率和零

件質量會有明顯提高；金屬切削工藝採用了簡易數控機床和無芯磨床等較先進的專用設備，達到國內先進水平；電樞加工工藝和檢測手段採用國外的自動繞線設備，具有較好的單機自動性能，達到國內先進水平；為整機裝配配備流水線，並採用智能化的自動檢測技術，實現數據自動處理，設備也具有國內先進水平；電加工工藝應用新材料自黏性漆包線，採用內加熱黏結工藝，取代傳統的浸漆工藝，可大量節約電能並減少大氣污染。

此時採用昂貴設備是經濟的。原桑塔納散熱器風扇技改引進項目，由於生產能力和衝片質量存在差距，生產綱領擴大后矛盾將進一步突出，因此引進一臺80噸高速衝床和配套的硬質合金級進模比添置普通設備更合理。日本AIDA公司製造的PPA-8L高速衝床每分鐘230衝次左右，每天按6小時工作計算，日產衝片8.28萬片，以每月工作日20天計算可月產轉子1.65萬只（每轉子衝片100片）。一副進口硬質合金模壽命為一億衝次，而目前本廠自製的衝模壽命為30萬衝次（每副價格為0.5萬元），壽命相當於本廠自製衝模333副，可節約衝模資金130萬元左右。另外，工件的尺寸精度和質量也提高了。目前散熱器風扇電機的端蓋廠內用普通油壓機加工，部分工序由外協單位解決。隨著產量的增加，生產能力顯著不足，質量也不易控制，而引進一臺高速多工位液壓拉伸機和配套的硬質合金級進拉伸模，軸承室精度提高，質量穩定，不再需要精加工，結構製造工藝比CKD有較大改進，解決了端蓋拉伸成型加工工藝。塑料風葉註塑加工，原由外協單位解決，達綱后月產風葉在2.5萬只以上。由於風葉體積較大（外徑280毫米），運輸不方便，容易損壞，質量控制難度增大。因此配置兩臺註塑機在廠內加工。這樣既可控制質量、保證交貨期、解決運輸矛盾，又可節約外協單位的加工費用。

批量擴大后，原有的質量檢測設備勢必不能滿足質量保證的要求，因此工廠進一步完善測試手段，增添部分檢測設備。其中引進了一臺美國麥道公司的直流磁滯測功機，主要用於測試電動機輸出轉矩及轉速特性。

經過這次技改引進，上海日用電機廠形成年產散熱器風扇18萬套的生產能力，生產工藝也有顯著提高，達到國際先進水平。1993年，桑塔納15萬輛配套技改項目順利通過驗收，1995年達綱投產。此項目可謂上海日用電機廠創業世上的關鍵一役，無論在規模上還是技術水平上都確立了她在我國同行業中的領先地位。

1992年8月，上海日用電機廠根據上汽、一汽、東風公司的發展規劃，預測到會有廣闊的散熱器風扇市場，當15萬臺配套項目還未結束，又提出了年產40萬臺風扇項目的可行性報告。在此以前的投資項目中，沒有土建項目，都是在原廠房條件下進行的。上海日用電機廠的廠房與周圍居民民房犬牙交錯，空間上限制了工廠進一步發展的余地，此時提出了以三廢動遷名義實施40萬臺的技改項目。

經過15萬臺的技改項目，主要加工設備和工藝已達到國際先進水平，但加工散熱器風扇總成中的嵌件、從動輪支架等零件，均系在普通車床上進行。其加工工藝落后，生產效率低，加工質量不夠穩定，而且加工時均靠手工操作，自動化程度低，勞動強度大，不利於文明生產。為改變這一狀況，經研究分析，決定採用較為先進的數控車床對上述零件進行加工。這樣，不僅可以在機床上自動加工完成、減輕了勞動強度，而且加工質量穩定，生產效率也可顯著提高。為此，引進了5臺CK6432數控機床和7臺CJK6132經濟型數控機床。經核算，為滿足年產40萬套生產綱領的要求，工序機械

加工設備共需 26 臺，其中新增 12 臺用以加工嵌件及從動輪支架，其在兩班制工作時負荷率為 80%。採用三氯乙烯超聲波清洗機，對有關零件進行清洗工作，以保證清洗質量，提高清洗效率和降低清洗工作的勞動強度。新建生產綜合樓，把原來分散在兩地的生產部門集中在一起，可以減少工序之間的運送距離，減少在製品數量，有利於降低成本。另外，為了進一步提高質量，對測試中心做技術改造；為了提高設計能力，建立企業計算中心，引進 CAD/CAE/CAM 技術。項目總投資 2,970 萬元，其中 100 萬美元用於購買設備，土建費用 1,000 萬元。項目完成後形成單班 60 萬臺的能力，分屬兩個生產子系統。為桑塔納轎車配套產品因品種單一、數量大，建成高效的流水生產線；其他品種，因品種數量多、批量小，建成高柔性的多品種、小批量生產線。

上海日用電機廠的技術改造和擴大生產能力的投資都獲得成功，產生了良好的經濟效益。企業的主要經濟指標連年大幅度攀升，如銷售收入從 1990 年的 913 萬元增加到 1997 年的 10,996 萬元；利稅從 166 萬元增長到 2,133 萬元，利稅增長幅度大大高於銷售收入的增長幅度。在決策生產能力擴張時，他們精確地計算投入與產出。尤其是在引進設備方面，他們的經驗尤顯珍貴。我國有相當多的企業在引進設備時多多少少存在著「設計與加工脫節，加工與設備脫節」的問題。上海日用電機廠在引進設備的過程中，不僅考慮了自身的經濟實力、量力而行，更為重要的是，在做設備引進的決策時，就綜合考慮了未來的加工工藝和加工模具等後續環節，有效地保證了引進設備達到預期目的。

至此，上海日用電機廠的設計手段、製造設備、檢測手段都達到一流的水平，也建成了比較寬敞的廠房，更重要的是鍛煉出一支技術和工種全面的、特別能戰鬥的職工隊伍。這標誌著上海日用電機廠的第一次創業已經完成。

但是，上海日用電機廠也有自己的憂慮。剛起步時它畢竟是個基礎較薄弱的小廠，要進入汽車工業，需要大量投資，論家底還是有點力不從心。

面對不斷增加的合資的汽車電氣企業的競爭，為了降低經營風險，為了迅速擴大企業規模，為了增強企業競爭力，為了大步走向世界市場，上海日用電機廠於 1998 年 5 月與美國的汽車電氣專業廠 UTA 公司合資經營，成立了上海日用—友捷汽車電氣有限公司，雙方各占 50% 的股份。此時，上海日用電機廠羽毛已豐，志在世界市場上搏擊風浪。

思考題：
1. 上海日用電機廠為何要進入汽車行業？
2. 該廠採用什麼方式實現國產化？用這種方式對企業長遠發展有何影響？
3. 他們用什麼態度對待國外產品的原設計思想？
4. 他們是怎樣降低風險的？
5. 上海日用電機廠能否得到上海通用的配套任務？

【案例】1-4　法勃萊克公司案例

3 月的某天下午，法勃萊克公司的領班 Frank Deere 去見公司機械產品部經理 Stewart Baker。Baker 說：「Hi, Frank, 我希望能聽到關於這周 Pilgrim 公司訂單的好消息。我不想如上周那樣弄得神經緊張。」

法勃萊克公司組建於 1938 年，建廠初期專門為包裝機械廠加工機器鑄件。近年來

公司在高質量機床部件市場取得重要地位。僅 1986 年一年，公司向不同行業的 130 家機器製造商銷售價值 1,500 萬美元的零部件。法勃萊克公司總部及生產廠設在印第安拉州的一幢有 150,000 平方英尺面積的單層現代化的大樓內。

公司致力於提高快速準時交貨與低成本高質量的信譽。為此，公司總經理強調公司戰略的 4 個關鍵因素：①高報酬高技能的工人；②大量適應各種精密機械加工的通用機床；③一個為低成本高質量製造產品提供富有想像力的方法的工程部門；④某些工序的強大的檢測與質量控制能力。

公司雇傭 250 人，其中有 200 人從事生產與維修工作。該公司員工的工資水平在當地一直是較高的。

一、Pilgrim 公司的合同

Stewart Baker 從商學院畢業后，於 1968 年 6 月進入法勃萊克公司市場部工作。當他得知 Pilgrim 公司（一個主要的機械製造商）的一家供應商因勞工問題而供貨有困難時，他於 1 月初得到 Pilgrim 公司的第一張訂貨合同。零件由外購的鑄件加工至公差尺寸，由於零件是裝在發動機上的，會產生高溫與摩擦壓力。

Pilgrim 公司說，這是一次嘗試性合同，如果法勃萊克公司的產品質量與交貨信譽是令人滿意的，會得到大量更長期的合同。1 月中旬，Baker 被指派為機械產品部經理，並負責建立法勃萊克的汽車零件市場。

公司大部分的機床操作工工資是以工時定額為基礎的超產激勵支付方式。如果一個工人沒有達到標準定額，其工資等於完工件乘以單位標準金額工資。當某個工人超過了標準定額，它的收入會成正比例增長。法勃萊克的機床工平均作業量大約為標準定額 133%，大多數工人能得到高於定額標準的獎金，有些人則大大地超過了 133% 的平均水平。因此，公司以定額標準的 133% 作為排產與平衡機時和人力的定額。

法勃萊克公司管理部門擔心的是防止來自於因限定了任一工人的生產標準額則產生設備干擾現象（當一工人因等工待料而產生的強制性空閒時間），而工人都有能力超過定額標準。如果出現了設備干擾現象，一個熟練工人所節省的時間僅僅是增加每一週期的空閒時間，而不是增加生產時間。為避免這一情況，公司採取了一個政策試圖分配給每一個操作工以足夠的機器。在這種情況下，使工人們確信，在較寬的限制範圍內，他們獲得獎金的能力取決於他們自己的能力及獲得高額獎金的願望，而不能怪罪於設備干擾。

二、調整銑床作業

在正常的作業量下，按上述政策分配一定量的機器給操作工是可行的。然而，當生產量上升時，則需計劃較緊的機時，並雇傭附加的工人。在這種情況下，調整雇工數量是很重要的。1969 年年初，全公司的產量大大超過正常產量。

Pilgrim 公司的零件加工有八道工序。

(1) 箱與目視檢驗外購鑄件；

(2) 粗銑軸承面；

(3) 精銑軸承面；

(4) 銑平面；

(5) 銑鍵槽；

(6) 鑽 8 個孔；

（7）精磨軸承面；

（8）最后檢驗與包裝裝箱。

由於設計上的要求，四道銑切工藝按固定的順序加工是必需的。加工時需增加車間的銑床能力。工程部認為，按著加工次序，分配四臺以上的銑床而又不嚴重破壞銑床組其他工作的排產計劃是不可能的。預計日后一段時間對銑床能力的需求仍然會很高，這一情況也許會限制以后分配給 Pilgrim 訂單四臺以上的銑床。現有四臺銑床排列得很近，有自動喂料功能，一個工人操作全部四臺銑床是可能的。

Pilgrim 公司的零件製造從 1969 年 1 月開始，一臺鑽床與一臺磨床已搬到了四臺銑床邊上。兩位材料檢驗員和兩位曾一起工作的機床工被派到了這條新的生產線上。一位操作工負責四臺銑床，另一位操作工負責鑽床與磨床。操作工在以前的崗位上，工資是參照各自的激勵基數支付的，材料檢驗工按小時支付。這種支付方式被延續到新的作業。由於查明質量責任是困難的，工人的工資按總產出量基數支付，而不是按合格產品總數支付。

銑床的日產標準定在 100 個成品上，而一個有經驗的銑工每天至少能生產 133% 的定額標準產品。假定每日生產 133 個零件，每週會多出 15 個零件以做緩衝儲備。由於邊際利潤所限，Stewart Baker 不願增加更多的工人。

開工后不久，物料流動是平穩的，在工作地之間沒有不可接受的工序在製品。第一批的 680 件在 1 月 31 日準時裝運。小組穩定在 133% 的標準定額的平均水平上。Frank Deere 向 Blaker 匯報：該小組加工的新產品與以前的產品一樣好。小組成員與以前一樣，一起休息，一起吃飯。

三、裝運計劃與問題

生產了 Pilgrim 公司的兩批零件后，一位銑工在一個週末發生了一次車禍。他幾處受傷被送進醫院，儘管傷愈歸來的準確時間無法預計，但可以肯定，他在幾個月內不可能出院。

星期一上午，Deere 派了一位技術特別熟練的工人 Arthor Moreno 做銑床工作。午飯后，Moreno 開始做 Pilgrim 公司的活。這一分派意味著 Moreno 從原來獎金較高的生產任務上調走。他原來是獨自工作，每週收入 215 美元，近 85 美元是超定額獎金。然而領班認為 Moreno 原來的工作做不長久，調他到新的崗位工作幾個月，他也能工作得很出色。

Deere 和 Baker 估計小組能順利地完成 2 月 14 日的裝運計劃。除了在鑽床和磨床前偶爾堆積起在製品外，到周中為止，Moreno 的工作幹得不錯，看來調動是平穩和成功的。

2 月 13 日（星期四），Moreno 向領班陳述，他干銑工也許不能賺到以前那樣多的錢，領班認為這個委婉的不滿對某些近來改變工作的人來說是在意料之中的。2 月 18 日（星期二），Moreno 領到了新工作的周工資，他衝著 Deere 發火，揮動著 174.14 美元的支票說：「我告訴你，這是一項討飯的差事，Frank，這是證據，這項工作使我不能幹得很快。」Deere 認為不僅僅是 Moreno 比小組其他成員幹得快些，而且他意識到，Moreno 對檢驗工作越來越反感。

星期三中午前，進行了一項關於銑床工作的時間研究。Moreno，領班與研究人員都認為該產品的操作標準在技術上是合理的。Moreno 告訴領班，他擔心不能超額完成定額的 33%。Deere 承認線內的全部工作與平均生產率是完全一致的。他告訴 Moreno：

「不要為下道工序堆積工件而著急,如果你想干得快些,就干起來吧!」

到星期四下午Moreno又擔心了,他干完了工作,找不到為銑床準備工件的材料檢驗員。除了Pilgrim公司的鑄件外,檢驗員還有其他任務,他此刻正在工廠的另一地點工作。其他人告訴他,不知道檢驗員在哪兒。

到了星期五,Pilgrim公司的裝運工作按計劃進行,雖然工件開始在鑽床與磨床前堆積起來了,但沒出現什麼問題。

下一週,一個新問題產生了,檢驗員在裝箱前查出星期一、星期二兩天生產的38件不合格品。因關鍵的軸承面超出公差和太粗糙,問題似乎是出在磨床加工上。領班Deere要求負責鑽床與磨床的Clark在星期三加班8小時重磨有缺陷的工件。Clark為有加班機會而高興,他要讓領班相信,他對質量問題沒有責任。Clark說:「如果你想發現問題,請問Moreno,他給了我大量的廢品,我不得不放慢磨床的速度以得到還算不錯的成品。」而Moreno正以標準定額的167%的水平加工零件。

2月28日裝運發貨時,卡車被拖延了一個小時,等待少量的還在加工的產品接受檢驗與裝箱。到了5月4日(星期二),Deere清楚地知道質量問題並沒有解決。他們正面臨著難以在星期五裝運的現實。下午,Blaker來檢查Pilgrim公司的貨物情況。

Deere說:「Blaker,我們遇到了真正的問題,看來我必須增加工人,替代某些人,加班和設置另一臺磨床。當然,在我決定我要做的事情之前,我會與主管談的。」

「等一會兒」,Blaker說:「我們還不知道引起這些不合格品的原因,如果我們放過這些隱蔽的問題和諸如加班的問題,我們會失去這份訂單的。」

Deere回答說:「我還能幹什麼,Baker,難道你不想準時履約嗎?」

「行,我們在一週或更早以前干得很好。」Baker回答說:「Moreno一定與此有關,Clark看到堆在面前的一天比一天多的在製品使他感到煩惱,Moreno的快速意味著Clark的磨床操作變慢。你知道,我從沒有看見Moreno與小組其他成員在一起,除了他們上班時。」

「我猜你想讓我開除Moreno。」Deere回答說,「他是我手下最棒的一個。Baker,你將會準時得到Pilgrim的訂單,現在我有其他事情要做。你知道,我還有28名銑工可對付局面。」

思考題:

1. 案例中介紹的是哪一種生產類型?
2. 引起Pilgrim公司訂單不合格的可能原因是什麼?
3. 表1-4是銑床工藝操作標準。假定他不拿獎金,Moreno必須干得多快才能達到標準定額的167%?

表1-4

工序號	手動時間(1)	機器工作時間	機手並動時間	手動時間(2)
1	0~0.5	0.5~3.10	1.6~1.745	3.122~3.594
2	0.5~0.9	0.9~3.122	1.745~1.993	3.594~3.938
3	0.9~1.3	1.3~3.72	2.421~2.784	3.938~4.419
4	1.3~1.6	1.6~2.718	1.993~2.421	2.784~3.091

註:手動時間是指工人操作機器的時間,這時機器不運轉;機器工作時間是指機器運轉時間,這時工人不對這臺機器操作;機手並動時間是指當這臺機器正在運轉時,工人同時參與操作的時間。

4. 法勃萊克使用的刺激政策對 Moreno 的行為產生了什麼后果？
5. 短期內，對 Pilgrim 訂單加工可採取什麼改進措施？
6. 關於這一案例中的情況，從長期看有何憂慮？

知識鞏固

一、判斷題

1. 營運管理職能由與生產產品或提供服務直接相關的所有活動組成。（　　）
2. 典型的企業組織有三個基本職能：財務、行銷和生產營運。（　　）
3. 營運管理職能的實質是在轉化過程中發生價值增值。（　　）
4. 營運部經理負責生產產品和提供服務，包括資源的獲取和通過一個或多個轉換過程將這些投入轉變為產出，並對工人、設備、設施、資源分配、工作方法等構成要素進行計劃、協調和控制。（　　）
5. 製造組織與服務組織的主要區別在於前者是產品導向型的，而后者是活動導向型的。（　　）

實踐訓練

項目　認識營運管理在服務型企業中的應用

【項目內容】
帶領學生參觀某知名家居賣場/或大型超市的營運管理。

【活動目的】
通過對家居賣場的營運管理感性認識，幫助學生加深對營運管理的基礎知識、家具賣場布置方法、賣場促銷常見形式等知識的理解。

【活動要求】
1. 重點瞭解家居賣場的營運模式、企業的市場拓展和客戶管理的原則。
2. 每人寫一份參觀學習提綱。
3. 保留參觀主要環節和內容的詳細圖片、文字記錄。
4. 分析家居賣場的營運管理重點。
5. 每人寫一份參觀活動總結。

【活動成果】
參觀過程記錄、活動總結。

【活動評價】
由老師根據學生的現場表現和提交的過程記錄、活動總結等對學生的參觀效果進行評價和打分。

模塊二
生產率、競爭力和戰略

【學習目標】

1. 瞭解生產率的定義。
2. 理解生產率不高的基本原因。
3. 瞭解企業組織競爭的主要方面。
4. 瞭解戰略的定義。
5. 瞭解企業戰略對公司競爭力的重要性。

【技能目標】

1. 能夠列舉一些提高生產率的方法。
2. 能夠分析企業組織競爭的主要方面。
3. 能夠分析一些公司競爭力差的原因。
4. 掌握組織戰略和營運戰略的區別。
5. 舉例說明把組織戰略和營運戰略結合起來的重要性。

【相關術語】

競爭力（competitiveness）
環境因素分析（environmental scanning）
使命書（mission statement）
營運戰略（operations strategy）
戰略（strategy）
策略（tactics）
生產率（productivity）
基於質量的戰略（quality-based strategy）

【案例導入】

業務戰略與競爭優勢：聯想與戴爾之戰

聯想是中國電腦產業的領導者。戴爾是世界級的優秀公司。戴爾是世界PC機市場的老大，聯想是中國PC機市場的老大。世界老大來到中國，接下來的市場挑戰自然就

是：在戴爾的本土化與聯想的國際化之戰中，誰是最后的贏家？

在 2001 年，聯想總裁楊元慶與他的團隊有一個「420 誓師大會」，會上他宣布了新聯想的戰略目標：「我們一定要和聯想的全體同仁一起，使聯想在 10 年內成為全球領先的高科技公司，進入全球 500 強。」「這是一個既能幫助我們提高投入成效，又能降低投入風險的業務發展策略」，楊元慶對此是信心百倍的。

聯想的第一層面的 PC 機業務，明顯地將無法避免與戴爾之戰，而在第三層面的服務市場，IBM、新 HP 早已兵臨城下。「從現在到未來」或從「未來到現在」都面臨著巨大的挑戰。現在的問題是，聯想過去成功的戰略模式能否在新的情況下「再顯神勇」。

在一個既定的產業中，對競爭優勢的爭奪主要是圍繞所謂的三維競爭優勢——客戶優勢、地域優勢和產品優勢展開的。通過把握消費者心理，通過品牌推廣，通過銷售渠道控制與區域網路建設，通過在國有企業及政府部門方面建立起業務關係網，聯想將銷售點、消費者（特別是政府和企業）與它自己之間的三角關係變成了一個「價值增值游戲」，每個參與者都從游戲中獲得了好處，從而使得聯想成為最大贏家。從「1+1」電腦，到各種系列的家用機或商用機，聯想玩的都是將價格敏感度隱藏起來的「價值增值游戲」。聯想是全世界第一個引入影視明星做廣告的 PC 機廠家，這種將 PC 機品牌消費化的中國式創造，成功地將渠道利潤做到了一個新的高度，從而將只會「高舉（價）高打（中心城市）」的 IBM、康柏、HP 等擠出舞臺。

但是，這一招對戴爾基本無用。在任何一個戰場上，如果你要玩 PC 機游戲，都不得不直接面對戴爾模式的三個金律（Three Golden Rules）：壓縮庫存、傾聽顧客意見和直接銷售。這三個金律在產品、客戶和地域上創造的競爭優勢，在除中國外的市場上都屢戰屢勝。如果你不能從成本和收益上拿出趕走游戲主角的方案，結果就只能是自己被趕走，這就是 IBM、康柏等退出 PC 機市場的原因。不是 IBM、康柏真的沒有實力與戴爾長期一拼，而是 IBM、康柏沒想出比戴爾更好的招來當老大。這個「招」就是競爭優勢與核心競爭力結合下的盈利模式。所以，聯想進入國際市場絕不僅僅是一個規模和品牌問題，而是它的競爭優勢與核心競爭力結合下的盈利模式問題。

資料來源：核心競爭力決定誰笑到最后 [N]. 經濟觀察報，2002-09-01.

思考題：
1. 聯想是如何形成競爭優勢的？聯想在中國市場成功的根本原因是什麼？
2. 戴爾的營運戰略和競爭優勢是什麼？
3. 聯想國際化，相比戴爾會存在哪些劣勢？

任務一 生產率

一、生產率的定義

一個企業管理者的主要職責之一是做到有效地使用該企業的資源。生產率是對一個國家、產業、企業的資源利用率進行衡量的重要指標。對生產率的傳統定義是產出除以投入，用公式可以表示為：

$$生產率 = \frac{產出}{投入}$$

生產率比例的計算適用於單一運作、一個企業乃至整個國家。

一般來說，高生產率總是與高競爭力相伴產生的。因此，生產率也是衡量企業營運管理系統效率以及企業市場競爭力的重要標準。如何提高生產率是企業管理者的目標之一，從生產營運管理的角度來看，可以通過優化生產營運管理系統來實現。

二、生產率的度量和計算

（一）生產率的度量

生產率度量可用於多個方面。對單個部門和企業而言，生產率度量可用來監控一定時期的業績，這使得管理者可以對業績做出評價。

從本質上講，生產率反應資源的有效利用程度。企業管理者關心生產率是因為它直接影響到企業的競爭力。如果兩家企業有同等的產出量，但其中一家由於生產率較高而投入的較少，那麼這家企業就能夠按較低的價格銷售自己的產品，從而提高其市場份額。若這家企業選擇原價銷售的辦法，結果會獲得更多的利潤。

（二）生產率的計算

生產率可以根據投入是單要素或者多要素來分別計算。衡量某一投入和產出的生產率為單要素計算；衡量一部分投入和產出的生產率為多要素計算。比如，用「產出/能源」計算出的生產率就是單要素生產率，用「產出/（勞動力+能力）」計算出來的生產率就是多要素生產率。

【例】根據下列情況，求生產率。

① 4個工人8小時內鋪裝240平方米的地板。

② 一臺機器在3小時內生產出108件合格產品。

解：

① 生產率=鋪裝地板的平方米數/人工小時數

　　　　=240平方米/（4個工人×8小時/每工人）

　　　　=240平方米/32小時

　　　　=7.5平方米/小時

② 生產率=可用件數/生產時間

　　　　=108件/3小時

　　　　=36件/小時

三、影響生產率的因素

影響生產率的因素有很多，包括方法、資本、質量、技術和管理。

在一般情況下，企業提高生產率最常用的方法就是通過大規模生產，獲得規模經濟，降低單位產品成本。因此，高生產率通常伴隨著成本領先戰略。通常實施成本領先戰略的企業採用高生產率的專用設備和專用工藝，從事大規模的流水線生產。

在當今多變的需求中，企業如何在保證高生產率的同時，快速滿足多變的個性化需求，是每一個企業必須思考和面對的挑戰。

管理實踐

戴明關於提高管理生產率的 14 條原則

1. 為長遠的將來制訂計劃,不是對下個月或下一年;
2. 絕對不要對自己產品的質量自鳴得意;
3. 對你的生產過程建立統計控制,並且要求你的供應商也這麼做;
4. 只與極少數的供應商做生意,當然是他們中間最好的;
5. 查明你的問題究竟是局限於生產過程的某一部分,還是來源於整個過程本身;
6. 對於你要工人做的工作,應該先對他們進行訓練;
7. 提高你下屬的管理水平;
8. 不要害怕;
9. 鼓勵各部門緊密地配合工作,而不是專注於部門或小組的界限;
10. 不要陷入接受嚴格的數量目標,包括廣為流行的「零缺陷」中;
11. 要求你高標準地完成工作,不是從上午 9 點到下午 5 點待在工作臺前;
12. 訓練你的雇員瞭解統計方法;
13. 當有新的需要時,訓練你的雇員掌握新方法;
14. 使高層管理者負責實施這些原則。

四、提高生產率的方法

一個企業或一個部門可利用很多關鍵性步驟來提高生產率:
(1) 測定所有營運管理設計的生產率。
(2) 將系統視為一個整體,來決定哪個運作的生產率是重要的。
(3) 設計實現生產率增長的方法。
(4) 確定合理的目標。
(5) 及時測定生產率增長情況並公布之。

【案例】 2-1 沃爾沃公司的工作團隊

隨著大市場的逐漸消失,沃爾沃公司曾經研究過其裝配線是否已經過時。1974 年,該汽車廠拆除了其在 Kalmar 州工廠裡的裝配線。該生產線被小的系統取代,該系統中汽車以小批量進行生產,並給予生產汽車零部件的工作團隊更大的自主權。沃爾沃公司非常相信團隊,在其 Uddevallad 的新廠中也採取了這種系統。

Uddevallad 分廠於 1900 年投產運行。在 Uddevallad 分廠車間,由 8~10 人組成自我管理小組,完成從開始到結束的整個裝配工作。裝配中的汽車在一個固定的裝配地點裝配,一種專用裝置可使汽車按需要任意傾斜,以便工人順利完成工作。每一個團隊有高度的自治權,他們可以做出暫停和休假計劃。當團隊中某一成員缺席時,他們可以重新分配工作。團隊同樣可以參加決策,包括質量控制、生產計劃、制定工作程序、維修裝備和下達供應任務。

Uddevallad 分廠的工人依據其表現獲得工資。除了工資外,質量維護、生產維護以及每週達到預定的目標都將獲得獎金。該廠中沒有監督人員和領班,6 個車間中,每一

個車間都有80~100名雇員,這些雇員又分成裝配小組。每個裝配小組有一名協調員(按輪流方式選擇),他同管理人員直接保持聯繫。為了確保系統的正常工作,工廠為雇員提供了大量信息。沃爾沃公司也做了大量的工作,以確保工人對公司歷史、傳統和策略有一個比較透澈的理解。

但Uddevallad分廠的新系統總體上並不成功。雖然士氣高漲,但生產率仍低於沃爾沃公司在比利時的Chent分廠,該分廠在裝配線上生產一輛汽車的成本是Uddevallad分廠的一半。Uddevallad分廠的工會主席認為該方法可以行得通,他說,「我相信我們的班組。我們的目標是要比Chent分廠干得更好。」

沃爾沃在Uddevallad分廠的員工培訓方面投資力度很大。首先,員工要參加為期16周的初級課程學習。這僅是工人為學習汽車裝配方面的知識而必須進行的16個月培訓計劃中的一部分。工廠鼓勵員工分享各自的經驗並且交流思想。

Uddevallad分廠的新系統對每一個人都提出了許多要求,雖然有些要求遭到了員工反對。像其他汽車廠一樣,沃爾沃公司也尚未擺脫世界範圍內汽車銷售量下降的陰影。

[案例評析]

根據材料信息,我們發現沃爾沃公司Uddevallad分廠的主要矛盾是工作制度跟生產力之間的矛盾。

Uddevallad分廠(以下簡稱U廠)在工作中主要採取了以下變革:

(1) 工作設計中將已往的流程式生產工作方式變革成了自我管理式團隊工作方式。
(2) 依據工人表現發放工資。
(3) 取消了監督人員和領班,而是在車間各裝配小組中產生一名「協調員」(輪流方式)。
(4) 對員工進行長期培訓。

以上改革,從某些層面上看是成功的,但從公司的經營目標上看,確是失敗的。下面我們對上述改革所引起的利弊進行分析,進而分析產生矛盾的原因。

一、U廠自我管理式團隊

該團隊一般由8~10人組成一個小組,完成從開始到結束的所有裝配工作,這種工作模式由這8~10人完成整車的裝配;同時,小組可以做出暫停和休假計劃,可以參與決策,並對很多任務負責,包括質量控制、生產計劃、制定工作程序、維修準備和下達供應任務。自我管理式團隊工作方式並沒有能有效提高工作效率和降低生產成本,因為對於整車裝配這種複雜繁瑣的工作,用人力大大增加了工時長度,從而使成本轉嫁到人工成本上,最終影響企業盈利目標。

二、依據工人表現發放工資

U廠依據員工表現發放工資。除了工資外,質量維護、生產維護以及每週達到預定目標都將得到獎金。這同樣使得員工工作積極性大大提高,同時也體現了多勞多得的公平競爭原則。

三、取消了監督人員和領班,而是在車間各裝配小組中產生一名「協調員」(輪流方式)

U廠採取以「整」化「零」,取消了監督人員和領班,而是在工作組中指派一名「協調員」,協調員直接與管理人員進行信息溝通。由於少了監督人員和領班這種中層職位,使得企業組織層次減少,變得「扁平」,信息傳遞更為迅捷。但這種溝通方式,

有時避免不了「協調員」在建議的時候偏向於自己的工作小組，沒有從大局去考慮問題。

四、對員工進行長期培訓

U廠對員工培訓投資的力度很大。首先員工要參加為期16周的初級課程學習，這僅是工人為學習汽車裝配知識而進行的16個月培訓計劃當中的一部分。企業對員工進行培訓提高了員工的專業技能，確保了企業生產質量。但大規模的培訓，培訓費高昂，而且由於個人意願及能力的不同，培訓效果也不一樣。最后，即使每個人都掌握了專業裝配知識，但裝配速度跟機器裝配相比，明顯是大大不如，高昂的人工成本，最終不得不影響企業盈利。

綜上所述，U廠在進行了一系列變革之后，企業員工工作積極性、工作質量都有了顯著提高，但企業的效益卻不升反降。究其原因，就是工作效率沒有得到提高。而導致工作效率沒有提高的根本原因就是生產方式的選擇。對於繁瑣、複雜、工作量大的工作，採取機器流程式生產要優於人力生產。因為一輛汽車有十幾萬個零件，靠人力裝配產量有限，同時所產生的高額人工費用也是企業承受不起的。

【案例】2-2　生產電爐

10人小組負責組裝用於醫院和藥物試驗的電爐（一種將溶液加熱到指定溫度的裝置），他們生產的電爐有許多類型。

工廠每個人都運用一些恰當的小工具組裝電爐的一部分。完成好的電爐部件由傳送帶送至下一工序。當電爐完全組裝好后，由一個質檢人員檢查整個電爐的組裝質量以確保生產的產品合格。檢查合格的電爐由工人將之放到早已準備好的特製紙盒中以備裝運。

裝配組裝線由工業工程師來協調平衡。他將整個組裝工作分解成若干個恰好3分鐘能夠完成的子任務，這些子任務都是經過精心計算的，以便每個工人完成組裝任務所用的時間幾乎相等。這些工人的工資直接按其工作時間來計量。

然而，這種組裝工作方式出現了許多問題，工人士氣低落，質檢人員查處不合格電爐的比例很高，那些由於操作原因而不是由於裝配原因引起的可控廢品率高達23%。

經過討論，管理人員決定對生產採取一些革新措施。管理人員將員工召集起來，詢問他們是否願意自己單個組裝電爐。工人同意這種新方法，條件是如果這種方法不奏效，他們可以回到以前的工作方式。經過數天的培訓后，每個工人開始組裝整個電爐。

到了年中，情況開始有了改觀。工人的勞動生產率開始迅速上升，生產率超出上半年的84%，儘管沒有任何人事和其他方面的改變，但整個期間可控廢品率由23%降到了1%，工人的缺勤率也由8%降到了1%。工人對工作變化反應積極，士氣很高，正如其中一個工人所說的，「現在可以說這是我生產的電爐了」。最終，由於廢品率較低，以至於原先由質檢員擔任的檢查工作改由工人自己承擔，全職質檢員工轉到企業其他部門中去了。

[案例評析]

企業通過生產方式的變革，將一個員工工作積極性不高、生產率一般、不合格率較高的生產電爐的企業變成了一個員工工作積極性高、生產率幾乎翻倍、不合格率較

低的企業。下面，我們通過管理人員所採取的措施依次來分析企業變化的原因。

原有生產方式：10人小組，每個員工運用一些恰當的小的工具組裝電爐的一部分，工作經過定量設計，每個子任務恰好3分鐘，完成好的電爐由傳送帶傳送至下一工序。當電爐組裝完成後，由一個質檢人員檢查整個電爐是否合格。

工作狀況：工人士氣低落，生產率一般，不合格率極高（達到23%）。

分析原因：人的情緒影響，導致工作積極性不高。根據行為理論，當一個人的工作內容和範圍較狹窄或工作的專業化程度較高時，人往往無法控制工作速度（如裝配線），也難以從工作中感受到成功感、滿足感。因此，像這樣專業化程度高、重複性很強的工作往往使人易產生單調感，從而產生工人頻繁換工作、缺勤率高、鬧情緒，甚至故意製造生產障礙等情況。

現有生產方式：個人單獨組裝電爐。

工作狀況：工人士氣高漲，生產率超出上半年的84%，不合格率由23%下降到1%，缺勤率由8%下降到1%。由於極低的不合格率，以便原先的質檢員擔任的工作改由員工自己承擔，全職質檢員到其他部門中去了。

分析原因：單個獨自生產方式，使員工工作擴大化，豐富了任務種類，從而能夠完成一項完整的工作，提高了員工的工作積極性；同時，產品的產出，如果得到顧客或領導的認可，會使員工感受到一種喜悅感和滿足感，從而更大地激發了員工的榮譽感，使工作更盡責。

在沃爾沃工作團隊的案例和生產電爐的案例當中我們發現，在大小兩個企業中，都採取了類似「自我管理式團隊」工作方式，但是兩家企業的最終經營結果卻截然相反，前者最後關閉，後者經營得更好。究其原因，我們發現：一個成功的企業，需要一個好的、適合自己的生產方式。像沃爾沃這種汽車裝配公司，工作任務繁多、複雜，在確保工人積極性的情況下，相比於採取人工裝配，採取機器裝配才是適合自己的。而對比電爐廠，我們可以看到，10個人的小組，1人3分鐘1個程序，一個電爐30分鐘就可以完成。而經過培訓的工人單個獨自生產，除去傳送帶上的傳送時間，一個人可能用不到30分鐘就能完成一個電爐的裝配，在大大提高了效率的情況下，又大大提高了工人的積極性。這種生產方式是適合該廠的。

任務二　競爭力

一、競爭力的定義

自20世紀80年代以來，競爭力研究一直受到經濟學者和管理者的廣泛重視。在現在全球經濟一體化時代，任何國家、任何企業都不能避免激烈的市場競爭帶來的挑戰。

波特從強勢競爭理論的角度將競爭力概念界定為：企業的競爭優勢是指一個公司在產業內所處的優勢位置。世界經濟論壇組織（WEF）1995年將競爭力定義為：企業的競爭力是企業目前和未來在各自的環境中以比他們在國內和國外受到競爭者更有吸引力的價格與質量進行設計、生產並銷售貨物以及提供服務的能力和機會。

二、獲得競爭力的要素

低成本、高質量、產品差異、時間優勢（準時交貨、新產品或服務的研發及投放市場的快慢、工藝或產品改進的速度）等要素都可以幫助企業獲得競爭優勢。

公司的競爭要素可以歸納為成本、靈活性、質量、速度、可靠性五個方面。

選擇低成本作為競爭重點的企業，其競爭戰略一般是成本領先戰略。低成本的企業通常選擇大批量生產無差異的產品，降低邊際成本，追求高生產率，從而獲得比競爭對手更低的成本和價格優勢，形成企業競爭力。價格競爭力的結果可能會降低企業利潤率。但大多數情況下會促使企業降低產品或勞務的成本。

【案例】2-3　西南航空公司的低成本營運戰略

美國西南航空公司（以下簡稱西南航空）是一家在固定成本極高的行業中成功實施低成本競爭策略的優秀公司。它從20世紀70年代在大航空公司夾縫中謀求生機的小航空公司一躍發展成為美國的第四大航空公司，持續30餘年保持遠高於行業平均水平的高利潤和遠低於行業平均值的低成本。

20世紀70年代，美國的航空業已經比較成熟，利潤較高的長途航線基本被瓜分完畢，新進入者很難找到立足的縫隙；短途航線則因單位成本高、利潤薄而無人去做。在這種情況下，成立不久的西南航空審時度勢，選擇了把汽車作為競爭對手的短途運輸市場。因此，西南航空在必須營運的各個細節中，圍繞低成本這一戰略定位，想方設法化解所有比傳統航空公司更大的成本壓力。

細節之一，關於飛機。西南航空只擁有一種機型波音737，公司的客機一律不搞豪華鋪張的內裝修，機艙內既沒有電視也沒有耳機。單一機型的做法能最大限度地提高飛機的利用率，因為每個飛行員都可以機動地駕駛所有飛機。此外，這樣做降低了培訓、維修、保養的成本。同時，西南航空將飛機大修、保養等非主營業務外包，保持地勤人員少而精。比如，西南航空的飛機降落以後，一般只有4個地勤人員提供飛機檢修、加油、物資補給和清潔等工作，人手不夠時駕駛員也會幫忙。

細節之二，關於轉場。在堅持只提供中等城市間的點對點航線的同時，西南航空盡可能選用起降費、停機費較低廉的非樞紐機場。這樣做不僅可以直接降低某些費用，而且也保證了飛機快速離港和飛機上限量供應等低成本措施的可行性。為了減少飛機在機場的停留時間，增加飛機在空中飛行的時間，西南航空採用了一系列規定以保證飛機的高離港率：沒有托運行李的服務；機艙內沒有指定的座位，先到先坐，促使旅客盡快登機；建立自動驗票系統，加快驗票速度；時間緊張時，由乘務員幫助檢票；不提供集中的訂票服務。這些特色使得西南航空70%的飛機滯留機場的時間只有15分鐘，而其他航空公司的客機滯留機場的時間需要一兩個小時。對於短途航運而言，這節約下來的一兩個小時就意味著多飛了一個來回。

細節之三，關於客戶服務。選擇低價格服務的顧客一般比較節儉，所以西南航空意識到，自己的客戶乘坐飛機最重要的需求就是能實惠地從某地快速抵達另一地。於是，公司在保證旅客最主要滿意度的基礎上，盡一切可能地將服務項目化繁為簡，降低服務成本。比如，飛機上不提供正餐服務，只提供花生與飲料。一般航空公司的空姐都是詢問「您需要來點兒什麼，果汁、茶、咖啡還是礦泉水」，而西南航空的空姐則

是問「您渴嗎?」只有當乘客回答「渴」時才會提供普通的水。

最后,西南航空只提供不分頭等艙或經濟艙的一般票價和高峰時段的票價兩種票價,同時統一同一州内的票價。這樣,一方面可以不必像其他航空公司那樣依賴電腦程序協助設計使公司航班收入最大化,簡化內部流程,降低營運成本;另一方面也方便客戶使用自動售票機購票,從而能夠吸引更多的乘客,提高滿載率和飛機利用率,降低分攤到每個乘客的成本。

西南航空將低成本戰略發揮到了極致,這使它獲得了巨大成功的同時,也被視為航空低成本營運模式的鼻祖,被后來者效仿。

資料來源:美國西南航空公司網站。

任務三　戰略管理

一個組織的戰略對該組織具有深遠的影響。戰略對組織的競爭力影響極大;若是非營利組織,戰略將在很大程度上影響到其意圖的實現。

一、使命

一個組織的使命是該組織的基礎,是其存在的原因。使命因組織而異。一個組織的使命是由該組織的業務性質決定的。醫院的使命是提供醫療服務;建築公司的使命是建造房屋;保險公司的使命則是開辦壽險或多種保險業務。非營利組織的部分使命是向社會提供服務,而營利組織的部分使命則是為其業主（股東、合夥人）提供利潤。

表 2-1　　　　　　　　　幾家知名公司的使命書

英國航空	努力成為航空業的最佳、最成功的企業
IBM	為您的行業服務,打造整合營運企業（無論是一小步,還是一大步,都要帶動人類的進步）
聯想電腦	為客戶利益而努力創新
微軟公司	計算機進入家庭,放在每一張桌子上,使用微軟的軟件
迪士尼公司	成為全球的超級娛樂公司,使人們過得快活

二、營運戰略

組織戰略為該組織提供了整體性方向,它涉及範圍廣,涵蓋整個組織。營運戰略與產品、工序、方法、使用的資源、質量、成本、生產準備時間及進度安排緊密相關。

表 2-2　　　　　　　使命、組織戰略和營運戰略的比較

	管理層次	時間跨度	範圍	詳細程度	涉及內容
使命	最高	長	寬	低	生存、盈利能力
組織戰略	較高	長	寬	低	增長率、市場份額
營運戰略	較高	中至長	寬	低	產品設計、選址、技術選擇、新設施
策略	中	中	中	中	工人人數、產量大小、設備選擇、設備布置
運作	低	短	窄	高	人員分工、調整產量、庫存管理、採購

三、生產營運戰略的構架

（一）競爭力排序
1. 競爭要素
競爭要素是指一家公司希望展開的那些維度。這些維度所描述的都是客戶能夠看到或體驗得到的東西。公司的競爭要素可以歸納為成本、靈活性、質量、速度、可靠性五個方面。

【案例】2-4　漢堡王公司的績效目標

1954 年，詹姆斯·麥克拉摩爾（James Mclamore）和戴維·埃杰頓（David Edgerton）創建了漢堡王（BURGER KING）公司，該公司現已成為美國第二大漢堡餐館，年銷售額超過 100 億美元，在全美擁有 8,000 多家連鎖店，並擁有約 3,000 家海外連鎖店，其中 92% 以上的是特許經營店。2000 年，漢堡王公司開始著手餐館經營的改革。這項改革還包括了新的廚房系統以及其他營運過程的改善。

質量：漢堡王公司一直以其食品的質量而自豪。

服務速度：這是在餐飲業（尤其是快餐業）中一個非常重要的績效目標。

可靠性：這是指漢堡王公司服務的可靠性。

柔性：這裡既指產量柔性又指組合柔性。

成本：雖然漢堡王公司不會以市場的最低價格參與競爭，但它的確要做到物有所值。

2. 競爭的優先級
由於企業自身的條件不同，需要對競爭力發展的重點及優先順序進行排序。生產競爭優先排序決定了生產運作戰略的指向，它必然要與企業總戰略相一致，從而也反應了總戰略的方向。

劃分生產運作機構競爭力優先級應考慮的因素有：

（1）目標市場客戶的需求和期望；

（2）生產運作機構相當於競爭對手的績效；

（3）生產運作機構的核心專長。

（二）生產運作績效目標
生產運作績效目標是指與選定的優先競爭力相一致的生產績效目標，用一套指標體系來度量。見表 2-3。

表 2-3　　　　　　　　　　　生產績效指標

主要產品的平均單位成本	產品生產週期 （從原材料至成品）	產品開發項目及時完成率
直接勞動生產率	新產品開發速度	能夠生產的產品品種數量
設備準備時間	使產品涉及變化投入生產的速度	及時交貨狀況
採購間隔期	從用戶訂貨至交貨的間隔期	顧客對質量的綜合評價

表2-3(續)

主要產品的平均單位成本	產品生產週期 (從原材料至成品)	產品開發項目及時完成率
原材料庫存時間	採購零部件的次品率	顧客對新產品的滿意程度
在製品庫存時間	成品的平均廢品率	……
成品庫存時間	產品返修率	

(三) 戰略方案

戰略方案是指為了發展優先競爭力實現生產運作績效目標而採取的行動措施。它的選用必須考慮到被選方案對優先競爭力及績效目標的影響以及企業內、外部的資源。

表2-4通過選擇兩個直接相關的公司戰略以及所產生的生產運作戰略來說明生產運作戰略與公司戰略的匹配關係。

表2-4

企業戰略	戰略A	戰略B
	產品模仿	產品創新
市場情況	價格敏感 成熟市場 高容量 標準化	產品特色敏感 新興市場 低容量 客戶定制產品
生產運作宗旨	強調成熟產品的低成本	強調引進新產品的靈活性
特有能力運作	通過先進工藝技術和縱向一體化實現低成本	通過產品團隊和靈活的自動化來快速引進可靠的新產品
生產運作策略	先進工藝 剛性自動化 對變化反應慢 規模經濟 勞動力參與	優良產品 柔性自動化 對變化的反應迅速 範圍經濟 使用產品團隊
行銷戰略	大眾銷售 重複銷售 銷售機會最大化 全國設有銷售人員	選擇性銷售 新市場開發 產品設計 代理銷售
財務戰略	低風險 低邊際利潤	高風險 較高的邊際利潤

四、經營戰略

(一) 成本領先戰略

成本領先戰略就是要使企業的某項業務成為該行業內所有競爭者中成本最低者的戰略。企業採用成本領先戰略的動因主要有：
(1) 形成進入障礙；
(2) 增強企業討價還價的能力；
(3) 降低替代品的威脅；
(4) 保持領先的競爭地位。

（二）差異化戰略

差異化戰略的實質是要創造出一種使顧客感到是獨一無二的產品或服務，使消費者感到物有所值，從而願意支付較高的價格。

實施差異化戰略的關鍵是創新。按照創新戰略，競爭對手可能稱為合作者，公司之間既有競爭又有合作。在急遽變化的時代，與其努力趕上和超過競爭對手，不如合作起來致力於創新，實現共贏。

（三）重點集中戰略

重點集中戰略是指把經營戰略的重點放在一個特定的目標市場上，為特定的地區或特定的消費群體提供特殊的產品或服務。

企業在選擇重點集中戰略時，應在產品獲利能力和銷售量之間進行權衡和取捨。

【案例】2-5　沃爾瑪經營現象

2004年沃爾瑪的淨銷售收入達到2,563億美元，連續3年榮登美國《財富》500強榜首。

在沃爾瑪，「每日低價」並不只是一條標語，它還是公司的基本原則。多年來，沃爾瑪因低成本而從零售供應鏈中擠出了數百億美元，並將節省所得之中的大部分以低價形式讓利於顧客。

沃爾瑪經營著1,386家超大購物中心，是美國最大的雜貨商，市場份額為19%；它也是美國第三大藥品商，市場份額為16%。

沃爾瑪計劃今后5年在美國增開1,000家超大購物中心。零售前瞻公司（Retail Forward）估計，這種超大購物中心的閃電戰將使沃爾瑪的雜貨與相關收入從目前的820億美元增加到1,620億美元，並使得它得以控制美國35%的食品銷售和25%的藥品銷售。

沃爾瑪的戰略標誌是：天天低價，商品的選擇範圍寬廣，較大比例的名牌商品，使顧客感到友善而溫馨的商店環境，較低的營業成本，對新的地理含義上的市場進行訓練有素的擴張，創新性的市場行銷，以及優良的售后服務保證。

沃爾瑪的主要商品系列包括：家庭用品、電器用品、體育用品、用於草坪和花園的器具，健身與健美器材和設備、家庭時尚用品、油漆、塗料，床上用品和浴室用品，五金商品，家用修理設備、玩具和游戲軟件，以及雜貨類商品。到1994年，沃爾瑪商店的規模為40,000~180,000平方英尺，平均規模為84,000平方英尺。每個商店的結構大體一致，商店的光線明亮，氣氛歡快，空氣新鮮，而且商店裡的通道寬闊，並有吸引人的最流行的商品陳列。商店的員工友善並樂於助人，他們的目標就是要使每一個逛商店的顧客都感到滿意。

節約成本的意識貫穿沃爾瑪經營的方方面面——從商店的建設到供應商給沃爾瑪提供低價的倉儲商品，再經由高速的分銷系統給每個商店配送商品，從而使沃爾瑪保持著成本領先優勢。而沃爾瑪節約的成本又以更低的零售價格的形式轉移給了商店的顧客。

一、競爭環境

折扣零售業是一個競爭激烈的行業。沃爾瑪的兩個主要競爭者是凱馬特和西爾斯。這三家公司都有著相似的戰略，並有相似的成長過程，但是在整個20世紀80年代，沃

爾瑪的增長速度遠比凱馬特和西爾斯要快。1989年，沃爾瑪升到了行業老大的地位。沃爾瑪由此開始推行天天低價的戰略，並將各種名牌商品貫以其自身的商標推向市場。此后幾乎所有的折扣商都採用了某種形式的天天低價的戰略。在前10家最大的折扣零售商中，沃爾瑪是唯一的一家將其大部分商店設立於鄉村市場的。將沃爾瑪與凱馬特和塔吉特做比較的家庭調查表明，沃爾瑪具有很強的競爭優勢。《折扣商店新聞》的資料揭示：當被要求對沃爾瑪和凱馬特及塔吉特做比較時，各個家庭比較一致的意見是沃爾瑪更好或至少一樣的好。

當被問到沃爾瑪為什麼更好時，多樣化的商品或廣泛的選擇範圍和優質的產品質量是被顧客引用的另外幾個主要原因。30%的人認為是產品的豐富多樣，18%的人認為是產品的高質量。在各種媒體中，有著關於薩姆·沃爾頓和沃爾瑪的市場行銷的超凡能力或超凡技術的大量報告，這使得公司在顧客心目中樹立了極佳的形象和品牌認知度。在實施戰略方面，沃爾瑪將其重點置於與供應商和員工結成穩固的工作關係，對商品陳列和市場行銷的任何一個最小細節都給以關注，充分利用每一個節約成本的機會，並且造就一種追求高業績的精神。

二、天天低價的戰略主題

雖然沃爾瑪並沒有發明天天低價戰略，但在「執行」這個要領上，它比任何一家別的折扣商店都要做得更好。在市場中，沃爾瑪有這樣的聲譽：它每天均是最低價格的日用品零售商。在沃爾瑪開設有商店的區域，對顧客的調查表明，55%的家庭認為沃爾瑪的價格比其競爭者更低或更優；而在沃爾瑪沒有開設商店的區域，也有33%的家庭持有同樣的觀點。沃爾瑪採用多種方式向顧客宣傳它的低價戰略，如在商店的前面，在廣告中，在商店內的各種標誌上，以及在包裝袋的廣告語中，隨處可見「我們的售價更低」！

三、廣告

沃爾瑪比它的競爭者更少依賴於廣告公司。通過使其環保包裝的產品更為奪目，沃爾瑪也得到了免費的媒體報導。該公司還經常允許各種慈善機構使用其停車場進行各種募集資金的活動。

四、分銷

這些年來，沃爾瑪的管理層已經把公司的中心分系統變成了一個有競爭力的武器。大衛·格拉斯說：「我們的分銷設備是我們成功的關鍵之一。如果我們比競爭對手做得更好一點的話，那就是我們的分銷設備。」由於它在鄉村的商店佈局，沃爾瑪在分銷效率方面在早期就已經走在了競爭對手的前面。因為其他的折扣零售商依賴於生產廠家或分銷商將貨物直接運送到它們在大城市區域內的商店。沃爾瑪發現，它在20世紀70年代的快速增長充分利用了供應商的能力——使用其獨立的運貨公司給沃爾瑪不斷增加的鄉村商店進行頻繁而及時的貨物運送。

1980年，沃爾瑪開始建立地區分銷中心，並且通過自己的運輸車隊從這些中心給各家商店分送貨物。當新的、邊遠的商店從現有的分銷中心不能得到可靠而經濟的服務時，沃爾瑪就設立新的分銷中心。1994年，沃爾瑪擁有22家分銷中心，覆蓋了2,150萬平方英尺的面積。這些分銷中心總共雇用了1,600名員工，他們每年要以準確率達99%的裝運順序處理850,000卡車的商店。沃爾瑪的分銷中心採用了大量的自動化系統。

1988年的研究數據表明：沃爾瑪對西爾斯和凱馬特的分銷成本優勢是很明顯的。沃爾瑪具有向它幾乎所有的商店當天分銷的能力，而凱馬特要四五天分銷一次，塔吉特要三四天分銷一次。

五、最新技術的使用

沃爾瑪積極地應用最新技術成果，以提高生產率和降低成本。公司的技術目標就是要向員工提供這樣的工具：通過對這些工具的應用，可以使他們更有效地做好工作，更好地做出決策。技術的使用並不僅僅是代替現有員工的一種手段，沃爾瑪應用技術的方法就是積極地嘗試、試驗，開始使用最新的設備、零售技巧和計算機軟件。

1974年，沃爾瑪開始在其分銷系統中心和各家商店運用計算機基於一定的標準而進行庫存控制。1981年，沃爾瑪開始在銷售點試用掃描機，並且承諾到1983年，在其整個連鎖店系統都用上條形碼掃描系統。這一變動導致其對顧客的服務速度提高了25%～30%。1984年，沃爾瑪開發了一套計算機輔助市場行銷系統。這套系統可以在每一家商店按照自身的市場環境和銷售類型進行相應的產品組合。1985—1987年，沃爾瑪安裝了國內最大的私人衛星通信網路。該網路的應用使得總部、分銷中心和各個商店之間可以實現雙向的聲音和數據傳輸，從伯思頓威利的公司辦公室到各分銷中心和各家商店之間可以實現單項的圖形傳輸。這套系統比以前使用的電話網路系統還要安全，可視系統通常被公司的管理人員用於與公司的全體職員即時的直接通話。1989年，沃爾瑪與大約1,700個供應商建立起了直接的衛星聯繫，這種聯繫使得沃爾瑪可以使用電子訂單訂貨。

沃爾瑪有標準的數據處理系統和信息系統。沃爾瑪不僅開發了計算機系統以對公司經營的每一個方面為公司的管理層提供詳細的數據，而且在世界上同類規模的公司中，沃爾瑪被認為是成本最低、數據處理效率最高的公司之一。

六、建築政策

沃爾瑪的管理層努力地工作著，在他們的新商店、商店改造及商店的附屬裝置的資本支出上盡量節約。沃爾瑪的商店設計為：有著開放式窗口的管理人員辦公室——裝修起來比較經濟，有著大面積展示空間的特點——重新整理和翻新均比較容易。沃爾瑪所雇用的建築公司可以利用計算機模仿技術，一週之內就可以設計出幾家建築風格完全一樣的新商店。此外，商店的設計還要達到建築週期短、建築費用低，而且維修和改造的成本也應較低。

為了在設施上保持低成本的主題，沃爾瑪的分銷中心和公司的辦公場所花費的建築費用均較少，且裝修簡單。高層經理們的辦公室十分質樸。沃爾瑪的商品的大量生產和室內的批量展示，不僅省錢省時，而且在不到30天的時間內就可以推出一次新的展示概念。

七、與供應商的關係

由於有著巨大的購買力做支持，通常人們認為沃爾瑪有著強有力的與供應商討價還價的能力。沃爾瑪的採購代理商們也盡其所能去獲得最低的價格，並且它們從不接受供應商的宴請。一家主要供應商的市場行銷副總裁告訴《財富》雜誌：「他們是一群對工作極為關心的人，他們對其購買力的有效利用要強於美國國內的任何其他人。所有的禱告儀式都是口頭的方式。他們最優先考慮的事情是確保每一個人在任何時候任

何情況下都知道誰在主持局面。這就是沃爾瑪。

供應商被邀請到沃爾瑪的分銷中心參觀，以親臨現場看到事情是怎樣運轉的，並且也瞭解到沃爾瑪在獲得更高的效率方面所碰到的各種難題。供應商們也會被鼓勵就他們與沃爾瑪關係中的任何難題發表意見，並且積極地參與沃爾瑪的未來發展計劃。

寶潔公司的做法是在沃爾瑪的總部附近派駐一組人員，讓他們持續地與沃爾瑪的人在一起工作。這一合作項目的首要目標是對寶潔公司供應的大多數商品採用可回收利用的包裝材料，以與沃爾瑪的政策相一致，而這一政策就是沃爾瑪對外宣稱的它們所銷售的產品都是環保型產品。另一個涉及的問題就是將兩家公司的計算機相連接，從而為寶潔公司供應給沃爾瑪的大多數商品建立起一個及時訂貨和傳送系統。當沃爾瑪庫存到了訂貨點時，計算機就通過衛星向最近的寶潔工廠發出訂單，這些工廠接到訂單后將其商品運送到沃爾瑪的分銷中心。寶潔公司和沃爾瑪公司都認為自動訂貨系統是一個雙贏的處理方案。因為通過協調，寶潔公司能夠有效制訂生產計劃，進行直線分銷，並降低其成本，最后寶潔公司又可將節約所產生的一部分利潤讓利給沃爾瑪。

沃爾瑪尋找著這樣的供應商：在他們所生產的產品領域居主導地位的供應商（這樣他們可以提供高品牌認知度的產品）；能與沃爾瑪一塊成長的，有著一系列產品的供應商（他們提供的產品可以使得沃爾瑪的顧客既有多種選擇性，又可以使他們準備選擇的產品有著某種程度的有限的排他性）；有長期的研究開發計劃，從而使得沃爾瑪的零售貨架上總是能夠擺上新的和更好的產品的供應商；對他們所供應的產品有能力提高生產和分銷效率的供應商。

無論你的產品多麼好，如果他們沒有告訴你它們在貨架上的表現，則它們在沃爾瑪的商店中表現並不怎樣。他們正在尋找著精力充沛的、富有創造力的包裝人員，這些人員將承擔起銷售人員的責任。他們瞭解他們的商店、他們的產品以及他們的市場。並且他們能夠預測他們的顧客需要什麼。他們關於產品的建議對我們很有價值。他們信守承諾並且期望著同樣的回報。如果我們拉了一次促銷的后腿，促銷的廣告就會被取消，但他們會繼續訂貨。這就是他們怎樣做生意的。

金融家和鋼鐵大亨威爾伯·羅斯說，沃爾瑪使美國失去就業機會「不僅是因為它的商業戰略，而且也是因為它的遊說戰略」。羅斯還說：「每個人現在都在四處奔走，尋找最低的價格點。這就是沃爾瑪現象。」

表 2-5　　　　　　　　　　　　從數字看沃爾瑪

項　　目	數字	資料來源
沃爾瑪進入俄克拉荷馬城后該市倒閉的超市數	30%	Retail Forward 公司
在有沃爾瑪競爭的地區，百貨商店價格下降的平均比例	14%	瑞銀華寶公司
2002年至少有一次進入沃爾瑪商店購物的美國家庭比例	82%	Retail Forward 公司
自沃爾瑪1999年開始賣喬治牌牛仔褲以來，英國 Asda 公司裡此種商品價格的降幅	71%	沃爾瑪公司
沃爾瑪每年計時工的人員更新率	44%	沃爾瑪公司

思考題：
1. 沃爾瑪是通過制定哪種競爭戰略來取得行業領導優勢的？
2. 沃爾瑪的物流體系和分銷中心有哪些創新和優勢？
3. 沃爾瑪如何與供應商建立戰略合作關係？

【案例】2-6 豐田汽車公司——汽車製造行業的佼佼者

豐田汽車公司是世界十大汽車工業公司之一，是日本最大的汽車公司。

1918年1月，豐田開山長老豐田佐吉在東京創辦豐田東京自動紡織社。1926年11月，豐男佐吉在東京創辦豐田東京自動紡織公司。1933年9月，豐田佐吉在東京自動紡織公司內設置汽車工業部。1935年8月，第一輛GI型號汽車研製成功；同年10月確立公司的基本信條。1936年4月，該公司開始生產AA型轎車；同年5月，KARIYA裝配工廠開始運轉；同年6月，該公司設立SHBAURA實驗室。1937年8月，豐男汽車公司成立。1938年11月，KOROMO裝配工廠開始運轉。

1943年11月，豐田汽車公司與GHUO紡織公司合併。1947年10月，SA型轎車開始生產。1949年，豐田汽車公司在臺灣成立HOTAI汽車公司。

1950年4月，豐田汽車銷售公司成立。1955年4月，ABDUL LATI豐男JAMEEL進口及分銷公司在沙特阿拉伯成立。1956年3月，LA型叉車投放市場，豐田公司進入工業運輸工具領域；同年4月，該公司建立TOYOPET經銷商渠道。1957年2月，豐田汽車銷售公司曼谷總部成立，同年8月第一輛標有「日本製造」的轎車出口美國，同年10月豐田汽車銷售公司美國分公司在美國成立。1958年1月，豐田巴西公司成立。1959年8月，MOTOMACHI汽車裝配工廠開始運轉。

1961年1月，豐田南非汽車公司成立，同年6月「PUBLICA」經銷商渠道建立。1962年6月，豐田南非汽車公司開始運轉；同年，豐田泰國汽車公司成立。1963年4月，豐田汽車銷售公司澳大利亞公司開始運轉；同年5月，豐田丹麥公司成立。1964年2月，豐田泰國汽車公司開始運轉；同年3月，豐田荷蘭LOUWMAN PARQUI成立；同年11月，豐田加拿大公司成立。1965年10月，豐田英國公司成立，同年11月，KAMIGO汽車裝配廠開始運轉；同年，豐田獲得德明獎。1966年7月，豐田汽車銷售公司進入汽車租賃市場；同年9月，TAKAOKA汽車裝配工廠開始運轉；同年10月，豐田汽車銷售公司與豐田汽車公司簽訂聯合協議；同年11月，HIGASHIFUJI汽車性能測試中心建立。1967年10月，AUTO經銷商渠道建立；同年11年，豐田汽車公司、豐田汽車銷售公司和DAIHATSU汽車公司簽訂聯合協議。1968年1月，豐田英國公司開始運轉；同年2月，馬來西亞裝配生產線開始運轉；同年7月，MIYOSHI汽車裝配工廠開始運轉。

1970年8月，在比利時成立豐田汽車公司布魯塞爾辦事處；同年12月，TUSTSUMI汽車裝配工廠開始運轉。1971年1月，豐田德國公司成立；同年2月，HIGASHI豐田UJI技術中心開始運作。1972年1月，在鯿尼西亞成立豐田奧斯特汽車公司。1973年6月，MYOCHI汽車裝配工廠成立；同年10月，在美國成立CALTY設計研究中心。1974年4月，開始從海外購買零部件。1975年3月，SHIMOYAMA汽車裝配工廠成立；同年12月，該公司進入預制房屋工業領域。1977年2月，豐田澳大利亞公司開始運作；同年6月，在美國設立技術中心。1978年8月，KINU-URA汽車裝配廠開始運轉。

1979年1月，TAHARA汽車裝配廠開始運轉。

1980年4月，VISTA經銷渠道建立。1982年7月，豐田汽車公司和豐田汽車銷售公司合併成為豐田汽車公司；同年10月，豐田馬來西亞公司成立。1984年10月，SHIBETSU測試中心成立；同年12月，與通用汽車的合資公司新聯合汽車製造公司在美國開始運轉。1986年1月，豐田臺灣公司開始運轉；同年2月，TEIHO汽車裝配廠開始運轉。1987年4月，KASUGAI房屋工程開始運轉；同年9月，豐田歐洲汽車技術中心在比利時成立。1988年1月，豐田澳大利亞銷售公司成立；同年，與通用澳大利亞公司成立合資公司；同年11月，豐田加拿大公司開始運轉。1989年1月，豐田菲律賓公司成立；同年3月，HIROSE汽車裝配廠開始運轉；同年6月，成立歐洲市場服務中心；同年9月，在布魯塞爾成立豐田歐洲研發中心；同年10月，豐田菲律賓公司開始運轉。

1990年5月，豐田設計中心開始運轉；同年7月，豐田土耳其汽車生產與銷售公司成立。1992年4月，建立大眾/奧迪銷售代理中心；同年9月，在美國成立豐田配件支持中心；同年10月，豐田北海道汽車生產線投入營運。1994年10月，豐田土耳其合資公司開始運作。1996年10月，在美國建立豐田北美汽車製造公司。1997年，豐田公司在財富500強中排名第11位，該年營業額為951.37億美元，利潤37億美元，雇員15.903,5萬人。

20世紀70年代是豐田汽車公司飛速發展的黃金期，從1972年到1976年僅四年時間，該公司就生產了1,000萬輛汽車，年產汽車達到200多萬輛。進入20世紀80年代，豐田汽車公司的產銷量仍然直線上升，到20世紀90年代初，它年產汽車已經超過了400萬輛接近500萬輛，擊敗福特汽車公司，汽車產量名列世界第二。

豐田汽車公司20世紀六七十年代是日本國內自我成長期，20世紀80年代之後，開始了它全面走向世界的國際戰略。它先後在美國、英國以及東南亞建立獨資或合資企業，並將汽車研究發展中心合建在當地，實施當地研究開發設計生產的國際化戰略。

豐田汽車公司有很強的技術開發能力，而且十分注重研究顧客對汽車的需求。因而在它的發展各個不同歷史階段創出不同的名牌產品，而且以快速的產品換型擊敗美歐競爭對手。早期的皇冠、光冠、花冠汽車名噪一時，近來的雷克薩斯豪華汽車也極負盛名。豐田汽車公司總部設在日本東京，現任社長豐田章一郎。豐田汽車公司年產汽車近500萬輛，出口比例接近50%。

在二戰後蕭條的日本，豐田謙虛地接納了當時默默無聞的美國統計師愛德華茲·戴明的建議，從此開始了高質量的生產。它不但造出了世界上最好的汽車，也造就了一代管理大師——戴明。

豐田生產方式是豐田汽車公司累積多年經驗而形成的思想體系，目的在於降低成本，生產高質量的產品。它現在已經成為豐田「製造產品」的根基。由於該方式它不僅能使企業不斷提高生產效率增加效益，而且還能滿足消費者對質量和快速交貨的要求，所以在世界上所有的豐田工廠，包括天津的豐田集團的各個合資公司，都無一例外地採用了這一生產方式。

透視豐田生產方式，會發現三位傑出的人物：豐田佐吉、其子豐田喜一郎和一名生產工程師大野耐一。

豐田佐吉：降低不良品比例

豐田汽車集團的創始人豐田佐吉是自動紡織機的發明者。1902年，他發明了一種紡織機：無論是經線還是緯線，只要有一根斷線，紡織機就會自動停下來。他的發明打開了自動紡織業的大門，使得一名操作者可以同時看管幾十臺紡織機。直到100年后的今天，這種裝置仍然被大型紡織機所沿用。足以可以看出佐吉這項發明的影響及深遠程度。而正是這種「一旦發生次品，機器立即停止運轉，以確保百分之百的品質」的思考方式，形成了今天豐田的生產思想的根基。

20世紀30年代，豐田汽車集團建立了汽車廠，豐田佐吉的兒子豐田喜一郎進行了新的探索。

豐田喜一郎：生產國產車減少浪費

當豐田喜一郎開始研製汽車時，美國的通用汽車公司和福特汽車公司早已成為舉世聞名的大企業了。在大量生產技術和市場運作方面，兩家公司的實力足以讓世界上其他的所有汽車生產廠家望塵莫及，並且分別將各自的汽車組裝廠打進了日本。

二戰后頭幾年，日本經濟處於一片混亂之中，對於原本就相當落后的日本汽車工業，公司員工無不對其發展前景深感擔憂。為了將汽車工業作為和平時期發展經濟的支柱產業，完成它的重建，豐田於1945年9月決定在原有的卡車批量生產體制的基礎上組建新的小型轎車工廠。做出這項決定主要是考慮到美國的汽車廠家不生產小型轎車，指望因此避開同美國汽車廠家的直接競爭。豐田喜一郎將二戰后的日本經濟與英國的情況進行對比后，曾講過這樣一番話：

「英國的汽車產業也同樣面臨著許多困難。英國汽車工業的命運完全取決於美國汽車廠家對小型汽車感興趣的程度。我堅信只要我們的全體職工和設計人員以高質量的原材料和零部件為起點設計出高品位的小型轎車並將其商品化，就肯定能闖出一條自己的發展之路。今后，集結全體員工的能力和智慧，研製不亞於外國名牌甚至可以名揚世界的汽車是我們義無反顧的選擇。」

1937年，汽車部宣告從豐田自動紡織機製作所獨立出來，作為一家擁有1,200萬日元資本金的新公司，豐田自動車工業株式會社從此踏上了自己嶄新的歷程。1947年1月，第一輛小型轎車的樣車終於試製成功。1949年，豐田的事業終於駛上了穩定發展的軌道。

豐田喜一郎遠赴美國學習了福特的生產系統。歸國時，他已經完全掌握了福特的傳送帶思想並下定決心在日本的小規模量汽車生產中加以改造應用。

豐田喜一郎的辦法是，在裝配生產線的各工序，只在必要的時候，提供必要數量的必要零件。因此，每一道工序只是在下一道工序需要的時候，才生產所需種類和數量的零部件。生產和輸送在整條生產線上，同時協調進行，在每一工序中和不同工序間都是如此。豐田喜一郎就這樣奠定了「justintime」（零部件應在正好的時間到達正好的位置的準時生產片）的基礎。

除此之外，豐田於1954年在管理方面引進了一系列的全新生產方式，並在其后的發展過程中將其逐步演變成今天眾所周知的「看板方式」。這一方式實際上就是豐田喜一郎率先倡導的「Justintime」這一理念的具體體現。

大野耐一：把超市開進車間

在將豐田生產方式化為完整框架的過程中，大野耐一是最大的功臣。在20世紀40

年代末，后來成為豐田執行副總裁的大野耐一還只是一名車間的負責人，他嘗試了不同的方法，以使設備按時生產所需的工件。但當他1956年訪問美國時，他才得到了關於準時生產的全新觀念。

大野耐一到美國是為了參觀汽車廠，但他在美國的最大發現卻是超級市場。當時，日本還沒有什麼自選商店，因此大野耐一感觸很深。大野耐一非常羨慕超級市場這種簡單、有效和有節奏的供貨方式。

后來，大野耐一經常用美國的超市形容他的生產系統。每條生產線根據下一條線的選擇來安排自己的不同生產，正像超市貨架上的商品一樣。每一條線都成為前一條線的顧客，每一條線又都作為后一條線的超市。這種模式，即「牽引系組」是由后一條線的需求驅動的。它與傳統的「推進系統」，即由前一條線的產出來驅動的模式形成鮮明對比。

經過一代代的改進，豐田生產方式基本上有效地消除了企業在人力、設備和材料使用中的浪費。管理者和雇員不但學會了對生產中的每一個工序的動作、每一件物品的堆放，還會對人員、材料或設備的等待時間的必要性進行精確的計算，從而消除了這些和其他一些方面的浪費。

在豐田生產方式中寫著這麼一段話：管理者通常將成本作為常量，認為那是他們不能控制的；同時將價格作為變量，認為他們可以調整價格來適應成本的波動。但在全球的競爭市場中，買方——並非賣方——才是價格的主導者。使企業生存並保證利潤的唯一途徑，就是使成本始終低於消費者情願為商品和服務所付出的價格。

亨利·福特：功不可沒

豐田生產方式來源於亨利·福特建立的頗具歷史性的製造系統。在福特系統的突出要點之中，仍可見於豐田生產線的有：

傳送帶傳送需要組裝的車輛：將移動著的作業傳向固定位置的工人，每個工人只負責一道工序。早期的汽車廠類似手工作坊，每個工人都必須完全靠自己將發動機等總成裝配起來。福特提高生產效率的手段，正是將裝配工序分解成一系列簡單的重複性操作，並將它們排列在一條生產線上。

零部件和原材料的完整供應體制：福特保證了生產工序中的每一環節隨時得到所需的全部零部件和原材料。同時，他還是統一零件規格以保證裝配時良好的互換性方面的先驅。

應該說亨利·福特的製造系統為豐田生產方式提供了歷史前提並奠定了技術基礎，而日本的實際情況又給福特系統的改進創造了條件。

勞動爭議引發經營危機

重建之路絕不會一帆風順。二戰后的四年時間裡，戰敗混亂局面的陰影一直籠罩著日本經濟。物資極度緊缺，物價飛漲，惡性通貨膨脹率居高不下，在城市裡到處可見人們用戰火灰燼中僅存的衣物或家具換取一點點大米或山芋等聊以果腹。

為了挽救因通貨膨脹而瀕於崩潰邊緣的經濟，日本政府又採取了通貨緊縮政策，所有從復興金庫或城市銀行的貸款都被嚴格禁止。結果造成國內購買力極度低下，對本來就在困境中苦苦掙扎的日本汽車工業來說無異於是雪上加霜，飽受了市場需求銳減和資金週轉惡化的雙重打擊。

豐田也毫不例外地陷入債臺高築的困境。儘管每個月有3.5億日元的產值，但真

正能從市場上回籠的資金有的月份勉強達到 2 億日元。使得公司的經營狀況急遽惡化。為了填補資金空缺需要從銀行貸款，但可供擔保用的資產也所剩無幾，沒能支撐多久就出現了嚴重的資金不足。在當時那種嚴峻的經濟形勢下，豐田的銷售店的汽車根本賣不出去，只能靠發行承兌匯票勉強度日。

最後，豐田連給職工開工資都發生了困難，拖欠工資現象越來越嚴重，甚至不得不醞釀裁減人員的計劃。1949 年 4 月，豐田爆發了工會組織的罷工。工會堅決反對裁減工人，為此勞資之間開展了無休止的談判。對公司來說，不縮減生產，不裁減人員公司就難以為繼，所以不肯向工會做出讓步。而工人方面則舉行示威活動，堅決要求公司答應他們提出的條件。雙方僵持不下，勞資爭議發展成了長期對抗，這又使得原本的虧損進一步擴大，公司陷入了隨時可能破產的危機。要不選擇破產，要不選擇裁減人員重建公司，勞資雙方就何去何從的問題進行反覆徹底的討論後最終達成協議：工會同意裁員，從職工中招募自願退職者，將原有的 7,500 名職工裁減到 5,500 名；同時資方除社長豐田喜一郎一人外，其他經營管理人員全體引咎辭職。1950 年 6 月，歷時 1 年 3 個月的勞資糾紛終於宣告結束。

這次勞資糾紛是豐田歷史上僅有的一次，它使豐田的勞資雙方都得到了很多教訓。經過這場糾紛之後，勞資雙方都懂得了一個共同的道理：沒有企業的成長發展就沒有職工生活的安定；反之，沒有職工生活的安定也就沒有企業的成長發展。今天，豐田人把勞資關係看成汽車兩邊的輪子，任何一邊都不可缺少，正是因為當年曾經有過這樣一次痛苦的經歷。而現在豐田所有企業活動的成功也無不仰仗於建立在相互信任基礎上的良好的勞資關係。

美國的三大汽車巨頭通過與日本企業開展合作，也學習到了日本企業的經營管理經驗以及小型車的生產技術，使得他們在 20 世紀 90 年代初得以擺脫財政困境成功地實現了企業振興。不僅如此，汽車產業以外的其他國家的製造業也受到了日本豐田公司的影響，將其勞資關係觀念、顧客第一觀念等全新的概念吸收到了自己的經營實踐中。

思考題：
1. 豐田是通過制定哪種競爭戰略來取得行業領導優勢的？
2. 豐田的生產製造體系和生產有哪些創新與優勢？
3. 豐田如何與供應商建立戰略合作關係？

知識鞏固

判斷題：
1. 生產率是衡量企業營運管理系統效率以及企業市場競爭力的重要標準。（　　）
2. 如果兩家企業有同等的產出量，但其中一家企業由於生產率較高而投入的較少，那麼這家企業就能夠按較低的價格銷售自己的產品，從而提高其市場份額。（　　）
3. 將系統視為一個整體，來決定哪個運作的生產率是重要的。整體生產率才是最重要的。瓶頸生產率的提高才會引起整體生產率的提高。（　　）
4. 低成本、高質量、產品差異、時間優勢（準時交貨、新產品或服務的研發及投放市場的快慢、工藝或產品改進的速度）等要素都可以幫助企業獲得競爭優勢。
（　　）

5. 低成本的企業通常選擇大批量生產無差異的產品，降低邊際成本，追求高生產率，從而獲得比競爭對手更低的成本和價格優勢，形成企業競爭力。（　　）

案例分析

可口可樂和非常可樂的競爭

美國可口可樂公司在 2004 年財富全球 500 家最大公司中排名第 299 位，2003 年營業收入 173 億美元，杭州娃哈哈公司 2003 年營業收入約有 12 億美元。1998 年，杭州娃哈哈公司決定從國外引進最先進流水線，推出非常可樂。當時決策層考慮最大的問題是如果可口可樂公司應戰，非常可樂是否血本無歸。如果打價格戰，從企業實力角度看，娃哈哈根本無力招架。經權衡，娃哈哈決策層堅持「適度創新、后發制人」的產品策略，推出非常可樂，實行員工隊伍以本土人才為依託，立足國內市場，並請專家構築反報復障礙。

障礙 1：行銷戰略中融合民族性。非常可樂宣稱「非常可樂，中國人自己的可樂」。首先使國內消費者在心理上就有了極強烈的認同感，同時也成功地把娃哈哈原有的品牌優勢延伸到了可樂消費市場中。而可口可樂一直是美國人的可樂象徵，可口可樂沒有理由限制中國消費者去熱愛「自己的可樂」。

障礙 2：恰當的市場戰略取向。非常可樂沒有將其局限於市場份額的爭奪上，而是以擴大整個可樂市場寬度為目的，在此過程中填補市場空白以獲取可以接受的市場份額。非常可樂市場定位為農村市場，可口可樂定位為城市市場，沒有去觸動可口可樂的基本銷售網路。娃哈哈希望能給可口可樂這樣的印象：非常可樂的出現會對整個產業有益，不會對可口可樂的銷售有過分的負面影響。

障礙 3：創造混合動機。娃哈哈努力倡導可樂是生活必需品，可口可樂公司自然不會以反對者的姿態出現。混合動機是指挑戰者為了抑制領導者進行報復，宣傳一些領導者認同的策略。這樣，領導者如果對挑戰者做出報復，就會損害其自身既有戰略。

面對非常可樂的競爭，可口可樂也在權衡對策。可口可樂考慮的主要因素有：

因素 1：考慮高報復成本。可口可樂穩占中國碳酸飲料市場的半壁江山，如果可口可樂在這種優勢形勢下採取全面削價或配送等代價高昂的報復行動，會對公司目前的利潤水平產生極有害的影響。而且娃哈哈是中國名牌，這位對手絕不會輕易退卻。對一直奉行低成本戰略的可口可樂而言，如果報復，一定是負和博弈。

因素 2：君子博弈因素。如果產業中的競爭是在一些經營理念成熟、有豐富的市場操作經驗的企業之間展開，那麼這些企業進行的可能是君子博弈。可口可樂作為世界品牌之冠，如果與非常可樂正面發生衝突，有損其企業形象。

因素 3：讓其他品牌可樂去狙擊。可口可樂預計百事可樂和其他品牌可樂不會袖手旁觀。百事可樂的價位略高於可口可樂，其他品牌可樂的價位則略低於可口可樂。其他品牌可樂會從高、低價位兩個銷售取向破壞非常可樂的進攻路線。

思考題：

1. 按照企業所處的競爭地位，可口可樂和娃哈哈公司在飲料市場上分別扮演的是什麼角色？
2. 結合案例材料，你認為可口可樂公司會使用價格戰等報復手段迫使非常可樂退

出中國市場嗎？為什麼？

3. 2004年6月，第一批非常可樂登陸美國本土市場，直接到可口可樂家門口挑戰。你認為娃哈哈公司的反報復障礙是否繼續有效？為什麼？

4. 面對家門口的挑戰，可口可樂公司會使用價格戰等報復手段迫使非常可樂退出美國市場嗎？你對可口可樂公司有何建議？

實踐訓練

項目　認識成本領先戰略、差異化戰略管理在服務型企業中的應用

【項目內容】

帶領學生參觀某宜家家居賣場或沃爾瑪超市的營運管理。

【活動目的】

通過對家居賣場/沃爾瑪超市的營運管理感性認識，幫助學生進一步加深對營運管理的基礎知識、賣場布置方法、賣場促銷、成本管理常見形式等知識的理解。

【活動要求】

1. 重點瞭解家居賣場/沃爾瑪超市的營運模式、成本管理和客戶管理的原則。
2. 每人寫一份參觀學習提綱。
3. 保留參觀主要環節和內容的詳細圖片、文字記錄。
4. 分析家居賣場/沃爾瑪的營運管理重點。
5. 每人寫一份參觀活動總結。

【活動成果】

參觀過程記錄、活動總結。

【活動評價】

由老師根據學生的現場表現和提交的過程記錄、活動總結等對學生的參觀效果進行評價和打分。

模塊三
流程分析

【學習目標】

1. 流程圖的描繪。
2. 流程績效的三個指標和律特法則。
3. 瓶頸環節和流程能力。
4. 流程利用率和能力利用率。
5. 流程分析的6步法。

【技能目標】

1. 瞭解流程圖中各元素的含義並掌握流程圖的繪製。
2. 瞭解和掌握流程績效三個指標的含義與主要內容。
3. 理解律特法則並且能夠計算。
4. 瞭解生產過程中的瓶頸環節。
5. 瞭解流程能力與流程瓶頸的關係。
6. 理解流程利用率和能力利用率的計算。
7. 理解流程分析的6步分析方法,瞭解其在實際中的運用。

【相關術語】

流程圖(flow chart)
流程績效(process performance)
利特爾法則(Little's law)
瓶頸(bottleneck)
需求約束(demand constrained)
供應約束(supply constrained)
流程利用率(utilization rate of the process)
能力利用率(capacity utilization)
流程能力(process capacity)
生產率(productivity)

【案例導入】

玩具小熊

　　禮品店中的玩具小熊，由於外觀可愛，所以一直是孩子們的最愛。隨著兒童節的臨近，訂單數量一直在增加。雖然製作工廠已經進行了一次大規模的擴建，但現在的生產水平仍然無法滿足市場的需求。

　　現在，一切都是不確定的，隨著需求淡、旺季的變化，市場需求變得越來越難預測。玩具小熊的生產主管沒有任何實質性的改進措施，只是說「保持生產的柔性。我們也許會收到 5 萬件訂單。但是如果沒有足夠的訂單，我們既要保持現有人員，又不希望面對持有巨大庫存的風險。」基於這種不確定性的市場背景，工廠經理們正在尋求提高流程能力的方法；同時，這些方法的實施絕對不能以犧牲生產柔性和提高生產成本為代價。

　　玩具小熊通過一個混合批量流水線加工出來。6 個填充人員同時工作，把填充材料裝進相應的布料中，這樣就制成了小熊身體和各個部位的基本形狀。由於此作業部門相對分離，故每生產完 25 套小熊的部件就放在一個箱子內運給下一道工序。在另一個批量作業地，8 名工作人員將整塊胚布剪成適當大小的布料，然後制成小熊的外衣。

　　接下來的生產流程是由 9 名工人將填充好的各個肢體進行塑形，比如身體、頭部等，然後將這些部分拼湊縫制成完整的小熊。接著，由 4 名工人為小熊粘貼好嘴巴、眼睛、鼻子和耳朵，並為他們穿好縫制的外衣。經過打扮的小熊都交給 3 名工人，他們為小熊裝入事先準備好的發生設備（含有電池）。最后經過 2 小時把膠水進行自然晾干，小熊由 2 名包裝工人放進包裝袋中，並把他們裝入與便於運輸的箱子裡。

　　為了分析研究流程能力，經理和生產主管們對玩具小熊的各道加工工序以及轉移時間做了估計。

　　由於還有一些不可避免的間隔和休息時間，生產主管對 1 個 8 小時的班次按 7 小時計算實際工作時間。

資料來源：任建標. 生產運作管理 [M]. 2 版. 北京：電子工業出版社，2010.

思考題：

　　1. 根據生產主管的方法，1 個班次可以生產多少只玩具小熊？如果一週生產 7 天，一天 3 班，那麼一週可以生產多少只小熊？哪項作業是瓶頸作業？

　　2. 在作業流程上，你能幫主管提幾條建議嗎？

任務一　流程圖的繪製

　　只要有過程，就有流程。過程是將一組輸入轉化為輸出的相互關聯的活動，流程圖就是描述這個活動的圖解。流程圖對於現有過程，設計新的過程改進原有過程具有積極的作用。流程並不是一成不變的，而是需要不斷改進的。

　　開始對一個運作系統進行分析的最好方法是描繪流程圖。所謂流程圖就是以圖形的方式來描繪流程。例如，一張流程圖能夠成為解釋某個零件的製造工序，甚至成為

組織決策制定程序的方式之一。這些過程的各個階段均用圖形表示，不同圖形之間以箭頭相連，代表它們在系統內的流動方向。下一步何去何從，要取決於上一步的結果，典型做法是用「是」或「否」的邏輯分支加以判斷。

流程圖是揭示和掌握封閉系統運動狀況的有效方式。作為診斷工具，它能夠讓管理者清楚地知道，問題可能出在什麼地方，從而確定出可供選擇的行動方案。流程圖有時也稱作輸入—輸出圖。該圖直觀地描述了一個工作過程的具體步驟。流程圖對準確瞭解事情是如何進行的，以及決定應如何進行改進極有幫助。這一方法可以用於整個企業，以便直觀地跟蹤和圖解企業的運作方式。為了努力理解流程的具體細節，我們可以求助於工廠的流程說明書。理解複雜流程的方法是研究物料或者產品本身是如何在流程中經過的，我們要把物料或者產品作為流程單位，並且要關注它們經過整個流程的過程。

流程圖由一系列圓圈、三角、方框、菱形和箭頭組成，如圖3-1所示。

○　活動：流程中有助於使原材料向產品方向變化的行動

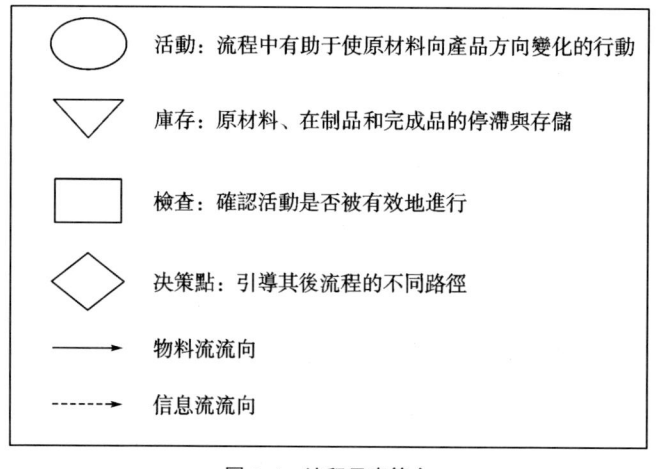

▽　庫存：原材料、在制品和完成品的停滯與存儲

□　檢查：確認活動是否被有效地進行

◇　決策點：引導其後流程的不同路徑

─→　物料流流向

----→　信息流流向

圖3-1　流程元素簡介

- 圓圈代表增加流程單位價值的流程活動，依賴於我們選擇的分析程度，一個工序（圓圈）本身也可以是一個流程。
- 三角形代表等待區域或者緩衝庫存。與工序不同，存貨不增加價值，所以，流程單位不要在存貨上浪費時間。
- 方框代表「檢查」，它與活動不同，活動通常指有助於使原材料向產品方向變換的行動，而檢查知識確認任務是否被有效完成。
- 菱形表示一個「決策點」。
- 箭頭在圓圈、三角形、方框或者菱形之間，表示物料流（實際）和信息流（虛線），它指明了流程單位經過流程的路徑。

為直觀地瞭解流程圖的形式，下面舉兩個例子。圖3-2是某公司電子看板的生產流程圖，圖3-3是合同評審的流程。

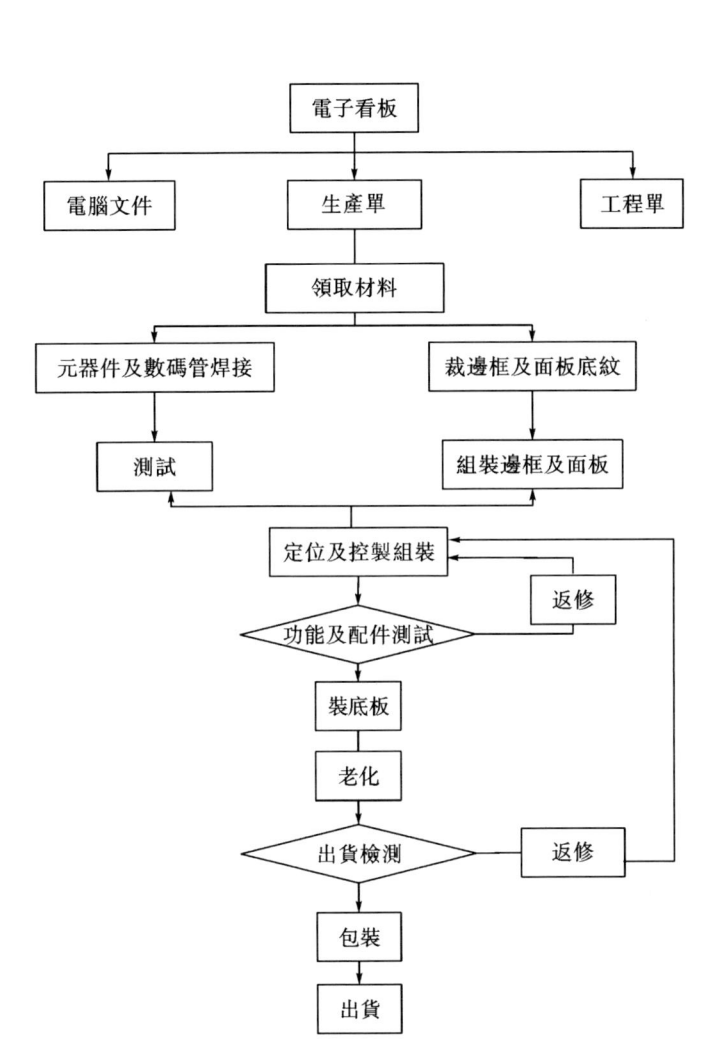

圖 3-2　電子看板生產過程流程圖

圖 3-3 合同評審流程

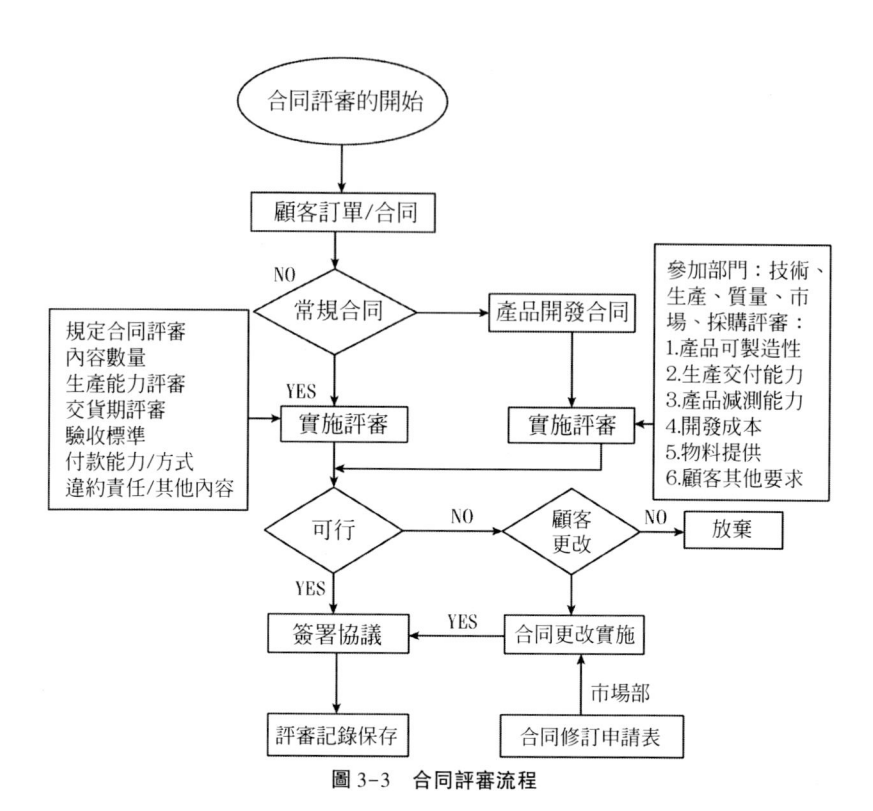

流程圖的優點是：形象直觀，各種操作一目了然，不會產生歧義，便於理解，算法出錯時容易發現，並可以直接轉化為程序。

流程圖的缺點是：所占篇幅較大；由於允許使用流程線，過於靈活，不受約束，使用者可使流程任意轉向，從而造成程序閱讀和修改上的困難，不利於結構化程序的設計。

常見的流程圖包括數據流程圖、程序流程圖、系統流程圖、程序網路圖、系統資源圖等。下面介紹幾種常見流程圖的結構和符號。

（一）數據流程圖

數據流程圖表示求解某一問題的數據通路，同時規定了處理的主要階段和所用的各種數據媒體。數據流程圖包括：

(1) 指明數據存在的數據符號，這些符號也可以指明該數據所使用的媒體；
(2) 指明對數據執行的處理符號，這些符號也可指明該處理所用到的機器功能；
(3) 指明幾個處理和（或）數據媒體之間的數據流的流線符號；
(4) 便於讀、寫數據流程圖的特殊符號。

在處理符號的前後都應是數據符號，數據流程圖以數據符號開始和結束。

（二）程序流程圖

程序流程圖表示程序中的操作順序。程序流程圖包括：

(1) 指明實際處理操作的處理符號，包括根據邏輯條件確定要執行的路徑的符號；
(2) 指明控制流的流線符號；

（3）便於讀、寫程序流程圖的特殊符號。
（三）系統流程圖
系統流程圖表示系統的操作控制和數據流。系統流程圖包括：
（1）指明數據存在的數據符號，這些數據符號也可指明該數據所使用的媒體；
（2）定義要執行的邏輯路徑以及指明對數據執行操作的處理符號；
（3）指明各處理和（或）數據媒體間數據流的流線符號；
（4）便於讀、寫系統流程圖的特殊符號。
（四）程序網路圖
程序網路圖表示程序激活路徑和程序與相關數據的相互作用。在系統流程圖中，一個程序可能在多個控制流中出現；但在程序網路圖中，每個程序僅出現一次。程序網路圖包括：
（1）指明數據存在的數據符號；
（2）指明對數據執行的操作的處理符號；
（3）表明各處理的激活和處理與數據間流向的流線符號；
（4）便於讀、寫程序網路圖的特殊符號。
（五）系統資源圖
系統資源圖表示適合於一個問題或一組問題求解的數據單元和處理單元的配置。系統資源圖包括：
（1）表明輸入、輸出或存儲設備的數據符號；
（2）表示處理器（如中央處理機、通道等）的處理符號；
（3）表示數據設備和處理器間的數據傳輸以及處理器之間的控制傳送的流線符號；
（4）便於讀、寫系統資源圖的特殊符號。

繪製流程圖的軟件多種多樣，比如 visual graph 專業圖形系統。此系統為圖形控件，在 NET 開發平臺下可以靈活應用，在 Delphi 中也可以使用。Visio 是當今最優秀的繪圖軟件之一，它將強大的功能和易用性完美結合，可廣泛應用於電子、機械、通信、建築、軟件設計和企業管理等眾多領域。Power Designer 是一款比較不錯的流程圖軟件。SAM 業務流程梳理工具軟件，為流程從業者梳理流程業務提供便捷、標準化的建模工具，為開展流程梳理、固化、發布工作提供最佳工具支持。Visio 是微軟公司推出的一種非常傳統的流程圖軟件，應用範圍廣泛。採用泳道圖的方式能夠把流程和流程的部門以及崗位關聯起來，實現流程和所有者的對應。隨著企業對流程管理應用需求的提升，片段、靜態的方式很難適應企業實際流程管理的需要。Control 是英國 Nimbus 公司的流程圖軟件，能夠比較全面地展示流程的基本要素，包括活動、輸入輸出、角色以及相關的文檔等各種信息。它具有簡潔易用的特性，不支持多維度擴展應用。Aris 是 IDS 公司的流程圖軟件，具有 IDS 特有的多維建模和房式結構，集成了流程管理平臺，可以通過流程平臺進行流程分析和流程管理。Provision 是 Metastorm 公司的流程圖軟件，以多維度系統建模見長，能夠集成企業的多種管理功能，是流程管理專家級客戶應用的工具。框圖寶是 Youfabao 的在線流程圖軟件，可以在線繪製流程圖，簡單易用，基於雲計算，數據永不丟失。ProcessOn 是一個基於 Web 的免費繪製流程圖的網站。其特點是：①免費；②不用安裝；③可以多人同時登錄畫一張流程圖。

Microsoft Word 具有繪製流程圖的功能，下面以 Word 2010 軟件為例介紹製作方法：

第1步，打開 Word2010 文檔窗口，切換到「插入」功能區。在「插圖」分組中單擊「形狀」按鈕，並在打開的菜單中選擇「新建繪圖畫布」命令。提示：必須使用畫布，如果直接在 Word2010 文檔頁面中直接插入形狀會導致流程圖之間無法使用連接符號連接。

第2步，選中繪圖畫布，在「插入」功能區的「插圖」分組中單擊「形狀」按鈕，並在「流程圖」類型中選擇插入合適的流程圖。如選擇「流程圖：過程」和「流程圖：決策」。

第3步，在 Word2010「插入」功能區的「插圖」分組中單擊「形狀」按鈕，並在「線條」類型中選擇合適的連接符號，如選擇「箭頭」和「肘形箭頭連接符」。

第4步，將鼠標指針指向第一個流程圖圖形（不必選中），則該圖形四周將出現4個紅色的連接點。鼠標指針指向其中一個連接點，然后按下鼠標左鍵拖動箭頭至第二個流程圖圖形，則第二個流程圖圖形也將出現紅色的連接點。定位到其中一個連接點並釋放左鍵，則完成兩個流程圖圖形的連接。

第5步，重複步驟3和步驟4連接其他流程圖圖形，成功連接的連接符號兩端將顯示紅色的圓點。

第6步，根據實際需要在流程圖圖形中添加文字，完成流程圖的製作。

任務二　流程績效的三個主要指標

流程使用資源（勞動力和資金），將投入（原材料、接待的顧客）轉換為產出（產成品、接受服務的顧客），如圖3-4所示。在分析產品和服務的生產流程時，首先要定義我們分析的流程單位。

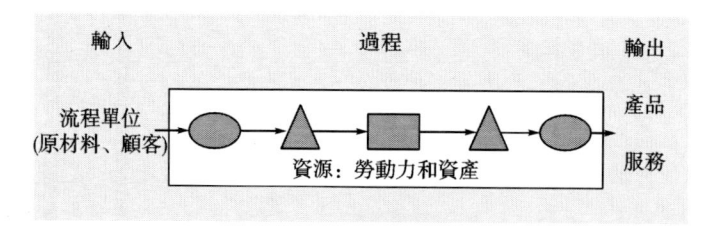

圖 3-4　組織中的流程

在醫院的服務流程中，我們選擇醫院病人作為流程單位。在汽車製造廠的組裝線流程中，我們選擇車輛作為流程單位。一般流程單位的選擇是根據生產流程所供應的產品或者提供服務的類型來確定的。圖3-5是汽車車身總裝車間生產流程圖。

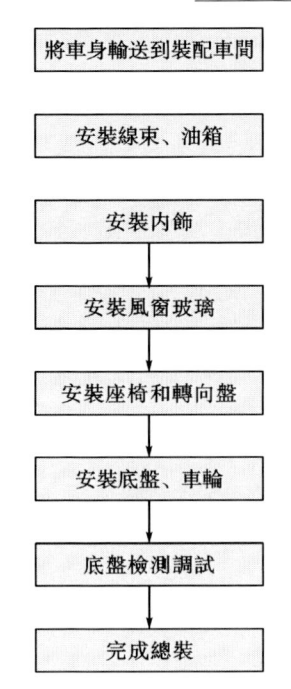

```
將車身輪送到裝配車間
         ↓
安裝線束、油箱
         ↓
安裝內飾
         ↓
安裝風窗玻璃
         ↓
安裝座椅和轉向盤
         ↓
安裝底盤、車輪
         ↓
底盤檢測調試
         ↓
完成總裝
```

圖 3-5　汽車車身總裝車間生產流程圖

流程單位就是在整個流程中流動，從投入開始，最終轉換為產出而結束流程。在給流程單位下定義之後，我們接下來就可以根據流程績效的三個基本度量指標來評估一項流程。

- 流程中累積的流程單位的數量稱為庫存（在生產中就指的是在製品）。如果我們不只關注生產流程的話，庫存也可以用於表示在肯德基餐廳中所有的顧客數量。
- 一個流程單位通過流程所需要的時間被稱為流程時間。流程時間包括該流程單位可能等待加工的時間，因為其他在同一道工序上的流程單位（庫存）也在爭奪同樣的資源。流程時間是以一項非常重要的績效度量，尤其是用在服務環境中。
- 流程生產產品的速度稱為單位時間產出率或者生產率。流程所能達到的最大生產率稱為流程能力。例如，一家兒童醫院的單位時間產出就是一天服務 600 個病人，一家汽車製造廠的單位時間產出就是一天生產 200 輛汽車。

表 3-1 中給出了流程的幾個例子和它們對應的單位時間產出、庫存水平以及流程時間。

表 3-1　　　　　　單位時間產出、庫存水平以及流程時間的例子

	肯德基餐廳	香檳酒廠	EMBA 項目	聯想公司
流程單位	進入餐廳的顧客	瓶裝香檳	EMBA 學生	計算機
單位時間產出	一天服務 900 名顧客	每年 26,000 萬瓶	每年 300 個學生	每天 5,000 臺
流程時間	顧客在餐廳內的平均時間：40 分鐘	在酒窖中的平均時間	2 年	60 天
庫存	餐廳中平均有 60 名顧客	90,000 萬瓶	600 個學生	300,000 臺

【案例】3-1　如何操作流程績效管理

我們先看看剛剛發生在西金公司的一件事情。西金公司是國內一家著名的IT分銷企業，主要是為國內外各IT廠商做產品分銷，是廠商與代理商的中間環節。2008年年底，又到了某國際著名IT廠商的渠道大會。簡單來說，渠道大會就是廠家根據各分銷企業的表現劃分來年渠道蛋糕的盛會，大會的結果決定了各IT分銷企業在來年該產品的分銷份額。西金公司當然也不敢怠慢，像往年一樣派出了一個由CEO與5位高管組成的豪華陣容參加渠道大會。當然西金公司這次出戰，可以說是信心十足，因為2008年公司分銷此產品的業績非常好，所以，即使根據業績對等劃分，保守估計，公司至少都可以拿到該產品來年渠道份額的35%左右。但結果是西金公司僅僅拿到了20%的份額。經瞭解，原來廠家劃分渠道份額的規則已經由單純業績維度變為業績加代理商評分兩個維度，而且代理商評分占60%的比重。經過幾年的發展，西金公司雖然在此產品的渠道業績方面名列前茅，但代理商評分卻很低。

這件事給西金公司帶來很大震撼。參加渠道大會回來後，CEO和幾位高管在不同場合都拿此例子強調各部門要注意提升客戶服務質量，因為這已經開始影響到公司整體業績。

為何要談流程績效

市場競爭的加劇是流程績效概念受重視的重要原因，企業必須提供高效、整合的服務才能滿足客戶需求。企業不同部門如何分工、如何協調等問題，這都不是客戶關心的，客戶只關心你的企業能否在最短的時間內由統一接口提供整合的、最優質的服務。

人力資源體系也有一個績效考核，但目前絕大部分企業還狹隘地停留在對崗位工作的考核上，而沒有考慮流程本身端到端的績效需求。

迴歸到上面西金公司的例子。作為公司客戶的IT產品代理商是如何評分的呢？無非就是這樣幾個方面，比如能否提供最新的IT產品信息，能否方便下訂單，能否快捷完成訂單處理，能否快速準確地配送貨物。如果這些都能滿足客戶需求，客戶自然也就會滿意的。其實這些問題就是指流程的績效。如果IT產品信息管理流程能夠及時、準確地把新產品及重要的產品信息（如庫存）投遞到客戶端，如果訂單需求管理流程能夠非常方便、快捷地接收客戶需求，如果訂單審批流程能夠保證在規定的時間內完成審批，如果訂單執行流程能夠在可接受時效內準確完成配送，客戶自然也就會滿意的。

因此，西金公司如果想真正提高客戶服務質量，應該立刻開始著手提升與滿足客戶需求相關流程的績效。如只給各部門強調注意提高客戶服務質量，這都是徒勞。

比如西金公司的訂單審批由三個部門共同完成。每一次各部門工作考核都是95分以上，每個部門的訂單審批時效統計表也不錯。平均每個訂單每個部門都可以在半天之內完成，這樣算起來一個訂單的平均審批時效應該在一天半之內。但最終結果卻非如此，只有50%的訂單可以在規定時間內完成審批。經過分析才知道，原來每個部門在計算本部門本崗位訂單處理時效的時候都對數據進行大量「必要」的刪減工作，比如刪除下午到達本部門的訂單，因為如果訂單下午到達可能需要第二天上午才能處理完，這個原因造成的時間延誤成本不應該由本部門承擔。所以，無論公司再怎麼強調各部門各崗位的人員如何努力，都不會改變客戶端感受到的流程效果。只有公司對三

個部門制定一個面向流程而非面向崗位的流程績效目標，三個部門才會圍繞這一總體目標協調並制定相應的訂單審批規則和監控機制來確保總體目標達成。

為何很多組織不談流程績效

既然做流程績效管理有如此大的好處，為何大部分組織還是沒有開展這項工作呢？我們需要瞭解一下原因，以便有利於此項工作的有效開展。

我們不妨回顧一下最開始提到的西金公司的例子。在遭遇危機後，西金公司 CEO 和幾位高管在不同場合強調要注意客戶服務質量，這是絕大部分企業解決問題的方法。那最后有沒有真正解決問題呢？我告訴大家我看到的答案：沒有任何改善。因為公司領導認為強調即可以讓各部門改善，但他卻忽視了一個重要問題，客戶服務質量的提高涉及很多部門，如何真正整合各部門資源，真正投入到正確的改善方向上並持續努力，這裡面是有缺位的。這是科層制長期主導的企業架構帶來的惡果。

客戶質量的提高涉及方方面面的事情，比如客戶眼中的服務質量維度是什麼？這些質量指標與內部哪些流程有對接？這些流程涉及多少部門多少崗位？各部門各崗位是如何影響這些指標的？提高這些質量指標的關鍵點在哪裡？由誰來計劃、組織、監控整個工作持續有效地開展？整個工作的持續動力在哪裡？

所以，流程績效管理絕對是一個系統工程。

如何進行流程績效管理

那麼我們如何才能做好流程績效管理工作呢？我總結了一套方法，命名為「流程績效管理六步法」。

第一步：取勢

這裡的取勢有兩層含義：一是高層支持。對於目前國內企業而言，流程管理理念還不夠深入。所以，如果計劃啟動此工作，必須得到公司高層的大力支持，而且是真正地、堅定不移地、持續地支持。二是選擇恰當的時機。和平年代，上至老總下至普通員工都不想折騰，而流程績效管理工作在推進早期又是非常折騰的事情。所以，如果想成功地推動這項工作，還要選擇啟動的好時機，像上面列舉的西金公司遇到的問題就是一個絕佳時機。

第二步：成立推動組織

上文說過，流程績效管理工作是一個系統工程。所以必須成立一個虛擬組織來協調工作。毫無疑問，這個虛擬組織的負責人應該是企業高管，組織成員應該是關鍵流程領域的負責人。這個組織的工作職責是：①組織協調；②工作策劃；③執行工作計劃；④檢查工作效果；⑤資源提供；⑥重大問題決策。

第三步：流程重要度分析

有必要設置績效指標的流程一定是核心流程。所以，應該首先做流程重要度分析。分析的維度有多個，比如客戶導向、行業競爭力因素等。完成重要度分析後，還要遵循先點后面、先易后難、先業務后職能的原則逐步實施。先找 1~2 個重要流程完成整個流程績效管理閉環再全面鋪開，無論是對於方法論的完善，還是控制實施風險而言都是至關重要的。

第四步：設置流程績效指標

流程績效指標的設置一定要遵循以下幾個原則：

（1）全局性。不應僅站在本部門或本崗位的角度討論問題，而應該跳出部門、崗

位甚至公司的框框，站在整個行業價值鏈的高度設置流程績效指標。

（2）端到端。不要為了便於考核就切分流程，而應該直接設置端到端指標。

（3）客戶導向。要時刻問自己，並確保這是外部客戶關心的，而非內部客戶一廂情願。

（4）少而精。一個流程設置 3 個指標，所以，不要貪多。

第五步：流程績效測評

定期對流程做績效測評是必要的，而且相關部門、崗位要對這些測評結果負責。常見的做法就是流程績效考核與部門和個人的績效考核掛勾。

第六步：流程持續改進

大部分企業忽視了這一步，認為流程績效得到測評和考核就是工作的終點。這絕對是一個誤解，因為流程績效考核的目的不是為了考核，而是通過定期、客觀分析流程當前績效值與客戶期望值及競爭對手標杆值的差距，持續優化並提升流程績效。這同樣是虛擬組織需要主導推動的，而不是讓各部門自己去「揣摩」。

資料來源：中國 MBA 案例共享中心、豆丁網、道客巴巴、百度文庫等。

任務三 流程的律特法則

律特法則由麻省理工學院斯隆商學院（MIT Sloan School of Management）教授 John Little 於 1961 年提出來的。其英文名稱為：Little's Law。流程中的庫存、單位時間產出和流程時間三者之間存在一種特殊關係。只要測出了其中兩個指標，就可以方便地計算出第三個指標。那麼另外兩個指標之間的關係就非常明確了。我們將揭示出的流程中的庫存、單位時間產出和流程時間三者之間的規則稱為律特法則。

平均庫存 = 平均單位時間產出 × 平均流程時間

律特法則是一個有關流程中庫存與單位時間產出關係的簡單數學公式，這一法則為精益生產的方向指明了道路。如何有效地縮短生產週期呢？律特法則已經很明確地指出了方向。一個方向是提高產能；另一個方向是壓縮存貨數量。然而，提高產品往往意味著增加更大的投入。另外，生產能力的提升雖然可以縮短生產週期，但是，生產能力的提升總有個限度，我們無法容忍生產能力遠遠超過市場的需求。一般來說，每個公司在一定時期內的生產能力是大致不變的，而從長期來看，各公司會會力圖使自己公司的產能與市場需求相吻合。因此，最有效地縮短生產週期的方法就是壓縮在製品數量。

律特法則不僅適用於整個系統，而且適用於系統的任何一部分。

律特法則用於已知績效度量的兩個指標，再求另一個指標的情況。例如，如果你想找出放射科的病人等待做 X 光所需要的時間，你可以按照以下步驟進行：

（1）如果平均庫存一致，觀察當天中一些隨機時刻的病人庫存數。假定是 7 個病人，其中 4 人在等候室、2 人已經換了房間在手術室外等候、1 人正在手術。

（2）計算手術單的數量或者顯示當天接待過的病人數目的記錄，即當天的產出。如果假定是 8 個小時 60 個病人，那麼單位時間產出就是 7.5（60/8）個病人/小時。

採用律特法則計算的流程時間 = 庫存/單位時間產出 = 7/7.5 = 0.933 小時 = 56 分。

從中得到,病人進入放射科室指導完成 X 光需要的時間是 56 分鐘。

律特法則在任何情況下都成立。例如,律特法則不受流程單位接受服務的順序(如先進先出和后進先出原則)的影響,律特法則也不受隨機因素的影響。

【例 3-1】假定我們所開發的並發服務器的訪問速率是 1,000 個客戶/分鐘,每個客戶在該服務器上平均將花費 0.5 分鐘,根據律特法則,在任何時刻,服務器都將承擔 500(1,000×0.5)個客戶量的業務處理。假定過了一段時間,由於客戶群的增大,並發的訪問速率提升為 2,000 個客戶/分鐘。在這種情況下,我們該如何改進系統的性能?

根據律特法則,有兩種方案:
(1)提高服務器並發處理的業務量,即提高到:2,000×0.5=1,000。
(2)減少服務器平均處理客戶請求的時間,即減少到:500/2,000=0.25。

【例 3-2】一家小型機場的行李登記處,登記信息表表明從早上 9:00~10:00 有 255 個乘客登機。此外,根據排隊等候的乘客數量,機場管理人員得出等待登機的乘客平均數量是 35 人。那麼平均每位乘客需要排隊等候多久呢?

解:從早上 9:00~10:00 有 255 個乘客登機是指一個小時的產出是 255 個乘客,機場管理人員得出的等待登機的乘客平均數量 35 人是指平均庫存是 35 人,平均每位乘客需要排隊等候多久是指平均流程時間。

根據律特法則:

平均庫存=平均單位時間產出×平均流程時間

得出:

平均流程時間=平均庫存/平均單位時間產出
=35/255
=0.127,25(小時)
=8.24(分鐘)

也就是說,平均每位乘客需要排隊等候 8.24 分鐘。

任務四 瓶頸和流程能力

一、瓶頸

通常把一個流程中生產節拍最慢的環節叫做「瓶頸」(bottleneck)。瓶頸一般是指在整體中的關鍵限制因素。生產中的瓶頸是指那些限制工作流整體水平(包括工作流完成時間、工作流的質量等)的單個因素或少數幾個因素。

流程中存在的瓶頸不僅限制了一個流程的產出速度,而且影響了其他環節生產能力的發揮。更廣義地講,所謂瓶頸是指整個流程中制約產出的各種因素。例如,在有些情況下,可能利用的人力不足、原材料不能及時到位、某環節設備發生故障、信息流阻滯等,都有可能成為瓶頸。正如「瓶頸」的字面含義,一個瓶子瓶口的大小決定著液體從中流出的速度,生產運作流程中的瓶頸則制約著整個流程的產出速度。瓶頸

是指實際生產能力小於或等於生產負荷的資源。

瓶頸還有可能「漂移」，這取決於在特定時間段內生產的產品或使用的人力和設備。因此，在流程設計和日常生產運作中都需要引起足夠的重視。同時，舊的瓶頸被打破，新的瓶頸就會立刻產生。只有不斷地消除新的瓶頸才能提高生產的整體效率。

（一）生產瓶頸的表現方式

1. 工序方面的表現：A 工序日夜加班趕貨，而 B 工序則放假休工。
2. 半成品方面的表現：A 工序半成品大量積壓，而 B 工序則在等貨。
3. 均衡生產方面的表現：如生產不配套。
4. 生產線上的表現：A 工序大量滯留，而 B 工序則流動正常。

（二）引發生產瓶頸的原因

引發生產瓶頸的原因包括材料、工藝技術、設備等，如表 3-2 所示。

表 3-2

原因	細節描述
材料供應	個別工序或生產環節所需要的材料若供應不及時，就可能會造成生產停頓，而在該處形成瓶頸
工藝	工藝設計或作業圖紙跟不上，從而影響生產作業的正常進度
設備	設備配置不足，或設備的正常檢修與非正常修理也會影響該工序的正常生產
品質	若個別工序在生產上出現品質問題，會造成生產速度降低、返工、補件等情況，而使得生產進度放慢
時間	有些工序是必須要等待若干時間才能完成的，且不可人為縮短，這類工序也將會出現瓶頸
人員因素	個別工序的人員尤其是熟練工數量不足
突發性事件	因偶然事件或異動而造成瓶頸問題，比如人員調動、安全事故、材料延期、因品質不良而停產整頓等

（三）解決生產瓶頸的方法

1. 生產進度瓶頸的解決

生產進度瓶頸是指在整個生產過程或各生產工序中，進度最慢的時刻或工序。它分為先後工序瓶頸和平行工序瓶頸，具體如圖 3-6、圖 3-7 所示。

（1）先后工序瓶頸

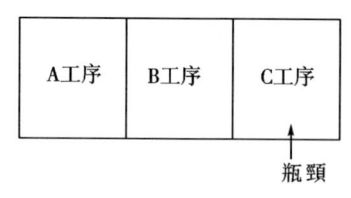

A工序	B工序	C工序

↑ 瓶頸

圖 3-6

存在著先後順序的工序瓶頸，將會嚴重影響後工序的生產進度。

（2）平行工序瓶頸

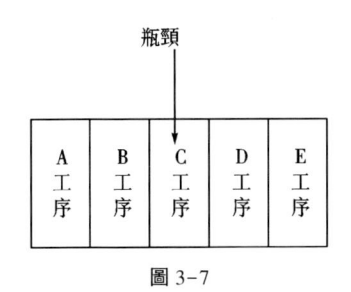

```
          瓶頸
           ↓
    ┌──┬──┬──┬──┬──┐
    │A │B │C │D │E │
    │工│工│工│工│工│
    │序│序│序│序│序│
    └──┴──┴──┴──┴──┘
           圖 3-7
```

如果瓶頸工序與其他工序在產品生產過程中的地位是平行的，那麼瓶頸問題將會影響產品配套。針對進度瓶頸，主要按以下步驟解決：

（1）尋找進度瓶頸所處的位置點；
（2）分析該瓶頸對整體進度的影響及作用；
（3）確定該瓶頸對進度的影響程度；
（4）找出產生瓶頸的因素並進行具體分析；
（5）確定解決的時間，明確責任人和解決辦法；
（6）實施解決辦法，並在生產過程中進行后續跟蹤；
（7）改進后再次對整體生產線進行評估。

2．材料供應瓶頸的解決

材料供應不及時會造成瓶頸或影響產品某一零部件的生產進度，甚至會影響產品最后的安裝與配套；也可能影響產品的總體進度，這主要視瓶頸材料在全部材料中所處的地位而定。

由於材料的供應工作存在著一定的週期性和時間性，因此應及早發現、及早預防並及早解決。具體步驟如下所示：

（1）尋找造成瓶頸問題的材料；
（2）分析其影響程度；
（3）對材料進行歸類分析；
（4）與供應商就該材料進行溝通協調，並努力尋找新的供應商，從而建立可靠的供應網路；
（5）進行替代品研究，或要求客戶提供相關材料。

3．技術人員瓶頸的解決

技術人員的短缺會影響生產進度，特別是特殊人才或者是技術人員、重要的設備操作員，一時缺失又難以補充，因此這一瓶頸也會影響生產進度。

在生產空間允許的情況下，特別是實行計件工資的企業，應注意人員的充分配置，加強人員的定編管理，確保各工序的生產能力，防止瓶頸的出現。具體方法如下：

（1）找到人員或技術力量不足的工序或部門；
（2）分析這種情況所造成的影響；
（3）進行人員定編研究；
（4）確定人員的定編數量、結構組成；
（5）進行技術人員的培訓；

（6）積極招聘人員，及時補充人員；
　　（7）平時應積極進行人員儲備。
　4. 工藝技術與產品品質問題瓶頸的解決
　　此類瓶頸主要體現在新產品的生產。因為新產品的生產往往需要新的工藝技術與質量，所以要做好新產品就必須做到以下幾點。
　　（1）找到工藝技術瓶頸的關鍵部位；
　　（2）尋找解決方案；
　　（3）進行方案實驗或批量試製；
　　（4）對於成功的工藝技術方案，建立工藝規範；
　　（5）制定品質檢驗標準；
　　（6）進行后期監督。

二、流程能力

　　從生產角度看，對企業來說最重要的一個問題是在給定的單位時間（如1天）中能夠生產多少產品或者能夠服務多少客戶，這個度量我們稱為流程能力（process capacity）。
　　流程能力的度量是指流程能夠生產的數量，而不是流程實際生產的數量。例如，當機器發生故障或者發生其他外部事件導致流程沒有生產任何東西時，流程的能力是不受影響的，但是單位時間產出則降為零。
　　流程能力不但可以用整體流程的層面來衡量，而且可以用構成流程的個別生產設施的層面來度量。類似於我們定義的流程能力，我們定義一個生產設施的能力為生產設施在給定的時間單位裡最大的產出數量。
　　經過了流程中所有的生產設施后，一個流程單位就完成了。整體流程能力由生產設施中最小的生產設施能力（即瓶頸）決定。瓶頸是全部流程鏈中最弱的環節。因此，我們定義流程能力的表達式如下：

$$流程能力 = \min\{生產設施1的能力, \cdots\cdots, 生產設施1的能力\}$$

　　如果需求小於供應鏈的能力（也就是有充足出入以及流程具有足夠能力），流程就按照需求的速度生產，而與流程能力無關，我們將此種情形稱為需求約束（demand constrained）。
　　如果需求大於供應，此時流程被稱為供應約束（supply constrianed）。供應約束分兩二種：一是輸入不足，即流程的原材料輸入不足；二是能力不足，即受到瓶頸的限制。
　　【例3-3】草籽娃娃通過一個混合批量流水生產，6個填充機操作員同時工作，制成基本球形體，每盒可裝25只。在另一個作業地，一個操作工人把帶有塑料外衣的電線在一個簡單的模具上纏繞一下就制成草籽娃娃的眼鏡。接下來的作業過程是一個流水線。三個塑形工把球形體從裝載盒拿出來，塑造鼻子和耳朵。在塑形工的旁邊有兩個工人，在球形體上製作眼鏡。經過塑形和組裝的草籽娃娃都轉交給一個工人，由他負責用織物染料給它畫上一個紅紅的嘴馬，畫完后把它們放在一個晾架上，晾干以後，兩個包裝工人把草籽娃娃放進盒子，然后再把它們裝入便於運輸的箱子裡。對草籽娃娃的各加工工序及轉移時間估計如下：填充——1.5分鐘；塑形——0.8分鐘；製作眼睛——0.4分鐘；構造眼鏡——0.2分鐘；塗染——0.25分鐘；包裝——0.33分鐘。

一天工作 8 小時，實際工作 7 小時。

表 3-3 中總結了每個流程步驟的能力。根據我們的瓶頸和流程能力相關的定義，現在我們可以確定塑造鼻子和耳朵為草籽娃娃生產過程的瓶頸。整個流程能力是每個生產設施的能力的最小值（單位都為個/天）：

流程能力＝min ｛1,608，2,100，1,575，2,100，1,680，2,545｝＝1,575

表 3-3　　　　　　　　　　能力計算

流程步驟	計算（個）	能力（個/天）
填充	6×（7×60）/1.5＝1,680	1,680
構造眼鏡	1×（7×60）/0.2＝2,100	2,100
塑造鼻子和耳朵	3×（7×60）/0.8＝1,575	1,575
製作眼睛	2×（7×60）/0.4＝2,100	2,100
塗染	1×（7×60）/0.25＝1,680	1,680
包裝	1×（7×60）/0.33＝2,545	2,545
流程合計		1,575

【案例】3-2　JXC-1700 型繼電器瓶頸分析

根據年初市場部提供的銷售大綱，預計月產量為 4 萬～5 萬臺。JXC-1700 型繼電器為 AX 系列繼電器的標準型號。車間針對生產流程，以 JXC-1700 型繼電器為例，進行生產瓶頸分析如下：

一、JXC-1700 型繼電器裝配任務明細表

表 3-4

序號	工序代碼	任務描述	緊前任務
1	1	電源片工序	無
2	2	鉚/焊動接點	無
3	3	壓軸/予彎	2
4	4	串上下壓片/選配動接點	3
5	5	接點組裝	1、3
6	6	平緊工序	5
7	7	車鐵芯序	無
8	8	磁路組裝工序	7
9	9	銜鐵組裝工序	無
10	10	接點磁路組裝工序	6、8
11	11	焊線圈工序	10
12	12	掛銜鐵	11、9
13	13	鉚銷工序	12
14	14	底座工序	13
15	15	中檢工序	14

表3-4(續)

序號	工序代碼	任務描述	緊前任務
16	16	調整	15
17	17	組立工序	16
18	18	掃描入庫	17

二、JXC-1700型繼電器生產瓶頸分析

1. 流水線平衡表

表3-5　　　　　　　　　　　　　　　　　　　　　　　　　　　　　　　　　單位：S

工序	電源片工序	鉚/焊動接點	壓軸予臂	串上下壓片選配動接點	接點組裝	平緊工序	車鐵芯序	磁路組裝	衡鐵組裝工序	接點磁路組裝工序	焊線圈工序	掛衡鐵	鉚銷工序	底座工序	中檢工序	調整	組立工序	掃描入庫	合計
正常作業時間	62.00	190.00	35.29	63.00	59.50	46.00	15.05	44.42	44.00	60.95	90.00	126.00	30.32	73.89	31.00	1,350.00	290.00	85.76	2,697
人數	4	12	3	4	4	3	1	3	3	4	6	8	2	5	2	90	19	6	180
正常作業時間/人數	15.50	15.83	11.76	15.75	14.88	15.33	15.05	14.67	15.24	15.00	15.75	15.16	14.78	15.00	15.26	14.29	265.86

計算：正常作業時間/人數平均時間＝14.77S

2. 流水線平衡圖

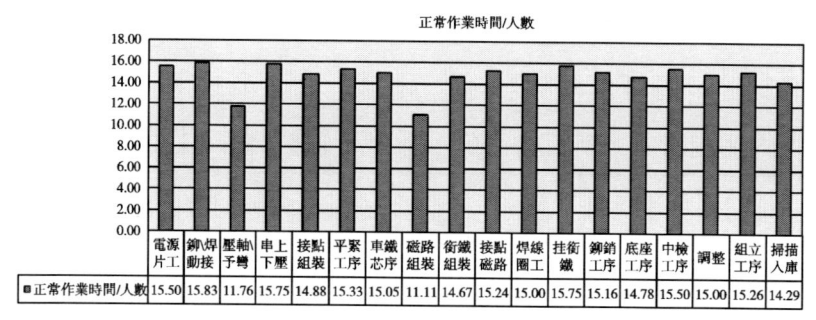

圖 3-8

三、JXC-1700型繼電器生產瓶頸計算

循環時間＝工序最長時間＝15.83S

線平衡率＝各工序平均時間/最長工序時間×100%＝14.77/15.83×100%＝94%

平衡損失率＝1-線平衡率＝1-94%＝6%

偏差率：5%～15%

月生產能力（以最長工序時間計算）＝22天×8小時×60分×60秒/15.83秒＝40,025臺，達到繼電器預計產量目標。

JXC-1700型繼電器無生產瓶頸。

四、比對分析

JXC-1700型繼電器為AX系列繼電器的標準型產品，車間每天生產繼電器3～5個品種。各工序的生產情況如下：

(1) 車間整體生產進度控制平穩；

(2) 車間無計劃加班趕進度現象；
(3) 車間未出現工序等料現象；
(4) 生產線流動平穩，未出現在製品滯留情況；
(5) 生產能力相對較為平衡，生產協調的靈活性加強。
結論：車間無生產瓶頸工序。

五、預防措施

(1) 車間將加強人力資源管理，實現人員的充分配置；
(2) 車間將不斷進行員工的技術培訓，達到一人多能，實現崗位互換，以便應對緊急情況，進行必需的崗位調整與補充；
(3) 車間將認真進行工序研究，實現各工序生產能力的相對平衡；
(4) 車間將加強工藝技術管理，消除其對生產的影響；
(5) 根據產品不同、工藝不同，車間將及時進行生產能力調整。

資料來源：http://wenku.baidu.com/view/f7160a17453610661ed9f46b.html。

任務五　流程利用率與能力利用率

當除去工廠計劃的設備維護和檢查時間，工廠計劃每天能獲得1,575個生產能力，而客戶的需求每天只有1,500個生產能力，因此，存在需求和潛在供應能力（流程能力）的不匹配。量化這個不匹配的常用度量指標是流程利用率。流程利用率的計算公式如下：

$$流程利用率 = 單位時間產出 / 流程能力$$

為了度量流程利用率，我們要考慮相對於流程在全速運轉時能夠生產的產品數量，流程真正生產了多少產品。

一般來說，流程沒有達到100%的利用率有多種原因。

- 如果需求小於供應，流程一般就不能全力運轉，而只是以需求的速度進行生產。
- 如果流程的輸入沒有充足的供應，流程就不能全力運轉。
- 如果有一個或幾個工序只有有限的能力可得性（如維修和故障排除），流程在運轉時有可能達到全力但是當有些工序不能運轉時，流程就會進入不生產任何產出的時期。

就像我們定義流程能力和單個生產設施的能力一樣，我們不僅能夠定義整個流程層面的利用率，還能定義單個生產設施的利用率。生產設施利用率的計算公式如下：

$$生產設施利用率 = 單位時間產出 / 生產設施的能力$$

已知瓶頸是能力最低的資源，而且通過所有生產設施的單位時間產出相同，那麼瓶頸就是具有最高利用率的資源。

在草籽娃娃的例子中，對應的利用率如表3-6所示。注意，流程中的所有生產設施只有一個流程單位，而且擁有相同的單位時間產出。這個單位時間產出等於整體流程的單位時間產出，為1,575個/天。

表 3-6　　　　　　　　　草籽娃娃流程步驟的利用率

流程步驟	計算（個/天）	利用率（%）
填充	6×（7×60）/1.5=1,680	89
構造眼鏡	1×（7×60）/0.2=2,100	71.4
塑造鼻子和耳朵	3×（7×60）/0.8=1,575	95
製作眼睛	2×（7×60）/0.4=2,100	71.4
塗染	1×（7×60）/0.25=1,680	89.3
包裝	1×（7×60）/0.33=2,545	58.9
流程合計	瓶頸：1,500/1,575	95

度量設備利用率在資本密集的行業中最為普遍，而度量工人利用率則在勞動力密集行業中最為普遍。給定有限需求，即使在原料供應充足的情況下，草籽娃娃生產流程的瓶頸也沒有達到100%的利用率。注意：如果沒有充足的市場供應和物料供應，在不允許有在製品庫存的情況下，只有瓶頸能達到100%的利用率。

如果草籽娃娃的瓶頸利用率是100%，我們就能得到整體單位時間產出為1,575個/天，對應的能力利用率水平在表3-7中做了總結。

表 3-7　　　需求無限的不允許在製品庫存的草籽娃娃各流程步驟利用率

流程步驟	計算（個/天）	利用率（%）
填充	6×（7×60）/1.5=1,680	93.75
構造眼鏡	1×（7×60）/0.2=2,100	75
塑造鼻子和耳朵	3×（7×60）/0.8=1,575	100
製作眼睛	2×（7×60）/0.4=2,100	75
塗染	1×（7×60）/0.25=1,680	93.75
包裝	1×（7×60）/0.33=2,545	61.89
流程合計	瓶頸：1,575/1,575	100

【案例】3-3　一位效率專家使本田公司重獲新生

設計汽車發動機的賽事專家長期以來一直支配著本田汽車公司。工業工程師馬色凱·愛維是一位效率專家，他強調減少成本，他確信本田汽車公司通過將汽車生產的精度和效率提高一倍可以獲得規模經濟。他反對公司通過合併或者兼併的方法來擴大生產規模。本田公司內部管理層的一位有影響力的高級經理認為：「本田永遠不必追求數量，我們可以取得與工業巨頭相當的利潤，而且只需要生產他們一半的數量。」

愛維設定了一個很高的目標，他希望通過改裝本田的組裝線，使他們能夠生產公司產品線上任何一款產品，從最小的CIVIC到最豪華的ACURA。他計劃將本田最終組裝線縮短一半，減少將新產品和樣本投入生產所需要的時間與資金。最後，他認為每個組裝線應該有大約20個外線分支，而如今的組裝線卻只有幾個分支。這些生產線不僅可以安置發動機，而且可以實際生產發動機。目前這項工作大多是由專業化工廠進

行的。本田的目標是完成發動機生產和最終組裝的同步，以使公司沒有任何發動機的庫存，這樣可以減少資金占用。

在某些情況下，改革措施包括增加勞動力。去年，日本鈴木公司的工廠拆除了一套全自動化的發動機安裝系統，取而代之的是3名工人和一些半自動化的生產設備。結果是不管什麼車型，該工作站都可以按照標準的方式將發動機安裝到各種各樣的汽車中。愛維命令將生產線上的座位的安裝也進行同樣的改變，增加2名工人。他經常比其他經理早幾個小時就來到工廠，巡視是否因為設備空閒而造成浪費或者存在不均勻的零件流。

資料來源：任建標. 生產運作管理［M］. 2版. 北京：電子工業出版社，2010.

任務六　流程分析的6步法

上面我們介紹了流程中的一些重要的概念，而在流程分析中還有很多其他一些主要指標。雖然不同的公司、不同的業務各有不同的流程，但是流程分析具有一般的規律，可以按照下面的6步法來進行。

第一步：畫出流程圖

根據工藝的實際情況，考察流程中的原材料投入、各道加工工序以及產出情況，畫出流程圖。

第二步：確定每道工序的特徵

在繪製出流程圖的基礎上，詳細收集各道工序的信息，如每道工序的機器設備數、人員安排、工序加工時間、具體運作情況等。

第三步：確定工序間的特徵

工序之間通過信息流和物料流進行著溝通與交流。我們需要確定前後相鄰的兩道工序之間的轉運批量和轉運時間。流程的推拉方式是非常關鍵的，它決定了信息和物料傳遞的方式。所謂推動方式，是指每一道工序都將自己生產的產品放在一個庫存中，其作用是在它與緊接著的后一道工序之間充當「緩衝」。這個緊接著的后一道工序將從這個庫存中提取產品，進行加工，然後再將它們放入下一個緩衝庫存。這種方式能夠降低意外事件所造成的干擾，從而提高它們的工作效率。這種方式的缺點是：庫存占用大量的流動資金，加工時間較長，從而導致反應速度較慢。所謂拉動方式，是指每道工序的產品加工完成之后，都會準時而且直接地交付給下一道工序進行加工。這種方式往往是通過來自顧客的訂單來拉動各道工序，因而效率高，而且反應速度較快。

第四步：確定流程的瓶頸

由於流程中各道工序的流程能力沒有加以平衡（實際上也不可能完全平衡），所以整個流程存在瓶頸工序。通過分析計算各工序的流程能力，找出瓶頸工序，即產能最小的那道工序。

第五步：分析流程的產能及每道工序的效率

根據瓶頸工序來分析流程的產能，計算出流程中其他工序的賦閒時間、時間利用率，以及所形成的在製品庫存等績效考核指標。

第六步：流程改善的措施及建議

通過前面的分析，找出流程中存在的問題后，針對產生的原因提出相應的解決方法和建議。

下面我們來對【例3-3】中的玩具小熊案例進行詳細的分析。

第一步：畫出流程圖

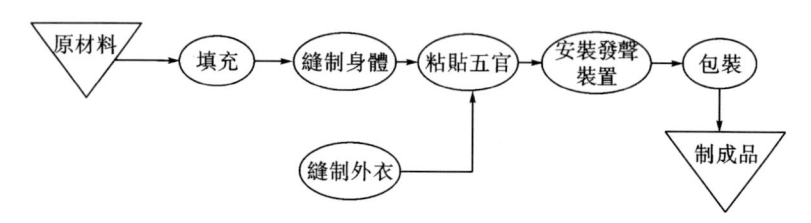

```
原材料 → 填充 → 縫製身體 → 粘貼五官 → 安裝發聲裝置 → 包裝 → 製成品
                        ↑
                   縫製外衣
```

圖3-9　玩具小熊的粗糙流程圖

根據案例給出的材料，畫出小熊製作的流程圖。這是一條以手工操作為主的生產流水線。請注意縫製外衣和填充、縫製身體兩道工序是並行關係。

第二步：確定每道工序的特徵

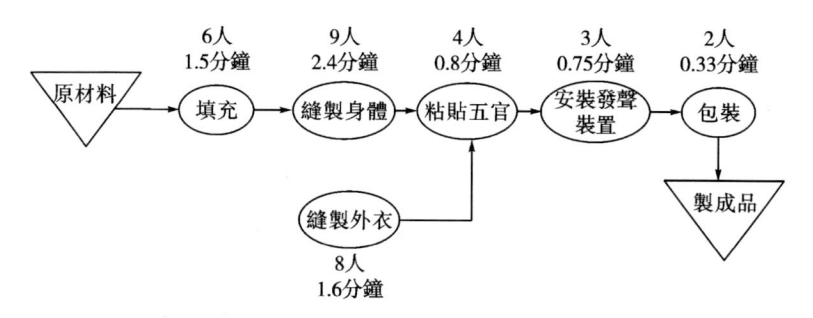

```
         6人      9人      4人      3人       2人
        1.5分鐘  2.4分鐘  0.8分鐘  0.75分鐘  0.33分鐘
原材料 → 填充 → 縫製身體 → 粘貼五官 → 安裝發聲裝置 → 包裝 → 製成品
                            ↑
                       縫製外衣
                         8人
                       1.6分鐘
```

圖3-10　玩具小熊的帶有工序特徵的流程圖

根據案例資料可以確定工人數和工序時間。例如，填充的1.5分鐘是指工業工程部門用秒表測定平均一名工人填充一個產品的時間為1.5分鐘。

註：測定的時間是指平均時間。在市級企業中，工序時間是有波動的，如設備的加工時間有長短，工人的操作時間也有長短，但這裡我們做平均處理。

第三步：確定工序間的特徵

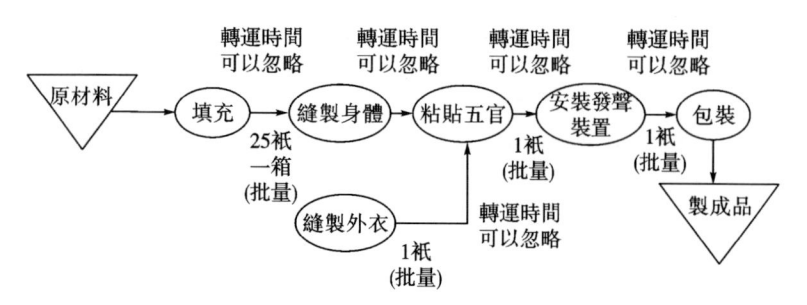

```
           轉運時間    轉運時間    轉運時間    轉運時間
           可以忽略    可以忽略    可以忽略    可以忽略
原材料 → 填充 → 縫製身體 → 粘貼五官 → 安裝發聲裝置 → 包裝 → 製成品
           25衹        1衹         1衹
           一箱        (批量)      (批量)
           (批量)
                   ↑
               縫製外衣
                  ↑
              轉運時間
              可以忽略
                1衹
               (批量)
```

圖3-11　玩具小熊的帶有工序之間特徵的流程圖

在分析各道工序之間的特徵時，我們首先要確定整個流程的運轉方式，是拉動式還是推動式的，然后確定相鄰的兩道工序之間的轉運批量、轉運時間。由於相鄰的工序所在的工作地之間的距離很近，所以產品轉運時間在流程分析中可以略去，但在發生裝置與包裝之間的對小熊製品進行 2 小時晾干為這兩道工序之間的準運時間，晾干 2 小時也可以理解為從安裝發聲裝置運到包裝的時間為 2 小時。轉運的批量除了填充與縫制身體之間為 25 只一盒外，其他工序之間都是 1 只。

本流程是一條推動式而不是拉動式的流水線。這是因為工廠根據預測而不是顧客的訂單生產，從而流程之間必然存在在製品。

第四步：確定流程的瓶頸

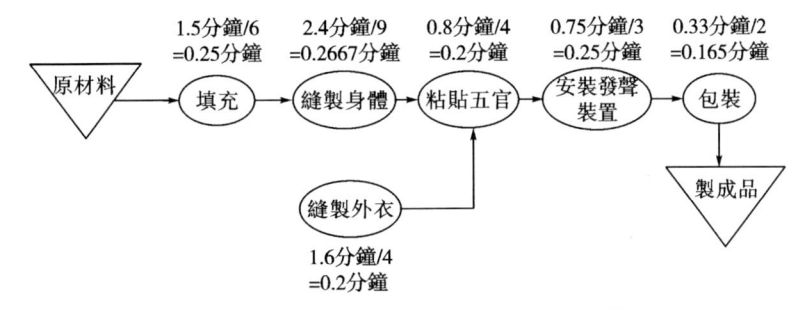

圖 3-12 玩具小熊的確定流程瓶頸特徵的流程圖

根據前 3 步確定的特徵，可以計算出每道工序完成單位產品的平均加工時間。結果很明顯，瓶頸為縫制身體工序，因為 0.266,7 分鐘是加工時間最長的工序，即加工速度最慢的工序；另外一種計算 1 小時內按照測定的工序時間，計算哪道工序用的時間最少，結果當然是一樣的。

第五步：分析流程的產能及每道工序的效率

（1）工廠的日流程能力。

一天一個班次（7 小時工作時間）能夠生產的產品 1,575 $\left(\dfrac{7\times 60}{0.266,7}\right)$ 個。

（2）瓶頸作業為縫制身體工序。

（3）各工序的工人工作時間利用率。

（4）在製品庫存分析。

表 3-8　　　　　　　　玩具小熊的各工序的時間利用率

流程步驟	時間利用率
填充	按照 0.25 分鐘的產能生產，所以為 100%
縫制身體	瓶頸工序為 100%
縫制外衣	按照 0.2 分鐘的產能生產，所以為 100%
粘貼五官	0.2/0.266,7×100% = 74.99%
安裝發聲裝置	0.25/0.266,7×100% = 93.74%
包裝	0.165/0.266,7×100% = 61.87%

由於本流程是一條推動式的流水線，所以工序之間可能會出現在製品庫存。這裡的在製品庫存含有工藝在製品和運輸在製品。

工藝在製品是由於前後兩道工序的加工時間不一致造成的。運輸在製品是指在緊前工序轉運到下一道工序的過程中累積的庫存，比如由於要晾干 2 小時再安裝發生裝置和包裝之間累積的在製品庫存。

分解下列我們需要確定所有在製品的工序位置。查找相鄰兩道工序之間的產品加工時間，如果前面一道工序的單位產品加工時間比緊后那道工序快，就有可能出現在製品庫存。但是在推動系統中還需要分析瓶頸工序的具體位置對其他工序產生的影響。

根據流程圖中分析的數據，工藝在製品會出現兩個位置（見圖3-13）。

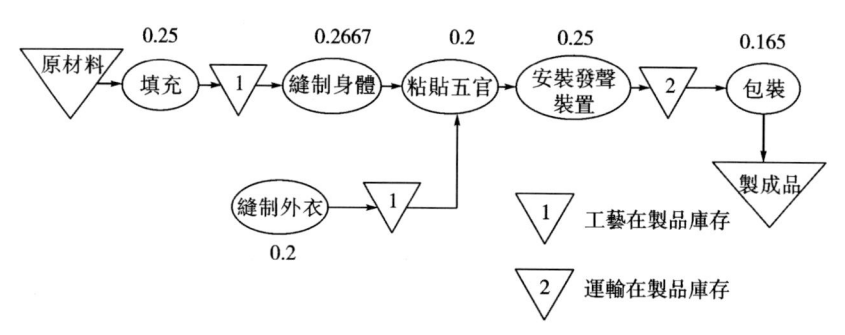

圖 3-13　玩具小熊的確定在製品庫存位置的流程圖

（1）填充與縫制身體之間一個班次的在製品庫存為：
7×60/0.25-1,575 = 105（個）
（2）縫制外衣與粘貼五官之間一個班次的在製品庫存為：
7×60/0.2-1,575 = 525（個）
（3）安裝發生裝置與包裝之間一個班次的運輸在製品庫存為：
1,575×2/7 = 450（個）

第六步：流程改善的措施及建議

流程改善的措施很多，如我們可以為瓶頸工序增加設備或為瓶頸工序增加人員，提高設備的效率，創建多工位共享的流水線佈局（U形流水線）以及平衡流水線等方式平衡各道工序的流程能力。當然我們還可以考慮通過生產班次的調整或者通過某些關鍵程序的加班來平衡各道工序的流程能力。

下面我們採用U形流水線並且多工位共享的方式來改善流程績效，其效果圖如圖3-14所示。

圍繞瓶頸工序——縫制身體，其他工序的賦閒工人可以幫助完成縫制身體這道工序工作，但是需要對縫制外衣和包裝工序的工人進行技能培訓。

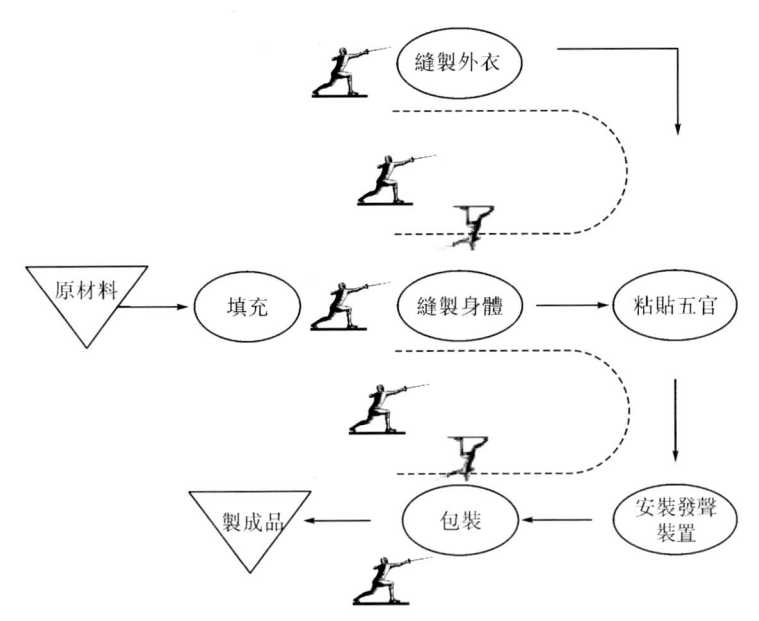

圖 3-14　改善后玩具小熊的 U 形流程圖

知識鞏固

一、填空題

1. 開始對一個運作系統進行分析的最好方法是描繪_____。
2. 理解複雜流程的方法是研究_____是如何在流程中經過的，我們要把物料或者產品作為_____，並且要關注他們經過整個流程的過程。
3. 流程績效的三個主要指標是_____、_____、_____。
4. 一個流程是流程單位流過運作的過程，流程圖由一系列_____、_____、_____和_____組成。
5. 律特法則不僅適用於_____，而且適用於系統的任何一部分。
6. 通常把一個流程中生產節拍最慢的環節叫做_____。
7. 對企業來說最重要的一個問題是在給定的單位時間（如 1 天）中能夠生產多少產品或者能夠服務多少客戶，這個度量我們稱為_____。
8. 度量_____在資本密集的行業中最為普遍，而度量_____則在勞動力密集行業中最為普遍。
9. 工序之間通過_____和_____進行著溝通與交流。
10. 流程分析的六步法：_____、_____、_____、_____、_____、_____。

二、選擇題

1. 下列項目中，不屬於流程圖元素的是（　　）。
   A. 圓圈

B. 三角

C. 方框

D. 平行四邊形

2. 下列項目中，不屬於流程績效三個主要指標的是（　　）。

A. 庫存

B. 流程時間

C. 流程能力

D. 單位時間產出

3. 流程的律特法則是（　　）。

A. 平均庫存＝平均單位時間產出×平均流程時間

B. 平均庫存＝平均單位時間產出＋平均流程時間

C. 平均庫存＝平均單位時間產出－平均流程時間

D. 平均庫存＝平均單位時間產出÷平均流程時間

4. 通常把一個流程中生產節拍最慢的環節叫做（　　）。

A. 節拍

B. 瓶頸

C. 流程能力

D. 流程時間

5. 工序之間通過（　　）和物料流進行溝通與交流。

A. 信息流

B. 產品流

C. 資金流

D. 員工流

6. 單位時間產出/流程能力的結果是（　　）。

A. 單位時間產出

B. 流程能力率

C. 流程利用率

D. 工人利用率

7. 下列項目中，不屬於流程分析6步法的一項是（　　）。

A. 畫出流程圖

B. 確定每道工序的特徵

C. 確定工序間的特徵

D. 確定流程的產品

案例分析

A企業的流程管理過程

背景概述

A企業集團前身是A企業軍工廠，原廠址在湖南永州；1995年，該公司領導看準改革時機，率先改制，並與日本A企業開展技術合作，生產輕型越野車SUV，其中高

檔越野車冠以 A 企業標記，中低檔越野車冠以 A 企業商標。改制以來，在繁榮的市場環境和寬鬆的競爭環境中，該公司業務發展迅速，利潤連年成倍增長；到 2003 年，該公司純利潤從改制前的數百萬元上升至近 6 億元；該公司規模同時也迅速擴張，現已在長沙市、永州市、衡陽市、廣東惠州市等地已經建立起兩大生產基地和四個零部件生產基地；該公司現有員工 5,000 多人，是改制前的數十倍。自 2000 年起，A 企業連續四年進入中國 500 強企業；2004 年，A 企業總部從永州遷至長沙，並於同年在上海主板市場上市。

然而，隨著市場環境和競爭環境的變化，傳統小企業式的管理方法與日益龐大的公司規模和日益複雜的組織結構之間的矛盾變得越來越明顯。以往「在一個院子中干活」時的那種靈活、機動、協調方便的工作模式已經不能適應公司集團化運作的需要。科學管理，規範管理，向管理要效益已經擺上了 A 企業高層考慮的議事日程。在這種背景下，A 企業引入藍凌公司進行企業流程的諮詢。通過諮詢，規範了 A 企業整個流程體系，重點理順和優化了公司的幾個關鍵流程，並建立了流程持續優化的管理制度。而且有效解決了公司存在的問題，提高了公司的工作效率，使公司的管理水平上了一個臺階。

A 企業流程管理現存的問題

在現在的市場環境中，整車廠之間的競爭不再是價格和性能的競爭，而是企業整體管理和運作的競爭。面對今天以客戶、競爭、變化為主要特徵的時代背景，和中國加入 WTO、市場與競爭對手國際化帶來的機遇和挑戰，A 企業如何面對，是擺在公司決策者面前的重要課題。今天市場的游戲規則已經發生了變化，速度和應變能力成為市場競爭的關鍵，所謂快魚吃慢魚。同時今天的客戶消費觀念已經成熟，而且越來越挑剔，今天的客戶關係維繫變得比以往任何時候的難度都大。如何提高整個業務體系和管理體系的運作效率，快速回應客戶的需求，已經成為 A 企業公司市場競爭成敗的關鍵。

隨著業務的拓展、客戶的增加、公司規模的擴張，A 企業深深意識到下列問題已經成為公司進一步發展的障礙。

1. 流程層面的問題

美國著名管理學家邁克爾·哈默曾提出，對於 21 世紀的企業來說，流程將非常關鍵。優秀的流程將使成功的企業與其他競爭者區分開來。為什麼流程對企業來說如此重要呢？因為流程是一個企業所有運作活動的路徑和範式，企業通過執行流程來實現其戰略決策和經營目標。所以，流程的優劣直接關係到企業運作和管理的效率，進而影響到其最終經濟效益。

A 企業在流程層面存在著以下問題：

(1) 流程未標準化

改制之前，A 企業還是一個只有幾百名員工的小企業。那時所有員工都在永州的「一個院子裡」干活，彼此非常熟悉，工作主要靠溝通和交流，書面的、成文的流程很少。當公司發展到五千多名員工，擁有地理上分散的本部、研發中心、兩大生產基地和四個零部件生產基地這樣的規模時，企業的管理和運作仍沒有一套體系化的流程加以規範，因此導致員工缺乏遵循的依據，工作多以個人經驗為標準，隨意性很大；而且流程結果無人負責，部門之間責任推諉嚴重。在 A 企業，這就不可避免地造成很多

需要不同部門配合完成工作的問題和矛盾叢生，只能由部門領導出面協調解決，導致很多工作進展緩慢、效率低下；而且企業領導往往陷於日常事務，不能將大部分精力用於思考企業發展等策略性問題。

(2) 流程的功能缺乏，效率不高

A企業成文的流程大部分是各部門編製的部門內部流程，跨部門的流程很少；流程大部分規範一些簡單的日常辦公活動，與公司業務運作和管理緊密相關的業務與管理流程比較少。如A企業的產品研發未以市場為導向，大多靠研發中心「拍腦袋」。流程的功能較低，難以透過流程的整合來聚合企業核心能力，進而提升整體生產力。

(3) 流程的執行缺乏強制性

A企業現有的流程中，相關部門的權責與角色不明確或界定模糊；部門與部門之間或員工與員工之間的職責內容與合作方式缺乏統一的規範，導致工作流程中的有些部門或角色重複操作，造成資源浪費。

2. 績效層面的問題

A企業目前尚無成形的績效考核體系，基本是大鍋飯——干多干少一個樣。對一些關鍵流程也沒有設置考核指標；流程考核指標的缺失導致流程缺乏執行的指導性與管理重點，最終使得流程形同虛設。

3. 信息層面的問題

(1) 縱向信息採集處理和使用的效率低下

在A企業，從基層到決策層的信息傳遞隨意性較大，無相應制度和流程規定。特別是總部搬到長沙后，指揮中心與生產基地在空間上分開了，縱向信息的高效傳遞更為困難。縱向信息溝通不暢，決策層在決策時得不到及時、準確的信息，只好憑經驗和感覺進行決策，決策質量很難保證。

(2) 橫向信息溝通不暢，供應鏈管理薄弱

在供應鏈管理領域，把供應鏈上信息失真程度沿著整條鏈逐步擴大的現象稱為「牛鞭效應」。在A企業，這種牛鞭效應尤為明顯。

(3) 信息系統基礎薄弱

A企業的信息化建設尚不完善，信息分散於不同的部門，分散的信息形成了孤島。信息不準確、不及時、不完整，不利於信息的加工和綜合利用。導致信息的不一致，影響正確的決策；信息無法共享，造成信息利用率低，影響管理效率，公司無法有效地監控各個業務的運作。

解決方案

根據前期的分析和診斷，針對A企業的管理問題，藍凌提出了從流程入手，帶動其他管理問題的解決，從而全面提升A企業整體管理水平的思路。並設計了「點面結合，以點帶面」的流程優化解決方案。

1. 理念的培訓和宣傳貫徹

為了幫助A企業的員工打破以往以部門為中心的思考模式，建立起流程的思想，藍凌在項目啓動會上就為A企業客戶做了流程理念的培訓。培訓系統地為客戶描述和解釋了流程的概念、流程的思想、流程管理的好處、規範和優化流程管理的工具、方法等內容。

2. 從面上建立 A 企業的流程體系

流程體系包括流程清單、流程描述、流程的責任矩陣和流程管理制度。流程清單為 A 企業的所有重要的流程進行了結構化的分類和分級，最終形成 A 企業的流程樹。通過流程清單，可以瞭解 A 企業所有重要的業務和管理活動；藍凌還為 A 企業確定了流程描述的規則，統一了每個部門流程描述的方法；為了使流程真正具有可執行性，減少工作中責任推諉的現象，藍凌採取了流程責任矩陣方法，使流程的每個環節的工作都落實到了具體的部門和崗位；流程的建立和優化不是一個項目就可以全部完成的，還需要在執行中對其進行不斷的優化。針對 A 企業流程的持續優化，藍凌設計了一套管理制度，包括流程管理組織設置、流程執行的考核和監督、流程的建立、修改和優化的流程。

3. 從點上選擇關鍵流程，並進行細化和優化

關鍵流程與 A 企業的生產運作緊密相關。關鍵流程功能的不規範和功能缺乏必然會對 A 企業的效益產生負面的影響。以月度生產經營計劃為重點，在與客戶相關部門反覆進行溝通的基礎上，藍凌進行了如下流程優化的工作：

（1）將市場預測和訂單管理作為流程前端重要的環節，對其市場預測的準確性提出了考核要求。如此一來，改變了以往靠領導拍腦袋制訂生產計劃，現在改為以市場來引導生產經營計劃的制訂。

（2）採用了一些流程分析的工具和方法，合併了以前流程中不增值的某些環節，從而達到提高流程效率、降低流程成本的目的。

（3）對流程的每個工作環節規定了相應的時間節點，保證流程進行的有序性。

（4）對流程的每個工作環節規定了責任部門/崗位，使得每項工作都可以落到實處。

（5）在流程每個環節，對相應參與部門提出了衡量工作完成質量的考核指標，為流程執行的考核奠定了基礎。

（6）設計了流程中要使用到的表格、模版等工具，降低了流程執行的成本，保證了流程執行的質量。

解決方案的實施

流程規定了企業所有業務和管理的運作規範，是一個複雜的企業管理的系統工程，從公司普通員工到總經理都要參與。

1. 總體規劃、分步實施

A 企業流程梳理包含的內容較廣，藍凌的實施是採取總體規劃、分步實施的原則進行的。根據需建立或優化的流程的重要性和緊急性，先選取眼前迫切需要解決的月度經營共享作為切入點，在效益驅動、重點突破的指導下，分階段、分步驟實施。保證成熟一個、發布一個、執行一個。以科學的方法保證項目的順利推行。總體規劃、分步實施也降低了藍凌公司的風險和先期投入。

2. 高層領導的大力支持和推動

本次流程的建立、優化和實施自始至終得到了公司高層管理者的大力支持和推動，由董事長秘書直接參與項目的實施，保證了資源調配和部門間的協同配合，保證了項目實施按照既定的目標、進度進行。

效益評估

為 A 企業建立了一套標準化的流程體系，使得工作的執行「有法可依」。通過流程體系的建立和實施，使得各部門的工作，特別是跨部門的工作執行更為順暢，減少了部門間的推諉扯皮，提高了工作效率；並且，流程的實施將領導從協調和救火中解放出來，使得他們有精力關注一些更為重要的企業發展的問題。

(1) 優化了《月度滾動生產經營計劃流程》《月度資金計劃流程》《年度經營計劃流程》《年度預算制定流程》，增強了這些流程的功能。其中，《月度滾動生產經營計劃流程》已經試運行了兩個月，效果明顯——倉庫中原材料和產品庫存大大下降了。

(2) 對關鍵流程的一些關鍵環節，設置了相應的工作目標和考核指標，為下一步流程績效體系的建立奠定了基礎。

(3) 確定了流程中要使用的表單和參考的模板，並對流程中的輸入、輸出信息進行了梳理和界定，初步解決了流程信息傳遞不暢的問題。

總之，通過流程管理方案的設計和實施，藍凌幫助 A 企業打通了流程的經脈，在提高工作效率、降低成本、提升客戶滿意度等方面表現出了比較明顯的成效。

思考題：

1. A 企業面臨的流程方面的問題具體有哪些？依據本章所介紹的知識談談你的看法。

2. 針對 A 企業面臨的問題，如果你是管理人員，你應該如何解決？

(關鍵知識點提示：流程繪製、流程分析、流程優化)

實踐訓練

項目 3-1　認識製造企業產品生產流程

【項目內容】

帶領學生參觀製造企業的生產車間，觀察產品的生產流程。

【活動目的】

通過對製造企業產品生產流程的感性認識，課堂知識聯繫觀察實踐，幫助學生進一步加深對生產流程、流程圖、瓶頸、流程能力等知識的理解。

【活動要求】

1. 經過觀察，重點瞭解產流程、流程圖、瓶頸、流程能力等知識的實際操作和運用。
2. 每人寫一份參觀學習提綱。
3. 保留參觀主要環節和內容的詳細圖片、文字記錄。
4. 分析企業車間的設施布置類型、形式、布置重點。
5. 每人寫一份參觀活動總結，記錄課堂內外學習的時間和內容。

【活動成果】

參觀製造企業的生產車間的過程記錄、活動總結。

【活動評價】

由老師根據學生的現場表現和提交的過程記錄、活動總結等對學生的參觀效果進行評價和打分。

項目3-2　認識流程分析的6步法
【項目內容】
參觀一家玩具製造企業，應用流程分析的6步法為其生產過程進行流程分析，找出服務過程中可能出現的瓶頸並提出流程改善的措施及建議。
【活動目的】
通過觀察玩具製造企業的生產流程，結合課堂知識對生產流程進行具體分析，強化學生對於流程分析的6步法的認識和運用。
【活動要求】
1. 以小組（4~5人）形式進行。
2. 每個小組提交一份服務設計報告。
3. 每個小組派代表介紹流程分析的6步法、每個步驟的實施，解釋該企業流程組織的特點並提出流程改善的措施及建議。
4. 介紹內容要包括書面提綱。
【活動成果】
參觀玩具製造企業的過程記錄、活動總結。
【活動評價】
由老師和學生根據各小組的活動成果及其介紹情況進行評價打分。

模塊四
產品和服務設計

【學習目標】

1. 設計流程的四個階段和主要內容。
2. 研究與開發的概念、分類與特徵、常見形式。
3. 標準化的意義和主要內容。
4. 產品標準化的優點和缺點。
5. 產品生命週期和並行工程。
6. 服務設計的要求和步驟。
7. 服務設計和產品設計的區別。
8. 質量功能展開的概念及質量屋的構成。

【技能目標】

1. 瞭解設計流程的概念和步驟。
2. 瞭解企業研究與開發的概念、研究與開發領域的選擇和研究與開發方式。
3. 瞭解產品市場壽命週期和工藝設計的主要內容
4. 理解產品市場生命週期和研究與開發任務的關係。
5. 瞭解標準化的定義、內容及其優缺點。
6. 瞭解產品設計與服務設計的區別,掌握服務設計的方法。
7. 掌握服務設計的流程和步驟。
8. 理解質量功能展開的概念及其在產品設計過程中的作用。
9. 掌握質量屋的概念及其主要內容。

【相關術語】

設計流程（design process）
研究與開發（research and development）
產品設計（product design）
產品生命週期（product life cycle）
基礎研究（fundamental research）
應用研究（applied research）

開發研究（development research）
標準化（standardized）
大規模定制（mass customization）
並行工程（concurrent engineering）
質量功能展開（Quality Function Deployment）
服務設計（Service design）

【案例導入】

海爾小神童系列洗衣機的研發

　　1995 年，海爾洗衣機的研發部門在做市場調研時發現一個奇怪的現象：每年 6～10 月是洗衣機生產的淡季，每到這段時間，很多廠家就把商場裡的促銷員撤回去了。難道天氣越熱出汗越多老百姓越不洗衣服？進一步調查發現，不是老百姓不洗衣服，而是夏天 5 千克的洗衣機不實用，既浪費水又浪費電。可見，並不是人們不想用洗衣機，而是沒有合適的產品。於是，研發部門經過上百次的論證和 200 多個日日夜夜的研發，1996 年一類新型的小洗衣機走向市場，這就是小神童及小小神童等系列洗衣機。該系列洗衣機的關鍵技術是在最小的空間內將零件合理分裝，把洗衣機結構做得更緊湊，使洗衣機體積變小。很快，該產品成為夏季洗衣機市場的明星，上市 45 天銷量就超過 10 萬臺。還挺進歐美、日本等發達國家市場，多年來一直雄踞國內洗衣機的銷量第一。

　　小神童系列洗衣機的成功揭示了一個道理：「只有淡季的思想，沒有淡季的市場；只有疲軟的思想，沒有疲軟的市場。」用戶需求無處不在，產品研發關鍵是如何抓住機會，推出具有市場競爭力的產品，企業的「賣點」恰恰就是買家的「買點」。

任務一　設計流程

　　設計流程開始於設計動機。對於一個新企業或一項新產品來說，它的動機可能很明顯：實現組織的目標。對於一個現有企業來說，除了通常的動機外，還需要考慮很多因素，如政府規定、競爭壓力、顧客需要以及可運用與產品或流程中的新技術。

　　典型的產品設計流程包含四個階段：概念開發和產品規劃階段、詳細設計階段、小規模生產階段、增量生產階段。

一、概念開發和產品規劃

　　在概念開發與產品規劃階段，將有關市場機會、競爭力、技術可行性、生產需求的信息綜合起來，確定新產品的框架。

　　這包括新產品的概念設計、目標市場、期望性能的水平、投資需求與財務影響。在決定某一新產品是否開發之前，企業還可以用小規模實驗對概念、觀點進行驗證。

二、詳細設計階段

　　詳細設計階段，一旦方案通過，新產品項目便轉入詳細設計階段。該階段的基本

活動是產品原型的設計與構造以及商業生產中的使用的工具與設備的開發。

詳細產品工程的核心是「設計—建立—測試」循環。所需的產品與過程都要在概念上定義，而且體現於產品原型中（利用超媒體技術可以在計算機中或以物質實體形式存在），接著應對產品的模擬進行測試。如果原型不能體現期望性能特徵，工程師則應設法彌補這一差異，重複進行「設計—建立—測試」循環。詳細產品工程階段結束以產品的最終設計達到規定的技術要求並簽字認可作為標誌。

三、小規模生產階段

在該階段中，在生產設備上加工與測試的單個零件已裝配在一起，並作為一個系統在工廠內接受測試。在小規模生產中，應生產一定數量的產品，也應當測試新的或改進的生產過程應付商業生產的能力。正是在產品開發過程中的這一時刻，整個系統（設計、詳細設計、工具與設備、零部件、裝配順序、生產監理、操作工、技術員）組合在一起。

四、增量生產階段

在小規模生產階段中，開始是在一個相對較低的數量水平上進行生產；當組織對自己連續生產能力及市場銷售產品的能力的信心增強時，產量開始增加，進入增量生產階段。

歸根究柢，顧客是產品和服務設計的推動力量。不能使顧客滿意將導致顧客的抱怨、退貨、索賠等。如果不能滿足顧客，市場份額的減少將成為一個潛在的問題。

設計流程開始之前，一個企業必須有新的或改進性的設計思路。這些思路有不同的來源，其中大多來自客戶。市場行銷部門能夠通過許多方法，如運用重點客戶群、調查及購買模式的分析等來拓寬這種思路來源。

有些組織擁有的研究與開發部門也能夠為創新的或改進的產品及服務提供思路。

競爭對手是另一個重要的思路來源。通過研究競爭對手的產品或服務及其運作情況（如價格策略、回收策略、擔保），組織能夠學到如何改善設計的方法。除此以外，有些公司在競爭對手新設計的產品在市場上出現時就買下它，運用被稱為反轉工程的程序，小心地拆解、檢查該產品。這樣能發現對方產品的先進之處並吸收到自己的產品中。福特汽車就用這種方法研發成功了 Taurus 車型；福特檢查競爭對手的汽車，搜尋其最優的產品部件（如最好的儀表板、最好的車窗搖柄）。有時，反轉工程所帶來的產品比它借鑑的產品更加優越，即設計者在構思一個改進性的設計時，通過迅速引進競爭對手產品的改進版本，能夠實現競爭中的「蛙跳」。通過這種方法，公司不必進行按部就班式的研究，就能獲得部分率先向市場推出新產品或特色產品時所能獲得的回報。

有關產品或服務的思路不能是憑空想像的，必須以組織的生產能力為基本出發點。設計者在進行設計時要清楚瞭解生產能力（如設備、技能、材料類型、計劃、技術、特別能力）。當市場機遇與生產能力不符時，管理者就必須考慮擴大或改變生產能力的可能性，以充分利用這些機遇。

預測產品或服務的將來需求是非常有用的，它能提供產品需求的時間點和數量，

以及顧客對新產品或新服務的需求信息。

一種產品或服務的設計必須考慮它的成本、目標市場及功能。可製造性是製造商品時的關鍵因素；產品製造和裝配的容易程度對產品成本、生產能力、質量非常重要。對服務業而言，提供服務的難易性、成本及質量等都有非常大的相關性。

任務二　研究與開發

一、研究與開發的概念

研究與開發（research and development，R&D）的含義廣泛，設計的機構、群體眾多，如國家的科學研究機構、大學、企業等，不同的機構從事R&D的動機和目的不盡相同。這裡主要探討企業的R&D。所謂企業的R&D是指企業的新產品或產品生產的新技術研究與開發。

從宏觀上講，科研的發展是推動生產力發展的主要因素。縱觀世界發達國家的經濟發展史，尤其是20世紀50年代以來，現代經濟的成長以及各種工業的發展越來越多地依賴於科技的進步。據統計，美國在20世紀60年代取得了顯著發展的電氣機械設備、通信、電子儀器、飛機製造業等10個行業，用於R&D的平均費用達到其每年銷售總額的4%以上，其中飛機製造業、通信、電子儀器等已經超過了10%。目前國家所投入的科技預算，美國占其GDP的0.91%，德國占其GDP的0.95%，日本占其GDP的1%，法國占其GDP的1.1%。可見，科學技術的發達與否，已成為國家經濟增長和工業發展的先決條件。

R&D在企業的生產經營中同樣也起著越來越重要的作用。在科學技術飛速發展、市場發展十分迅速、需求日益多樣化的今天，企業為了生存與發展，必須能夠創造性地、有機地適應未來的變化。R&D作為一種「對企業未來的投保」，是左右企業未來的最重要的企業活動之一。R&D直接影響到企業的競爭力，原因有以下幾點：

（1）R&D的質量直接影響企業的產品質量。例如，當裝配的質量提高之後，影響產品質量的主要因素可能會變成零部件的加工質量，而當零部件的加工質量也提高之後，影響產品質量的主要因素就會變成產品的設計質量。日本著名的質量管理專家田口玄一認為產品的質量問題80%以上與產品設計有關。

（2）R&D的效率直接影響產品的生產和上市的時間。隨著市場需求的多樣化和產品生命週期的縮短，新產品的研發週期對產品投放時間的影響也越來越大，這也對企業快速占領市場而獲取的競爭優勢越來越重要。如歐美等國家的汽車廠推出一款全新的汽車可能需要3~5年時間，而日本僅需要2年，顯然日本汽車更具競爭優勢，近些年的汽車市場也證實了這一規律。

（3）R&D直接影響產品的成本。同樣的產品，同樣的功能，採用的零部件和材料不同，甚至採用的設計原理與方法不同，會使得產品的成本差異很大。

總之，企業R&D的成功與否在一定程度上會影響企業的競爭力和經營業績。

二、研究與開發的分類與特徵

關於 R&D 的分類方法，目前尚未有統一的標準。但一般來講可以分為以下 3 類：①基礎研究（basic research, fundamental research）；②應用研究（applied research）；③開發研究（development research）。

基礎研究按其研究對象的差異可以進一步分為純基礎研究和目的基礎研究。純基礎研究以探索新的自然規律、創造學術性新知識為使命，與特定的應用、用途無關。純基礎研究主要在大學、國家的科研機構中進行。目的基礎研究是指為了取得特定的應用、用途所需的新知識或新規律而用基礎研究的方法進行的研究。通常企業中進行的基礎研究大多屬於此類。無論是純基礎研究還是目的基礎研究都是非經濟性的。

應用研究是指探討如何將基礎研究所得到的自然科學上的新知識、新規律應用於產業而進行的研究；或者說應用研究是運用基礎研究的成果或知識，為創造新產品、新技術、新材料、新工藝的技術基礎而進行的研究。所以，應用研究有時也稱為產業化研究。如產品孵化中心、中試基地等，也就是將實驗室的產品或技術變為可工業化生產的產品或技術。

開發研究就是利用基礎研究或應用研究的結果，為創造新產品、新技術、新材料、新工藝，或改變現有的產品、工藝、技術而進行的研究。這種研究也稱為企業化研究，具有明確的生產目的，就是獲取企業可以生產的新產品或可以實際應用的新技術，帶有明顯的競技性特徵，追求開發與研究的投入產出比。

隨著市場競爭的日益激化，新產品和新技術在競爭中的地位也越來越重要，企業越來越青睞原創的、獨特的產品和技術。因此，R&D 在企業中也逐步升級。R&D 在企業中的發展，一般是從開發與研究階段開始的，經過應用研究和目的基礎研究，達到純基礎研究。現代國家級的大企業在目的基礎研究和純基礎研究的投資越來越大。

三、研究與開發領域的選擇

R&D 領域的選擇的目的是發現能夠最適度發揮企業資本效益，提高企業競爭力的事業領域，並對如何發揮新產品、新事業的各種機會進行探索。從企業的現有技術和現有市場向新事業領域的探索分為 4 種類型。

（1）現有事業領域，依靠現有的技術開發多種類型或規格的產品，以擴大現有的市場。該類型的特點是市場和技術都是成熟的，不成功的風險很低。例如，採用顯像管技術的普通彩色電視機，在已有 21 英吋規格的基礎上，可以研製其他不同的規格，如 25 英吋、29 英吋等，形成系列產品，但這樣的研發對提高企業產品的競爭力也是有限的。

有關系列產品的開發，可以採用兩種常用的設計方法，即內插式設計和外推式設計。

內插式設計主要用於新產品規格處於既有產品規格之間的產品設計上。採用內插式設計時，對新產品不必進行大量的科研和技術開發工作，只須選用相鄰產品的原理、結構乃至計算公式等進行產品設計，根據需要進行少量的研究實驗。內插式設計實際上是一種生產經驗與實驗研究相結合的半經驗性的設計方法。採用這種方法的關鍵是

選擇適當的相鄰產品。只要相鄰產品選擇適當，就可以充分利用相鄰產品的結果及長處，取得事半功倍的效果，在短期內設計出成功的產品。

外推式設計是利用現有產品的設計、生產經驗，將實踐和技術知識外推，設計出比現有規格更大或更小的產品。從表面上看，外推式設計與前述的內插式設計相似，但實際上二者之間有本質的不同。內插式設計可以說是在已知領域內涉及新產品，而外推式設計是在未知領域內設計新產品。在現有設計基礎上做外推時，需要運用基礎理論和技術知識，對過去的實踐經驗進行分析。對有關質量、可靠性等的重要環節，應進行試驗，把經驗總結與實驗研究成果結合起來進行新產品設計。設計外推量越大，技術開發性的工作量也越大。

另外，成組技術在系列產品研發中的應用也越來越廣泛，它可以大大減少設計工作量、縮短設計週期、節省設計費用，使設計人員擺脫大量的一般性重複勞動，集中力量抓關鍵性的零部件設計，提高設計工作的質量。

（2）向現有市場推出用新技術開發的新產品，將市場細分為不同的層次或群體。例如，在普通彩電的基礎上推出採用等離子和液晶技術的平板電視，服務於高端客戶。平板電視的原理和技術與普通彩電有很大的差別，屬於新技術的產品。

（3）將利用現有技術的產品打入新市場。企業依託核心技術的關聯發展就屬於該範疇。例如，生產摩托車的企業，利用其微型發動機核心技術拓展其他新的產品線，如割草機、微型發電機、摩托艇、機動雪橇等產品。這種所謂的「新市場」對該企業是新的，而對於社會並非新的，至於企業能否真正進入這樣的「新市場」，還要看其新產品的競爭力。

（4）用新技術開發新產品，並開闢新的市場。這種類型的技術和市場都是新的，因此其風險來自於兩個方面，研發的成功率較小或者說風險很大，但是一旦成功，就會在技術和市場兩個方面形成暫時的壟斷，從而獲得高額利潤。

產品研發的動力有兩種：市場驅動型和技術驅動型。

市場驅動型是指根據市場的需求開發新產品，即通過市場調查瞭解需要什麼功能和技術內容的新產品，按照新產品的要求對其生產技術、價格、性能方面的特性進行研究，再通過對該新產品的銷售預測決定如何研發。其思路是「市場需要什麼，我就生產什麼」。當然，採用這種方式的前提是所需的技術是成熟的。市場驅動型產品也稱為銷售導向性產品。

技術驅動型是指從最初的科學探索出發，按照新發現的科學原理來開發新產品。其研發思路是「我能做什麼，就做什麼，再去賣什麼」，所以技術驅動型產品也稱為產品導向型產品。當然，這種方式的研發不是盲目的，也必須具備一定的現實或長遠的市場基礎。如果某種產品或技術根本沒有市場，那麼對其的研發工作就不是企業行為了，僅僅是科學探索而已。

四、研究與開發方式的選擇

決定採用何種 R&D 方式，應考慮的因素主要有如下兩個方面：

（1）資源因素。R&D 工作是企業先期投入再有回報的。為了保證研發工作的進行，研發人員和資金兩個要素是必須具備的，兩者缺一不可。

（2）R&D 的組織與預期效果。這方面的因素有研發週期、研發風險和研發收

益等。

不同的研發項目其影響因素是不同的，採用的策略和方式也就不盡相同。一般來說，R&D 可以採用以下三種方式：

（一）獨立研發方式

這是根據研發項目的要求，完全依託企業自身的技術和經濟實力就能實現時所選擇的方式。該方式的有利方面是，可以獨享 R&D 成果及其帶來的全部經濟利益；該方式的不利方面是研發週期會較長，需獨自承擔全部的費用和 R&D 的風險。在市場競爭日趨激烈的環境下，多數大企業甚至一些中型企業都採取這種方式，以保持新產品、新技術研發上的主動權。當然，這種 R&D 方式是以企業較雄厚的資金和技術人才隊伍做後盾的。

（二）委託研發方式

當企業的研發缺乏技術或人才要素時，通過部分或全部借助外部的技術力量來進行的 R&D，稱為委託研發方式。這種方式通常發生在中小企業，很多中小企業自身沒有足夠的技術力量，但卻對市場需求變化敏感，對新產品有基本的構想，因此往往會借助外部的技術力量來實現自己的目標，完成產品的研發工作。採用這種方式的有利方面是研發週期較短，風險小，見效快；不利方面是沒有主動權，易受制於他人，且從長遠的利益考慮，對企業的可持續發展不利。

（三）共同研發方式

當企業的研發要素的某些方面存在某種不足，或者從研發的利益考慮，利用本企業和其他企業或研究機構各自不同的研究基礎與優勢，共同或合作進行 R&D 的方式，稱為共同研發方式。這種方式的成因可以歸納為三種：一是為了達到研發目標，僅僅依靠本企業的力量有困難，只有依靠外部合作者的專長才有可能實現，如資金的短缺或缺乏專門的技術人才；二是縮短研發週期，快速推出產品搶占市場；三是在取得開發成果的利益之外，還能獲得其他經營利益，如合作營業、建立承包關係、特許經營、共享銷售網路、人才培養等。共同研發存在多種形態：基於產業鏈或供應鏈的縱向合作，如主機廠和配套廠的零部件與生產技術的研發；共同承擔風險的同行業橫向合作；產、學、研合作；政府協調下的多方合作，如載人航天工程、「殲 20」的研製和生產。採取共同研發方式要解決的關鍵問題是如何根據各個企業、機構所投入的資源和分擔的責任來分配今後應得的利益。

【案例】4-1　中國企業研發管理的 10 大典型問題

1. 缺乏系統、正確的研發理念
- 偏向於從技術的角度看待研發，缺乏從投資的角度對待研發。
- 局限於從功能及性能實現的角度來定義產品研發，缺乏從客戶的角度定義研發。
- 研發觀點上存在諸多誤區。比如：研發只是研發部門的事情；重技術，輕管理；強調「失敗是成功之母」，試錯式開發；重「一招制勝」，輕持續改進；重天才和靈感，輕系統性創新。

2. 缺乏前瞻性、有效的產品規劃
- 產品戰略願景過於抽象和籠統，缺乏清晰的方向和明確的競爭定位。
- 產品是一個一個地被立項和開發的，沒有產品平臺規劃，無法平臺化、系列化

的開發產品。
- 產品開發計劃和實際的產品立項，往往是被動回應市場和競爭的結果，缺乏主動的、基於充分市場研究的、前瞻性的產品線規劃。
- 產品開發計劃容易流於形式，不顧有限的資源而不斷地立項，攤子鋪得很大，欲速則不達。

3. 在開發過程中缺乏業務決策評審
- 產品立項后偏重考慮技術風險而很少評估業務風險，不應繼續投資的項目沒有在開發過程中發現並及時砍掉，導致大量產品上市后失敗造成研發資源的巨大浪費。
- 高層在研發過程中缺乏授權，在技術方面干預太多，造成中基層缺乏主觀能動性。

4. 職能化特徵明顯的組織結構阻礙了跨部門的協作
- 各部門對產品開發的成功標準缺乏一致的目標。
- 各部門各自為政，職能化壁壘導致協作困難。
- 產品開發項目經理往往有責無權或有責少權，項目缺乏有效的運作原則和機制。
- 部門意識太強，官本位思想較嚴重，造成跨部門協作的「土壤」不良。

5. 不規範、不一致、接力式/串行的產品開發流程
- 流程比較粗放、缺乏系統性、層次不清、不夠規範、不具體、不細化、操作性不強。
- 流程執行方面缺乏紀律性，比較隨意，各自按自己的理解行事，沒有一致的流程。
- 流程不切合實際。
- 只有零散的功能性流程，缺乏跨部門的、集成的產品開發流程。
- 流程是接力式的、串行的，運行緩慢，問題留到了后面，造成返工和拖延。

6. 技術開發與產品開發未分離，缺乏技術規則與運作機制
- 產品開發中需要解決技術難題，加長了開發週期，帶來了更大的風險，影響產品成功。
- 缺乏專門團隊/機構開展技術開發工作，缺乏有效的評價和激勵機制，關鍵技術和核心技術難以累積和提升。
- 沒有明確、清晰地技術規劃及路標，技術研發體系薄弱。

7. 項目管理薄弱（包括進度、質量、成本、風險等）
- 時間估計不準確，總體進度計劃缺乏完整性，也得不到及時修正。
- 職能部門各自制定進度表，計劃銜接性差，造成實際工作經常脫節。
- 進展情況得不到匯報，缺乏有效的監控措施和手段。
- 對成本目標缺乏關注，也沒有有效地降低設計成本的方法。
- 對風險估計不足，缺乏預防措施。
- 資源管理頭緒多，尤其在矩陣結構下，更是無所適從。
- 質量管理比較薄弱，需求定義不完整、不準確、不清晰，產品測試和技術評審有效性不足。

8. 缺乏CBB（共用模塊）與經驗教訓的累積及共享機制
- 缺乏通用化、標準化、模塊化設計，缺乏對共用構建模塊（Common Building

Block，CBB）的規劃、開發、應用及維護，零部件種類過多。

　　● 前人的經驗無法傳承，教訓及問題無法提示后人，經常犯同樣的錯誤。

　　● 專家們沒有時間總結，對知識難以結構化，缺乏評價及獎勵措施，缺乏分享知識的文化。

　　9. 缺乏有效的培訓機制，研發人員的職業化素質不足

　　● 未建立清晰任職資格和發展通道，培訓手段單一，師傅帶徒弟留一手，專業培訓不足。

　　● 缺乏周邊部門的鍛煉及輪換機制，智能化組織帶來橫向責權缺失，難以培訓合格的產品經理、項目經理等產品經營性人才。

　　● 研發人員普遍職業化素質不足，存在「幼稚病」，體現為市場意識不足，重功能輕性能，重技術輕管理，缺乏商品化意識，缺乏成本管理，甚至缺乏質量意識。

　　10. 缺乏有效的研發績效管理與激勵機制

　　● 片面強調量化績效考核，績效計劃和績效輔導環節薄弱，缺乏績效反饋及溝通，績效考核流於形式。

　　● 缺乏科學、合理的研發薪酬體系，薪酬與績效基本不掛勾或者掛勾過於緊密，採用浮動工資、項目獎等過於功利化的計酬方式帶來的很大的負面作用。

　　● 缺乏全面報酬理念，缺乏個人發展、關注、信任、授權、榮譽等非經濟激勵手段。

　　資料來源：http：//www.233.com/pm/Case/20120522/100244581-2.html.

任務三　標準化

一、標準化的概念和發展歷程

　　產品設計中經常提及的一個重要問題就是標準化程度。標準化是指構成同一種產品的不同個體之間的無差異性，即個體或零件的互換性、通用性。

　　標準化是隨著近代大工業生產的發展而發展起來的。1798 年，美國 E.惠特尼（1765—1825）提出零部件互換性建議，應用於生產，開始了最初的標準化。1850—1900 年蒸汽動力的採用和輪船、鐵路運輸的發展，促使西方國家商業競爭加劇，要求產品規格、質量和性能統一化，標準化工作也有了相應發展。1901 年，英國成立了世界第一個國家標準團體——英國標準學會。1906 年，英國成立了世界最早的國際性標準團體——國際電工委員會。1947 年，英國成立了目前世界上最大的國際標準化機構——「國際標準化組織」，中國於 1978 年 9 月加入。

　　標準按其適用範圍可分為國際標準、國家標準、專業標準和企業標準。標準化是現代技術經濟科學體系的一個重要組成部分。實行標準化能簡化產品品種，加快產品設計和生產準備過程，保證和提高產品和工程質量；擴大產品零件、部件的互換性；降低產品和工程成本；促進科研成果和新技術、新工藝的推廣；合理利用能源和資源；便於國際技術交流。產品的標準化是指不管銷往哪個國外市場，產品都基本不做修改。

二、標準化的主要內容

標準化是在經濟、技術、科學及管理等社會實踐中，對重複性事物和概念通過制定、發布和實施標準，達到統一，以獲得最佳秩序和社會效益。標準化的主要內容包括：

（1）標準化是一項活動過程。這個過程由三個關聯的環節組成，即制定、發布和實施標準。標準化三個環節的過程已作為標準化工作的任務列入《中華人民共和國標準化法》的條文中。《中華人民共和國標準化法》第三條規定：「標準化工作的任務是制定標準、組織實施標準和對標準的實施進行監督。」這是對標準化定義內涵的全面、清晰的概括。

（2）標準化在深度上是一個永無止境的循環上升過程。即制定標準，實施標準，在實施中隨著科學技術進步對原標準適時進行總結、修訂，再實施。每循環一週，標準就上升到一個新的水平，充實新的內容，產生新的效果。

（3）標準化在廣度上是一個不斷擴展的過程。如過去只制定產品標準、技術標準，現在又要制定管理標準、工作標準；過去標準化工作主要在工農業生產領域，現在已擴展到安全、衛生、環境保護、交通運輸、行政管理、信息代碼等。標準化正隨著社會科學技術進步而不斷地擴展。

（4）標準化的目的是獲得最佳秩序和社會效益。最佳秩序和社會效益可以體現在多方面，如在生產技術管理和各項管理工作中，按照 GB/T19000 建立質量保證體系，可以保證和提高產品質量，保護消費者和社會公共利益；簡化設計，完善工藝，提高生產效率；擴大通用化程度，方便使用維修；消除貿易壁壘，擴大國際貿易和交流。應該說明，定義中的「最佳」是從整個國家和整個社會利益來衡量的，而不是從一個部門、一個地區、一個單位、一個企業來考慮的。尤其是環境保護標準化和安全衛生標準化主要是從國計民生的長遠利益來考慮的。在開展標準化工作過程中可能會遇到貫徹一項具體標準對整個國家會產生很大的經濟效益或社會效益，而對某一個具體單位、企業在一段時間內可能會受到一定的經濟損失。但為了整個國家和社會的長遠經濟利益或社會效益，應該充分理解和正確對待「最佳」的要求。

三、標準化的優缺點

標準化的產品由於其需求量大，可以採用高效的專用設備生產，這就大大提高了其生產能力和生產效率，同時極大地降低了生產成本。與定制的產品或零件相比，標準化的產品或零件的設計成本很低，更換和維修也便捷。例如，豐田公司有「成本殺手」美譽的前任社長渡邊捷昭為降低汽車的成本，將豐田汽車車門扶手的型號由原來的 35 種減少至 3 種。由於減少了產品零件的多樣性，豐田汽車在降低產品成本的同時，也提高了產品的質量和可靠性。標準化的另一個優點是減少培訓員工的時間和成本，也減少了設計工作崗位的時間。

缺乏標準化經常帶來麻煩和不便，如計算機中不同的操作系統的文檔不能互換，電視機和手機的制式不同而不能通用，度量單位存在公英制等。

當然，任何事情有利必有弊。標準化的不利之處在於產品多樣性的降低，這會限

制產品吸引顧客的程度。如果競爭對手推出一種更好或更多樣的產品，就會在競爭中取得優勢。如 2005 年我國南北大眾汽車銷量大幅下滑，其罪魁禍首就是產品品種少，新品推出的速度慢。標準化的另一個不利之處在於，在產品設計不成熟時被標準化（固化），一旦固化，就會有種種強制因素使設計難以修改。例如，某種零件存在設計缺陷，但是生產該零件的昂貴專用設備已經到位，更改設計就意味著專用設備的報廢，代價太大。另一個熟悉的例子就是計算機鍵盤的排列。研究表明，另一種按鍵排列順序更有效，但更換現有鍵盤並培訓人們使用新的鍵盤的成本會遠遠大於其帶來的收益。

因此，設計者在進行選擇時，必須要考慮與標準化相關的重要問題。

標準化的優點包括：
(1) 在存貨和製造中需要處理的零件更少；
(2) 減少了培訓成本和時間；
(3) 採購、處理及檢查程序更加常規化；
(4) 可按照清單訂購產品；
(5) 產品能長期並自動化生產；
(6) 有利於簡化產品設計和質量控制；
(7) 生產與服務的成本低、經濟性好。

標準化的缺點包括：
(1) 變動設計的高成本增加了改善設計的難度；
(2) 產品缺乏多樣性，導致對顧客的吸引力降低。

【案例】4-2 迪士尼的標準化服務

迪士尼樂園是世界聞名的遊樂場所。自從第一個迪士尼樂園 1955 年在美國加州建立，迪士尼已經在包括中國香港在內的世界各地建立了多個迪士尼樂園。

迪士尼全職、兼職和臨時員工多達幾千人，工作種類達 1,500 種。為了達到標準化管理，迪士尼對每項工作都做了細緻的工作說明，制定了標準作業程序，要求員工按照標準行事。迪士尼的每位新員工都要學習服務準則。這些準則主要包括：如何與顧客進行目光接觸與微笑；如何尋找並接觸顧客；如何展示自己的肢體語言；如何向客戶致謝。此外，迪士尼對員工的外表也做了規範，規定了服飾與形體的有關標準化要求，包括頭髮的顏色、指甲、裙子的長度、髮型等。

迪士尼這種一絲不苟的標準化作業規範，使其在客戶心中留下了美好的印象。客戶源源不斷地湧入這個老人與小孩都喜歡的王國，在其中享受生活的樂趣。

資料來源：李全喜. 生產營運管理 [M]. 3 版. 北京：北京大學出版社，2010.

四、標準化與大規模定制

儘管標準化大量生產的經濟性好，儘管標準化也有一定的客戶群體，但在市場被逐步細分的今天，其所占份額必然受到限制。因此，需要解決的是在不失其標準化好處的基礎上，也避免標準化帶來的問題，這就是大規模定制。

大規模定制設計是在標準化的基礎上實現產品的個性化、多樣性的設計。對裝配式產品而言，零件的生產採用標準化的手段，可降低其製造成本，在產品的裝配上採

用定制或多樣化的策略。

大規模定制設計的主要方法是延遲差異化和模塊化設計。

（一）延遲差異化

延遲差異化是一種延遲策略，是指當生產一種商品時，暫不完全定性，直至確認顧客的個性化需求時再完成定型。也就是說，整個產品的生產過程分為兩個階段：第一個階段是產品的共性部分的生產或工藝過程；第二個階段是完成其個性化的生產或工藝過程，實際上是把每個和個性化有關的過程延遲到最后進行。例如，羊毛衫的生產有染色和編製兩個環節或階段。在款式一定的前提下，顏色即為個性化需求。傳統的方法是先給毛線染色，再編製成衣，這就是將個性化的環節前置了。企業在滿足消費者個性化方面的能力降低，對市場的快速反應能力也降低。按照延遲差異化的策略，羊毛衫的生產應該是先編製成衣並且存放至成品庫，出廠前按訂單的具體要求染色，這就增加了企業對市場個性化需求的應變能力。類似的例子還有很多，如家具的延遲上色、褲子的褲腿口不縫邊等。

（二）模塊化設計

模塊化設計是標準化的變形，類似於堆積木的游戲，即運用不同種類的標準化的零部件，通過不同的組合形式，形成多種性能有一定差異的個性化產品。

模塊化設計分為兩個不同的層次：第一個層次為系列模塊化產品研製過程，需要根據市場調研結果對整個系列進行模塊化設計，本質上是系列產品研製過程；第二個層次為單個產品的模塊化設計，需要根據用戶的具體要求對模塊進行選擇和組合，有時需要必要的設計計算和校核計算，本質上是選擇及組合的過程。通常的模塊化設計是指第二個層次。模塊化設計的關鍵是模塊標準化和模塊的劃分。

1. 模塊標準化

模塊標準化即模塊結構標準化，尤其是模塊接口標準化。模塊化設計所依賴的是模塊的組合，即連接或吻合，又稱為接口。顯然，為保證不同模塊的組合和相同功能模塊的互換，模塊應具有可組合性和可互換性兩個特徵。而這兩個特徵主要體現在接口上，必須提高其標準化、通用化、規格化的程度。例如，具有相同功能、不同性能的單元一定要具有相同的安裝基面和相同的安裝尺寸，才能保證模塊的有效組合。在計算機行業中，由於採用了標準的總線結構，來自不同國家和地區廠家的模塊都能組成計算機系統並且協調工作，使這些廠家可以集中精力，大量生產某些特定的模塊，並不斷進行精心研究和改進，促使計算機技術得到空前的發展。相比之下，機械行業針對模塊化設計所做的標準化工作就遜色一些。

2. 模塊的劃分

模塊化設計的原則是力求以少數模塊組成盡可能多的產品，並在滿足要求的基礎上使產品精度高、性能穩定、結構簡單、成本低廉，模塊結構應盡量簡單、規範。因此，如何科學、有效地劃分模塊，是模塊化設計中具有藝術性的一項工作。模塊劃分的好壞直接影響到模塊系列設計的成功與否。總的來說，劃分模塊前必須對系統進行仔細的功能分析和結構分析。

（1）模塊在整個系統中的作用及其更換的可能性和必要性；

（2）保持模塊在功能和結構方面具有一定的獨立性與完整性；

（3）模塊間的接合要素要便於連接和分離；
（4）模塊的劃分不能影響系統的主要功能。

任務四　產品設計

一、產品生命週期

產品生命週期也稱為產品壽命週期，泛指產品在某種特徵狀態下經歷的時間長度。按特徵狀態的不同，產品壽命週期可以分為三種，即自然壽命、技術壽命和市場壽命。

自然壽命是指產品從用戶購買開始，直至喪失使用功能而報廢所經歷的時間長度。自然壽命長度與產品的有形磨損程度有關。所謂有形磨損是指產品在使用過程中零部件產生摩擦、振動、疲勞、銹蝕、老化等現象，致使產品的實體產生磨損，稱為產品的有形磨損。其特徵是物理磨損和化學磨損。

技術壽命是指產品從用戶購買開始，到功能落伍或貶值而被淘汰所經歷的時間長度。自然壽命長度與產品的無形磨損有關。所謂無形磨損是指由於科技進步而不斷出現新的、性能更加完善、效率更高的產品，使原產品價值降低，或者是同樣結構的產品價格不斷降低而使原有產品貶值。

市場壽命是指產品從投放市場開始，直到逐步被淘汰出市場的整個過程所經歷的市價。本節談及的產品生命週期就是指市場壽命。通常市場壽命分為四個階段：投入期、成長期、成熟期、衰退期。

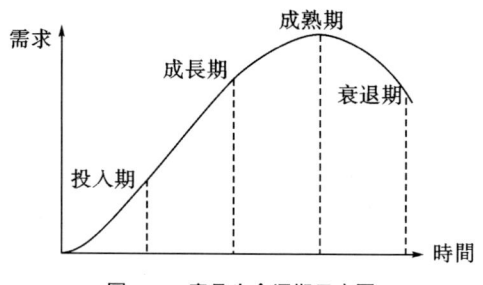

圖 4-1　產品生命週期示意圖

（一）投入期

在投入期階段，市場需求不明顯，消費者在考察和認可新產品。該階段的研發活動的重點有以下幾個方面：

（1）對產品進行創新設計，確定最具競爭力的型號；
（2）消除設計中的缺陷；
（3）縮短生產週期；
（4）完善產品性能。

（二）成長期

成長期階段的特徵：用戶需求增長迅速，產品的產量大幅增加。該階段的研發工作的重點有以下幾個方面：

（1）產品工藝改進；
（2）降低產品的生產成本；
（3）產品結構的標準化與合理化；
（4）穩定產品的質量。

（三）成熟期

成熟期階段的特徵：銷售和利潤達到最高水平，成本競爭是關鍵。該階段的研發工作的重點有以下幾個方面：
（1）產品系列化與標準化；
（2）提高工藝的穩定性；
（3）創新服務與質量創新；
（4）產品局部改革。

（四）衰退期

衰退期的特徵：銷量下降，利潤降低，預示更新換代的開始。進入該階段，企業應放棄那些生命週期即將結束的產品。因此，該階段的研發工作的重點有以下幾個方面：
（1）不進行或很少進行產品細分；
（2）精簡產品系列；
（3）決定淘汰舊產品。

從圖 4-1 中還可以看出，虛線表示的曲線展示了后續產品進入市場的時間及銷售收入的變化情況。並非老產品退出市場，新產品才開始進入。企業的研發工作通常是生產一代、儲備一代、構思一代的階梯式研發計劃。

需要注意的是，不同產品的市場壽命週期變化規律是不同的。下面舉幾個例子。
（1）音樂產品：數碼磁帶或數碼產品，如 MP3/MP4 等處於增長期末端和成熟期前期，CD 唱片處於成熟期後期並開始步入衰退期，將逐步被數碼產品所替代，盒式磁帶基本已經退出市場。
（2）電視機：液晶電視、等離子電視等平板電視已處於成熟期，普通彩電進入衰退期並淡出市場，黑白電視已經離開市場。

另外，有些產品沒有顯示出其在生命週期所處的階段或者說其生命週期變化比較緩慢，如鉛筆、剪刀、餐具、水杯等類似的日常用品。

二、產品設計

產品設計階段必須對產品進行全面定義、確定產品性能指標、總體結構和佈局，並確定產品設計的基本原則。經過企業主管部門審核認可了設計之後就開始產品的定性設計了。對其中關鍵技術進行原型設計、測試和試製。據統計，目前在 100 項新產品構思中只有 6 項進入樣品原型設計。因此，為了評估和檢驗新產品的市場業績與技術性能，以進一步去確認新產品構思的市場價值與競爭力，原型設計也是一個重要的篩選環節。在服務業中，著名的餐飲連鎖企業麥當勞起初就是在加尼福尼亞州建立了一個原型餐館——非常乾淨整潔的門面、獨特的紅白兩色裝飾、標準的菜單、時尚的附贈玩具、豐富的親子項目等，獲得成功后，麥當勞走上了對外擴張道路，成功地複製了這些服務設施和服務理念。

借助於計算機與因特網，人們可以在虛擬環境對產品和服務進行原型設計、測試。例如，波音公司採用虛擬原型技術在計算機上建立了波音777飛機的原型模型，從整機設計、部件測試、整機裝配乃至各種環境下的試飛均是在計算機上完成的，其開發週期從過去的8年縮短為5年，從而抓住了寶貴的市場先機。

【案例】4-3 波音787——虛擬設計

虛擬設計將準確直觀的三維模型作為傳遞設計和產品規劃信息的基本手段，這種基於三維模型的生產過程仿真使美國波音公司和法國三維設計與產品生命週期管理（PLM）解決方案提供商DS集團能夠對生產系統進行優化，避免因為沒有對產品設計和生產規劃進行測試而在產品生命週期后期發生的錯誤所帶來的成本代價。虛擬設計標誌著航空工程、生產規劃和裝配仿真新紀元的到來。

這次史無前例的虛擬設計展示不僅僅是對機身設計的簡單模仿，更是對整個製造過程的仿真和驗證。在展示過程中，所有參與者都能訪問到零件、裝配和系統的三維數據模型；波音採用這種PLM解決方案所開發的數字資源被運用到787的整個生命週期中，包括銷售、行銷和今后推出的同系列飛機。「像波音787夢幻線這樣具有突破性的項目，需要在性能、質量、成本和時間上都處於領先地位，而這以有效靈活的生產規劃為支撐。三維PLM能夠很好地滿足這些需求」，波音787夢幻線過程集成副總裁Kevin Fowler說。

波音787夢幻線採用的PLM解決方案包括：用於虛擬規劃和生產的DELMIA、用於虛擬產品設計的CATIA以及用於企業級協同的ENOVIA VPLM。在波音787項目中，波音與全球合作夥伴通力協作，使用現有零件和裝配工具的三維模型進行生產線規劃和佈局，極大地減少了重複勞動。這種數字化的製造環境提供了波音787夢幻線設計和製造工程師之間的信息交換，不論他們身在何方。這樣，就不會在投產時才發現設計具有不可製造性，或者需要對其他組件進行變更而造成成本增加。

波音787夢幻線項目構建在波音正在使用的虛擬設計工具（CATIA）和協同技術（ENOVIA）之上，是歷史上第一次在這麼大型和複雜的項目中，從產品概念設計到生產和支撐全過程使用三維模型和仿真。在實際加工工具和生產設施構建之前，DELMIA軟件作為波音及其合作夥伴提供了對波音787製造過程進行仿真和優化的環境。

資料來源：任建標. 生產運作管理 [M]. 2版. 北京：電子工業出版社，2010.

三、工藝設計

工藝設計通常指的是面向顧客或面向製造的產品設計。

面向顧客的產品設計強調顧客的使用性，即顧客使用產品的方便性、安全性、維護性，不要做多餘的無用的功能等。

面向製造的產品設計強調產品的工藝性，即產品加工和拆裝的簡易性，降低製造成本。

作為新產品的研發和設計者必須具備這樣的理念或常識，並用其指導自己的工作。這種理念是：企業設計的產品是要滿足顧客的使用要求的，用戶的要求就是設計的依據，即要做到「物美」。另外，設計的產品還要能很方便地製造出來，或者說生產產品

的成本比較低，也就是說，不僅要「物美」，還要「價廉」。只有這樣設計和製造出來的產品在市場上才具有競爭優勢。

【案例】4-4　德芙巧克力的外觀設計

德芙巧克力是世界最大寵物食品和休閒食品製造商美國跨國食品公司瑪氏（Mars）公司在中國推出的系列產品之一，1989 年進入中國，1995 年成為中國巧克力領導品牌，「牛奶香濃，絲般感受」成為經典廣告語。包裝主題設計理念：色彩主要以暖色調為主，圍繞 LOGO 的是咖啡色絲帶，呼應了其倡導的「絲般感受」口感，直觀地表現了產品特點。德芙的所有產品包裝均是在此基礎上來設計的。

圖 4-2

德芙包裝分析：

第一，在包裝圖形上面德芙巧克力包裝主要以寫實的產品形象為主，以此給消費者一種信任感和美感。

第二，在色彩上面德芙巧克力仍然沿用巧克力行業的經典咖啡色，並根據不同的產品輔以不同的系列色彩。在上面的包裝中，主要的輔助色彩是粉紅，浪漫的粉紅營造一種溫馨的感覺。

第三，在字體設計上，德芙巧克力採用了以曲線為主的設計方法，以此更接近消費人群（青年情侶）。

德芙的外包裝基本上都以巧克力色為底色，直接對購買者的視覺進行誘惑；同時金色的德芙字體和封口鑲邊，突出了巧克力的華麗，絲綢飄動的背景襯托出了德芙巧克力所推崇的絲滑誘惑，讓人一看到包裝就有一嘗為快的衝動。

德芙巧克力的包裝風格定位偏向於感性設計，將德芙巧克力「牛奶香濃，絲般感受」那般誘人表現得淋灕尽致。

四、並行工程

時間競爭是當代市場競爭的焦點之一。快速地將產品投放市場是企業獲取競爭優

勢的主要手段。時間競爭包括兩個方面：一是產品開發週期的縮短；二是製造銷售週期的縮短，而產品開發週期縮短的主要方法是並行工程（concurrent engineering）。

並行工程的概念是美國國防部防禦研究所於 1986 年首先提出來的，即並行工程是對產品及其相關各種過程（包括製造過程、服務過程、維修過程等支持過程）進行並行、集成的設計的一種系統工程。

當然，對研發者而言，並行工程是指在產品設計的早期，工藝人員就介入進來，與設計人員一道共同進行產品設計與工藝準備工作。

並行工作是相對傳統的串行工作而言的，將串行工作變為並行工作的途徑，如圖 4-3 所示。

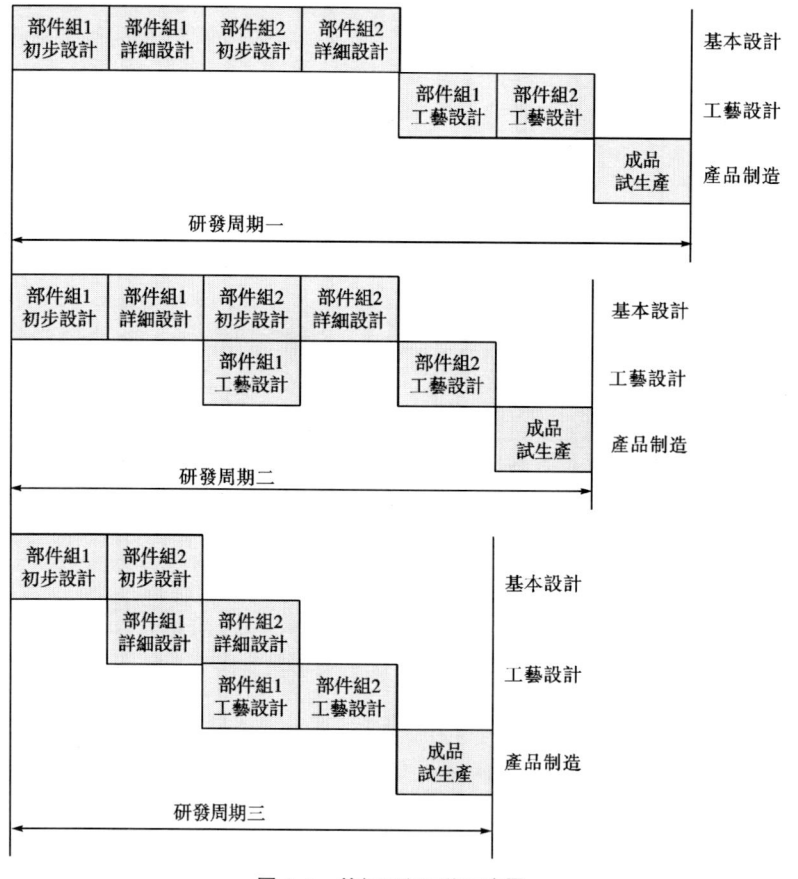

圖 4-3　並行工程工作示意圖

在圖 4-3 中，新產品研發工作分為 3 個階段，即基本設計、工藝設計和產品製造。基本設計完成產品的設計工作；工藝設計完成產品的製造工藝方案設計，即生產技術準備工作；產品製造即是完成新產品的試生產工作。再進一步假設產品由兩個部件組成，基本設計分為初步設計和詳細設計，工藝設計按部件組進行。

傳統研發過程按照圖 4-3 中研發週期一所示的串行進行，可以理解為基本設計和工藝設計分別由一組設計人員和一組工藝人員完成，他們採用串行的工作方式進行。

顯然這種形式的研發週期很長。

基於並行工程的思想，工藝人員在設計人員完成部件組 1 的設計后就進入部件組 1 的工藝設計，如圖 4-3 中的研發週期二。此種形式下的研發週期較第一種方式縮短。

如果在基本設計階段再投入較多的人力，可以分為兩個設計小組，分別負責各部件組的初步設計和詳細設計。這兩個小組也可以採用並行的工作方式，整個研發週期可以進一步縮短，如圖 4-3 中的研發週期三。

除了縮短研發週期外，並行工程還有其他的優點。例如：工藝人員可以幫助設計人員全面瞭解企業的生產能力；較早地設計或採購關鍵的設備和工具；較早地考慮一種特殊設計或設計中的某部分的技術可行性等。

當然並行工程也存在缺點，如設計和工藝屬於不同的部門，不同部門之間存在的界限很難馬上克服等。

任務五　服務設計

一、產品設計與服務設計的比較

產品設計與服務設計有許多相似之處，但由於服務的本質與產品存在差異，這就導致二者在設計上存重大的差別。產品設計和服務設計的區別主要有以下幾個方面：

（一）顧客對產品僅僅強調結果，對服務既強調結果也重視過程

顧客購買產品通常只關注其功能和價格等因素，即表現在產品實體上的特徵，產品是如何生產出來的，其過程如何，顧客一般不會關注，何況產品的生產和用戶的購買使用不僅在時間上是不同步的，而且地點也是不同的。然而，大多數服務的行程在時間上是同步的，地點也基本相同，也就是說顧客是參與到服務過程中去的。因此，顧客不僅關注服務的結果，也關注服務的過程。例如，顧客去飯店就餐，多數人不僅要關注是否吃飽和吃好，也關注就餐的環境、服務員的服務態度和服務質量等服務過程中的問題。因此，員工培訓、流程設計及與顧客的關係就顯得非常重要。

（二）評價產品質量的標準客觀，而服務質量標準常常難以統一

產品是有形的，反應其質量特徵的標誌是實實在在存在的，評價標準和結果都是客觀的，如一個水杯，它的容積、材質、形狀和款式等特徵是可以客觀度量的，不可能因人而異。服務往往因服務對象個體的差異性導致服務的質量和顧客的滿意度差異很大。因為服務質量的評價標準除少部分是客觀的以外，多數是人為主觀的，不同的人其評價標準也就不同。因此，就會出現同一個服務項目除服務對象不同外，其他的因素都相同但評價結果的差異很大的現象。

（三）產品可以允許有庫存，而服務不能有庫存，這就限制了其柔性

產品的生產和銷售是分離的。一般來講，生產能力是均衡的，銷售則隨需求而變化，是波動的，這可以通過庫存調節生產與銷售的平衡，不會因為需求的小幅變化而影響生產的正常進行。也就是說，當產大於銷時，生產能力可以轉化為產品的庫存。服務業則沒有服務能力的彈性，也就是說其閒置能力不能追加到后續的服務過程中去。例如，一個賓館有 200 個床位，某天的入住率為 50%，100 個床位閒置，但第二天的床

位數量不能因為今天床位的閒置而增加到300個。也就是說，服務能力或服務資源是不能在不同的時間段互相轉移的。因此，提高服務資源的利用率是服務設計的重要策略之一。

（四）相對產品製造而言，有些服務進入、退出的阻礙很小

與製造業相比，服務業在資金投入、人才和技術等方面要求較低。也就是說，服務業企業開辦很容易，門檻較低，其競爭也就很激烈。因為除了某些特殊的服務行業外，服務業很難有暴利行業，其原因就在這裡。因此，服務創新和降低服務成本是服務設計的關鍵。

（五）便利性設計是服務設計的主要因素之一

遍布城市居民區各個角落的便民店或小賣部，在購物環境和提供的商品種類、質量、價格等方面與大商場、超市相比均處於劣勢。這些便民店之所以能生存，就是因為其具有便利性。因此，服務設計的選址非常重要。

二、對服務設計的需求

詹姆斯·海克特（James Hekett）認為服務設計涉及四個要素。

(1) 目標市場。即服務的對象或群體的定位，如是面向高收入階層還是大眾，主要是男性還是女性等。

(2) 服務概念或服務創新。如何使服務在市場中與眾不同？

(3) 服務策略或服務內容。全部服務是什麼？服務運作的著眼點是什麼？

(4) 服務過程。應採用什麼樣的服務過程，雇傭什麼樣的服務人員，採取什麼樣的服務設施來完成服務？

在服務設計的過程中，要注意的兩個關鍵點是服務要求變化的程度及與顧客接觸的程度。一般來講，顧客接觸程度和服務要求變化的程度越低，服務能達到的標準化程度越高。

另外，服務設計還需要遵循以下幾個原則：

(1) 服務系統具有穩定性和標準化的特點，保證服務人員和服務系統提供一致的服務；

(2) 服務系統為后臺和前臺之間提供有效的聯繫方式；

(3) 強調服務質量證據的管理，使顧客瞭解系統提供服務的價值；

(4) 服務系統所耗費的都是有效成本。

三、服務設計的步驟

產品設計的結果是形成全套的產品與零部件的圖樣，或者完成樣機。服務設計則要形成服務藍圖或服務流程圖。

服務流程圖的主要步驟有以下幾步：

(1) 劃分各服務環節的分界線；

(2) 確定和描繪各服務環節包括的步驟；

(3) 準備主要環節各步驟的流程圖；

(4) 指出可能出現故障的步驟及防範措施；

(5) 建立執行服務的時間框架，估計各服務環節所需時間的可變性；
(6) 分析盈利能力。

【案例】4-5　汽車修理廠的服務藍圖設計

隨著我國轎車進入家庭的步伐加快，汽車維修保養業也迅速發展，但目前汽車修理企業在規模、服務設施、技術水平和服務質量等方面參差不齊。一個規範的汽車修理的服務藍圖如圖 4-4 所示。

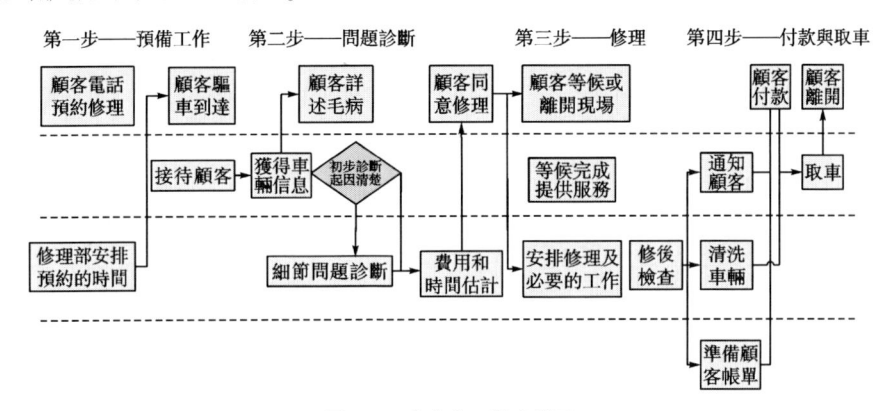

圖 4-4　汽車修理服務藍圖

本服務藍圖分為 4 個層面，用虛線和點劃線分開，對應於服務系統中的 4 個群體或人員，分別是顧客、服務前臺、服務后臺和財務人員。藍圖由 4 個環節組成，即預備工作、問題診斷、修理、付款與取車。每個環節包含若干個步驟。

藍圖設計的一個重要內容就是找出可能出現的問題並制定相應的避免措施。

本藍圖中可能出現問題的有如下 11 處：
(1) 顧客電話預約修理。
問題：顧客忘了修理的要求；顧客忘了電話號碼；顧客要去其他修理店。
防誤設計：給顧客發送××折的自動服務卡。
(2) 修理部安排預約的時間。
問題：未接顧客的預約電話；未注意到顧客的到來。
防誤設計：與前臺明確電話預約的接待者；用提示音提示顧客到來。
(3) 顧客驅車到達。
問題：顧客找不到修理地點或正確的流程。
防誤設計：用簡潔的標誌引導顧客。
(4) 接待顧客。
問題：顧客未按到達的順序得到服務。
防誤設計：當顧客到達時給顧客排號。
(5) 獲得車輛信息。
問題：車輛信息不準確或處理太費時間。
防誤設計：保存顧客數據和歷史信息表。

(6) 顧客詳述毛病。

問題：顧客難以將毛病講清楚。

防誤設計：設檢修顧問，幫助顧客澄清問題。

(7) 細節問題診斷。

問題：毛病診斷錯誤。

防誤設計：配高科技檢測設備，如專家系統和診斷儀。

(8) 費用和時間估計。

問題：估計錯誤。

防誤設計：核對表上根據普通的修理類型開列各類費用。

(9) 顧客同意修理。

問題：顧客不明白修理的必要性。

防誤設計：預先印好多項服務項目、工作細節和理由的資料，盡可能使用圖文信息。

(10) 安排修理並進行必要工作。

問題：配件庫裡沒有所需要的零件。

防誤設計：當零件數低於訂購點時，限量開關打開信號燈。

(11) 顧客離開。

問題：沒有得到顧客的反饋信息。

防誤設計：將車鑰匙和調查問卷一同交給客戶。

【案例】4-6　美國「阿西樂快線」

美國鐵路公司想要推出新的高速鐵路線「阿西樂快線」，從華盛頓沿著美國東海岸一路向北到波士頓。美國鐵路公司要求設計公司提交重新設計的列車內飾的提案，想以此吸引更多的乘客。

IDEO 的反應卻是說「不」。IDEO 認為適當的解決方案是一個系統的方法，而不是重新設計很多部分中的一個。最終美國鐵路公司同意做一個徹底的關於全部服務體驗的概念重構。

IDEO 將火車服務分為以下幾個步驟：瞭解線路、時間表、價格、計劃、開始、進站、購票、等待、上車、乘車、抵達。

他們重新設計了整個系統，設計團隊包括許多學科，包括人機工程學專家、環境專家、工業設計專家和品牌專家。結果創造了全美國最受歡迎的火車線路。

資料來源：http://www.zhihu.com/question/21723934。

任務六　質量功能展開

一、質量功能展開的起源

質量功能展開（Quality Function Deployment，QFD）是一種立足於在產品開發過程中最大限度地滿足顧客需求的系統化、用戶驅動式質量保證方法。它於20世紀70年代初起源於日本，由日本東京技術學院的Shigeru Mizuno博士提出，進入20世紀80年代以后逐步得到歐美各發達國家的重視並得到廣泛應用。

目前，QFD已成為先進生產模式及並行工程環境下質量保證最熱門的研究領域。它強調從產品設計開始就同時考慮質量保證的要求及實施質量保證的措施，對企業提高產品質量、縮短開發週期、降低生產成本和增加顧客的滿意程序有極大的幫助。豐田公司於20世紀70年代採用QFD以後，取得了巨大的經濟效益，其新產品開發成本下降了61%，開發週期縮短了1/3，產品質量也得到了相應的改進。世界上著名的公司如福特公司、通用汽車公司、克萊思勒公司、惠普公司、麥道公司、施樂公司、電報電話公司、國際數字設備公司等也都相繼採用了QFD。從QFD的產生到現在，其應用已涉及汽車、家用電器、服裝、集成電路、合成橡膠、建築設備、農業機械、船舶、自動購貨系統、軟件開發、教育、醫療等各個領域。

二、質量功能展開的概念

目前尚沒有一個統一的QFD定義，但對QFD的一些認識是共同的。例如：

（1）QFD的最顯著的特點是要求企業不斷地傾聽顧客的意見和需求，並通過合適的方法，採取適當措施在產品形成的全過程中予以體現這些需求。

（2）QFD是在實現顧客需求的過程中，幫助在產品形成過程中所涉及的企業各職能部門制定出各自相應的技術要求的實施措施，並使各職能部門協同工作，共同採取措施保證和提高產品質量。

（3）QFD的應用涉及了產品形成全過程的各個階段，尤其是產品的設計和生產規劃階段，被認為是一種在產品開發階段進行質量保證的方法。

總之，QFD通過一定的市場調查方法獲取顧客需求，並採用矩陣圖解法和質量屋的方法將顧客的需求分解到產品開發的各個過程與各個職能部門中去，以實現對各職能部門和各個過程工作的協調與統一部署，使它們能夠共同努力、一起採取措施，最終保證產品質量，使設計和製造的產品能真正滿足顧客的需求。故QFD是一種由顧客需求所驅動的產品開發管理方法。

三、QFD的結構和質量屋

QFD的結構是以一系列矩陣為基礎的，主體的矩陣聯繫顧客的要求和相應的技術要求。基本的QFD主題矩陣如圖4-5所示。較典型的是需要增加競爭性評估和重要性衡量，加上這些附件特徵，矩陣系統就有了如圖4-6所示的形式。由於它的外形像一

座房子，故而經常被稱為質量屋。通過構造一個質量屋矩陣，QD 交叉職能團隊能夠利用顧客反饋信息來進行工程、行銷和設計的決策。矩陣幫助團隊將顧客要求轉換為具體操作或技術目標。這一過程鼓勵各部門之間緊密合作，並且使各部門的目標和意見得到充分的理解，幫助團隊致力於生產滿足顧客需求的產品。

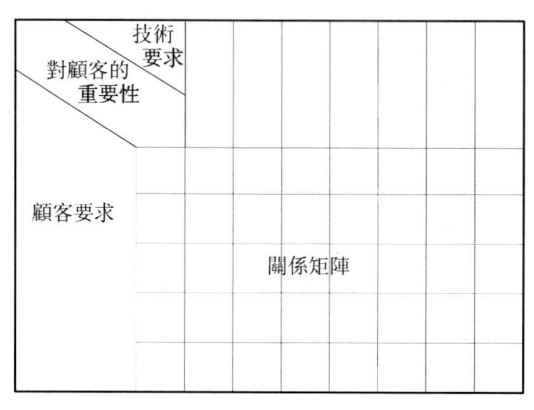

圖 4-5　QFD 主題矩陣

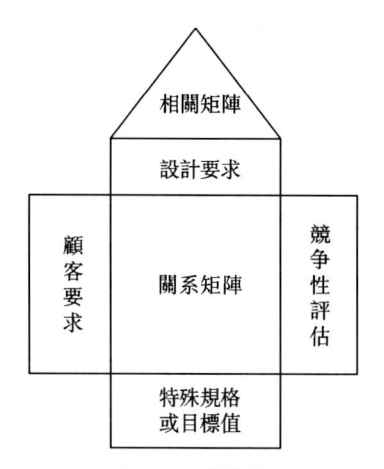

圖 4-6　質量屋

構造質量屋的第一步是列出顧客對於產品的要求，這些要求應該按照重要性排序。接下來請顧客將本公司的產品與競爭者的產品進行比較。最后確定所開發產品的一系列技術特徵，這些技術特徵直接與顧客的要求相關。對這些特徵的評價標準是其是否符合顧客對於產品的要求，是否有助於提高產品的競爭力。

【案例】4-7　維納斯——吉列新型女用可水洗剃刀

維納斯——吉列新型女用可水洗剃刀於 2001 年 3 月進入市場，在 6 個月內就占據了女用水洗剃刀 45% 的市場。吉列對於維納斯剃刀進行了眾多的創新設計，以期給人們帶來一個全新的女用剃刀的概念。維納斯的開發採用了吉利的五十多個專利。

在製造維納斯時雖然吉列採用了一些現有的流程，但它在研發和製造過程中還是

重新投入了3億多美元。維納斯的成功的另一個重要因素在於吉利把一些供應商整合起來一起設計，並設計出便於放在零售商店出售的獨特包裝。

一直以來，吉列公司非常擅長把新產品導入市場，在同行業中佔有並維持著很大的市場份額。吉列公司剃刀的銷量是其他公司的5倍。在使用剃刀的美國女性中，大約71%使用吉列的維納斯，而所有這些產品的利潤率都接近40%。與其他日用品相比，吉列公司剃刀的利潤率之高令人震驚。這都歸功於吉列對於產品與流程的研發、製造商與供應商之間良好的緊密合作。

資料來源：任建標. 生產運作管理 [M]. 2版. 北京：電子工業出版社，2010.

知識鞏固

一、判斷題

1. 依據現有技術和市場開發產品可以降低風險，並能大大地提高產品的競爭力。（　）
2. 產品從用戶購買開始到功能落伍或貶值而被淘汰所經歷的時間長度稱為產品的自然壽命。（　）
3. 面向顧客的設計要強調產品加工和拆裝的建議性。（　）
4. 大規模定制設計是在標準化的基礎上實現產品的個性化、多樣化的設計。（　）
5. 大規模定制設計的主要方法是延遲差異化和模塊化設計。（　）
6. QFD是一種技術驅動型的產品開發方法。（　）
7. 產品的生命週期大致分為導入期、成長期、成熟期和衰退期。（　）
8. 便利性設計是服務設計的主要影響因素之一。（　）
9. 目前QFD有統一的定義，對QFD的一些認識是共同的。（　）
10. 產品處於生命週期中的投入階段，其研發活動的重點是工藝改進。（　）

二、選擇題

1. 產品處於生命週期中的投入階段，其研發活動的重點是（　）。
    A. 創新設計
    B. 工藝改進
    C. 穩定質量
    D. 降低生產成本
2. 產品處於生命週期中的成長階段，其研發活動的重點是（　）。
    A. 創新設計
    B. 生產週期縮短
    C. 完善產品性能
    D. 工藝改進
3. 產品處於生命週期中的成熟階段，其研發活動的重點是（　）。
    A. 工藝改進
    B. 服務創新
    C. 縮短生產週期

D. 完善產品性能
4. 質量功能展開瀑布式分解的第二個矩陣是（　　）。
　　A. 產品規劃矩陣
　　B. 零部件配置矩陣
　　C. 工藝規劃矩陣
　　D. 工藝/質量控制規劃矩陣
5. 標準化是指構成同一種產品的不同個體之間的無差異性，其優點不包括（　　）。
　　A. 生產能力提高
　　B. 新產品推出快
　　C. 生產成本降低
　　D. 員工培訓簡化
6. 根據顧客競爭型評估和技術競爭性評估結果確定產品技術需求的目標值是（　　）。
　　A. 產品規劃矩陣
　　B. 零部件配置矩陣
　　C. 工藝規劃矩陣
　　D. 工藝/質量控制規劃矩陣
7. 下列（　　）不是服務運作的特點。
　　A. 生產率難以確定
　　B. 質量標準難以確立
　　C. 服務過程可以與消費者過程分離
　　D. 純服務不同通過庫存調節
8. 新產品開發決策應該由企業（　　）。
　　A. 最高領導人制定
　　B. 最低領導人制定
　　C. 中間管理層制定
　　D. 職工代表大會制定

案例分析

蘋果 CEO 喬布斯腦子裡是怎麼想的

　　20世紀80年代喬布斯憑藉 Apple 電腦獨步江湖、紅極一時，后來因為太拽被自己創辦的蘋果公司攆出門外。但誰也沒有想到，他十年后重新殺回來，憑藉 iMac/ iPod/ iPhone 一個又一個產品重新成了21世紀的巨星。所有人傾倒之時都很好奇，他腦子裡到底是怎麼想的？

　　先介紹一下 Segway 代步車，該車設計新穎有趣，非常好玩。Segway 代步車為兩輪電動車，能自動平衡，身體前傾車就前行，身體轉動車也跟著轉動，可以跑40千米/小時，售價為四五萬元。去年我借了一輛 Segway 玩過幾天，幾乎每個人見了都想試試，2008年奧運 Segway 還成了武警反恐新的裝備。

Segway 代步車原型出來，喬布斯試用後徹夜未眠。第二天喬布斯參加了該產品的討論會，他問了四個非常好的問題：

第一問：產品定位

Segway 公司想出兩種型號，分別針對個人和商用市場。

喬布斯問他們為什麼要出兩款？為什麼不先出一個普通版本，賣幾千美元，真的熱銷了，再出一個價格翻倍的增強版，針對工業和軍事領域呢？他開始講自己做 iMac 的經歷，為什麼他在發佈了第一款 iMac 之後等了 7 個月才推出其他花色品種？他希望他的設計師、銷售人員、公關人員都 100% 的聚焦。也就是說，他一上來，會把自己的退路封死。喬布斯的思考方法，會讓全公司上下永遠孤註一擲，這也就是外界經常說的，他的員工會被他壓迫得爆發出潛能來。

第二問：產品設計

喬布斯問 Segway 公司，你們覺得你們的產品怎麼樣。喬布斯一瞬間說出了三個評判標準：它的外形不創新、不優雅、也感覺不到人性化。「你擁有讓人難以置信的創新的機器，但外形看上去卻非常傳統」。最後，他給了建議：去找一家最好的設計公司，一定要做出讓你看到之後就會滿意的產品！

這段信息量同樣很足，因為它很簡明地總結出喬布斯的三個設計標準：設計是否出奇，或者是否優雅，或者是否足夠人性化。

第三問：產品生產

Segway 擔心技術被仿製，想設立工廠自己生產。

喬布斯問，為什麼你們要建個工廠？他堅決反對。喬布斯的想法是用時間和資金去找到其他壁壘。就像 iPod 和 iTunes 的相伴、iPhone 時代靠手機補貼獲得的低價等構造了應用開發平臺等一道道護城河，把 iPhone 小心地呵護起來。

第四問：產品行銷

如何賣這個產品？

喬布斯先給了一個保守方案：把這種產品在斯坦福這樣的一流大學、迪士尼這樣的主題公園裡做小規模推廣。但他立刻補充說，這種做法風險也不小，如果有一個倒霉孩子在斯坦福裡不小心摔一跤，然後在網上亂罵一頓、發帖等，公司就完蛋了。如果是一個大規模的發售呢，一點點麻煩不會從根本上傷害公司。老喬說「我是個大爆炸主義者」，說完這句話，他樂了，就是你把自己暴露給你的敵人，你需要很多錢跟仿製者作戰。

經過喬大師指點後的 Segway 代步車產品，果然很酷、市場的認同度很高！

請分析 Segway 代步車的設計包含了哪些要素，從而在市場受到較大的認同和歡迎。

資料來源：中國 MBA 案例共享中心、百度文庫。

實踐訓練

項目 6-1　認識科技企業的研究與開發

【項目內容】

帶領學生參觀某高科技企業的研究與開發部門。

【活動目的】

通過對製造企業研究與開發的感性認識，幫助學生進一步加深對研究與開發基礎、研究與開發方法、研究與開發常見形式等知識的理解。

【活動要求】

1. 經過訪談，重點瞭解企業研究與開發的形式、企業研究與開發採用的是哪種方式。

2. 每人寫一份參觀學習提綱。

3. 保留參觀主要環節和內容的詳細圖片、文字記錄。

4. 分析企業車間的設施布置類型、形式、布置重點。

5. 每人寫一份參觀活動總結。

【活動成果】

參觀過程記錄、活動總結。

【活動評價】

由老師根據學生的現場表現和提交的過程記錄、活動總結等對學生的參觀效果進行評價和打分。

項目 6-2　認識服務設計

【項目內容】

模擬一家汽車服務企業，應用服務設計的原則為其服務過程進行服務設計，找出服務過程中可能出現的問題並制定相應的防範措施。

【活動目的】

強化學生對於服務設計的認識。

【活動要求】

1. 以小組（4~5人）形式進行。

2. 每個小組提交一份服務設計報告。

3. 每個小組派代表介紹服務設計的原則、服務設計的理念，解釋該組服務設計過程的原因及基本思想。

4. 介紹內容要包括書面提綱。

【活動成果】

參觀過程記錄、活動總結。

【活動評價】

由老師和學生根據各小組的活動成果及其介紹情況進行評價打分。

模塊五
生產過程組織與工藝選擇

【學習目標】

1. 企業生產過程組織的基本概念、基本原則常見形式。
2. 生產線的三種移動方式和週期的計算。
3. 流水線設計的原則、方法、實施步驟。
4. 節拍、負荷率的計算方法。
5. 工序同期化的概念和實施。
6. 成組技術的概念、特點和基本原理。
7. 柔性製造系統的概念、特點和應用範圍。

【技能目標】

1. 理解生產過程組織的重要性。
2. 學會幾種典型的生產過程組織的常見形式和方法。
3. 掌握順序移動方式、平行移動方式、平行順序移動方式的週期計算。
4. 瞭解流水生產線的特點和設計思想。
5. 理解流水生產線設計的要點和設計步驟。
6. 瞭解工序同期化的過程和實施方法。
7. 掌握成組技術的基本原理和實際意義。
8. 掌握柔性製造系統的特點和設計原則。

【相關術語】

生產線移動方式（production line moving）
順序移動方式（order moving）
平行移動方式（parallel moving）
平行順序移動方式（parallel sequence move）
流水生產線（assembly line）
工序同期化（assembly line balancing）
節拍（cycle time）
設備負荷率（load rate of plant）

成組技術（group technology）
系統分析方法（system analysis Method）
柔性製造系統（flexible manufacturing System）

【案例導入】

皮帶流水線

　　對於機械以及相關行業來說，皮帶流水線應該是再熟悉不過的一種非標準類輸送設備。皮帶流水線即皮帶輸送線（機），是一種以皮帶線為輸送載體命名的非標準輸送線，在工業生產中的作用主要是用於成品、半成品以及零部件的加工輸送。

　　皮帶流水線具有運量大、結構簡單、操作以及維護方便、運行高效等特點而深受各行業喜愛，因此在冶金、化工、電子、食品等行業被廣泛應用。皮帶流水線作為非標準定制類生產線需要工程師依據客戶提供的信息要求進行詳細定制。

圖 5-1　轉彎皮帶生產線　　　　圖 5-2　皮帶檢測流水線

圖 5-3　皮帶流水線

任務一　生產線的移動方式與週期

生產系統的時間設計是用來確定所加工的勞動對象在各生產部門、各道工序之間的時間銜接方式。要合理組織生產過程，除了要求企業各生產部門之間在空間上緊密協作，還應盡量減少生產時間的等待和浪費，從而實現零件的節奏型、連續性生產。零件的各加工工序在時間上的移動方式通常分為三種：順序移動方式、平行移動方式、平行順序移動方式。

一、順序移動方式

順序移動方式是指一批零件的前一道工序全部加工完畢後，才整批移動到下一個工序進行整批加工。假設 n 表示零件批量，m 表示產品加工的工序數，t_i 表示第 i 道工序的單件加工時間。當 $t_1 = 4$ 分鐘，$t_2 = 2$ 分鐘，$t_3 = 6$ 分鐘，$t_4 = 3$ 分鐘時，這批零件的順序移動方式的示意圖如圖 5-4 所示。

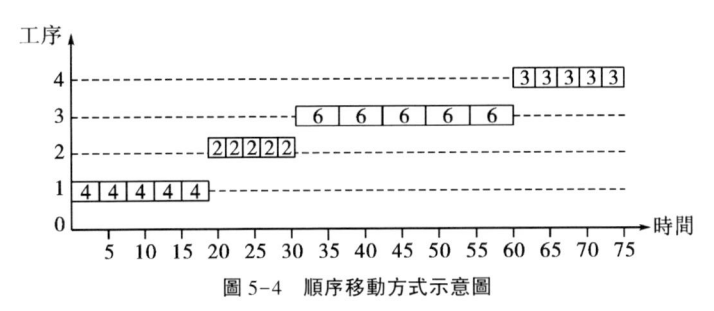

圖 5-4　順序移動方式示意圖

同時，假設這批零件在生產過程中不存在停放等待被加工的時間，同時工序間的運輸時間忽略不計，那麼該批零件的生產週期就等於它們在所有工序上的加工時間的總和。

以 T_1 表示該批零件的生產週期，可以得到：
$T_1 = nt_1 + nt_2 + nt_3 + nt_4 = n(t_1 + t_2 + t_3 + t_4) = 5(4+2+6+3) = 75$ （分鐘）
採用順序移動方式加工的零件的生產週期的計算公式如下：

$$T_1 = n \sum_{i=1}^{m} t_i \quad (i = 1, 2, 3, \cdots, m) \tag{5-1}$$

順序移動方式簡化了企業的生產計劃和組織管理工作，價值整批零件被集中加工和運輸，因此提高了設備的利用率。但由於大多數零件在加工時有等待加工和運輸而產生中斷的時間，因此，所加工的生產週期較長，使得資金週轉時間較慢。

二、平行移動方式

平行移動方式是指每個零件在上道工序加工完畢之後，立刻被轉移到下一道工序繼續進行加工，即一批零件同時在各個工序上可以平行進行加工。以前例的已知條件，根據平行移動方式進行加工的零件的生產流程如圖 5-5 所示。

圖 5-5 平行移動方式示意圖

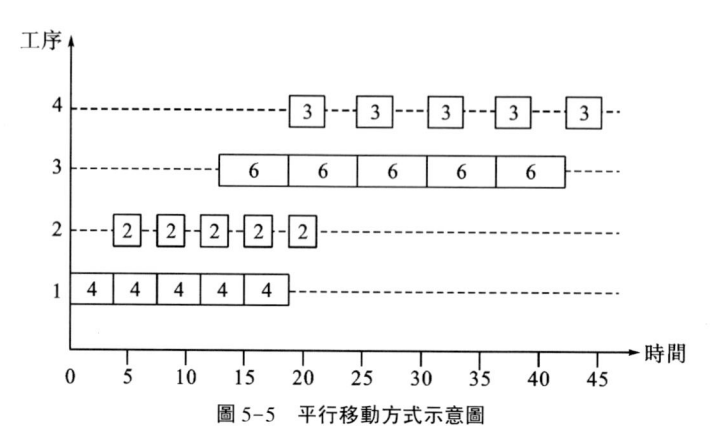

由圖 5-5 可知，所有零件的生產週期為：

$T_2 = t_1 + t_2 + nt_3 + t_4 = t_1 + t_2 + t_3 + t_4 + (n-1) t_3$

　　$= 4+2+6+3+4×6$

　　$=39$（分鐘）

採用平行移動方式加工的零件的生產週期的計算公式如下：

$$T_2 = \sum_{i=1}^{m} t_i + (n-1) t_l \qquad (i=1, 2, 3, \cdots, m) \qquad (5-2)$$

其中：T_2 表示該零件在平行移動方式下進行生產加工的生產週期；t_j 表示單件加工時間最長的工序。

這種移動方式由於零件沒有等待運輸的時間，所以生產週期最短。但是運輸工作頻繁，零件在各加工工序加工時間不相等或不成倍關係時出現停歇時間，使得設備和人力得不到充分利用。

三、平行順序移動方式

平行順序移動方式是把平行移動和順序移動綜合運用的一種方式。根據相鄰工序加工時間的不同，零件的移動共分為兩種情況：

（1）當前道加工工序的加工時間小於或等於后道加工工序的加工時間時，加工完畢的每一個零件應及時轉入后道工序加工，即按平行方式進入下一道工序的加工。

（2）當前道工序的加工時間大於后道加工工序的加工時間時，只有在前道工序完工的零件數量足以保證后道工序連續加工時，才將前道工序加工完畢的零件轉入下一道工序進行加工。

這種移動方式是平行移動方式和順序移動方式的優點的結合，不僅保證各道工序能連續進行加工，而且使得所用的生產週期盡可能地被縮短。零件在工序之間的轉移是成批的，也有單件的。

仍以前例為已知條件，按照平行順序移動方式加工的產品生產流程如圖 5-6 所示。

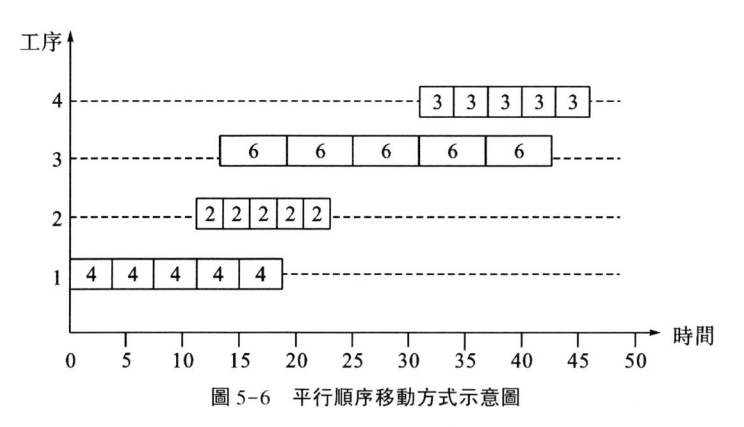

```
工序
 4 ┤                              ┌─┬─┬─┬─┬─┐
   │                              │3│3│3│3│3│──
 3 ┤                ┌─┬─┬─┬─┬─┐
   │                │6│6│6│6│6│────
 2 ┤        ┌─┬─┬─┬─┬─┐
   │        │2│2│2│2│2│────────
 1 ┤┌─┬─┬─┬─┬─┐
   ││4│4│4│4│4│────────────────                     時間
   └┴─┴─┴─┴─┴─┴─┴─┴─┴─┴─┴─┴─┴─┴─┴─┴─┴─┴─→
    0  5  10 15 20 25 30 35 40 45 50
```

圖 5-6　平行順序移動方式示意圖

由圖 5-6 可知，所有零件的生產週期為：
$T_3 = 5t_1 - 3t_2 + 5t_3 + t_4 = 5×4 - 3×2 + 6×5 + 3 = 47$（分鐘）

採用平行順序移動方式加工的零件的生產週期的計算公式為：

$$T_3 = \sum_{i=1}^{m} t_i - (n-1)\sum_{j}^{m-1} t_j \quad (i=1, 2, 3, \cdots, m) \quad (5-3)$$

其中：T_3 表示在平行順序移動方式下進行加工的生產週期；t_j 表示相鄰工序兩兩比較后較短工序的加工時間。

與平行移動方式相比，平行順序移動方式使得各道工序在加工過程中不會出現等待停歇的時間，設備能夠得到充分利用；與順序移動方式相比，它縮短了產品的生產週期。但採用這種移動方式加工產品的運輸次數多，所以生產組織管理工作比較複雜。

在實際生產中，在選擇零件生產移動方式時應綜合考慮零件的批量大小量、加工時間、生產單元佈局形式、生產類型等諸多因素。

如表 5-1 所示，順序移動方式適用於單件小批量、加工時間比較短的生產類型；平行移動方式和平行順序移動方式適用於大批量、加工時間長的生產類型。採用工藝專業化的生產單元適合選擇順序移動方式，採用對象專業化的生產單元可以選擇平行移動或者平行順序移動方式。

表 5-1　　　　　　選擇移動方式應考慮的因素

移動方式	批量大小	加工時間	專業化形式	適用生產類型
順序移動方式	小	短	工藝專業化	單件小批
平行移動方式	大	長	對象專業化	大批
平行順序移動方式	小	長	對象專業化	大批

【案例】5-1　混凝土生產工藝流程案例

混凝土工作性能的好壞是保證工程質量的關鍵條件之一，必須切實做好混凝土生產前的準備工作，任何新配方的實施，必須有 1 周至 1 個月的試產期，試產配方只能用於次要工程、次要部位，或考慮降級使用。另外，在混凝土試產期間，應加強計量設備的校正、過磅檢查，以及加強混凝土抽檢頻率。

1. 試拌

　　試驗室在生產前必須採用現場生產原材料，根據生產配比，進行混凝土的試拌工作，對混凝土拌合物的各方面性能再進行一次檢測工作，如混凝土的單位用水量、凝結時間、含氣量等。

2. 計量

　　(1) 調度長（調度員）必須負責組織定期對生產設備進行檢修、保養、調試，進行計量器具的檢查、校準，並做好相應記錄，確保原材料計量的準確度，調試合格后才能進行生產。生產時必須嚴格按配方比例進行下料，嚴格控制計量偏差，其中水泥、混合材、水及外加劑計量偏差為 ±2%，砂石計量偏差為 ±3%。如因不按配方生產、誤用配方、私自更改配方或設備等原因造成混凝土質量不合格而出廠，被工地退回的，則應追究當事人和當班主管的責任。

　　(2) 每天必須不少於兩次對攪拌車進行過磅驗證砼容重，出現異常情況及時向 QC 主管反應，做出相應的處理，並做好相關記錄。

　　(3) 定期對各原材料電子磅進行自檢校驗工作，保證計量系統的準確性。自檢時發現有誤差，須重新標定，檢驗結果及時間須做好記錄備查。在使用過程中發現嚴重異常情況應立即停用，並上報主管領導，安排相關人員檢查維修處理，必要時與計量單位機構聯繫維護處理，維護處理后經檢驗合格才可繼續使用。

　　(4) 外加劑磅必須每天在開始生產之前用砝碼進行校驗一次，砂、石、水泥、礦渣、粉煤灰等磅每兩週進行校驗一次。

3. 生產配料

　　(1) 配料員應嚴格按生產操作規程配製每槽砼，準確、均勻地將拌合物投入攪拌車滾筒內。在攪拌工序中，拌制混凝土拌合物的均勻性應符合 GB50164-92 的規定。

　　(2) 混凝土攪拌最短時間應符合設備說明書的規定。根據公司攪拌設備的情況，每槽攪拌時間不少於 20~30 秒，對有特殊要求的混凝土，應根據實際情況適當調整。

　　(3) 生產過程中應測定骨料的含水率，每個工作班不應少於一次。特別是在下雨天含水率有顯著變化時，應增加測定次數，依據檢測結果及時調整用水量和骨料用量，並根據骨料含水量的變化，及時調整用水量。

　　(4) 在生產過程中，QC 員必須密切注意觀察混凝土的流動性、保水性、黏聚性、砂率、混凝土的含氣量、混凝土的凝結時間等。

4. 攪拌車裝料與卸料

　　(1) 攪拌車裝料前必須進行反鼓卸乾淨鼓內積水。如不反鼓裝料，造成坍落度過大，造成的損失，由該司機負全責。

　　(2) 攪拌車進機位裝貨時，定位后，應向中控室報車號。若司機不報車號，中控室有權指令該車離開，重新等候入位或拒絕裝料，造成的后果由該司機承擔。

　　(3) 司機收到送貨單后，必須看清送貨單上的車號和工程名稱等，必要時與中控室重複送貨單上的內容，如工地名稱、混凝土級別、坍落度、方量等，互相核對無誤后方可出車送貨，送錯工地或卸錯部位，造成的后果由司機承擔。

　　(4) 攪拌車進入工地后，應服從工地管理人員的安排與調度，到達準確的位置卸料，並將隨車混凝土的資料交予工地管理人員，再次核實工地名稱、混凝土強度等級、方量、坍落度要求等，避免卸錯工地、卸錯部位。經核對無誤后方可卸料。司機有義

務勸阻工地外加水等不符合施工規範的操作。

（5）為樹立公司良好的服務形象，司機有義務協助工地方卸料，並有義務將工地方對公司關於質量、配送、服務等的信息及時反饋給中控室。

5. 混凝土出廠外觀質量檢查或抽查

（1）對出廠前的混凝土，嚴格按照抽樣制度進行檢測，以控制出廠混凝土的穩定性，結合外觀質量檢查制度，每車混凝土裝車後應在廠內攪拌 1～3 分鐘，然後觀察其和易性及坍落度情況。

（2）混凝土出廠質量主要由當班 QC 員負責控制、跟蹤和技術質量服務，確認合格並在送貨單上簽字後，方可讓攪拌車出廠。如因 QC 員失職而造成的混凝土質量問題，應追究當班 QC 員和 QC 主管的責任。如因司機不按規定進行檢查而造成退料，應由司機負全責。

6. 混凝土的運輸

（1）攪拌車司機要經常對車輛進行檢查、保養，使車輛保持良好的技術狀況，並對發現的問題協助汽車修理工一同認真處理，嚴禁隱瞞車輛故障而進行裝料。裝料前必須對車輛進行一些常規檢查，如油料是否足夠、輪胎是否完好、拌筒裡的清洗水是否倒乾淨等。如因司機原因造成混凝土的質量問題，應由司機負全責。

（2）司機要熟識混凝土性能，運輸途中不得私自載客和載貨，行使路線必須以工作目的地為準，盡量縮短運輸時間。到達目的地後，要在簽收單上註明到達時間。當攪拌車卸完砼後，要求用戶在簽收單上註明卸完時間，並簽字及核實數量。

（3）司機在裝料前必須把攪拌車水箱灌滿，減水劑塑料罐裝滿司機專用後摻減水劑，以備調整坍落度用，如司機不帶後摻減水劑，導致坍落度無法調整而退料，由司機負全責。

（4）混凝土出廠前後，不得隨意加水。若施工人員擅自加水，司機應在簽收單上註明原因，並向中控室匯報。當混凝土在運輸過程中，如發生交通事故、遇到堵車或攪拌運輸車出現故障及因工地原因造成攪拌車在施工現場停留時間過長而引起混凝土坍落度損失過大，難於滿足施工要求時，必須及時通知中控室，由中控室對整車料做出處理指令。這時可以根據混凝土停留時間長短，考慮採取多次添加減水劑的辦法來提高混凝土的坍落度，即在現場攪拌車中加入適量高效減水劑。同時必須在 QC 員監督下進行而不得擅自加水處理。如果還達不到施工要求，或混凝土已接近初凝時間，則應對整車料做報廢處理，以確保混凝土的施工質量。

（5）在運輸過程中，應控制混凝土運至澆築地點後，不離析、不分層，組成成分不發生變化，並能保證施工所必需的坍落度。如混凝土拌合物出現離析或分層現象，應對拌合物進行二次攪拌。

（6）混凝土運到澆築地點後，應檢測其坍落度，所測坍落度應符合設計和施工要求，且其允許偏差符合有關規定。

（7）混凝土從攪拌時間起至卸料結束，一般要求在 1.5～3 小時內完成，運輸時間不宜超過 2 小時。

7. 混凝土質量跟蹤與技術服務

（1）現場 QC 員必須密切監督施工現場混凝土質量。當混凝土拌合物質量出現少量波動時，必須及時如實地向 QC 主管反應混凝土情況，及時調整，出現問題，及時解

決，確保向客戶提供優質混凝土。

（2）在混凝土施工過程中，現場 QC 員必須注意檢查混凝土拌合物質量。當出現異常情況，如混凝土坍落度過大而超過試配允許範圍時；混凝土拌合物出現離析現象；由於種種原因造成混凝土已出現初凝跡象等時，為保證混凝土工程質量，現場 QC 員必須及時採取措施，阻止使用該車混凝土，並做退料處理，同時及時向分站經理反應。

（3）QC 員應督促和指導施工人員進行正確的澆築、振搗、養護等工序。

8. 售后服務

各分站銷售人員或客戶部人員必須定期向客戶徵詢出廠混凝土的質量、生產配送、服務等方面的意見，並填寫相應記錄表格，把信息及時反饋給所屬分站有關部門，有關部門應做出合理分析以及及時給予客戶合理的答覆，不斷改進工作，以更好地滿足用戶的施工要求，為公司樹立良好服務形象。

資料來源：http://wenku.baidu.com/view/c462e22ced630b1c59eeb58e.html.

任務二　流水生產線設計

1769 年，英國人喬賽亞·韋奇伍德開辦了埃特魯利亞陶瓷工廠，在場內實行了精細的勞動分工，他把原來由一個人從頭到尾完成的制陶流程分成幾十道專門工序，分別由專人完成。這樣一來，原來意義上的「制陶工」就不復存在了，原來的挖泥工、運泥工、拌土工、制坯工等制陶工匠變成了制陶工場的工人，他們必須按固定的工作節奏勞動，服從統一的勞動管理。從上述資料可以看出，韋奇伍德的這種工作方法已經完全可以定義為「流水線」。

流水線，顧名思義，就是生產線像流水一樣按照一定的工藝順序、按照統一的生產節奏連續的完成生產過程。流水線是把高度的對象專業化的生產組織與平行移動的零件生產方式有機結合起來的先進生產組織形式。

流水線又稱為裝配線，是指每一個生產單位只專注處理某一個片段的工作，以提高工作效率及產量；按照流水線的輸送方式，可以分為皮帶流水裝配線、板鏈線、倍速鏈、插件線、網帶線、懸掛線及滾筒流水線這七類流水線。一般流水線由牽引件、承載構件、驅動裝置、漲緊裝置、改向裝置和支承件等組成。流水線可擴展性高，可按需求設計輸送量、輸送速度、裝配工位、輔助部件（包括快速接頭、風扇、電燈、插座、工藝看板、置物臺、24V 電源、風批等），因此廣受企業歡迎；流水線是人和機器的有效組合，最充分體現設備的靈活性，它將輸送系統、隨行夾具和在線專機、檢測設備有機地組合，以滿足多品種產品的輸送要求。輸送線的傳輸方式有同步傳輸的（強制式），也有非同步傳輸的（柔性式），根據配置的選擇，可以實現裝配和輸送的要求。輸送線在企業的批量生產中不可或缺。

一、流水線的特徵

流水線具有如下特徵：

（1）工作的專業化程度高。一般流水線只固定生產一種或少數幾種產品或零件，每個工作地只負責加工 1~2 道工序。

（2）連續性強。流水線是按照工藝順序安排加工對象，勞動對象在生產線上做單向流動，具有高度的連續性。

（3）按照規定節拍進行生產，生產過程具有節奏型。

（4）生產過程具有較高比例性。生產過程各工序工作的數量與各道工序的生產時間比例一致。

由於這些特點，流水線生產具有生產效率高、自動化程度高、生產週期短、充分利用人力和場地與設備、成本低等優點。福特汽車公司採用流水線進行生產以來，生產率大大提高，降低了汽車的生產成本。流水線生產成為大規模生產的一種高效的生產組織形式。

二、流水線的形式

（1）按照流水線上的品種數目，分為單一對象流水線和多對象流水線。單一對象流水線固定生產一種產品，而多對象流水線生產多種產品。多對象流水線根據生產對象的輪換方式，又分為可變流水線、混合流水線、成組流水線。可變流水線是固定成批輪換生產幾種產品，當更換產品時，工藝裝備要換；混合流水線是同一時間內流水線同時生產幾種產品，而且遵循一定的投產順序；成組流水線也是生產多種產品，但是不成批輪換生產，而是成組地生產，即幾種產品形成一個產品組，按產品組輪換生產。

（2）按照流水線的連續程度，分為連續流水線和間斷流水線。連續流水線是指在生產過程中，產品從一個工序轉到下一個工序，中間沒有停頓；間斷流水線是指由於各工序的能力或者生產量不同，產品在生產過程中會出現停頓與等待。

（3）按照流水線的生產節奏，分為強節拍流水線、自由節拍流水線。強節拍流水線對工藝、操作工人與輸送裝置都有嚴格要求；自由流水線不要求嚴格按照節拍生產，生產節拍靠工人的熟練程度掌握。

（4）按照流水線的生產對象是否流動，分為移動流水線與固定流水線。移動流水線是指加工對象要經過不同的加工工序，工人與設備是固定在一定的位置上進行加工；固定流水線的加工對象是固定的，工人與設備攜帶著工具沿著順序排列的加工對象完成加工過程。

除了以上分類，流水線還可以按照運輸方式、機械化程度、工作方式等劃分。

三、流水線組織的條件

（1）產品結構與工藝相對穩定。流水線的設備與工藝是為專業化設計的，因此加工對象必須具有相對穩定的工藝與結構。

（2）產品要有足夠高的產量。流水線是高投資的生產設備，如果產量不夠高，難以保證生產線上的工作的負荷，同時不具有經濟規模效應。

（3）工藝過程可以劃分為簡單的工序，可以進行工序的細分與合併。

四、流水線設計的步驟

流水線設計有下面一系列基本步驟。

（一）確定流水線節拍

節拍是流水線上相鄰兩個製品的時間間隔，它表示生產線的速度快慢或生產線生產率的高低。節拍的計算公式如下：

$$r = \frac{F_e}{N} = \frac{F_o \cdot \eta}{N}$$

式中：r——流水線的平均節拍；

F_e——計劃期的有效工作時間；

F_o——計劃期制度工作時間；

η——時間利用系數；

N——計劃期的產出。

【例5-1】汽車裝配線的設計日產量是1,000輛，每日兩個班次工作，每班8小時，每班中間休息30分鐘，則流水線節拍為：

$$r = \frac{2 \times 8 \times 60 - 2 \times 30}{1,000} = 0.9（分鐘/輛）= 54（秒/輛）$$

如果在計算節拍時考慮廢品率，則計劃期的產量為：

$$計劃期實際產量 = \frac{計劃期計劃產量}{1-廢品率}$$

【例5-2】某廠一條電子生產線，計劃生產800個電子管，每日兩個班次工作，每班8小時，每班中間休息15分鐘，計劃廢品率為5%，則流水線節拍為：

$$r = \frac{2 \times 8 \times 60 - 2 \times 15}{800(1-5\%)} = 1.1（分鐘）$$

（二）計算設備（工作地）數量與設備（工作地）負荷率

流水線上設備（工作地）數等於工序時間與節拍的比，即：

$$S_i = \frac{t_i}{r}$$

式中：S_i——第 i 道工序的設備（工作地）數目；

t_i——第 i 道工序的單件產品時間定額。

上面公式計算結果 S_i 通常不是整數，需要把它化為整數 S_{ei}。一般要求 $S_{ei} \geq S_i$，那麼需要採用向上取整的方法：$S_{ei} = [S_i]$。

由於理論計算的設備數與實際的設備數不同，因此就存在實際能力大於理論需求，供需之間存在不連續。則間斷時間為：

$$t_{ei} = r - \frac{t_i}{S_{ei}}$$

式中：t_{ei}——第 i 道工序的間斷時間。

設備（工作的）的負荷系數為：

$$K_i = \frac{S_i}{S_{ei}}$$

工序數為 m 的流水線的總的設備負荷系數為：

$$K = \sum_{i=1}^{m} S_i \bigg/ \sum_{i=1}^{m} S_{ei}$$

一般而言，設備的負荷系數不應低於 0.75。如果負荷系數在 0.75 和 0.85 之間，宜組織間斷流水線。

（三）工序同期化

工序同期化就是使各道工序的加工時間與流水線的節拍相等，或者是節拍的整數倍，從而保證生產線按照節拍生產。在手工生產的流水線，工序同期化比較好實現。將原工序細分為更小的工步，然後按照同期化要求把相鄰的工序與工步重新組合為新的工序，從而使調整后的工序時間接近節拍或者節拍的倍數。

表 5-2 是一個工序同期化的示例，原來流水線共有 6 個工序、13 個工步、11 個工作地。經過同期化後的新工序為 7 道、9 個工作地（見表 5-3）。具體處理如下：原來 1 號工序的工步 1、2 與原來 2 號工序的工步 3 合併為 1 號新工序，1 號新工序的時間為 9.1（2.1+1.4+5.6）分鐘，因為節拍為 4.5，需要 2 個工作地。原來的 2 號工序的工步 4 和 5 組合為新工序 2、工序時間為 4.3（3.2+1.1）分鐘，需要 1 個工作地。原來的 3 號工序的工步 6 作為新工序 3，工序時間為 4.2 分鐘，需要 1 個工作地。原來 3 號工序的工步 7 和 4 號工序的工步 8 組合為新工序 4，工序時間為 4.5（3+1.5）分鐘，需要 1 個工作地。原來 4 號工序的工步 9 形成新工序 5，工序時間為 4 分鐘，需要 1 個工作地。原來的 4 號工序的工步 10 和 5 號工序的工步 11 組成新工序 6，工序時間為 4.4（1+3.4）分鐘，需要 1 個工作地。原來的 6 號工序的工步 12 和 13 組成新工序 7，工序時間為 8.6（6+2.6）分鐘，需要 2 個工作地。

表 5-2　　　　　工序同期化的實例（原工序組成）

工序號	1	2	3	4	5	6
工序時間（分鐘）	3.5	9.5	7.2	6.5	3.4	8.6
工步號	1	2	3	4	5	6	7	8	9	10	11	12	13
工步時間（分鐘）	2.1	1.4	5.6	3.2	1.1	4.2	3	1.5	4	1	3.6	6	2.6
工作地數量（個）	1	3	2	2	1	2
流水線節拍（分鐘）	4.5
同期化程度	0.78	0.73	0.8	0.72	0.76	0.96

表 5-3　　　　　工序同期化的實例（同期化后的工序組成）

工序號	1	2	3	4	5	6	7
工序時間（分鐘）	9.1	4.3	4.2	4.5	4	4.4	8.4
工步號	1	2	3	4	5	6	7	8	9	10	11	12	13
工步時間（分鐘）	2.1	1.4	5.6	3.2	1.1	4.2	3	1.5	4	1	3.6	6	2.6
工作地數量（個）	2	1	1	1	1	1	2
流水線節拍（分鐘）	4.5
同期化程度	1.01	0.96	0.93	1.00	0.89	0.98	0.96
負荷系數（%）	101	96	93	100	89	98	96

同期化程度的計算公式為：

$$\varepsilon_i = \frac{t_i}{r \cdot S_{ei}}$$

例如，原第 1 道工序，同期化程度為：

$$\frac{3.5}{4.5 \times 1} = 0.78$$

新同期化后的第 1 道工序 r 同期化程度為：

$$\frac{9.1}{4.5 \times 2} = 0.78$$

從表 5-3 中可以看出，經過工序同期化后，各工序的同期化程度提高，接近 1，比進行工序同期化之前大大改善。另外，第 1 道工序的設備負荷系數大於 100%，達到滿負荷。

上例是簡單問題的工序同期化方法。如果在複雜流水線上進行工序同期化，就需要採用更加科學的生產線平衡技術。

（四）計算工人數

流水線設備確定以後，就可以確定各工序的單位時間的結構與工作班次，據此配備工人。

（1）以手工勞動為主的流水線工人數計算。其計算公式為：

$$P_i = S_{ei} \cdot g \cdot W_i$$

式中：P_i——第 i 道工序的工人數；

　　　S_{ei}——第 i 道工序的實際設備數；

　　　g——每日工作班次；

　　　W_i——第 i 道工序每一工作地同時工作的人數。

（2）以設備為主的流水線工人數計算要考慮后備工人數與工人設備看管定額。其計算公式為：

$$P = (1+b) \sum_{i=1}^{m} \frac{S_{ei} \cdot g}{f_i}$$

式中：b——后備工人百分比；

　　　f_i——第 i 道工序的工人設備看管定額（臺/人）。

（五）確定流水線節拍性質與實現節拍的方法

流水線有強節拍、自由節拍與粗略節拍等，選擇節拍的主要依據是工序的同期化程度與加工對象的重量、體積、精度與工藝性等。不同節拍需要選擇不同形式的流水線運輸裝置。

（1）強節拍流水線。由於各工序時間與節拍吻合很好，生產連續性高，生產節奏明顯，因此這種流水線一般採用連續式的工作傳送帶、間隙式工作傳送帶、分配傳送帶。

（2）自由節拍流水線。由於它是工序同期化程度和連續化程度比較低的流水線，因此這種流水線採用連續式運輸帶或者滾道、平板運輸車等運輸裝置。

（3）粗略節拍流水線。由於各工序時間差別比較大，不能按照生產線整體節拍進

行連續生產，連續性比較差，因此這種流水線一般採用滾道、重力滑道、手推車、叉車等運輸裝置。

在採用機械化傳送帶時，需要計算傳送帶的速度與長度。

傳送帶長度的計算公式為：

$$L = 2(\sum L_1 + \sum L_2) + L_3$$

式中：L——傳送帶長度；

$\sum L_1$——工作地長度之和；

$\sum L_2$——工作地之間距離之和；

L_3——傳送帶兩端的余量與技術上需要的長度。

傳送帶速度的計算公式為：

$$v = \frac{L_間}{r} = \frac{L_1 + L_2}{r}$$

式中：v——傳送帶速度；

$L_間$——流水線上兩個相鄰產品的距離；

r——流水線節拍。

(六) 流水線的平面布置

流水線的平面布置可以按照形狀分為直線形、開口形、山形、環形、蛇形等。

流水線上的工作地布置有兩種形式：單列式與雙列式。

(七) 流水線的標準作業計劃與作業標準圖

流水線布置完成后，需要建立標準作業計劃與作業標準圖，以指導工人的操作。

(八) 流水線的經濟效益分析

流水線是一次性投資，需要對流水線的經濟效益進行評價，包括生產率、流動資金占用與節約額、成本降低額、投資回收期等。此外，還需要對勞動條件改善、環境保護改善等進行定性分析。

【案例】 5-2 非標準流水線的分類和案例

流水線是當今企業生產的一種作業形式，在工業生產中具有廣泛的適用性，同時具有高效率、標準化的作業特點。流水線形式的生產作業改變了以往企業生產勞動密集型的生產方式，將零散、無序的加工過程集成為系統化的生產。

流水線是一種作業方式，非標準流水線就是這種流水線作業方式所需的設備。非標準流水線具有非標準設備的普遍特點：定制性、生產的週期性、極強的針對性、使用的高效性等。下面我們就來認識一下不同的非標準流水線以及相關的設備案例：

一、非標準流水線案例：流水線工作臺

流水線工作臺是非標準流水線設備中使用最多、應用行業最為廣泛的設備之一。流水線工作臺是由各種不同形式的工作臺，根據特定工藝要求定制、組裝成設備加工生產線。這類工作臺包含超淨工作臺、獨立工作臺、重型裝配工作臺、線棒工作臺、防靜電工作臺、週轉工作臺、雙邊工作臺、多層工作臺等。

案例展示：

圖 5-7 重型裝配工作臺　　　　圖 5-8 雙邊工作臺

二、非標準流水線案例：帶式輸送線

帶式輸送線又稱皮帶輸送機，主要是指皮帶式輸送線，是一種輕型的輸送流水線。該輸送流水線以皮帶作為輸送載體，可以用於散狀、小件、塊狀、箱裝類等產品的加工輸送。皮帶輸送線具有防靜電的功能，因此在電子產品加工行業應用非常廣泛。

案例展示：

圖 5-9 斜坡皮帶輸送線　　　　圖 5-10 循環皮帶流水線

三、非標準流水線案例：倍速鏈系列

倍速鏈系列輸送線是工業流水線中非常重要的一類非標準流水線，通常稱為倍速鏈、倍速鏈輸送、倍速鏈輸送機，有時候又被叫作差速鏈、差速鏈流水線等。倍速鏈輸送線可以根據不同的加工要求，針對不同行業進行設計，使用跨度非常大。一般的大型流水線設備中，都會有倍速鏈系列產品的特殊設計。

案例展示：

圖 5-11 倍速鏈裝配線　　　　圖 5-12 倍速鏈裝配線

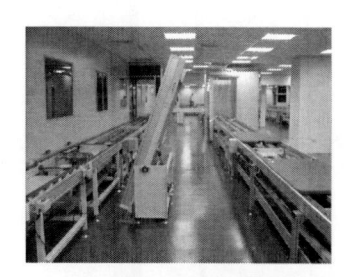

四、其他非標準流水線

非標準流水線根據不同的功能和特點會有很多不同的分類，由於分類較多，本篇不再一一列舉介紹。其他非標準流水線還有網帶輸送線、鏈板輸送線、懸掛鏈輸送、烘干流水線等。

任務三　成組技術與柔性製造系統

一、成組技術

隨著社會的不斷進步和先進技術的發展，市場競爭日益激烈，導致市場環境更加複雜多變，企業越來越多地面臨著需要滿足多品種、中小批量的市場需求。而傳統的流水線只適用於大規模生產，為適應這種多品種、小批量生產方式的特點，20世紀50年代初，蘇聯米特羅凡諾夫提出了成組技術原理，隨后迅速在全國推廣，同時在機械製造、電子設備製造和生產管理等各個領域得到廣泛應用。

（一）成組技術的基本原理

成組技術又稱群組技術，它是將企業生產的多種產品、部件、零件，按照一定的相似性準則進行分組，並以這些零件組為基礎來組織生產，最終實現多品種、中小批量的生產設計以及生產的科學化管理。

成組技術的核心在於鑑別和利用零件結構以及加工工藝上的相同性或相似性，從零件的個性中選取共性。它不以單一產品作為組織生產的唯一對象，也沒有把產品和零件看成孤立的、相互無關的個體，而是按照零件結構或工藝上的相似性對其分類，形成一個零件組。

（二）成組技術的生產組織形式

成組技術的生產組織形式主要有三種基本形式：成組加工單機與單機封閉、成組加工單元、成組加工流水線。

1. 成組加工單機與單機封閉

成組加工單機是成組技術中生產組織的最簡單的形式。它是在一臺機床上實施成組技術。單機封閉則是成組加工單機的特例，它是指一組零件的全部加工工藝過程可以在一臺機床上完成。前者適用於多工序零件的組織生產，后者適用於單工序零件的組織生產。

利用這種方式進行零件加工時，零件組中的每個零件必須具備如下特點：

● 零件必須具有相同的裝夾方式；

● 零件的空間位置和尺寸必須具有相同或相似的加工表面，但並不要求零件的形狀相同，而是只考慮加工表面位置和尺寸的相似性。

2. 成組加工單元

成組加工單元是指在車間的一定生產面積內來配置一組機床和一組工人，用以完成一組或幾組在加工工藝上相似的零件的全部工藝過程。

成組加工單元和流水線形式相似。單元內的機床基本上是按零件組的統一工藝過程排列的。成組加工單元具有流水線的許多優點，但並不要求零件在工序間做單向順

序依次移動，即零件不受生產節拍的控制，又允許在單元件任意流動，具有相當的靈活性，目前已成為中小批生產中實現高度自動化的有效手段。

3. 成組加工流水線

成組加工流水線是在機床單元的基礎上，將各工作地的設備按照零件組的加工順序固定布置。它與一般流水線的區別在於：在這一流水線上流動的並不是一種零件，而是一組工藝相似度很高、產量較大的零件。這組零件應有相同的加工順序，近似相等的加工節拍，允許某些零件越過某些工序。這樣，其成組加工流水線的適應性較強，能靈活加工多種零件。

(三) 成組技術的意義

成組技術改變了傳統的生產組織方法，使得同類零件在加工過程中的情況一目了然，便於管理和監督。它不僅是一種新的生產組織方法，使得零件按成組加工工藝進行，不僅大大縮短了生產週期、提高了生產效率和質量，而且精簡了生產管理人員，從而降低了產品成本、提高了企業的經濟效益。

隨著成組技術的進一步深入研究和廣泛應用，它已發展成為合理性和現代化生產的一項基礎性技術。為了使計算機輔助設計（CAD）、計算機輔助製造（CAM）、計算機輔助編製工藝規程（CAPP）、自動編製零件數控程序（NCP）、計算機集成製造系統（CIMS）在生產領域中發揮作用，近年來，計算機技術的應用與成組技術如何緊密地聯繫結合已成為人們非常關注的問題。

【案例】5-3　浙東某衝床企業的成組技術應用

基於成組技術的精益生產方式已在企業得到了一定程度的應用。浙東某衝床企業就是一個典型的例子。該企業對擬實施的新的生產管理模式進行了總體規劃，確定了合理的分步實施辦法。該企業現已實施了成組技術、全面質量管理、並行工程和準時化生產等技術，取得了較為明顯的效益。具體實施過程為：①採用成組技術，對所有非標件都進行了編碼，建立了產品數據庫。新零件結構設計、工藝過程制定、生產準備、加工都參照編碼相同或相近零件的技術文件進行。成組技術的採用為實施精益生產打下了良好的基礎。②實施並行工程。從產品確定生產之日起，一些採購或生產週期長，結構形狀、性能及尺寸相對固定的零部件，如床身、飛輪等在全套產品圖紙生成以前就通過成組技術調用以前相同或相似零件的圖紙，工藝規程和工裝要求提前採購或提前加工，極大地縮短了整機的加工週期。在加工、採購過程中，生產部門、供應部門與設計部門能根據以往相似產品的數據及時交換信息，發現問題得以盡早解決，實現並行工程。③開展全面質量管理。該企業非常重視質量管理，提出「中國人要讓人瞧得起就讓我從本職工作做起」，採用早講會、評議會等形式通過漸進的方式使質量意識深入人心。現在，每位職工都從內心深處認同了「品質由我做起，從我負責，以專業、敬業追求完美品質」「決不讓相同的缺失發生第二次」「決不讓前工程的缺失流入后工程」等觀念。公司各部門員工都能採用成組技術，通過相似性原理確定產品及其零部件的設計、加工、裝配等的檢驗方法和檢驗程序，保證了檢驗方法和檢驗程序的合理性與準確性。④推行準時化生產。該公司產品絕大多數按訂單生產，少數按市場預測生產。在確定產品交付日期或面市時間後，其設計、零部件加工、裝配等都按倒推的時間表進行，採用成組技術后，產品、零部件設計及其加工、裝配的時間及機

床、夾具、刀具等的準備時間大大縮短,更精確地實現了準時制生產。採用這些管理技術后,該企業產品生產週期比原來縮短1/3,零部件和產品的廢品率與返修率降低20%,準時交貨率明顯提高。零部件庫存從原先的平均半年縮短到現在的30天。該公司還計劃在兩年內把庫存週期壓縮到平均5天以內。產品的生產成本也有很大程度地降低,企業的整體形象和市場競爭力獲得了進一步提升。

基於成組技術的精益生產方式的實施過程,該公司專門制訂了實施規劃,繪製了實施的流程圖,並根據這一規劃對全體員工進行了分層次的培訓,在實施過程中注重效果,實施一項,見效一項。

通過實例分析可以看出:企業實施基於成組技術的精益生產方式應遵循教育先行、效益驅動、總體規劃、分步實施的原則。在實施之前必須對企業從領導層到普通職員進行教育,使他們深入理解成組技術和精益生產的技術特點、實施條件、能為企業帶來的利益以及實施中可能遇到的困難等以減少實施過程的障礙和阻力。成組技術和精益生產是兩種理念,其各要素在生產實際中是可以分別得以實現的。具體操作時,應對這些要素分別實施。至於實施哪一項要素?何時實施?要視具體條件而定,條件成熟一項,實施一項,以追求企業最大整體效益為目標。同時各項要素的實施要緊緊圍繞企業的總體規劃,最終實現基於成組技術的精益生產方式。而對於占我國企業總數99%以上的中小企業而言,儘管他們具有管理層次少、決策過程簡單、富於創新精神、能較快地對市場的變化做出反應等優勢,但也存在技術人員數量少、人員素質相對較低、企業管理思想和管理手段落後、資金不夠雄厚等缺陷。中小企業欲實施基於成組技術的精益生產方式,首先應對企業管理層、技術人員和全體員工進行不同層次的培訓,使企業上下都認識到實施基於成組技術的精益生產方式的必要性和緊迫性;同時也認識到本企業在技術、管理、資金等方面的薄弱環節實施時要因地制宜,量力而行,積極創造條件一步一步地實施成組技術,直至最終實現基於成組技術的精益生產方式。

二、柔性製造系統

成組技術能夠解決外結構形和加工工藝相差不大的工件的加工問題,但不能很好地解決多品種、中小批量生產的自動化問題。隨著科技、生產的不斷進步,人們生活需求的多樣化,產品規格將不斷增加,產品更新換代的週期將越來越短,無論是國際還是國內,多品種、中小批量生產的零件仍占大多數。為了解決機械製造業多品種、中小批量生產的自動化問題,除了用計算機控制單個機床和加工中心外,還可以借助計算機把多臺數控機床連接起來組成一個柔性製造系統。

(一)柔性製造系統的概念

柔性製造系統(Flexible Manufacturing System,FMS)是指以數控機床、加工中心以及輔助設備為基礎,將自動化運輸、存儲系統有機地結合起來,由計算機對系統的軟、硬件實施集中管理和控制而形成的一個物流與信息流緊密結合,沒有固定的加工順序和工作節拍,主要適用於多品種、中小批量生產的高效自動化製造系統。

(二)柔性製造系統的類型

柔性製造系統可以分為柔性製造單元和柔性自動生產線兩種類型。

1. 柔性製造單元

柔性製造單元是以數控加床或數控加工中心為主體，依靠有效的成組作業計劃，利用機器人和自動運輸小車實現工件與刀具的傳遞、裝卸及加工過程的全部自動化和一體化的生產組織。它是成組加工系統實現加工合理化的高級形式，具有機床利用率高、加工製造與研製週期縮短、在製品及零件庫存量低的優點。柔性製造單元與自動化立體倉庫、自動裝卸站、自動牽引車等結合，由中央計算機控制進行加工，就形成柔性製造系統；而柔性製造單元與計算機輔助設計等功能結合，就成為計算機一體化製造系統。

2. 柔性自動生產線

當生產批量較大並且品種較少時，柔性製造系統的機床可以按照工件加工順序而排列成生產線的形式，這種生產線與傳統的自動生產線不同，它能同時或依次加工少量不同的零件。而當零件更換時，就需要對其生產節拍進行相應的調整，而各機床的主軸箱也可以自行進行更換。較大的柔性製造系統由兩個以上柔性製造單元或多臺數控機床、加工中心組成，並用一個物料儲運系統將機床連接起來，工件被裝在隨行夾具和托盤上，自動按照加工順序在機床間逐個輸送，並能夠根據需要自動調度和更換刀具，直到加工完所有工序。

(三) 柔性製造系統的特點

柔性製造系統中的柔性體現在以下幾點：

1. 機器柔性

機器柔性是指當生產一系列不同類型的產品時，機器可以隨產品變化而加工不同零件的難易程度。

2. 工藝柔性

工藝柔性不僅指工藝流程不變時系統自身適應產品或原材料變化的能力，也可體現為製造系統內為適應產品或原材料變化而改變相應工藝的難易程度。

3. 產品柔性

產品柔性既是產品更新換代或完全轉向之後，系統能夠非常經濟和迅速地生產出新產品的能力，也是產品更新后對老產品有用特性的繼承和兼容能力。

4. 維護柔性

維護柔性是指採用多種方式查詢、處理故障，保障生產正常進行的能力。

5. 生產能力柔性

生產能力柔性是指當產量改變時，系統也能經濟地運行的能力。

6. 擴展柔性

擴展柔性是指當生產需要時，可以容易地擴展系統結構、增加模塊，構成一個更大的系統的能力。

7. 運行柔性

利用不同的機器、材料、工藝流程來生產一系列產品的能力和同樣的產品，換用不同工序加工的能力。

這些柔性所體現的內容及系統自身性質決定了柔性製造系統具有以下優點：

(1) 設備利用率高。由於採用計算機對生產進行調度，一旦有機床空閒，計算機便給該機床分配加工任務。在典型情況下，採用柔性製造系統中的一組機床所獲得的

生產量是單機作業環境下同等數量機床生產量的 3 倍。

（2）減少生產週期。由於零件集中在加工中心上加工，減少了機床數和零件的裝卡次數。採用計算機進行有效的調度也減少了週轉的時間。

（3）具有維持生產的能力。當柔性製造系統中的一臺或多臺機床出現故障時，計算機可以繞過出現故障的機床，使得生產可以繼續。

（4）生產具有柔性。當市場需求或設計發生變化時，在 FMS 的設計能力內，系統具有製造不同產品的柔性。並且，對於臨時需要的備用零件可以隨時混合生產，而不會影響 FMS 的正常生產。

（5）產品質量高。FMS 減少了卡具和機床的數量，並且卡具與機床匹配得當，從而保證了零件的一致性和產品的質量。同時，自動檢測設備和自動補償裝置可以及時發現質量問題，並採取相應的有效措施，保證了產品質量。

（6）加工成本低。FMS 的生產批量在相當大的範圍內變化，其生產成本是最低的，它除了一次性投資費用較高外，其他指標均優於常規的生產方案。

如上所述，通過柔性製造系統能夠克服傳統的剛性自動化生產線只適用於大批量生產的局限性，展示了對於中小批量、多品種生產的適應性，縮短了產品生產週期，提高了生產過程的柔性和質量，提高了設備利用率，也提高了企業對市場需求變化的回應速度和競爭能力。

（四）柔性製造系統的關鍵技術

1. 計算機輔助設計

未來 CAD 技術發展將會引入專家系統，使之具有智能化。當前設計技術最新的一個突破是光敏立體成形技術。該項新技術是直接利用 CAD 數據，通過計算機控制的激光掃描系統將三維數字模型分成若干層二維片狀圖形，並按二維片狀圖形對池內的光敏樹脂液面進行光學掃描，被掃描到的液面則變成固化塑料。如此循環操作，逐層掃描成形，並自動地將分層成形的各片狀固化塑料黏合在一起。僅需確定數據，數小時內便可制出精確的原型。它有助於加快開發新產品和研製新結構的速度。

2. 模糊控制技術

模糊數學的實際應用是模糊控制器。最近開發出的高性能模糊控制器具有自學習功能，可在控制過程中不斷獲取新的信息並自動地對控制量做調整，使系統性能大為改善。其中尤其以基於人工神經網路的自學方法更引起人們極大的關注。

3. 人工智能

迄今，FMS 中所採用的人工智能大多是指基於規則的專家系統。專家系統利用專家知識和推理規則進行推理，求解各類問題（如解釋、預測、診斷、查找故障、設計、計劃、監視、修復、命令及控制等）。由於專家系統能簡便地將各種事實及經驗證過的理論與通過經驗獲得的知識相結合，因而專家系統為 FMS 的諸方面工作增強了柔性。展望未來，以知識密集為特徵、以知識處理為手段的人工智能（包括專家系統）技術必將在 FMS（尤其智能型）中起著關鍵性的作用。人工智能在未來 FMS 中將發揮日趨重要的作用。目前用於 FMS 中的各種技術，預計最有發展前途的仍是人工智能。

4. 人工神經網路技術

人工神經網路（ANN）是模擬智能生物的神經網路對信息進行並行處理的一種方法。故人工神經網路也就是一種人工智能工具。在自動控制領域，神經網路不久將並

列於專家系統和模糊控制系統，成為現代自動化系統中的一個組成部分。

（五）柔性製造系統的發展趨勢

1. 柔性製造單元將成為發展和應用的熱門技術

這是因為柔性製造單元（FMC）的投資比 FMS 少得多而經濟效益相接近，更適用於財力有限的中小型企業。目前國外眾多廠家將 FMC 列為發展之重。

2. 發展效率更高的柔性製造線

多品種大批量的生產企業如汽車及拖拉機等工廠對柔性製造線（FML）的需求引起了 FMS 製造廠的極大關注。採用價格低廉的專用數控機床替代通用的加工中心將是 FML 的發展趨勢。

3. 朝多功能方向發展

由單純加工型 FMS 進一步開發以焊接、裝配、檢驗及板材加工乃至鑄、鍛等製造工序兼具的多種功能 FMS。FMS 是實現未來工廠的新穎概念模式和新的發展趨勢，是決定製造企業未來發展前途的具有戰略意義的舉措。目前反應工廠整體水平的 FMS 是第一代 FMS。日本從 1991 年開始實施的「智能製造系統」（IMS）國際性開發項目，屬於第二代 FMS。而真正完善的第二代 FMS 預計至 21 世紀才會實現。屆時智能化機械與人之間將相互融合、柔性地全面協調，從接受訂單至生產、銷售這一企業生產經營的全部活動。20 世紀 80 年代中期以來，FMS 獲得迅猛發展，幾乎成了生產自動化之熱點。一方面，是由於單項技術如 NC 加工中心、工業機器人、CAD/CAM、資源管理及高度技術等的發展提供了可供集成一個整體系統的技術基礎；另一方面，世界市場發生了重大變化，由過去傳統、相對穩定的市場發展為動態多變的市場。提高企業對市場需求的應變能力，人們開始探索新的生產方法和經營模式。近年來，FMS 作為一種現代化工業生產的科學哲理和工廠自動化的先進模式已為國際上所公認，可以這樣認為：FMS 是自動化技術、信息技術及製造技術的基礎。將以往企業中相互獨立的工程設計、生產製造及經營管理等過程，在計算機及其軟件的支撐下構成一個覆蓋整個企業的完整而有機的系統，以實現全局動態最優化，總體高效益，高柔性並進而贏得競爭全勝的智能製造系統。FMS 作為當今世界製造自動化技術發展的前沿科技為未來機構製造工廠提供了一幅宏偉的藍圖，將成為 21 世紀機構製造業的主要生產模式。

4. 模塊化的柔性製造系統

為了保證系統工作的可靠性和經濟性，可將其主要組成部分標準化和模塊化。加工件的輸送模塊，有感應線導軌小車輸送和有軌小車輸送方式；刀具的輸送和調換模塊，有刀具交換機器人和與工件共用輸送小車的刀盒輸送方式等。利用不同的模塊組合，構成不同形式的具有物料流和信息流的柔性製造系統，自動地完成不同要求的全部加工過程。

5. 計算機集成製造系統

1870—1970 年的 100 年中，加工過程的效率提高了 2,000%，而生產管理的效率只提高了 80%，產品設計的效率僅提高了 20%。顯然，后兩種的效率已成為進一步發展生產的制約因素。因此，製造技術的發展就不能局限在車間製造過程的自動化，而要全面實現從生產決策、產品設計到銷售的整個生產過程的自動化，特別是管理層次工作的自動化。這樣集成的一個完整的生產系統就是計算機集成製造系統（CIMS）。CIMS 的主要特徵是集成化與智能化。集成化即自動化的廣度，它把系統的空間擴展到

市場、產品設計、加工製造、檢驗、銷售和為用戶服務等全部過程；智能化即自動化的深度不僅包含物料流的自動化，而且包括信息流的自動化。

【案例】5-4　柔性製造系統在發動機生產中的應用

當前，車型的市場壽命週期越來越短，小批量、多品種生產成為各大汽車廠商的追求目標。與此相適應，發動機的生產製造模式也必須適應多品種、不同批量的市場需求。由於市場需求的多樣性，產品更新換代的週期加快，促使許多發動機企業先後引進了以加工中心為主體的柔性生產線——柔性製造系統（FMS）。它能夠根據製造任務和生產環境變化迅速進行調整，適應多品種、中小批量的生產需求。

奇瑞公司的發動機二廠是根據汽車製造業多品種、柔性化生產的需求而建造的一個具有國際領先水平的現代化柔性工廠。該工廠在產品設計時就採用同步工程並充分預留后期產品的共用性，以便根據市場及產品需求，在生產線上共線生產多個品種。

下面以該廠為例，介紹柔性生產在箱體和軸類生產中的應用及實際使用中所需考慮的問題。

奇瑞公司柔性生產線

一般柔性製造系統包括以下組成部分：2臺以上數控加工設備或加工中心及相應的輔助設備；自動裝卸的運儲系統；一套計算機控制系統。

奇瑞發動機箱體類零件的主要加工部分均由數十臺全柔性加工中心組成，幾個加工中心組成一個工島——柔性製造單元（FMC）。各個柔性製造單元之間均通過自動輥道或機械手連接起來，其中還包括所必需的清洗、壓裝、試漏、珩磨、在線測量、線外測量設備以及切削液集中處理裝置等。輔助設備一般採用通過式輥道輸送上料，並通過型號識別，選擇相應的工位及試漏、擰緊程序。在柔性製造單元內，由全自動機械手進行上下料，整線設有數個機械手。在生產線的自動輥道上，設置有產品型號自動識別裝置，機械手、輥道及加工中心通過Profibus總線連接起來，由一套西門子數控系統自動控制各部分的一致性。同時，控制計算機還能根據各機床的加工情況，選擇最優的上下料順序，並根據設定的範圍，將需要抽檢的工件自動放入檢測站。

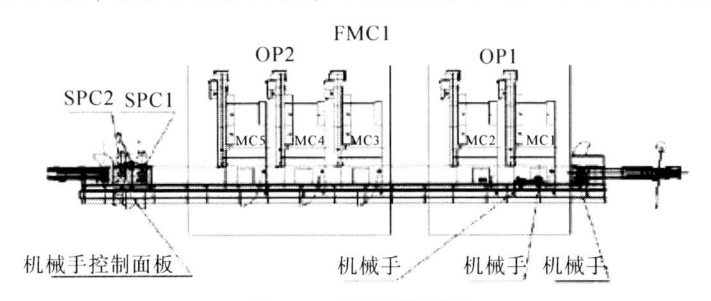

圖 5-13　柔性製造單元

每個FMC都由幾道工序組成，每道工序分別由多臺相同型號的加工中心組成。每個FMC前面是上料輥道，后面是下料輥道及檢測站。各個FMC之間也是相應的輥道，可以起到工件暫存的作用。

加工中心是FMC最核心的部分，FMC中的加工中心採用大容量刀庫的自動換刀系統，可以滿足多品種生產所需的快速換刀及刀具存儲需求。系統具有刀具壽命管理、

激光刀具折斷檢測和 ARTIS 扭矩監控等豐富的刀具監控管理功能，使得設備的自動化及可靠性得到有效充分的保證。

奇瑞發動機二廠的軸類生產線也是由高精度加工中心、CNC 自動車床和全自動磨，以及拋光、清洗及檢測等各個製造單元 FMC 所組成的柔性製造系統。

舉例來說，凸輪軸生產線內的機床選用了 Siemens 840D、FANUC18i 這些目前頂尖的系統來實現 FMS 的自動控制；通過奇瑞的技術人員與機床、控制系統開發商的共同研究，在原有平臺上新擴展和開發了多種控制功能和軟件。如端面加工單元，其控制系統為 Siemens 840D。為了配合多品種生產所需的大容量刀具存儲單元以及高速切削中的刀具壽命管理，Siemens 數控系統中增加了 ARTIS 刀具檢測軟件，在切削過程中檢測主軸電機扭矩的變化，通過仿真及對比來監控刀具狀態，確保加工的可靠性及穩定性。同時，生產線的自動控制系統還擴展了主動檢測功能，在切削過程中即時對加工尺寸進行檢測，並將數據反饋至控制系統，隨機修正切削參數，以保證加工精度。

運儲技術直接關係到 FMS 的自動化程度以及可靠性，影響生產線的物流、開通率及品種切換週期等。軸類生產線利用高速龍門式機械手以及帶工件識別功能的中轉料倉組成了生產線的運儲系統，機械手在 X 軸的運行速度可達 120 米/分鐘，同時能夠根據各個加工單元發送的上料信號，在控制系統中通過高速、高精度的計算，在 0.01 秒內確定出最優化路徑的上料次序，保證生產線的加工節拍。

凸輪軸生產線的運儲系統還考慮到高濕環境以及地區地基的特點，增加了溫度的自動補償以及地基下沉補償功能。系統能夠週期性地檢測外界環境的變化以及自身精度的差異，通過系統中模塊化軟件的計算，進行自我診斷及補償，減少定位偏差。

凸輪軸生產線（見圖 5-14）能夠共線加工多種型號的凸輪軸，加工範圍覆蓋了長度範圍為 300~600 毫米的三缸/四缸汽/柴油發動機用凸輪軸。可以說建立這樣一條柔性生產線，相當於建立了 7 條以上的傳統凸輪軸線，其意義已不僅是一個柔性製造系統，而是一個凸輪軸製造集中廠。

圖 5-14　凸輪軸生產線

FMS 的主要特點是能夠實現多品種共線生產，同時各品種之間的切換能夠快速且較為簡單地完成。此生產線通過尋找及對比多型號軸共同的定位及裝夾基準，來實現最為便捷的換型。

根據市場需求，奇瑞公司 2006 年開發了新的鑄鐵發動機。為縮短投產週期，該公司決定在原有鑄鋁缸體線上進行共線生產。通過產品的對比分析，我們對機械手的夾爪、夾具的定位銷及夾爪進行了調整和更換；同時，增加相應的刀具，修改加工程序和機械手的輸送控制程序，擴展工件型號裝置。控制方面，我們在機床操作界面上對加工類型的選擇進行了擴展，在機械手系統上增加了鑰匙開關選擇加工類型。在生產換型中，切換機床上的 NC 程序選擇 1.6L、1.8L 或者 2.0L 的產品程序，並在機械手上選擇相應的鑄鐵或鑄鋁工件，控制系統會自動控制型號識別裝置放行相應的工件，機械手自動調用上下料程序，並自動調整上下料位置，機床則根據程序進行加工。整個單元的一致性由機械手的控制系統進行協調控制。由於生產線採用的是 3 個相對獨立的柔性製造單元，因此，可以一個單元一個單元的換型，即當第二、三加工單元還在加工鋁缸體時，第一加工單元已經進行了鑄鐵缸體的生產。

奇瑞公司的 72 系列發動機是裝載在 QQ 系列車型上的一款自主研發的發動機。2005 年，隨著 QQ 的熱銷，為補充 72 系列發動機產能，我們在發動機廠的 481 缸蓋線上抽出部分加工中心來加工 72 系列產品。由於兩個產品差異較大，因此我們採用了更換夾具的方式，將 372 設備的夾具安裝在 481 缸蓋線加工中心的托盤上，把 372 設備原有的數控加工程序直接拷貝過來，即可快速投入生產。

除了能共線生產同類型的產品外，還可利用自製組合夾具在箱體類個別工序能力多餘的設備上進行進氣管的加工。組裝夾具和程序編製同時進行，只用了 2 天時間，就完成了進氣管設備的調試。生產結束後，拆下組合夾具，重新裝上缸蓋的夾具，設備又立即恢復了正常的加工。

利用加工中心的柔性特點，對於已經定型的產品來說，多個品種在一條線上生產優勢更為明顯。奇瑞公司新建的一條缸蓋線可共線加工數個品種，包含汽油機和柴油機。由於這些產品都已基本定型，因此夾具和上料系統可以進行通用設計，刀具的設計也充分考慮多品種共用，以便節約成本並減少換刀時間。由於輸送輥道及上料裝置上設置了型號識別，夾具上也進行了防錯設計，機床已經具備了混流生產能力。

此外，產品切換也是多品種共線的關鍵部分。以軸類品種切換為例，首先，操作者在產品切換的界面中選定將要切換的型號，系統會提取事前輸入在系統中此型號對應的換型內容，提示及監控整個換型過程；運儲系統中機械手的夾爪為伺服電機控制，由自動化控制系統發出指令，夾爪自動調整到位，同時機械手會返回完成信號至控制系統；機械手上還具備診斷開關，對位置進行判斷，如發現調整不到位，會立即反饋至控制系統，發出報警信號，由操作者根據報警提示信息進行下一步的操作；機床的夾具部分可通過伺服系統在幾秒鐘內自動調整到位，部分輔件需要人工進行調整或更換。生產線各製造單元，對於人工更換的部分均配備了機械輔助模塊及接近開關判斷，以保證換型的快捷和準確無誤。例如，生產線上的凸輪磨床，磨床在不同品種切換時，需要更換卡盤頂尖以及中心架的位置，在機床一側配備一個工具臺，工具臺內放置不同型號凸輪軸所對應的工裝。每套不同型號的工裝都通過信號開關與操作系統相連接，由操作系統進行監控，如操作者忘記更換相應的頂尖，系統將提示並發出報警信號。只有所有相應的工裝全部拿出去並安裝在機床內部，同時原機床內部被更換下的工裝放回工具臺內，系統經過判斷後才能確定換型完成，發出可以繼續加工的指令。

生產線通過自動控制及在自動控制系統監控下的人工調整來實現品種間的切換，

生產線的品種切換可在 15 分鐘內完成，保證了 FMS 的高柔性化、高效率。

奇瑞公司 FMS 應用的注意事項

FMS 的使用對產品設計、工藝規劃及生產組織提出了更高的要求。根據使用經驗，以下幾點應引起注意：

1. 根據產品系列特點，決定是否選擇及選擇何種程度的柔性製造系統。當生產綱領比較大（超過 30 萬），后續系列產品較少且產品比較穩定時，不太適合選擇柔性系統。

2. 根據產品工藝特點，確定加工單元的分佈，並選擇合適的物流運輸儲備方式。

3. 當生產線產品差別較大時，為減少夾具更換時間，應盡量採用備用托盤；更換時夾具和托盤一起更換，減少安裝及調整時間。

4. 在生產線規劃階段，要明確后期加工產品的範圍及材料，確定機床加工行程範圍、功率扭矩等的選型。

5. 由於生產線上的產品較多，產品的型號識別及防錯非常重要。

6. 柔性生產換型，主要是夾具和刀具及程序的更換。夾具主要考慮夾具的輪廓尺寸，機床和夾具液壓油路的接口及控制；當批量小、品種較多時，可以考慮採用通用的組合夾具。刀具主要考慮刀柄接口形式，機床最大裝刀直徑及長度，合適的刀庫容量。設備上應採用刀具壽命監控、備用刀具自動選擇、刀具破損檢測及刀具扭矩監控等裝置。

7. 針對發動機製造而言，柔性系統除了加工，還要考慮其他輔助設備，如試漏、清洗等。可以採用隨行夾具或多工位方式，通過型號識別，自動選擇加工工位，實現柔性化生產。

8. 生產部門應合理組織生產，畢竟每次換型都會有加工效率的損失，包括首件檢測等。尤其是在需要更換或調整的情況下，時間的損失及加工精度風險很大。

9. 由於后期產品擴充的需要，柔性製造系統的控制系統應選擇通用的開放式數控系統，整條線的控制系統應盡量一致。

奇瑞公司 FMS 的發展方向

目前，FMS 的控制技術已經達到了較高的水平，集成化、標準化以及模塊化程度日益提高，自動化控制系統製造商以及用戶根據實際運用不斷開發出新的平臺及控制軟件。FMS 日后的發展重點在於對控制技術在生產線上的延伸，開發新的控制平臺，通過仿真、模擬以及高位的計算，實現自學習、自維護功能；在日常加工過程中，自動控制系統能夠自動檢測其運行狀態，自動調節相應的參數以達到最佳狀態，從而具備自組織、自安排的能力，真正實現高速、高效和全自動的柔性製造單元。

FMS 由於其產品適應性強、產品換型迅速等特點，順應了當前汽車行業產品多元化、產品生命週期短的特點和需求，其應用日趨廣泛。另外，FMS 還具有隨機加工能力和故障容忍能力強及加工方式和生產綱領柔性強的特點，特別是生產綱領的柔性，使得生產規模可以分期逐步提升，降低了投資風險。面對計算機技術、通信技術、檢測技術及傳感器技術的飛速發展，刀具芯片自動識別技術、模塊化夾具及機床的廣泛應用，以及市場多元化需求的增加，FMS 正在發揮越來越大的作用。

知識鞏固

一、填空題

1. 生產線的三種移動方式：_____、_____、_____。
2. 順序移動方式是指一批零件的前一道工序全部加工完畢後，才_____到下一個工序進行整批加工。
3. 平行移動方式是指_____在上道工序加工完畢之後，立刻被轉移到下一道工序繼續進行加工，即一批零件同時在_____可以平行進行加工。
4. 平行順序移動方式是把_____和_____綜合運用的一種方式，根據相鄰工序加工時間的不同。
5. 流水線是把高度的_____的生產組織與平行移動的零件生產方式有機結合起來的先進生產組織形式。
6. 流水線具有如下特徵：_____、_____、_____、_____。
7. 工序同期化就是使各道工序的加工時間與_____相等，或者是節拍的整數倍，從而保證生產線按照節拍聖餐。
8. 成組技術又稱_____，它是將企業生產的多種產品、部件、零件，按照一定的相似性準則進行分組，並以這些零件組為基礎來組織生產，最終實現_____的生產設計以及生產的科學化管理。
9. 柔性製造系統是指以_____，_____以及_____為基礎，將_____、_____有機地結合起來，由計算機對系統的軟、硬件實施集中管理和控制而形成的一個物流與信息流緊密結合，沒有固定的加工順序和工作節拍，主要適用於_____生產的高效自動化製造系統。
10. 柔性製造系統可以體現在：_____、_____、_____、_____、_____、_____。

二、選擇題

1. 下列（　　）不是生產線的移動方式。
    A. 順序移動方式
    B. 垂直移動方式
    C. 平行移動方式
    D. 平行順序移動方式
2. 流水生產線的特徵是（　　）。
    A. 工作地專業化程度高
    B. 連續性弱
    C. 生產過程具有節奏型
    D. 生產過程具有較高比例性
3. 流水生產線的劃分方式不包括（　　）。
    A. 運輸方式
    B. 機械化程度
    C. 工作方式

D. 產品設計

4. 成組技術的意義不包括（　　）。
   A. 縮短了生產週期
   B. 提高了生產效率和質量
   C. 提高了生產管理人員
   D. 降低了產品成本

5. 成組技術的形式不包括（　　）。
   A. 成組加工單機
   B. 單機開放
   C. 成組加工單元
   D. 成組加工流水線

6. 柔性製造系統不可以體現在（　　）。
   A. 機器柔性
   B. 工藝柔性
   C. 產品柔性
   D. 製造柔性

7. 柔性製造系統的優點是（　　）。
   A. 設備利用率高
   B. 減少生產週期。
   C. 具有維持生產的能力
   D. 生產具有柔性

案例分析

草籽娃娃迅速成為風行一時的新產品。從開始生產以來，Seiger Marketing 已經兩次搬遷和擴建它的草籽娃娃生產分廠及倉庫。即使這樣，現在的生產水平仍然使它們在安大略省的多倫多工廠的設備生產能力達到了其物理極限。

現在，一切都是不確定的，然而草籽娃娃的合夥人，也是西方商學院的新近畢業生安頓·拉比和龍能·哈拉里，卻不願意給草籽娃娃的生產主管——他們的商學院同學本·瓦拉蒂任何實質性建議，只是會說：「保持彈性。我們也許會拿到 10 萬件訂單，但是如果這些訂單沒有來，我們將保持現有人員，並不承擔巨大的庫存。」基於這種不確定性的背景，本正在尋求提高生產能力的方法，這些方法的實施是不能以犧牲彈性和提高成本為代價的。

當草籽娃娃的主人把它們從盒子裡取出時，他們會發現一個光禿禿的惹人喜愛的人頭狀的小東西，這個小東西的直徑大約 8 厘米。在水中浸泡后，把草籽娃娃放在潮濕的環境中待上幾天，它就會長出一頭漂亮的綠髮。草籽娃娃主人的創造力能夠通過髮型的變化表現出來。草籽娃娃的銷售工作是從多倫多地區的花店和禮物商店開始的，但由於產品獲得了廣大顧客的普遍歡迎和認可，分銷工作通過 K-Mart、Toys R Us 和沃爾瑪特這樣的商店在全國範圍內展開。到 7 月中旬，有 10 萬多草籽娃娃在加拿大出售，向美國的出口工作也已經開始。

草籽娃娃通過一個混合批量流水生產過程加工出來。6個填充機操作員同時工作，把鋸末和草籽裝進尼龍裝子裡，這樣就製成了基本的球形體。操作員把球形體放入塑料的裝載盒裡，每盒可裝25只。在另一個批量作業地，一個操作工人把帶有塑料外衣的電線在一個簡單的模具上纏繞一下就製成草籽娃娃的眼鏡。接下來的作業過程是一個由人工組成的流水線。三個塑形工把球形體從裝載盒拿出來，通過加工使球形體看起來更像人頭，這包括為它們塑造出鼻子和耳朵。在塑形工的旁邊有兩個工人，他們把先前做好的眼鏡架在草籽娃娃的鼻子上，並把兩只塑料的小眼睛用膠水粘在鏡框裡。經過塑形和組裝的草籽娃娃都轉交給一個工人，他負責用織物染料給它畫上一個紅紅的嘴巴，畫完后把它們放在一個晾架上，經過5個小時的晾干以後，兩個包裝工人把草籽娃娃放進盒子，然后再把它們裝入便於運輸的箱子裡。

為了分析研究生產能力，本和他的日常監管鮑勃·韋克莫對草籽娃娃的各加工工序及轉移時間做了估計。估計的時間如下：填充——1.5分鐘；塑形——0.8分鐘；製作眼睛——0.4分鐘；構造眼鏡——0.2分鐘；塗染——0.25分鐘；包裝——0.33分鐘。除去不可避免的拖延和休息時間，本得出他可以對一個8小時班次按7小時計算實際工作時間。

思考題：

1. 按照本的計算方法，目前一個班次可生產多少草籽娃娃？如果一週生產七天，一天三個班次，那麼一週的產量能達到多少。

2. 安頓從沃爾瑪特接到一張大訂單，預計還會有更多的訂單，於是他要求本將產量提高到每天4,000件。本應該如何處理？

資料來源：任建標. 生產運作管理 [M]. 2版. 北京：電子工業出版社，2010.

實踐訓練

項目5-1 認識製造企業的生產過程組織

【項目內容】

帶領學生參觀某製造企業的生產車間。

【活動目的】

通過對製造企業生產車間的生產過程組織的感性認識，幫助學生進一步加深對生產過程組織基礎知識、生產過程組織方法、生產過程組織常見形式等知識的理解。

【活動要求】

1. 重點瞭解企業生產車間生產過程組織的形式、企業生產過程組織採用的是哪種方式。
2. 每人寫一份參觀學習提綱。
3. 保留參觀主要環節和內容的詳細圖片、文字記錄。
4. 分析企業車間的設施布置類型、形式、布置重點。
5. 每人寫一份參觀活動總結。

【活動成果】

參觀過程記錄、活動總結。

【活動評價】
由老師根據學生的現場表現和提交的過程記錄、活動總結等對學生的參觀效果進行評價和打分。

項目 5-2　認識生產過程組織選擇和設計
【項目內容】
模擬一家裝配企業，應用流水線生產設計、成組技術、柔性製造系統其中一種方法和思想為其生產過程組織進行設計，闡述設計思想。
【活動目的】
強化學生對於生產過程組織設計的認識。
【活動要求】
1. 以小組（4~5人）形式進行。
2. 每個小組提交一份生產過程組織報告。
3. 每個小組派代表介紹生產過程組織的原則、生產過程組織設計的理念，解釋選擇該生產過程組織的原因及基本思想。
4. 介紹內容要包括書面提綱。
【活動成果】
參觀過程記錄，活動總結。
【活動評價】
由老師和學生根據各小組的活動成果及其介紹情況進行評價打分。

模塊六
車間、工作中心和設備布置與維護

【學習目標】

1. 企業設施佈局的基本概念和基本原則。
2. 企業設施佈局常見形式。
3. 製造業與服務業的差異。
4. 掌握設施佈局的基本方法。
5. 工藝原則布置與產品原則布置的優缺點。

【技能目標】

1. 理解設施布置的重要性及影響因素。
2. 學會布置企業的各種設施。
3. 掌握幾種典型的設施布置方法。
4. 掌握工藝原則布置設計和產品原則布置設計。

【相關術語】

設施布置（facility layout）

工作單元（the unit of work）

單元布置（unit layout）

產品原則布置（product specialization layout）

工藝原則布置（process specialization layout）

【案例導入】

一組圖片的啟示

圖 6-1

從上面的圖片可以看出，飛機和轎車的裝配形式、超市和商場服務方式的不同導致了佈局與組織各異。可見，產品結構和生產方式的差異會導致企業的生產單元設置與佈局千差萬別；服務企業因服務對象、服務內容和服務方式的不同也會導致服務單元設置與佈局的天壤之別。

因此，不同產品、不同工藝組織的公司對於設置與佈局的要求是不同的。

任務一　設施布置的基本規劃

一、背景

生產和服務的設施布置是生產運作管理工作中的一個非常重要的問題，也可以說是一個非常經典的問題。今天隨著社會經濟的發展，企業的生產經營水平也發生了翻天覆地的變化。但是設施布置依然是企業生產組織管理的一個主要工作。設施布置工作已經從生產製造企業中擴展出來，各種社會組織都面臨著科學地進行設施布置的要求。本任務旨在幫助學生瞭解設施布置的基本知識，為具體設施布置方法的學習打下基礎。

二、基本內容

（一）設施布置的概念

設施布置（facility layout）是指合理安排企業或者某組織內部各功能單位（生產或

者服務單位）及其相關的輔助設施的相對位置與面積，以確保系統中工作流（客戶或者物資）與信息流的暢通。

從設施布置的定義可知其中有兩個關鍵詞：一是相對位置；二是面積。前者指不同設施之間的位置關係，后者指各設施的規模。設施布置是生產運作組織中的空間組織問題，目的是使企業的物質設施有效組合，取得最大經濟效益。

（二）設施布置的目的

設施布置的目的是要將企業內的各種物質設施進行合理安排，使其組合成一定的空間形式，從而有效地為企業的生產運作服務，以獲得更好的經濟效果。設施布置在設施位置選定之后進行，它要確定組成企業的各個部分的平面或立體位置，並相應地確定物料流程、運輸方式和運輸路線等。

（三）設施布置要考慮四個問題

1. 應包括哪些經濟活動單元

這個問題取決於企業的產品、工藝設計要求、企業規模、企業的生產專業化水平與協作化水平等多種因素。反過來，經濟活動單元的構成又在很大程度上影響生產率。例如，有些情況下一個廠集中有一個工具庫就可以，但另一些情況下，也許每個車間或每個工段都應有一個工具庫。

2. 每個單元需要多大空間

空間太小，可能會影響到生產率和工作人員的活動，有時甚至會引起人身事故；空間太大，是一種浪費，同樣會影響生產率，並且使工作人員之間相互隔離，產生不必要的疏遠感。

3. 每個單元空間的形狀如何

每個單元的空間大小、形狀如何以及應包含哪些單元，這幾個問題實際上相互關聯。例如，一個加工單元，應包含幾臺機器，這幾臺機器應如何排列，因而占用多大空間，需要綜合考慮。如空間已限定，只能在限定的空間內考慮是一字排開，還是三角形排列等；若根據加工工藝的需要，必須是一字排開或三角形排列，則必須在此條件下考慮需多大空間以及所需空間的形狀。在辦公室設計中，辦公桌的排列也是類似的問題。

4. 每個單元在設施範圍內的位置

這個問題應包括兩個含義：單元的絕對位置與相對位置。有時，幾個單元的絕對位置變了，但相對位置沒變。相對位置的重要意義在於它關係到物料搬運路線是否合理，是否節省運費與時間，以及通信是否便利。此外，如內部相對位置影響不大時，還應考慮與外部的聯繫，如將有出入口的單元設置於靠近路旁。

（四）設施布置的類型

工藝導向布置也稱車間或功能布置，是指一種將相似的設備或功能放在一起的生產佈局方式。例如，將所有的車床放在一處，將所有的衝壓機床放在另一處。被加工的零件，根據預先設定好的流程順序從一個地方轉移到另一個地方，每項操作都由適宜的機器來完成。醫院是採用工藝導向布置的典型。

產品導向布置也稱裝配線佈局，是指一種根據產品製造的步驟來安排設備或工作過程的佈局方式。鞋、化工設備和汽車清洗劑的生產都是按產品導向原則設計的。

（五）設施布置方式的比較

工藝導向布置適合於處理小批量、顧客化程度高的生產與服務。其優點是：設備和人員安排具有靈活性。其缺點是：對勞動力的標準要求高，在製品較多。

產品導向布置適合於大批量的、高標準化的產品的生產。其優點是：單位產品的可變成本低，物料處理成本低，存貨少，對勞動力的標準要求低。其缺點是：投資巨大，不具有產品彈性，一處停產影響整條生產線。

工藝導向布置與產品導向布置之間的區別就是工作流程的路線不同。工藝導向布置中的物流路線是高度變化的，因為用於既定任務的物流在其生產週期中要多次送往同一加工車間。在產品導向布置中，設備或車間服務於專門的產品線，採用相同的設備能避免物料迂迴，實現物料的直線運動。只有當給定產品或零件的批量遠大於所生產的產品或零件種類時，採用產品導向布置原則才有意義。

（六）設施布置類型選擇的影響因素

在設施布置中，到底選用哪一種布置類型，除了生產組織方式戰略以及產品加工特性以外，還應該考慮其他一些因素。也就是說，一個好的設施布置方案，應該能夠使設備、人員的效益和效率盡可能好。為此，還應該考慮以下一些因素：

1. 所需投資

設施布置將在很大程度上決定所要占用的空間、所需設備以及庫存水平，從而決定投資規模。如果產品的產量不大，設施布置人員可能願意採用工藝對象專業化布置，這樣可以節省空間，提高設備的利用率，但可能會帶來較高的庫存水平，因此這其中有一個平衡的問題。如果是對現有的設施布置進行改造，更要考慮所需投資與可能獲得的效益相比是否合算。

2. 物料搬運

在考慮各個經濟活動單元之間的相對位置時，物流的合理性是一個主要考慮因素，即應該使量比較大的物流的距離盡可能短，使相互之間搬運量較大的單元盡量靠近，以便使搬運費用盡可能小，搬運時間盡可能短。曾經有人做過統計，在一個企業中，從原材料投入直至產品產出的整個生產週期中，物料只有15%的時間是處在加工工位上，其餘都處於搬運過程或庫存中，搬運成本為總生產成本的25%～50%。由此可見，物料搬運是生產運作管理中相當重要的一個問題。而一個好的設施布置，可以使搬運成本大為減少。

3. 柔性

設施布置的柔性一方面是指對生產的變化有一定的適應性，即使變化發生後也仍然能達到令人滿意的效果；另一方面是指能夠容易改變設施布置，以適應變化了的情況。因此，在一開始設計布置方案時，就需要對未來進行充分預測。

4. 其他

其他還需要著重考慮的因素包括：①勞動生產率。在進行設施布置時要注意不同單元操作的難易程度懸殊不宜過大。②設備維修。注意不要使空間太狹小，這樣會導致設備之間的相對位置不好。③工作環境，如溫度、噪音水平、安全性等，均受設施布置的影響。④人的情緒。要考慮到是否可以使工作人員相互之間能有所交流，是否給予不同單元的人員相同的責任與機會，使他們感到平等。

（七）設施布置的原則

1. 工藝原則

廠區布置首先應該滿足生產工藝過程的要求，即全廠的工藝流程要順暢，從上工序轉到下工序，運輸距離要短、直，盡可能避免迂迴和往返運輸。

2. 經濟原則

生產過程是一個有機整體，只有在各部門的配合下才能順利進行。其中，基本生產過程（產品加工過程）是主體，與它有密切聯繫的生產部門要盡可能與它靠攏，如輔助生產車間和服務部門應該圍繞基本生產車間安排。在滿足工藝要求的前提下，尋求最小運輸量的布置方案。

3. 安全和環保原則

廠區布置要有利於安全生產，有利於職工的身心健康，如易燃易爆物品庫應遠離人群密集區，並有安全防範措施，有足夠的消防安全設施，各生產部門的布置要符合環保要求，還要有「三廢」處理措施等。

設施布置還應當兼顧各方面的要求，合理佈局、精心安排，講究整體效果。一般應遵循以下原則：①最短路徑原則。最短路徑原則要求產品通過各設備的加工路線最短。②關聯原則。關聯原則要求把緊密關聯的設施緊靠在一起，加工大型產品的設備應布置在有橋式吊車的車間裡。加工長形棒料的設備盡可能布置在車間的入口處。③確保安全原則。確保安全原則要求各設備之間、設備與牆壁、柱子之間應有一定的距離。設備的傳動部分要有必要的防護裝置。④協調原則。協調原則要求分工必須協調，用系統的、整體的觀念合理規劃各設施之間的關係。協調包括內部協調與外部協調。內部協調保證了企業內部各設施的整體性；外部協調需要考慮企業設施對環境的影響，如旅遊城市的工廠設施佈局就要考慮市政的要求。⑤充分利用車間的生產面積。在一個車間內，可因地制宜地將設備排列成縱向、橫向或斜角，不要剩下不好利用的面積。⑥專業化原則。設施布置應在分工的基礎上符合專業化原則，如按照工藝專業或者對象專業化，從而提高生產率與管理效率。⑦分工原則。設施之間要合理分工，如生活區、生產區、辦公區等，合理分工有利於管理、環境保護和安全。⑧彈性原則。設施布置要考慮未來發展的需要，要留有餘地，為企業今後的發展留有可擴展的空間。

【案例】6-1　某變壓器廠箱體車間設施佈局優化管理案例

在充分考慮了原有箱體生產加工的工序、工藝設計的基礎上，引入設施佈局思想，對某變壓器廠箱體車間的物流設施布置進行了深入的分析，通過對原有設備進行改動，大大減少了產品和在製品的庫存量及產品的交貨時間，增加了生產線的柔性，提高了生產率。

1. 生產車間的現狀及存在的問題

箱體車間主要生產 S9/10KVA-2000KVA 的 19 個種類變壓器的箱體，箱體車間的布置現狀見圖 6-2。由於每個箱體的大體結構相同，其加工工藝也十分相似，因此，該車間將箱體的生產分為大件生產區和小件生產區，其中小件工件通常是由人工搬運，而大件工件通常是由車間內部的天吊來完成。通過對箱體車間的深入分析，得出該車間存在如下幾個問題：

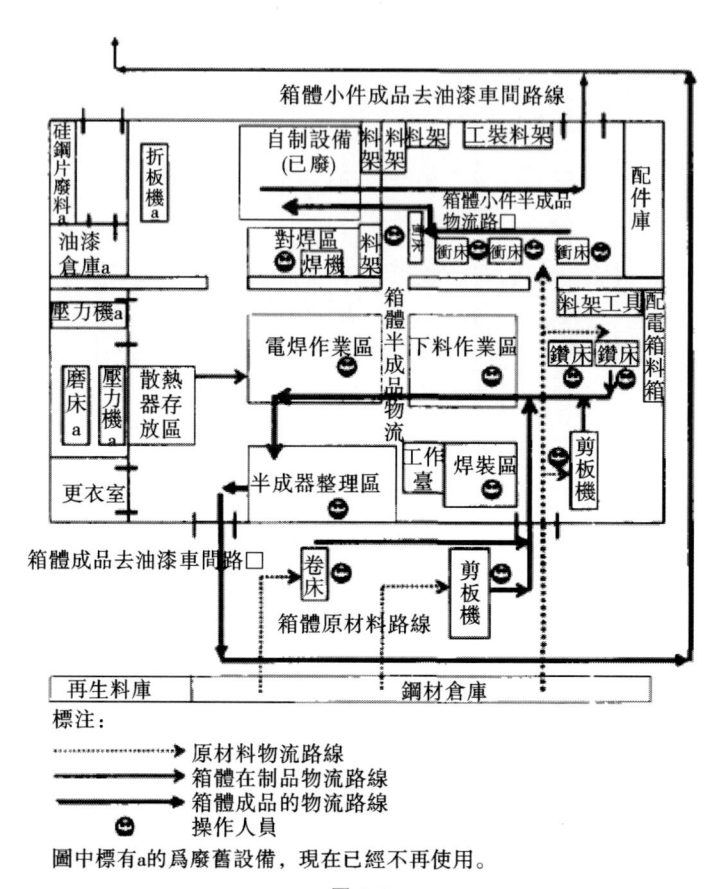

圖 6-2

(1) 物流的路線太長（見圖 6-2），造成運輸時間的浪費，並且各工序之間的銜接過程存在許多浪費（Muda），造成各工序的生產效率很低；

(2) 生產現場存在大量閒置不用的生產設備，占用了大量的空間，同時生產現場顯得十分混亂；

(3) 生產設備之間的距離較大，操作人員移動距離較大，使得操作人員每人每次只能操作一臺機床，不利於操作人員工作效率的提高。

2. 在設施佈局思想指導下的生產車間的改善設計

針對以上存在的問題，以設施佈局思想為基礎，我們提出了如圖 6-3 所示的設施規劃改進程序模型。

(1) 模型分析

①企業現有狀況的分析並確定設施目標：該廠多年來對生產物流系統、車間的總體佈局、各車間內的物流設施從未做過詳盡的、系統的規劃和設計。近年來，由於市場競爭愈加激烈，該廠迫切需要有一個合理的物流規劃系統來降低成本，從而提高效益。其目標是要應用目前最為先進的設施佈局生產方式，因此，公司領導決定通過某一個車間的轉型形成示範帶頭作用，從而帶動整個企業精益生產的實施。並組成了由設計人員、生產人員和採購、行銷人員構成的團隊，共同設計改善企業加工生產線。

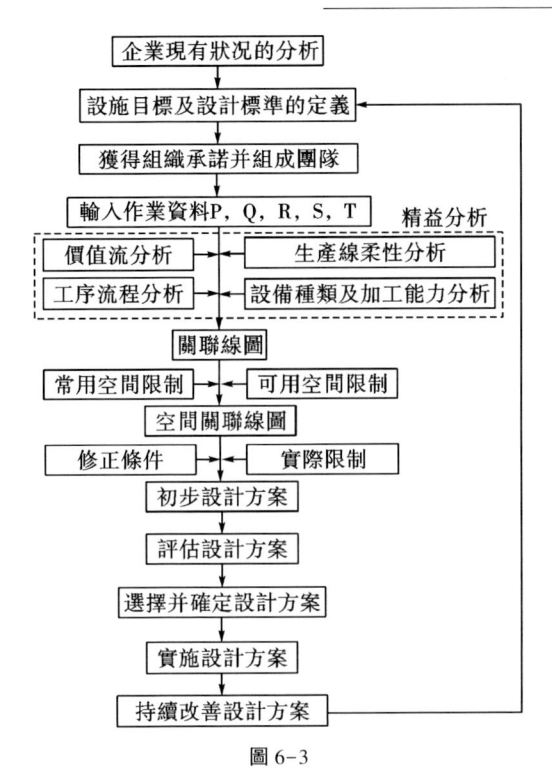

模塊六 車間、工作中心和設備布置與維護

```
企業現有狀況的分析
    ↓
設施目標及設計標準的定義 ←─────┐
    ↓                          │
獲得組織承諾并組成團隊           │
    ↓                          │
輸入作業資料P, Q, R, S, T  精益分析
    ↓
┌─────────────────────────────┐
│ 價值流分析 ← 生產線柔性分析    │
│ 工序流程分析 ← 設備種類及加工能力分析 │
└─────────────────────────────┘
    ↓
關聯線圖
    ↓
常用空間限制 ← 可用空間限制
    ↓
空間關聯線圖
    ↓
修正條件 ← 實際限制
    ↓
初步設計方案
    ↓
評估設計方案
    ↓
選擇并確定設計方案
    ↓
實施設計方案
    ↓
持續改善設計方案
```

圖 6-3

②PQRST 分析：輸入作業資料 P、Q、R、S、T：在設計改善生產線之前，要明確所要生產的產品 (product)、數量 (quantity)、途程安排 (rouing)、輔助勞務 (supporting service) 與時間 (time)。

③設施佈局分析：設施佈局分析包括價值流分析、生產線柔性分析、工序流程分析和設備種類及加工能力分析。

A. 價值流分析：該車間產生價值的部分在於箱體的加工，箱體的價值流從原材料開始，沿著整個生產加工的工序進行流動，直至流到該車間生產加工的終端。在此過程中，對於那些不產生價值但由於目前生產系統的需要，又不能馬上取消的行動 (通常稱為一型浪費，如原材料、在製品及產成品的流動) 應盡可能地減少；而對於那些不產生價值，並且可以立即取消的行動 (通常稱為二型浪費，如由於整個生產系統不能均衡，經機加后的零件在焊接工序之前需要等待的過程) 則應立即取消。另外，可以看到，如圖 6-2 所示的車間布置中，存在大量固定的料架，其導致的直接后果是操作人員不得不自行走動去搬取貨物，從而阻礙了產品價值的流動。考慮到供應商與箱體生產車間的關係不是十分緊密，經仔細分析，決定採用可以移動的料架來代替原有固定的料架，並按照生產看板的要求主動地為每一個生產單元供貨，使生產線上每一個加工單元始終都保持有少量的庫存。這樣，不但可以節省大量的人力和物力，而且能夠使整個產品的價值流按照「一個流」的方式移動。

B. 工序流程分析：該箱體車間的改善布置是在採用原有工序的基礎上，對原有不合理的工序 (如對某些不利於生產加工的零件按其性能強度的要求進行重新設計) 進行了改進，從而縮短某些不合理工件的加工時間。

C. 生產線柔性分析：考慮到生產加工的柔性，並根據所要生產的箱體零件的大小、生產工藝及設備加工能力的不同，決定將改善後的生產車間設計成兩條分別用於加工大小不同箱體零件的生產線（其中，生產線的布置首先應取決於所要生產產品加工過程的相似性，其次應取決於所劃分的每一個基礎工作單元加工時間的相近性）。這樣，不僅物流路線縮短了，還節省了生產空間，在市場需求產品種類變化不大的時候，這些空出來的空間作為預留地，一旦市場需求產品種類發生變化，可以利用這部分空間安裝設備，對特殊零部件進行生產加工。

D. 設備種類及加工能力分析：選用那些生產能力較強的設備組成柔性生產線，並採用快速換模技術組織實際生產。另外，通過對設備之間加工能力的分析，瞭解到在如圖 6-2 所示的各個加工設備中的鑽床、剪板機、衝床及卷床的加工時間較短，而電焊所用的加工時間較長，二者所用時間的比例是 1：2。由於這個原因，該廠經常出現大量在製品在電焊區排隊等待加工的現象。考慮到設備加工能力的不同，決定在圖 6-2 的基礎上各增加一個電焊作業區，以均衡整個生產。

E. 其他分析：如圖 6-3 所示，根據以上分析所得出的結論，可以做出關聯線圖，以表現各項作業的相對空間位置。之後的工作是決定每項作業所分配的空間的大小，並為每一個設備製作樣板，並將這些樣板放入關聯線圖中，從而獲得空間關聯線圖。根據修正的考慮及實務上的限制，可以制訂出許多佈局方案，並進行評估與推薦較佳的方案（見圖 6-4）。最后，需要定期對現有的方案進行改善，已達到趨近於最佳的車間布置方案的目的。

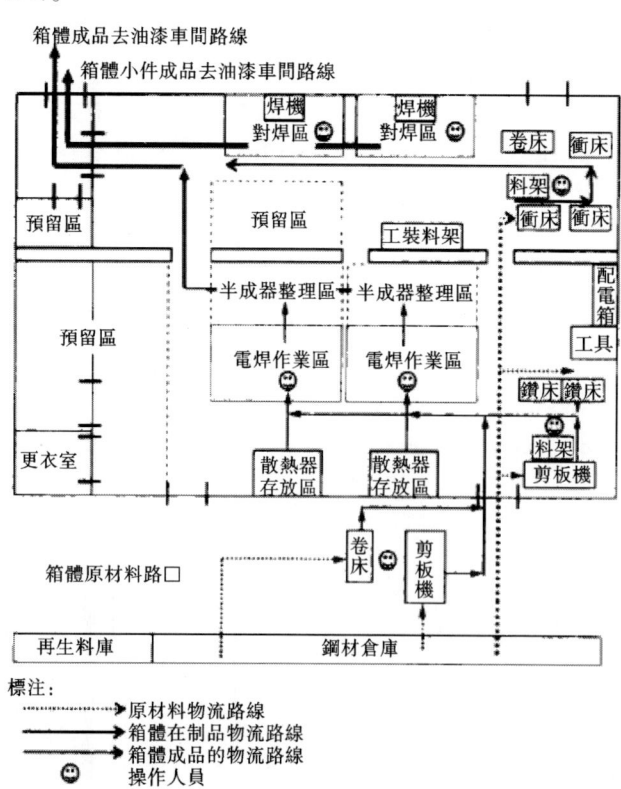

圖 6-4

(2) 改善布置結果分析

在如圖 6-2 所示的車間中，幾乎每一臺加工設備都要有專人（車間中的直接參與操作的工人大約有 14 人）來負責管理，這樣，無形中產生了人員的浪費，因為操作人員在整個加工過程中，大多只是在裝卸工件時直接參與其中，而加工中的大部分時間都是用來檢查加工中的工件是否存在問題（根據經驗，這種問題發生的概率是很小的，而且完全可以通過經常性的檢修設備予以避免）。如圖 6-4 所示的改善后的生產線是根據工業工程中人機操作分析確定的。由於其均衡了整條生產線，因此，僅需要 7 人（其中每個工人都要經過培訓，使之具有操作多種機床的能力）就可以完成上述工作。

根據調查，該箱體車間採取兩班工作制，且每班每天工作 8 小時，車間平均每天的生產能力為 10 個箱體。由此可以計算出改善後的生產線的工作節拍為：

節拍＝(每班工作的分鐘數×每天的班數)/每天的實際生產能力

＝(8×60×2)/10

＝96（分鐘/件）

由於採取了「一個流」的設施佈局思想對車間進行了改善布置，使整個車間的生產效率提高了 30%，產品的質量問題也比往常有了較明顯的下降。

3. 生產管理改善

除了進行基於設施佈局生產的車間改善設計、實施外，還對其生產管理進行改善。只有二者能夠有機地結合，相輔相成，改善設計后的車間才會達到預想的效果。其生產管理改善如下：

(1) 建立持續改善的管理體系

以車間設施規劃改善為契機，建立企業領導、車間主任及班組長和員工參與的持續改善的三級管理體系，充分發揮員工參與的積極性。促使企業在保持現有改善成果的基礎上，進一步完善和改進其生產組織和現場管理。

(2) 5S 管理

5S 管理的五個要素是整理、整頓、清掃、清潔和素養。通過全體員工的共同努力，把無用的雜物清理乾淨，把有用的物品按照使用頻率的不同進行合理擺放，並長期加以保持。根據這個思想，在圖 6-4 中去掉了圖 6-2 中標有 a 的無用設備，使整個生產現場井井有條。

(3) 人員管理

按照設施佈局思想的要求，每一名現場操作員工都需要經過設施佈局思想的培訓，使之對所採用的管理模式有一個深入的瞭解；同時，他們還需要經過各個工種的培訓，並在實際工作中經常輪換工作。只有這樣，才能適應 U 形生產線的要求。

4. 結論

這裡結合一個具體的實例（某變壓器廠箱體車間），引入了基於設施佈局思想的設施規劃改進程序模型。通過對價值流的分析，減少或消除了一些不產生價值的部分；通過對工序流程的分析，對原有的工序進行合理改善；通過對生產線柔性的分析，節約了大量的生產空間，使工廠內部的物流路線大大縮短；通過對設備種類及加工柔性的分析，平衡了加工生產線。

改善后的箱體車間基本上實現了「一個流」的思想，均衡了整條生產線，節約了大量的人力、物力和生產空間，提高了生產效率，產品的質量問題也比以前有了明顯的下降。

資料來源：http://wenku.baidu.com/view/43901835a32d7375a41780b0.html？re＝view.

任務二　工藝原則布置設計

一、背景

工藝原則布置是很多製造加工企業採用的一種車間布置方法。本任務主要介紹了設施布置中的一種經典布置方法——工藝原則布置設計，不僅介紹了工藝原則布置的概念、特點、應用原則，還重點介紹了工藝原則布置設計的優、缺點。

二、基本內容

工藝原則布置是按照產品生產的工藝流程，將相同的機器設備、生產功能設置在同一生產單位的佈局方式。它又稱為工藝專業化布置、工藝導向布置、車間佈局、功能布置。

在這樣的生產工作單位裡，集中了同類型的機器設備和同工種的工人。所有被加工的零部件，根據事先設定好的工藝流程，順序地從一個工作地點加工完成後，被轉移到下一個工作地。每一個工作單位只完成產品生產過程中的部分加工任務。在這裡，工藝方法是相同的，而加工對象是不同的。

例如，機械製造企業設置的鑄造車間、機加工車間、轉配車間等。機加工車間還可按同種設備、同工種分別設立車工組、銑工組、磨工組等，如圖6-5所示。

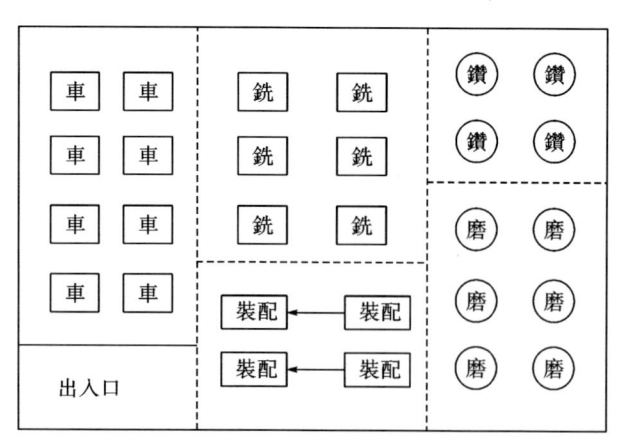

圖6-5　工藝原則佈局實例

服務業中的超級市場——迪士尼遊樂場（如圖6-6所示）是採用工藝原則布置的典型例子。

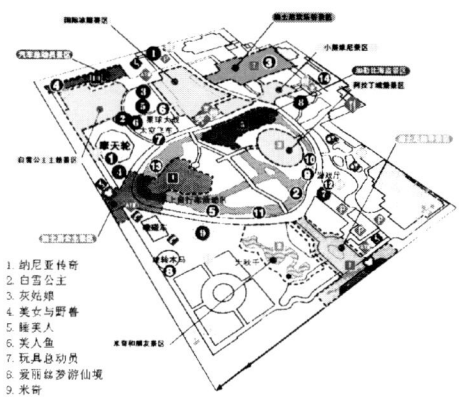

圖 6-6　迪士尼遊樂場的現場圖和布置圖

按工藝原則布置的主要優點如下：
（1）產品品種適應市場需求變化能力強，有利於更新換代；
（2）設備可以替代使用，生產面積利用充分；
（3）系統受個別設備出故障的影響不大；
（4）採用通用設備，投資和維護費用不高；
（5）有利於設備維修工具供應等工藝管理；
（6）有利於工人技術熟練程度的提高。
按產品原則布置的主要缺點如下：
（1）產品加工路線長，生產環節多，生產週期長；
（2）運輸投入和中間倉庫增多，使場內運輸費用增加；
（3）在製品數量多，資金占用大；
（4）計劃管理、在製品管理、質量管理工作難度大。
這種生產布置方式一般適合於多品種、單件小批量生產。

任務三　產品原則布置設計

一、背景

在製造企業中，由於產品加工特點不同，對車間設施布置提出了不同的要求。產品原則布置在製造企業中被廣泛運用。本任務旨在讓學生瞭解產品原則布置設計的基本知識，不僅介紹了產品原則布置的概念、特點、應用原則，還重點介紹了產品原則布置設計的優缺點，從而幫助學生理解產品原則布置的原則和基本思想。

二、基本內容

產品原則布置是指按照生產線的產品特點，將不同機器設備、生產功能設置在同一生產工作單位的佈局方式。它又稱為對象專業化佈局、產品導向佈局、產品佈局、

生產線佈局。

在產品原則布置中，集中了為生產某種產品所需要的各種設備和各工種的工人，對同類產品進行不同的工藝加工，基本上能獨立完成某幾種產品（或零部件）的全部或大部分工藝。所以，這種車間也可以叫做封閉式車間（或工段）。在這裡，加工對象是一定的，而加工工藝方法則是多樣的。

產品佈局是對生產大批量、相似程度高、少變化的產品進行組織規劃。例如，汽車、家電等的生產都是按照對象原則設計的。

按產品原則布置的主要優點如下：
(1) 有利於縮短產品加工路線，節約運輸能力，減少倉庫等輔助面積；
(2) 有利於減少產品的生產時間，縮短生產週期，減少在製品占用量和資金占用量；
(3) 減少車間之間的聯繫，簡化計劃與核算工作，有利於建立健全生產責任制；
(4) 有利於按計劃完成生產任務，提高勞動生產率和降低成本；
(5) 有利於採用先進的生產組織形式。

按產品原則布置的主要缺點如下：
(1) 不利於充分利用設備和生產面積；
(2) 不利於對工藝進行專業化管理；
(3) 對產品變化的適應性差；
(4) 不利於工作單位的工藝管理；
(5) 不利於工人技能水平的提高。

工藝原則布置與對象原則布置的比較如圖 6-7 所示。

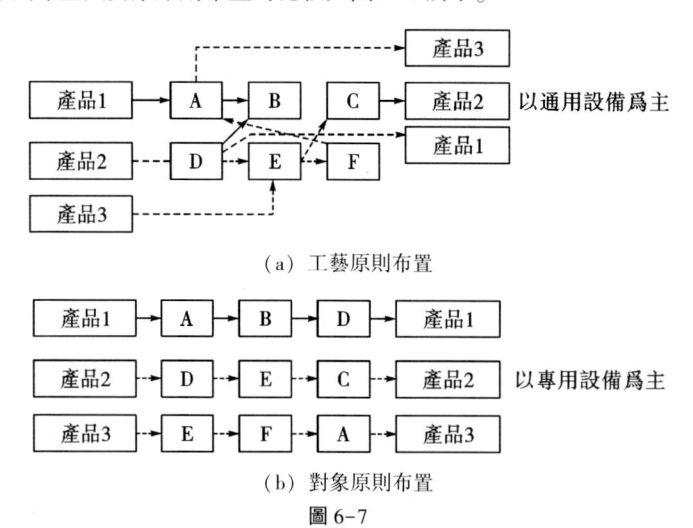

(a) 工藝原則布置

(b) 對象原則布置

圖 6-7

與工藝原則相似，對象原則的佈局也不限於製造業，服務業也存在這種形式。自助餐服務線就是其中的一個例子，如圖 6-8 所示。

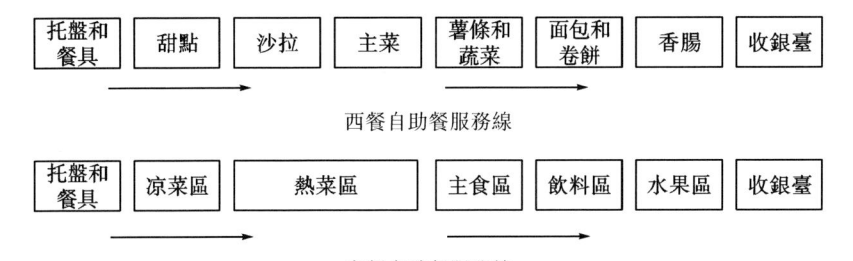

| 托盤和餐具 | 甜點 | 沙拉 | 主菜 | 薯條和蔬菜 | 面包和卷餅 | 香腸 | 收銀臺 |

西餐自助餐服務線

| 托盤和餐具 | 涼菜區 | 熱菜區 | 主食區 | 飲料區 | 水果區 | 收銀臺 |

中餐自助餐服務線

圖6-8　自助餐服務線示意圖

【案例】6-2　化工廠現場佈局設計的安全問題

化工廠安全貫穿規劃、設計、建廠、試車、投產的全過程。工廠的佈局、設備配置和結構材料的微小變化都會對化工安全產生重大影響。安全問題在工廠設計的初始階段就應該考慮到，否則，到了設計后期，投資和時限的緊迫有可能忽略這項內容。

工廠佈局也是一種工廠內部組件之間相對位置的定位問題，其基本任務是結合廠區的內外條件確定生產過程中各種機器設備的空間位置，獲得最合理的物料和人員的流動路線。化工廠佈局普遍採用留有一定間距的區塊化的方法。工廠廠區一般可劃分為以下六個區塊：①工藝裝置區；②罐區；③公用設施區；④運輸裝卸區；⑤輔助生產區；⑥管理區。對各個區塊的安全要求如下：

1. 工藝裝置區

加工單元可能是工廠中最危險的區域。首先應該匯集這個區域的一級危險，找出毒性或易燃物質、高溫、高壓、火源等。這些地方有很多機械設備，容易發生故障，加上人員可能的失誤而使其充滿危險。在安全方面唯一可取之處是通常過程單元人員較少。

加工單元應該離開工廠邊界一定的距離，應該是集中而不是分散分佈。后者有助於加工單元作為危險區的識別，杜絕或減少無關車輛的通過。要注意廠區內主要的火源和主要的人口密集區，由於易燃或毒性物質釋放的可能性，加工單元應該置於上述兩者的下風區。過程區和主要灌區有交互危險性，兩者最好保持相當的距離。

過程單元除應該集中分佈外，還應注意區域不宜太擁擠。因為不同過程單元間可能會有交互危險性，過程單元間要隔開一定的距離。特別是對於各單元不是一體化過程的情形，完全有可能一個單元滿負荷運轉，而鄰近的另一個單元正在停車大修，從而使潛在危險增加。危險區的火源、大型作業、機器的移動、人員的密集等都是應該特別注意的事項。

目前在化學工業中，過程單元間的間距仍然是安全評價的重要內容。對於過程單元本身的安全評價，比較重要的因素有：①操作溫度；②操作壓力；③單元中物料的類型；④單元中物料的量；⑤單元中設備的類型；⑥單元的相對投資額；⑦救火或其他緊急操作需要的空間。

2. 罐區

貯存容器，比如貯罐是需要特別重視的裝置。每個這樣的容器都是巨大的能量或毒性物質的貯存器。在人員、操作單元和貯罐之間保持盡可能遠的距離是明智的。這

樣的容器能夠釋放出大量的毒性或易燃性的物質，所以務必將其置於工廠的下風區域。前面已經提到，貯罐應該安置在工廠中的專用區域，加強其作為危險區的標示，使通過該區域的無關車輛降至最低限度。罐區的佈局有以下三個基本問題：

(1) 罐與罐之間的間距；
(2) 罐與其他裝置的間距；
(3) 設置攔液堤所需要的面積。

與以上三個問題有密切關係的是貯罐的兩個缺點：一個是罐殼可能破裂，很快釋放出全部內容物；另一個是當含有水層的貯罐加熱高過水的沸點時會引起物料過沸。如同加工單元的情形，以上三個問題所需要的實際空間方面，化學工業還沒有具體的設計依據。

罐區和辦公室、輔助生產區之間要保持足夠的安全距離。罐區和工藝裝置區、公路之間要留出有效的間距。罐區應設置在地勢比工藝裝置區略低的區域，決不能設在高坡上。

3. 公用設施區

公用設施區應該遠離工藝裝置區、罐區和其他危險區，以便遇到緊急情況時仍能保證水、電、氣等的正常供應。由廠外進入廠區的公用工程干管，也不應該通過危險區，如果難以避免，則應該採取必要的保護措施。工廠佈局應該盡量減少地面管線穿越道路。管線配置的一個重要特點是在一些裝置中配置回路管線。回路系統的任何一點出現故障即可關閉閥門將其隔離開，並把裝置與系統的其余部分接通。要做到這一點，就必須保證這些裝置至少能從兩個方向接近工廠的關節點。為了加強安全，特別是在緊急情況下，這些裝置的管線對於如消防用水、電力或加熱用蒸汽等的傳輸必須是回路的。

鍋爐設備和配電設備可能會成為引火源，應該設置在易燃液體設備的上風區域。鍋爐房和泵站應該設置在工廠中其他設施的火災或爆炸不會危及的地區。管線在道路上方穿過要引起特別注意。高架的間隙應留有如起重機等重型設備的方便通路，減少碰撞的危險。最后，管路一定不能穿過圍堰區，圍堰區的火災有可能毀壞管路。

冷卻塔釋放出的蒸霧會影響人的視線，冷卻塔不宜靠近鐵路、公路或其他公用設施。大型冷卻塔會產生很大噪聲，應該與居民區有較大的距離。

4. 運輸裝卸區

良好的工廠佈局不允許鐵路支線通過廠區，可以把鐵路支線規劃在工廠邊緣地區。對於罐車和罐車的裝卸設施常做類似的考慮。在裝卸臺上可能會發生毒性或易燃物的濺灑，裝卸設施應該設置在工廠的下風區域，最好是在邊緣地區。

原料庫、成品庫和裝卸站等機動車輛進出頻繁的設施，不得設在必須通過工藝裝置區和罐區的地帶，與居民區、公路和鐵路要保持一定的安全距離。

5. 輔助生產區

維修車間和研究室要遠離工藝裝置區和罐區。維修車間的人員密集，應該置於工廠的上風區域。研究室一般與其他管理機構比鄰，但研究室偶爾會有少量毒性或易燃物釋放進入其他管理機構，所以兩者之間直接連接是不恰當的。

廢水處理裝置是工廠各處流出的毒性或易燃物匯集的終點，應該置於工廠的下風遠程區域。

高溫煅燒爐的安全考慮呈現出矛盾。作為火源，應將其置於工廠的上風區，但是嚴重的操作失誤會使煅燒爐噴射出相當量的易燃物，對此則應將其置於工廠的下風區。作為折中方案，可以把煅燒爐置於工廠的側面風區域。與其他設施隔開一定的距離也是可行的方案。

6. 管理區

每個工廠都需要一些管理機構。出於安全考慮，主要辦事機構應該設置在工廠的邊緣區域，並盡可能與工廠的危險區隔離。這樣做有以下理由：首先，銷售和供應人員以及必須到工廠辦理業務的其他人員，沒有必要進入廠區。因為這些人員不熟悉工廠危險的性質和區域，而他們的一些習慣如在危險區無意中吸菸，就有可能危及工廠的安全。其次，辦公室人員的密度在全廠可能是最大的，把這些人員和危險分開會改善工廠的安全狀況。

在工廠佈局中，並不總是有理想的平地，有時工廠不得不建在丘陵地區。因此，有幾點值得注意：液體或蒸汽易燃物的源頭從火險考慮不應設置在坡上；低窪地有可能註水，鍋爐房、變電站、泵站等應該設置在高地，在緊急狀態下，如泛洪期，這些裝置連續運轉是必不可少的。貯罐在洪水中易受損壞，空罐在低水位中就能漂浮，從而使罐的連接管線斷裂，造成大量泄漏，進一步加重危機。甚至需要考慮設置物理屏障系統，阻止液體流動或火險從一個廠區擴散至另一個廠區。

在工廠的定位、選址和佈局中，會有各式各樣的危險。為便於討論，可以把它們劃分為潛在的和直接的兩種類型。前者稱為一級危險，后者稱為二級危險。對於一級危險，在正常條件下不會造成人身或財產的損害，只有觸發事故時才會引起損傷、火災或爆炸。典型的一級危險有：①有易燃物質存在；②有熱源存在；③有火源存在；④有富氧存在；⑤有壓縮物質存在；⑥有毒性物質存在；⑦人員失誤的可能性；⑧機械故障的可能性；⑨人員、物料和車輛在廠區的流動；⑩由於蒸氣雲降低能見度等。

一級危險失去控制就會發展成為二級危險，造成對人身或財產的直接損害。二級危險有：①火災；②爆炸；③遊離毒性物質的釋放；④跌傷；⑤倒塌；⑥碰撞。

對於所有上述兩級危險，可以設置三道防護線。第一道防護線是為了解決一級危險，並防止二級危險的發生。第一道防護線的成功主要取決於所使用設備的精細製造工藝，如無破損、無泄漏等。在工廠的佈局和規劃中有助於構築第一道防護線的內容，包括：

（1）根據主導風的風向，把火源置於易燃物質可能釋放點的上風側；

（2）為人員、物料和車輛的流動提供充分的通道。

儘管做出以上努力，但仍時有二級危險如火災發生。對於二級危險，為了把生命和財產的損失降至最低程度，需要實施第二道防護線，在工廠的選址和規劃方面採取一些步驟，包括：

（1）把最危險的區域與人員最常在的區域隔離開；

（2）在關鍵部位安放滅火器材。

不管預防措施如何完善，但仍時有人身傷害事故發生。第三道防護線是提供有效的急救和醫療設施，使受到傷害的人員得到迅速救治。最后一道防護線的意義是迅速救治未能防止住的傷害。

考慮完成上述防護線的工具和方法，其中有一些自然界可以提供，而另外一些則只能由人給出。下面我們先討論自然的方法。

地形是規劃安全時可以利用的一個因素。正如液體向下流一樣，從運行工廠釋放出的許多易燃或毒性氣體也是如此。可以適當利用這個地理特徵作為安全工具為我們排除這些危險氣體。

巨大水量的水源滅火時極為重要，水供應得充足與否往往決定著滅火的成敗。

主導風方向是另一個重要的自然因素。從地方氣象資料可以確定刮各個方向風的時間的百分率，通過選址和佈局使得主導風有助於防止易燃物飄向火源，防止蒸汽雲或毒性氣體飄過人口稠密區或穿越道路。

除自然方法以外，還有一種方法就是隔開距離。隔開距離實現不同危險之間以及危險和人之間的隔離。比如，燃燒爐和向大氣排放的釋放閥之間以及高壓容器和操作室之間，都要隔開一段距離。類似的方法是用物理屏障隔離。一個典型的例子是用圍堰限制液體的溢流，如圍繞貯罐的圍堰就是起這種作用的。

兩種經常結合應用的方法是危險的集中和危險的標示。考慮壓力貯存容器的定位，最好是把這類裝置隔離在工廠的一個特定區域內，使得危險集中易於確定危險區的界限。這樣做有兩個好處：首先是使值班人以外的人員都遠離危險區；其次是必須工作在或通過危險區的人員完全熟悉存在的危險情況，可以相對安全。同時還應該注意到危險集中的不利之處，一個容器起火或爆炸有可能波及相鄰的容器，造成更大的損失。但是經驗告訴人們，集中的危險會受到更密切的關注，有可能會減少事故，把危險分散至全廠而不為人所注意會更具危險。

作為安全工具，可以設計和配置一些物理設施，如救火水系統、安全噴射器、急救站等，以備對付危險之用。

資料來源：http://wenku.baidu.com/view/409116d86f1aff00bed51e83.html？re＝view。

任務四　單元布置

一、背景

本任務主要介紹了一種結合了工藝原則布置和對象原則布置的設施布置方法——單元布置，即成組技術佈局。本任務著重介紹了單元布置的概念、特點、應用原則，以此幫助學生理解單元布置（成組技術佈局）的特點。

二、基本內容

單元布置又稱成組技術佈局，是指將不同的機器組成加工中心（工作單元）來對形狀和工藝相似的零件進行加工。成組技術佈局現在被廣泛地應用在金屬加工方面、計算機芯片製造和裝配作業。

成組技術由蘇聯米特洛萬諾夫創造，后來介紹到歐美，受到普遍重視。成組技術已發展到可以利用計算機自動進行零件分類、分組，不僅應用到產品設計標準化、通

用化、系列化及工藝規程的編製過程，而且在生產作業計劃和生產組織等方面也有較多的應用。20 世紀五六十年代我國已有少數企業利用成組技術組織生產。20 世紀 70 年代柔性製造系統出現並成為解決中小批量生產新途徑後，成組生產組織的思想被融入柔性生產系統中，有效地提高了生產柔性，很好地解決了多品種、小批量生產的問題，有很好的應用價值。單元布置充分利用工藝和對象原則的特點，通過合理的設備佈局和對零件科學的分類分組，並加以有效的組織，從而提高零件的加工效率。

中國於 20 世紀 60 年代初引進成組技術，至 2010 年，各國成組技術分類系統已有近百種。成組技術在發展初期僅作為一項科學的加工工藝，主要應用於機械加工行業中多品種、中小批量生產，因此在 20 世紀 60 年代初中國曾把 GT 譯成成組加工或成組工藝。早期的成組技術是指對要加工的零件類型按某些工藝共性或結構共性歸類分組，以便採用共同的工藝裝備。其目的是使批量很小的各種零件在工序相同的前提下集中起來構成大批量加工件，從而能採用大批量生產所採用的設備和加工方法。成組技術與數據處理系統相結合，可從各種類型的零件中準確而迅速地按相似類型整理出零件分類系統。設計部門可根據零件形狀特徵把圖紙集中分類，通過標準化方法減少零件種類，縮短設計時間。加工部門根據零件的形狀、尺寸、加工技術的相似性進行分類，組成加工組，各加工組還可採用專用機床和工夾具，進一步提高機床的專業化自動化程度。按成組技術具體實施範圍的不同，出現了成組設計、成組管理、成組鑄造、成組衝壓等分支。按照相似性歸類成組的信息不同，出現了零件成組、工藝成組、機床成組等方法。採用成組技術可以獲得較高的經濟效益。20 世紀 70 年代後，成組技術的發展已超出了機械製造工藝的範圍，成為一門綜合性的科學技術。

成組技術已涉及各類工程技術、計算機技術、系統工程、管理科學、心理學、社會學等學科的前沿領域。日本、美國、蘇聯和聯邦德國等許多國家把成組技術與計算機技術、自動化技術結合起來發展成柔性製造系統，使多品種、中小批量生產實現高度自動化。全面採用成組技術會從根本上影響企業內部的管理體制和工作方式，提高標準化、專業化和自動化程度。在機械製造工程中，成組技術是計算機輔助製造的基礎，將成組哲理用於設計、製造和管理等整個生產系統，改變多品種、小批量生產方式，以獲得最大的經濟效益。

成組技術的核心是成組工藝，它是把結構、材料、工藝相近似的零件組成一個零件族（組），按零件族制定工藝進行加工，從而擴大了批量、減少了品種、便於採用高效方法、提高了勞動生產率。零件的相似性是廣義的，在幾何形狀、尺寸、功能要素、精度、材料等方面的相似性為基本相似性，以基本相似性為基礎，在製造、裝配等生產、經營、管理等方面所導出的相似性，稱為二次相似性或派生相似性。

成組工藝實施的步驟為：①零件分類成組；②制定零件的成組加工工藝；③設計成組工藝裝備；④組織成組加工生產線。

成組技術的優點：

（1）產品設計的優勢。①它能夠使產品設計者避免重複的工作。換句話說，由於成組技術設計的易保存和易調用性使得它消除了重複設計同一個產品的可能性。②它促進了設計特徵的標準化，這樣使得加工設備和工件夾具標準化程度大大提高。

（2）刀具和裝置的標準化。有相關性的工件分為一族，這使得為每一族設計的夾

具可以被該族中的每一個工件使用。這樣，通過減少夾具的數量從而減少了夾具的花費。顯然，一個夾具為整個族的零件只製造一次，而不是為每一個工件製造一個夾具。

（3）提高了材料運輸效率/當工廠的佈局是基於成組原理時，即把工廠分為單元，每個單元由一組用於生產同一族零件的各種機床組成，這時原材料的運輸是很有效的。因為這種情況下零件在機床間的移動路徑最短，這與以工藝劃分來佈局的傳統意義上的加工路線形成對比。

（4）分批式生產提高了經濟效益。通常，批量生產是指大範圍的表面上看起來沒有什麼共同之外的各種非標準的工件的生產。因此，應用成組技術生產的工件可以獲得只有在大批量生產才能夠獲得的很高的經濟利益。

（5）加工過程和非加工過程時間的減少。由於夾具和材料等非加工時間的減少，使得加工過程和非加工時間相應地減少。這與典型的以工藝佈局的工廠形成對比，加工時間大大縮短。這樣，以成組技術原理設計的工廠的生產非加工時間相比以工藝佈局的工廠要短得多。

（6）更加快捷、合理的加工方案。成組技術是趨於自動化的加工方法。在這裡，對於每一個工件，通過它的編碼，可以很容易地從計算機中調出有關該工件的詳細加工方案。

成組技術布置和工藝原則布置的相似點是：加工中心用來完成特定的工藝過程，但生產的產品種類有限。

成組原則應用的目的是要在生產車間中獲得產品原則佈局的好處，包括：

（1）改善人際關係，工人組成團隊來完成整個任務。

（2）提高操作技能。在一個生產週期內，工人只能加工有限數量的不同零件，重複程度高，有利於工人快速學習和熟練掌握生產技能。

（3）減少在製品和物料搬運。一個生產單元完成幾個生產步驟，可以減少零件在車間之間的移動。

（4）縮短生產準備時間。加工種類的減少意味著模具的減少，因而可以提高模具的更換速度。

工藝原則佈局轉換為成組技術佈局可以通過以下三個步驟來實現。

（1）將零件分類，建立並維護計算機化的零件分類與編碼系統。目前零件編碼系統有百種以上，比較典型的是奧匹茲分類系統。該分類系統由 9 位碼組成，其中：前 5 位碼為主要編碼，分別表示零件類、主要形狀、回轉面加工、平面加工、輔孔 & 齒形 & 成型加工；后 4 位碼為輔助編碼，分別表示尺寸、材料、毛坯形狀、精度。

（2）識別零件組的物流類型，以此作為工藝布置和再布置的基礎。

（3）將機器和工藝分組，組成工作單元。

在分組過程中經常會發現，有一些零件因為與其他零件聯繫不明顯而不能分組，還有公用設備由於在各加工單元中的普遍使用而不能具體分到任意單元中去。這些無法分組的零件和設備通常放到公用單元中。

任務五　服務業佈局

一、背景

服務業由傳統的局限於生活消費領域，轉向為整個社會生產、生活服務的各個領域。提起傳統的服務業，人們一般會想到百貨、餐飲、旅館、理髮等。但時至今日，服務也已經從這些傳統的行業擴張到金融、保險、通信、運輸、租賃、諮詢、維修等眾多行業。

服務業因為其特殊的產品屬性，其佈局方式與傳統的製造業設施佈局方式截然不同。本任務旨在介紹服務業中設施布置的特點和需要關注的重點問題，進一步加深學生對設施布置類型的理解，拓展學生對於服務業中設施佈局的理解，從而全面、系統地認識設施布置的基本思想和布置原則。

二、基本內容

隨著經濟的發展，各國服務業發展迅速。

隨著服務業的發展，知識密集型企業的地位日益重要，其占服務業全部產出的比重也越來越大。服務業的迅猛發展，使生產服務組織日益複雜。在新形勢下，服務的工作組織、組織結構和管理方式也必然要進行相應的提升。

由於服務業是包含了眾多運作過程差異很大的行業，因此，服務業佈局也不盡相同，其中，零售服務業佈局是比較具有代表性的。

零售服務業佈局的目的是要使零售店鋪的面積淨收益最大。在實際佈局中，面積淨收益最大的一般表現為搬運費用最少、產品擺放最多、空間利用率最大等，同時還考慮到許多其他人性化因素。一般而言，零售服務場所有3個組成部分：環境條件，空間布置及設施功能，徽牌、標示和裝飾品。

（一）環境條件

這是指零售服務場所的背景特徵。如賣場的照明、溫度、音樂、噪聲等，這些條件都會直接影響雇員的業務表現和工作士氣。同時也會極大地影響顧客的滿意程度、顧客的逗留時間以及顧客的消費態度。雖然其中的許多特徵主要受建築設計的影響，但建築內的布置也對其有影響。比如，劇院外走廊裡的燈光必須是暗淡的，靠近舞臺處會比較嘈雜，而入口處的位置往往通風良好。

零售服務場所的背景特徵必須進行科學的設計，包括設計光線、顏色、空氣、聲音、音樂。這些要素不能分開單獨設計，因為它們之間具有非常緊密的聯繫，與服務場所的位置、布置、設備等都密切相關。譬如，光線與顏色有關，而顏色又與商品的布置有關。

1. 光線

充足的光線是零售服務場所環境的重要因素之一。光線應使服務人員易看並且不易疲勞。只有光線充足、舒適才能使服務人員減少疲勞、減少錯誤，做更多的工作，

保持更加充沛的精力。合適的單一、彩色光線設置,有助於使消費者情緒興奮,增加購買欲,刺激消費。

2. 顏色

顏色會影響人的情緒、意識及思維。通常顏色對於人的血壓及情緒產生重要的影響。有的顏色使人舒適,而有的顏色卻使人難受;有的顏色使人心情愉快,而有的顏色卻令人壓抑;有的顏色加速心智活動,而有的顏色卻減少心智活動。零售服務業場所的顏色一般是豐富多彩的,這是與賣場成千上萬的玲瓏商品相適應的。當然,賣場中各個部分的顏色也應與對應的商品相適應。

3. 空氣

空氣調節即控制空氣的溫度、濕度、流通與清潔 4 個基本狀態。

溫度會影響人的舒適和效率,也會影響消費者的購買情緒,理想的溫度是 20℃~25℃。特別潮濕的空氣,會引起呼吸器官的不舒適並引起沉悶疲倦的感覺。同樣,特別干燥的空氣則會經常引起焦慮與精神急躁之感。零售服務場所的相對濕度應該在 40%~60%。如缺乏必要的通風,渾濁的空氣使人容易感到疲勞。

4. 聲音

在零售服務場所裡,由於人來人往,詢問回答此起彼伏,人們說話走路、物品敲擊碰撞等應接不暇,場所內一般比較嘈雜,噪聲令人感到不愉快、分散注意力、增加工作成本,且容易造成工作的失誤。

因此,在實施佈局上應盡量減少或消除聲音的發生。要求員工減少不必要的談話,養成職工相互低談的習慣。將發出聲音的音響和設備置於一個獨立的場所。地板、天花板與牆壁採用防音板或者消音的物質。窗戶宜用隔音玻璃,當街市聲音太嘈雜時將窗戶關閉。按照購買流程布置位置,減少消費者往返走動。

5. 音樂

在零售服務場所中,適當播放輕柔、舒緩的音樂,則可以改善工作的條件,減輕消費者的部分聽覺、心理疲勞,緩解精神緊張。

音樂應當適當地控制,音樂一般以播放輕柔的古典音樂與節奏輕快的音樂為主。令人分散注意力或者過分引起注意力的音樂,如沉悶的管樂、高昂的獨奏曲等應予以排除。音樂選播應配合特別的時段,視員工與消費者的心情而定。早晨宜播放輕鬆愉快的音樂,最大激勵的音樂應於中午前或者下午播放。節假日可以播放一些人們喜聞樂見的富有特色的樂曲。

(二) 空間布置及設施功能

這有幾個非常重要的方面:科學設計、合理安排商品分組場地、空間位置、顧客的行走路徑。行走路徑的設計是要為顧客提供一條線路,使他們沿著這條路徑行走可以盡可能多地看到商品,按需要程度接受各項服務。通道也非常重要,除了要確定通道的數目外,還要確定通道的寬度。

布置一些可以吸引顧客注意力的標記,這也是主動引導顧客沿著設想的路線行進的好辦法。當顧客沿著主要通道行進時,為了擴大他們的視野,沿主要通道分佈的分支通道可以按照一定的角度布置。

將顧客認為相關的物品放在一起,而不是按照商品的物理特性、貨架大小、服務

條件來擺放物品是目前比較流行的做法，也是比較符合人性化需求的做法。

對於流通規劃和商品分組，市場研究提供了以下幾條值得注意的指南：

（1）人們在購物中傾向於以一種環形的方式購物。將利潤高的物品沿牆壁擺放可以增加他們購買的可能性。

（2）在超市中，擺放在通道盡頭的減價商品總是要比存放在通道裡面的相同商品賣得快。

（3）信用卡付帳區和其他非賣品區需要顧客排隊進行等候服務，這些區域應當布置在上層或者「死角」等不影響銷售的地方。

（4）在百貨商店中，離入口最近和鄰近前窗展臺處的位置最具有銷售潛力。

圖6-9是法國家樂福超市的部分佈局。

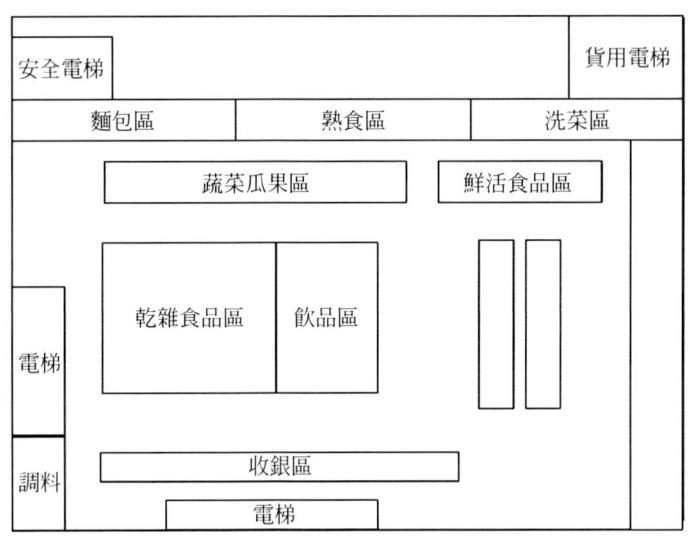

圖6-9　家樂福超市佈局示意圖

（三）徽牌、標示和裝飾品

徽牌、標示和裝飾品是服務場所中極具重要意義的標誌物。這些物品和周圍環境常常體現了建築物風格、零售服務場所的價值取向。如麥當勞、肯德基、必勝客、奔馳、寶馬的標示都能使人很容易在眾多品牌中一眼就識別出來。

【案例】6-3　大中型超市的佈局設計與注意事項

一、超級市場的主要區域

經營生鮮食品是超級市場的一大特色。因此，超市的區域設置除了應有賣場區、輔助區、儲存區外，還應有生鮮食品加工區，有的超級市場將加工區與儲存區合為儲存加工區。賣場區是顧客選購商品、交款、存包的區域，有時還包括顧客休息室、顧客服務臺、嬰兒室等。

儲存加工是儲存加工商品的區域，包括商品售前加工、整理、分裝間、收貨處、發貨處、冷藏室等。

輔助區是超級市場行政管理、生活和技術設備的區域，包括各類行政、業務辦公

室、食堂、醫務室及變電、取暖、空調、電話等設備用房。

店內面積分配。商店場地面積可分為營業面積、倉庫面積和附屬面積三部分。各部分面積劃分的比例應視商店的經營規模、顧客流量、經營商品品種和經營範圍等因素的影響。合理分配商店的這三部分面積，保證商店經營的順利進行對各零售企業來說是至關重要的。

通常情況下，商店面積的細分大致如下：

1. 營業面積：陳列、銷售商品面積，顧客占用面積。

2. 倉庫面積：店內倉庫面積、店內散倉面積、店內銷售場所面積。

3. 附屬面積：辦公室、休息室、更衣室、存車處、飯廳、浴室、樓梯、電梯、安全設施占用面積。

根據上述細分，一般說來，營業面積應占主要比例，大型商店的營業面積占總面積的60%~70%，實行開架銷售的商店比例更高，倉庫面積和附屬面積各占15%~20%。

在安排營業面積時，既要保證商品陳列銷售的需要，又要為顧客購物提供便利。

二、賣場區域分類

1. 熟食、生鮮、速凍等商品或區域應放在門店的最深處或主要的通道上。

最吸引顧客的商品或區域應放在門店的最深處或主要的通道上，以便吸引顧客完全將自己的門店光顧一遍。

2. 果蔬區一般被認為高利潤部門，通常的佈局是滿足顧客的相關購物需求，安排在肉食品的旁邊。還有一種安排就是放在顧客購物流程的開端，以免隨著顧客購物的增加，無力購買高價的蔬果。

3. 由於奶製品和冷凍品具有易融化、易腐蝕的特點，所以一般它被安排在顧客購買流程的最後，臨近出口。同時奶製品和冷凍品通常在一起，這樣有利於設備的利用。

4. 烘焙品的主力商品是麵包，銷量大，毛利高，大多被安排在第一貨架和靠近入口的地方。這樣不僅會刺激高價位的麵包的出售，而且會避免顧客遺忘。

5. 雜品部分主要擺放在超市賣場的中央，採取落地貨架形式，佈局為縱向陳列。這樣顧客就可以透視縱深，其他的陳列方式一般不會被接受。

6. 商店裡會有門店專門設計的一些烘托賣場氛圍的商品展示，來渲染顧客的購物情緒，給顧客形成一個良好的購物印象。同時這個商品展示的平臺要注意擺放合適，做到便於顧客出入的原則。

7. 一般部門的設置規劃本著防盜防損的目的，一些丟失率較高的商品會專門安排在一些特定的角落，如口香糖總是放在收銀臺前，化妝品總是放在門店內的醒目的地方。

三、商品配置的面積分配

如果不分商品的類別品種，假設每一平方米所能陳列的商品品項數相同，那麼超級市場賣場內各項商品的面積配置應與消費者支出的商品投向比例相同。因此要正確地確定商品的面積分配，必須對來超市購物的消費者的購買比例做出正確的判斷與分析。下面是一種超級市場的商品面積分配的大致情況：水果蔬菜所占面積為10%~15%、肉食品所占面積為15%~20%、日配品所占面積為15%、一般食品所占面積為10%、糖果餅干所占面積為10%、調味品南北干貨所占面積為15%、小百貨與洗滌用品所占面

積為15%、其他用品所占面積為10%。

需要說明的是，中國幅員遼闊，每一個地區消費水平差異較大，消費習慣也不盡相同，每個經營者必須根據自己所處商圈的特點和超市本身定位及周邊競爭者的狀況做出商品所占面積配置的抉擇。

四、商品位置的配置

商品位置的配置應該按照消費者的購買習慣和人流走向來分配各種商品在賣場中的位置。一般來說，每個人一天的消費總是從「食」開始的，所以可以考慮以菜籃子為中心來設計商品位置的配置。通常消費者到超級市場購物順序是這樣進行的：蔬菜水果—畜產水產類—冷凍食品類—調味品類—糖果餅干—飲料—速食品—麵包牛奶—日用雜品。

為了配置好超級市場的商品，可以將超級市場經營的商品劃分為以下幾個商品部：

第一，麵包及果菜品部。這一部門常常是超級市場的高利潤部門。由於顧客在購買麵包時，也會購買部分蔬菜水果，所以，麵包和果菜品可以採用島式陳列，也可以沿著超級市場的內牆設置。在許多超級市場中，設有麵包和其他烘烤品的製作間，剛出爐的金黃色的、熱氣騰騰的麵包，常常讓顧客爽快地掏腰包。現場製作已成為超級市場的一個賣點。

第二，肉食品部。購買肉食品是大多數顧客光顧超級市場的主要目的之一，肉食品一般應沿著超級市場的內牆擺放，方便顧客一邊瀏覽一邊選購。

第三，冷凍食品部。冷凍食品主要用冷櫃進行陳列。它們的擺放既可以靠近蔬菜，也可以放置在購物通道的最后段。這樣，冷凍食品解凍的時間就最短，給顧客的攜帶提供了一定的便利性。

第四，膨化食品部。膨化食品包括各種餅干、方便面等。這類食品存放時間較長，只要在保質期內都可以銷售。它們多被擺放在超級市場賣場的中央，用落地式的貨架陳列。具體佈局以縱向為主，突出不同的品牌，滿足顧客求新求異的偏好。

第五，飲料部。飲料與膨化食品有相似之處，但消費者更加注重飲料的品牌。飲料的擺放也應該以落地式貨架為主，貨位要緊靠膨化食品。

第六，奶製品部。超級市場中的顧客一般在其購買過程的最后階段才購買容易變質的奶製品，奶製品一般擺放在蔬菜水果部的對面。

第七，日用品部。日用品包括洗滌用品、衛生用品和其他日用雜品，一般擺放在超級市場賣場的最后部分，採用落地式貨架，以縱向陳列為主。顧客對這些商品有較高的品牌忠誠度，他們往往習慣於認牌購買。這類商品的各種價格方面的促銷活動，會使顧客增加購買次數和購買量。

以下沃爾瑪超級市場的某一商品配置圖，非常具有代表性。

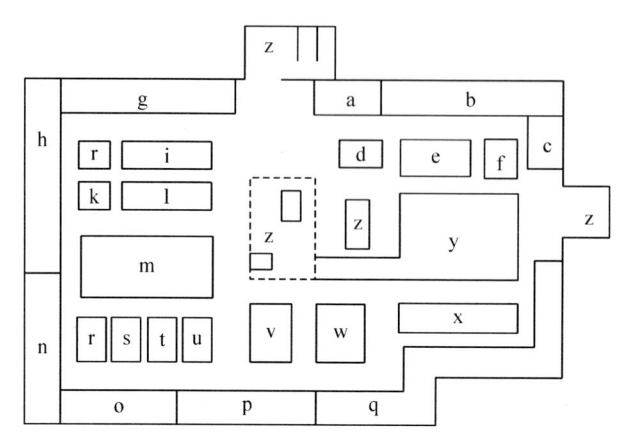

a：茶葉區　　b：藥品區　　c：快速衝印區　　d：鮮花區
e：糕點區　　f：菸酒區　　g：麵包區　　　　h：糕點區
i：麵包區　　j：乳製品、水果區　　k：飲料區　　l：乳製品區
m：飲料、調味品、膨化食品、餅干、日式食品、酒、豆腐、泡菜區
n：鮮肉區　　o：蔬菜區　　p：鮮魚區　　q：家庭用品區
r：蔬菜區　　s：冷凍食品區　　t：冰淇淋區　　u：鮮魚冷凍區
v：推薦商品區　w：日用品區　　x：廚房用品區
y：超市收銀區　z：電梯區

圖 6-10

五、門面寬廣的賣場容易吸引顧客

（1）賣場的門面：要具有開放感的門面。就是從賣場外能直接透視賣場內，一般採用玻璃門來提高透視性，從商場外面能看到賣場內一切或能看到大部分。這樣顧客能舒心地進入賣場，反之顧客會產生不安情緒，降低購買慾望。

（2）賣場裡面宜寬不宜窄，正面寬度大的賣場容易吸引顧客。

六、對超市的通道設計

（1）足夠的寬。所謂足夠的寬，即要保證顧客提著購物筐或推著購物車，能與同樣的顧客並肩而行或順利通過！

（2）通透。通道要盡可能避免迷宮式通道，要盡可能地進行筆直的單向通透通道設計。在顧客購物過程中盡可能依貨架排列，將商品以不重複、顧客不回頭走的設計方式佈局，避免顧客在購物時產生疲憊感。

（3）少拐角。少拐角處是指拐角盡可能少，即通道途中可拐彎的地方和拐的方向要少。有時需要借助於連續展開不間斷的商品陳列線來調節。我們可以看到，大多零售賣場都是以十字線路來設計通道的，商品貨架筆直整齊地排列於主通道的兩端。

（4）沒有障礙物。通道是用來誘導顧客購買商品的，通道應避免死角。在通道內不能陳設、擺放一些與陳列商品或特別促銷無關的器具或設備，以免阻斷賣場的通道，損害購物環境的形象。

進賣場后的第一主通道是歡迎遠道來店顧客的重要通道，各種商品的陳列琳琅滿目，POP廣告如歡迎的旗幟，顧客品嘗良好溝通的購物就將開始。

讓顧客進入第一主通道，就能明確瞭解本賣場的特長。為此，第一主通道必須呈

現出細緻差別化。其差別化主要體現在以下三項：

（1）第一主通道要寬廣，寬廣是歡迎的證明，狹窄是不歡迎的證明。以大眾為對象的商場是以寬廣的主通道、兩側富有特色和吸引力的商品來歡迎任何人的。（一般指四輛購物推車能一起進入的寬廣通道）

（2）第一主通道的商品要讓顧客進入賣場后，感到驚訝和興奮。在第一主通道要布置具有巨大衝擊力的商品：超市大副食、休閒服飾、家電等。

第一主通道是獲得最大單位面積利益的地方，既有特價商品也有暢銷商品。陳列商品上架快速，利益重複。在一天營業結束后，第一主通道是銷售額和毛利額最大的地方。

顧客從右側入口容易進入

賣場的入口設在右側就能暢銷。入口究竟設在中央、左側或右側曾產生很多議論，而結論往往由領導來決定。從結論來說，入口應設在右側。入口設在右側較好的理由是：

（1）開設超市、大賣場較成熟的美國、法國、日本等國家，大賣場入口都設在右側。

（2）視力右眼比左眼好的人多。

（3）使用右手的人較多等。

人都有用自己比較強的一面來行動。以右手為主要動作的人，注意力往往集中在右側，這是為彌補左手的弱點。實際上進賣場，從右側進店以后，以左手拿購物籃，右手自由取出右側壁面的陳列商品，放入左側的購物籃。以這種動作來前進，然後向左轉彎。如果從左側的入口進店，左側的壁面陳列的商品以左手很難取出，所以必須轉身用右手來拿。向前進時右手不能動，向右轉彎時，左手變成無防備因而感到不安。最有力的座右銘是：右邊比左邊佔有優位。對顧客來說，能自由使用右手的賣場，便會成為顧客的第一賣場。賣場把顧客的方便置於賣場的方便之上，整個賣場都貫徹這種方針，賣場將變成優良的賣場。

七、注意事項

1. 賣場通道設計、商品陳列設計都屬於硬布置，即此類布置較穩定，不會經常更換。也有的賣場會定期根據銷售情況，對賣場的貨架排面進行調整。但由於消費者對賣場的熟悉程度影響到了購物的便利性，所以賣場的整體硬布置是不能經常調整的，但一成不變的購物環境又會使消費者產生疲憊感。為解決這種變與不變的矛盾，賣場通常引入軟布置的方法。

2. 軟布置的點位包括賣場大門、賣場上空、促銷活動區、促銷背景牆、地面、收銀區、服務臺等。應用的包裝形式以軟性的可更換的印刷品、廣告製品為主！

資料來源：http://wenku.baidu.com/link? url＝0vFcQ9GNo6z7x7N1jAl69h9JdFZvfDWDlzEK8Vpu4R8xzRJPPs0rdQd3KjZxDwl1pWnqDBfTsHvUCVrDgy22h6FXG5vVSazcJfx1nZt4JJe.

知識鞏固

一、判斷題

1. 企業將相同工藝的設備和人員布置在一個工作區內，這符合對象原則。（ ）
2. 流水線上連續生產前後兩批零件之間的時間間隔稱為節拍。（ ）
3. 成組生產單元既有對象專業化的優點，也有工藝專業化的長處。（ ）
4. 產品專業化是未來發展的主要方向。（ ）
5. 設施佈局就是將企業內的各種設施進行合理布置，因此不包括操作者。（ ）
6. 企業生產的協作化水平提高，企業需要設置的工作單元就越多。（ ）
7. 以工藝原則來進行工作單位佈局，其產品品種適應市場需求變化的能力強，有利於更新換代。（ ）
8. 傳統的圖書館和醫院採用對象原則來進行工作單位佈局。（ ）
9. 以對象原則進行工作單位佈局，可以縮短加工路線，減少在製品數量。（ ）
10. 對象原則一般適合於多品種、單件小批量生產。（ ）

二、選擇題

1. 按工藝原則建立生產單位，優點是（   ）。
   A. 生產系統可靠性高
   B. 可採用高效專用設備
   C. 縮短生產週期
   D. 簡化管理工作

2. 設施佈局的目標是將企業內的各種設施進行合理布置，應實現（   ）。
   A. 生產成本合理
   B. 庫存較少
   C. 保證產品質量
   D. 合理的物料流動

3. 按工藝原則建立生產單位，優點是（   ）。
   A. 採用通用設備
   B. 在製品減少
   C. 縮短生產週期
   D. 簡化管理工作

4. 適合多品種、單件小批量的生產設施佈局是（   ）。
   A. 對象原則布置
   B. 工藝原則布置
   C. 混合布置
   D. 固定位置布置

5. 按對象原則建立生產單位，優點是（   ）。
   A. 生產面積充分
   B. 有利於工藝管理
   C. 工人技術提高

D. 生產週期縮短
6. 大批量、生產相似度高、少變化的產品組織規劃使用的設施佈局形式是（　　）。
   A. 對象原則布置
   B. 工藝原則布置
   C. 混合布置
   D. 固定位置布置
7. 按對象原則建立生產單位，適用於（　　）。
   A. 單件生產
   B. 小批生產
   C. 大批大量生產
   D. 工程項目
8. 汽車裝配宜採用（　　）。
   A. 流水線布置
   B. 固定位置布置
   C. 功能布置
   D. 以上都不是
9. 若以產品多樣化來滿足顧客個性化需求，最為理想的生產方式是（　　）。
   A. 大量生產
   B. 大批生產
   C. 小批生產
   D. 單件生產

案例分析

【案例分析 6-1】

正如作業技術能為工廠、商店、醫院的作業佈局提供幫助一樣，這些技術也有助於機場作業佈局的設計。作業佈局的重要標準包括擁擠程度、距離及延誤的可能性。這些標準已經成功地運用於美國匹茲堡機場。匹茲堡機場能夠為乘客提供方便，成本、可擴建性以及傳統的生產作業操作效率也得到了滿足。為了給乘客提供方便，設計者獨具匠心地將候機樓設計成 X 形狀。該候機樓包括一個中心購物商廈，各種不同的自動扶梯和一個耗資 3,400 萬美元的行李運送系統。這種 X 形狀設計明顯地影響著乘客和飛機的運動。

通過自動扶梯、移動人行道、「短程穿梭火車」在大約 11 分鐘內將乘客送達 75 個登機門中的任何一個。這種 X 形狀的候機樓就作業效率而言是非常出色的。這種設計為噴氣式登機門提供了雙重的停機坪跑道，使得飛機在所有位置的起飛和降落都變得非常高效有序。此外，附加的雙向出租車道往返於現有的飛機跑道。所有的這些設計減少了飛機延誤並且使飛機起飛更加迅速，效率的提高意味著那些使用匹茲堡機場的航線每年能夠節約 1,500 萬美元的運行費用。

匹茲堡機場通過運用生產作業布置技術為效率設立了一個新標準。

思考題：
1. 匹茲堡機場作業佈局的特色是什麼？這種設計的優勢有哪些？
2. 調研本地區機場的規劃佈局特色，並分組討論其優劣勢。

資料來源：李全喜. 生產營運管理［M］. 3 版. 北京：北京大學出版社，2014.

【案例分析 6-2】

　　國民銀行（Des Moines National Bank，DNB）最近在繁華的商業區建成一幢新樓。銀行遷入新址，需要重新安排各部門的位置，以獲得最優的工作效率和效果。DNB 的主要作業部門之一是支票處理部門。這一部門是個人和商業支票的清算機構。這些支票既來自於與 DNB 有支票處理合同的小型金融機構，也來自於樓下的出納員。根據支票底部的磁條，這些支票可按其提取處來分類。最后，把這些支票束成捆，從分配部門運送過來。這個部門的人員也負責處理政府支票和通過該系統退回的支票，因為這些支票需要不同的處理作業，所以將它們放在商業銀行同一層樓上的不同部門裡。

　　電梯只能從一層上到二層，於是支票處理部門便安排在 DNB 新樓的第二層。第二層樓如圖 6-11 所示，分為 8 個面積相等的房間（它們之間雖沒有牆隔開，但我們仍稱為房間）。每間房為 75 英尺。幸運的是位於這層樓上的 8 個部門的每一個都需要約 5,000 平方英尺的空間，所以銀行管理者沒有必要擔憂。這些空間可用於存貯或日后的擴展。

　　「物料」的流動，如要處理的支票、計算機輸出核對和記帳的結果，都在位於房間之間的過道上進行，如圖 6-11 所示。支票由電梯運送上來並進行分配。所以，應該將分配部門安排在靠近電梯的房間裡。除此之外沒有其他對部門位置的限制。

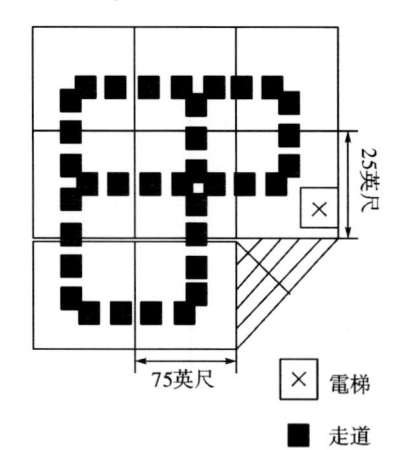

圖 6-11　DNB 大樓第二層的計劃

　　分析的第一步是要確定部門間的物流量。以幾周流量的平均值來作為部門間流量的平均值。雖然一週的不同日子裡處理的支票量不同，但平均值較好地體現出各部門間的物流量。通過對物流量數據的研究，會揭示出幾個未被考慮到的重要關係。例如，雖然在商業支票分類部門和政府支票部門間沒有物料流動，但它們使用相同類型的設備。這種設備有很大的噪聲，需要隔音牆來控制噪聲。所以，將設備安排在一起降低建築成本是很有必要的。根據以上類型的注意事項，我們將每個部門的接近關係列成

如下等級表：

表 6-1　　　　　　　　部門間的物流量和緊密關係

部門	1	2	3	4	5	6	7	8
1. 支票分類	—	50	0	250	0	0	0	0
2. 支票核對	X	—	50	0	0	0	0	0
3. 支票記帳	X	A	—	0	0	0	0	10
4. 支票分配	U	U	U	—	40	60	0	0
5. 政府支票	A	U	U	E	—	0	0	0
6. 退回的支票	U	U	U	E	U	—	12	0
7. 記帳調整	X	A	A	U	U	E	—	10
8. 辦公室	X	I	I	U	O	O	I	—

A——非常必要臨近
E——臨近特別重要
I——臨近重要
O——一般臨近
U——臨近不重要
X——不考慮

表的左上角部分是部門間每天的平均物流量，左下角是接近關係程度。例如，支票分類部門和核對部門每天的物流量是 50，接近關係程度為「X」。

思考題：
1. 考慮總物流量，做出規劃。
2. 考慮關係程度來做出一個佈局。

資料來源：李全喜. 生產營運管理 [M]. 3 版. 北京：北京大學出版社，2014.

實踐訓練

項目 6-1　認識製造企業的設施布置

【項目內容】
帶領學生參觀某製造企業的生產車間。

【活動目的】
通過對製造企業生產車間的設施布置的感性認識，幫助學生進一步加深對設施布置基礎知識、設施布置方法、設施布置常見形式等知識的理解。

【活動要求】
1. 重點瞭解企業生產車間設施布置的形式、企業設施布置採用的是哪種原則。
2. 每人寫一份參觀學習提綱。
3. 保留參觀主要環節和內容的詳細圖片、文字記錄。
4. 分析企業車間的設施布置類型、形式、布置重點。
5. 每人寫一份參觀活動總結。

【活動成果】
參觀過程記錄、活動總結。
【活動評價】
由老師根據學生的現場表現和提交的過程記錄、活動總結等對學生的參觀效果進行評價和打分。

項目 6-2　認識工藝原則布置設計
【項目內容】
模擬一家汽車裝配企業，應用設施布置的原則為其車間佈局進行工藝原則設計，畫出設施規劃圖。
【活動目的】
強化學生對於工藝原則布置設計的認識。
【活動要求】
1. 以小組（4~5人）形式進行。
2. 每個小組提交一份車間佈局圖。
3. 每個小組派代表介紹車間設施布置的原則、工藝原則布置設計的理念，解釋佈局的原因及基本思想。
4. 介紹內容要包括書面提綱。
【活動成果】
參觀過程記錄，活動總結。
【活動評價】
由老師和學生根據各小組的活動成果及其介紹情況進行評價打分。

模塊七
選址規劃與分析

【學習目標】

1. 能列舉部門必須進行選址決策的主要原因。
2. 瞭解企業選址的一般程序。
3. 瞭解影響企業選址的因素。

【技能目標】

1. 描述影響選址的主要因素。
2. 掌握基本的企業選址方案評估方法。
3. 討論選址決策的可行性。

【相關術語】

重心法（center of gravity method）
因素評價法（factor rating）
成本-利潤-產量定址分析（locational cost-profit -volume analysis）
微型工廠（micro factory）

【案例導入】

寶馬選址萊比錫案例

　　寶馬汽車公司，亦稱巴伐利亞機械製造廠股份公司（德文：Bayerische Motoren Werke，縮寫為BMW）。寶馬是馳名世界的汽車企業之一，也被認為是高檔汽車生產業的先導。寶馬公司創建於1916年，其總部設在德國慕尼黑。80年來，它由最初的一家飛機引擎生產廠發展成今天以高級轎車為主導，並生產享譽全球的飛機引擎、越野車和摩托車的企業集團，且現已名列世界汽車公司前20名。

　　高成本的德國似乎是最不適合建汽車廠的地方。比起東歐同行，德國汽車工人的平均收入要高7倍，但工作時間卻要少10%。但時任德國總理格哈德·施羅德為寶馬在原東德萊比錫的一家新工廠剪彩。該工廠投資達13億歐元。眼下，其他歐洲和亞洲汽車生產商都把生產廠轉移到東歐的低成本國家。因此，生產寶馬最暢銷的3系車型的萊比錫車廠，看來像個巨大的賭註。

經過競爭激烈的選址過程，寶馬捨棄捷克而選擇在萊比錫設廠。該決定令許多業內分析師震驚。一些分析師認為，這可能是最後一家建在西歐的大型汽車廠，顯示了德國政客對汽車業的影響力。在德國，每 7 個人中就有 1 個在汽車業工作。

德國的失業率現已處在第二次世界大戰後創紀錄的高水平，假如將更多工作移出這個國家，那將會是件非常敏感的事。法蘭克福私人銀行梅茨勒分析師尤根·皮珀說道：「毫無疑問，這在很大程度上是個政治決策。」

寶馬、梅塞德斯或保時捷沒有一家在東歐擁有大型工廠。即使是歐洲產量最大的汽車生產商大眾，在斯洛伐克工廠的汽車產量也比它在德國其他工廠的產量少很多。相比之下，菲亞特、標致、豐田和起亞等汽車製造商均已在東歐大舉投資。

皮珀說道：「如果大家（德國汽車商）對於在何處設廠採取另一種策略，那麼它們也許都能賺更多錢。」而寶馬首席執行官赫穆特·龐克認為，萊比錫工廠是有關德國製造業生存之道的藍圖。他坦承，即使把歐盟為支持在萊比錫投資所提供的 3.63 億歐元補貼考慮在內，在捷克設廠也要比在萊比錫設廠更便宜，但區別在於「質的因素」。

比起寶馬現有的那些工廠，萊比錫工廠具有更高的勞動力彈性，而且既靠近現有工廠，又靠近寶馬的供應商。此外，萊比錫工廠的最大優勢在於如下簡單的事實，即所有工人都講德語，這省卻了棘手且成本高昂的翻譯。

萊比錫備受失業問題的困擾。當地失業率為 22%，接近全國平均水平的兩倍。而寶馬的新廠最終將僱用 5,000 名員工。它是這座城市未來的希望。工程工會 IG Metall 的當地代表西格林德·默比茨表示：「這筆投資使萊比錫時來運轉。該廠給這座城市的未來帶來了真正的希望。」

在寶馬投資建廠之前，保時捷和敦豪也已在該地區投資建廠。同時，寶馬的投資使得東德投資促進機構柏林工業投資理事會的史蒂芬·亨寧預言，這項投資將幫助改變東德在德國西部和國際上的不良形象。他說道：「大牌公司進行這類投資表明，問題確實可以解決。」

就連工廠的設計也會帶來益處。工廠辦公樓由在伊拉克出生的獲獎建築師扎哈·哈迪德設計。在這些未來主義風格的辦公樓之間，布滿了縱橫交錯的傳輸帶。這讓工人和來訪者看到汽車在生產設施間移動穿梭。

但對寶馬來說，最大的創新在於該廠的勞動力方面。長期以來，高工資令德國汽車業在競爭中處於很大的劣勢。儘管萊比錫工廠位於東德地區，但是該廠工人的報酬將接近該行業的正常水平。

不過，該廠的工作時間將更為靈活。工廠已從今年 3 月開始生產，但要到明年才會開足產能。工人每週的工作時間將是 38 小時而不是 35 小時，同時這座工廠每週的生產時間可以從 60 到 140 小時不等，且不需要提前通知。

該安排允許寶馬對需求的漲落做出反應。當某些車型的需求多於其他車型時，寶馬還能在萊比錫和它的其他德國工廠之間轉移工人。當地失業水平長期居高不下，反應了 1990 年兩德統一以來原東德地區遭受的嚴重經濟問題。因此，IG Metall 做出讓步也是很實際的做法。但即使在這方面，寶馬也希望通過一項創新的招募政策來提供幫助。這項政策積極面向失業者和年老的工人。1/4 的工人將來自以上兩類人群。目前其最年長的新工人 61 歲。

隨著供應商們跟隨保時捷（它在萊比錫也有一家工廠）和戴姆勒克萊斯勒等公司

進入原東德地區，一個汽車業聚集地開始在那裡成長起來。對寶馬來說，這也是吸引它的一個方面。

當選擇在哪裡為 Smart 和三菱 Colt 建一家合資發動機工廠時，戴姆勒考察了 49 個地方。最終，他選定在原東德圖林根的 Kolleda 與匈牙利之間的地方建廠。戴姆勒公司表示：「如果你把大量合格工人、良好的基礎設施、靈活的勞動力等都考慮在內，那麼德國就會勝出。這表明它具有國際競爭力。」

思考題：
1. 寶馬公司在萊比錫設廠這一方案有何優勢和劣勢？
2. 為什麼當地工會向寶馬讓步？
3. 就選址決策問題談談寶馬公司在萊比錫設廠對你的啟示。

選擇地址是企業運作系統啟動的第一步。它對企業戰略的實施具有直接的影響，對企業以後的經營結果具有先天性的決定意義。對於製造企業來說，選址是其控制成本的主要決定因素；對於服務企業來說，選址是其獲得收益的主要決定因素；對於跨國企業來說，公司各部門的選址是其全球價值鏈的重要組成部分。

任務一　制定選址決策的一般程序

一、企業選址通常包括以下幾個步驟

1. 明確企業選址的優化目標，列出評價選址地點優劣的標準

一般來說，製造業選址的優化目標是追求成本最小化；服務業選址的優化目標是追求收益最大化。對於有的企業，選址目標追求靠近顧客；有的企業要靠近原材料供應地。選址的第一步就是要明確企業選址的優化目標是什麼，然後根據具體的優化目標，列出評價選址地點優劣的標準。

2. 識別選址決策所要考慮的重要因素

選址的重要因素包括市場位置、環保法規、運輸條件等。我們將在下一節詳細介紹。

3. 找出可供選擇的選址方案，並列出可供選擇的地點

（1）選擇方案。

①第一種選擇是擴建現有的廠址。當選擇這種方案時，選址工作比較簡單。需要注意的問題只是現有的廠址是否具有可擴建性，不需要考慮重新選擇廠址的問題。

②第二種選擇是在保留現有廠址的基礎上，在其他地點增加新的廠址。此時，對製造業來說，新增加的廠址不能距原廠址太遠，因為兩個廠址之間會存在業務聯繫，若距離太遠，會增加不必要的運輸費用。對服務業（如零售業）來說，新店的選址需要考慮的因素還有很多，包括交通的便利性、勞動力條件、與供應商的距離、物流配送條件、租金和稅金問題以及政府政策（主要針對外資超市）等。在通常情況下，增加新的廠址是擴張性戰略的一種反應。但是也不排除它是防禦競爭對手進入市場的防禦性戰略的體現。

③第三種選擇是放棄現有廠址，遷到新的地點。產生這種選擇的原因可能有以下三點：

一是出於環保的考慮。比如，某化工廠的廠址處於市內的優良地段，但是由於生產污染比較嚴重，這時就要考慮放棄現有的廠址，搬遷到新的地點。

二是原地址與生產或者產品特點不符合。比如，對原材料質量有嚴格要求的生產企業，廠址應該選擇在靠近原材料供應地的地方，以降低運費，得到較低的採購價格。如果現有的廠址距離原材料供應地很遠，就有必要調整廠址，搬遷到距原材料近的地址。

三是由於行業環境、自然條件、政府政策等影響選址的因素發生變化，企業不得不做出遷址的選擇。比如，原材料供應地的原材料資源已經耗盡，這時企業就不得不尋找新的廠址。

遷址要考慮的因素也有很多。比如，企業必須對遷址的成本及因此而獲得的利潤與留在原址的成本和利潤進行比較和權衡。此外，市場的轉移、運輸成本的變化等也是要慎重考慮的因素。

（2）可供選擇的地點。

在企業做出具體的選址決策之後，就要找出幾個可供選擇的地點。一般按照如下順序：先選擇一般性地區（如中國），再選擇具體地區（如華東地區、華北地區），最後選擇具體位置（如上海、北京）。

4. 選擇適宜的評價方法，評估幾種選擇並做出決策

常見的方法包括因素評分法、重心法以及線性規劃的運輸方法等。

任務二　影響選址決策的因素

前面已經介紹了制定選址的一般過程。本節將對影響選址決策的因素進行具體的介紹。

一、區域因素

區域因素主要包括原材料位置、市場位置和勞動力因素。

1. 原材料位置

企業選址對原材料供應地的遠近的考慮主要有以下幾個主要因素：原材料的可運輸性、原材料的運輸成本、原材料的需求量以及原材料的易損壞性等。原材料的可運輸性越差、運輸成本越高、對原材料的需求量越大、原材料越容易損壞，企業選址就應該靠近原材料的位置。比如，採掘廠、鋼鐵廠、造紙廠、發電廠、奶製品廠等。

2. 市場位置

企業選址對距市場位置的遠近的考慮主要有銷售成本、交易慣例等。

（1）製造業通常因為運輸、交貨期的原因，選擇靠近目標市場的位置。比如，汽車製造廠通常更靠近目標市場。一個重要的原因就是汽車在製造過程中，重量不斷增加，整車運輸的成本很高。而且隨著交貨期競爭日益激烈，很多汽車製造廠家將廠址選擇在目標市場國家。這一方面可以降低整車運輸的巨額成本；另一方面，可以縮短

交貨提前期，提高交貨速度。

（2）服務業（比如，超市、購物中心、快餐店、酒店、銀行）總是選擇人口眾多、交通便利的地點，通過提供便利的產品和服務，吸引更多的顧客。

（3）政府機構的位置應該以社區居民的需要為基礎，靠近需要服務的地區和居民。比如，郵電局、急救中心和警察局等。

接近目標市場的位置確保了生產的產品和服務能夠與顧客的需求保持高度的一致。

3. 勞動力因素

勞動力因素主要包括勞動力的年齡、工作態度、素質、薪資水平和有關法律法規等。勞動力的教育程度和技術水平必須與企業的需求相匹配。更重要的是，勞動者必須具有持續學習的熱情和能力。

（1）從企業的角度來說，技術密集型企業對勞動力技術水平的要求較高；勞動力密集型企業對勞動力水平要求較低；以低成本為競爭戰略的企業和以差異化為競爭戰略的企業，對勞動力的技術要求、薪資水平各不相同。

（2）從勞動資源的角度來說，城市勞動力與農村勞動力的素質、對工資的要求等方面有很大的差異；發展中國家和發達國家的勞動生產率、勞動力成本、勞動力素質也各不相同。

（3）勞動者的再學習能力與熱情也是企業選址時要考慮的重要因素。企業首先要明確本企業的成員是否需要具有再學習的能力和熱情，然后要考察備選地區勞動力學習能力的整體水平，最后確定兩者是否相匹配。

【案例】7-1　香港迪士尼樂園選址

香港迪士尼樂園位於青葱的大嶼山，地處竹篙灣，屬世界級家庭娛樂中心。設施包括迪士尼主題樂園、香港迪士尼樂園酒店（400間客房）、迪士尼好萊塢酒店（600間客房）以及迪欣（毗鄰3.5萬平方米的植物園，並有小艇出租）。香港迪士尼樂園是米奇老鼠、白雪公主、花木蘭與眾多迪士尼朋友的家。它們都為世界各地人民所鍾愛。不論是大人還是小朋友，只要置身其中，就可分享迪士尼獨有的想像力和創造力。

香港迪士尼樂園由華特迪士尼公司和香港特區合作興建，雇用了多達5,000名演藝人員。興建計劃於1999年正式宣布。2003年動工。香港迪士尼樂園所在的大嶼山竹嵩灣在此之前完全是一片荒蕪的生態地，沒有任何工業、商業和住宅開發。它離香港市區非常遠。美國人之所以選擇這個不毛之地，是因為迪士尼樂園本身的商業開發需要。它的酒店必須自己建、自己經營。它的商業設施具有排他性。這使得樂園周圍其他的商業設施無法搶走其壟斷性的商業利益。

香港迪士尼也有很多局限性。最大的問題是面積太小。它是全球11個迪士尼樂園中面積最小的一個。很多主題公園無法拓展。因此，上海市向國家發改委遞交迪士尼主題樂園的申請時，將首選地定在上海浦東，但最終仍要等待發改委的批文。迪士尼主題樂園項目主體可能落戶在浦東川沙新市鎮的西南面，其占地約500萬平方米，其規模將是香港的3.7倍，南匯六竈是與之相配套的地區。

因此，結合上海成為中國金融中心的預期以及迪士尼自身商業經營的需要，迪士尼選址上海，並將其作為正式進軍中國內陸市場的第一步是十分明智的。

二、社區因素

社區因素主要包括社區基本情況、公共基礎設施、環保法規和政府政策等。

1. 社區基本情況

社區基本情況是指社區的人口密度以及教育、購物、娛樂、交通、醫療收入等方面的情況。社區情況會影響企業員工的工作、生活條件，直接影響企業對員工的吸引力以及員工對企業的忠誠度。

2. 公共基礎設施

交通的便利性（如公路、鐵路、航空和海運能力）以及通信設施是至關重要的。此外，當地的自然條件、供水、供電、供煤以及排污能力也是要重點考慮的。這些因素對日後的投資、生產、運輸、服務都具有重大的影響。

3. 環保法規

今天，人們追求創造一個和諧社會。環境保護的問題日益受到人們的重視。各國、各地區都制定了保護當地居民和生態環境的環保法規和條例。因此，企業選址決策還必須包括這一點。除了對成本的直接影響外，它還將影響企業與所在社區的關係。

4. 政府政策

當地政府的政策包括是否鼓勵企業在當地羅湖的政策（如設立經濟開發區、低價出售或出租土地、稅收減免、低息貸款、授予特權、支持改建基礎設施等）或者限制企業在當地羅湖發展的政策（如設置文化和法律壁壘等）。

三、地點因素

地點因素主要包括當地的發展情況、土地情況以及運輸條件等。

與土地相關的因素有土地費用、土地的可擴展性、土壤條件、現有的設施、排水與排污能力、地理位置等。

運輸條件包括上面提到的物流運輸的便利性以及員工通勤的便利性（如距離地鐵站和公交車站的距離）。

需要說明的是，企業在不同時期的選址依據和關鍵因素不同。表 7-1 是美國廠址選擇的調查結果。

此外，在具體的選址過程中，應該具體問題具體分析。不同性質、不同類型的企業的選址依據也不同。

表 7-1　　　　不同時期影響美國企業選址的關鍵因素排序

優先順序	1973 年	1993 年
1	環境	可接近消費者和顧客
2	勞動力供應	交通運輸
3	基礎設施情況	較低的房地產成本
4	交通（主要是高速公路）	熟練工人及供應數量
5	可向農村和郊區擴展	與政府的關係
6	社區態度	較低的工資成本

表7-1(續)

優先順序	1973年	1993年
7	可低成本融資	合理穩定的設備收費率
8	土地情況	較低的生活費用
9	市場	較低的營業稅
10	稅收	文化和休閒設施

【案例】7-2 家樂福的物流選址

1. 基本情況

家樂福1995年正式進入中國市場，在很短的時間內家樂福便在相距甚遠的北京市、上海市和深圳市三地開闢了大賣場。家樂福之所以會如此進行擴張，就是因為它們各自獨立地發展了自己的供應商網路。根據家樂福自己的統計，從中國本地購買的商品占了商場所有商品的95％以上。僅2000年採購金額就達15億美元。除了已有的上海市、廣東省、浙江省、福建省及膠東半島等各地的採購網路，家樂福在2001年年底還分別在北京市、天津市、大連市、青島市、武漢市、寧波市、廈門市、廣州市及深圳市開設區域化採購網路。

2. 家樂福開拓市場的獨特方法

家樂福在開拓市場的時候形成了一套獨特的方法。下面從它的實際例子來領略其獨特性。

（1）一人開闢一個市場。家樂福開拓一個新市場的獨特方法是：每次家樂福進入一個新的地方，都只派1個人來開拓市場。進臺灣家樂福只派1個人，到中國內地也只派了1個人。這樣一種開拓市場的方法相信每一個人第一次聽到都會感到震驚，但家樂福確實是這樣做的，而且也做得很好。

（2）深入市場調查。家樂福派來的第一個人就是這個地區的總經理。他所做的第一件事就是招一位本地人做他的助理。然后，這位空投到市場上的總經理，和他唯一的員工做的第一件事，就是開始市場調查。他們會仔細地調查當時其他商店裡有哪些本地的商品出售，哪些產品的流通量很大，然後再與各類供應商談判，決定哪些商品會在將來的家樂福店裡出現。一個龐大無比的採購鏈，就這樣完完全全地從零開始搭建。儘管家樂福這種進入市場的方式粗看起來難以理解，但是這的確是家樂福在世界各地開店的標準操作手法。這樣做背後的邏輯是，一個國家或地區的生活形態與另一個國家或地區的生活形態經常是大大不同的。在法國超市到處可見的奶酪，在中國很難找到供應商；在臺灣十分熱銷的檳榔，可能在上海市一個都賣不掉。因此，國外家樂福成熟有效的供應鏈，對於以食品為主的本地家樂福來說其實意義不大。最簡單有效的方法，就是瞭解當地，從當地組織採購本地人熟悉的產品。

3. 家樂福選址所要考慮的因素

「Carrefour」的法文意思是十字路口。家樂福的選址不折不扣地體現了這一標準：幾乎所有的店都開在了路口，並且巨大的招牌500米開外都可以看得一清二楚。而像家樂福這樣一個投資幾千萬的店，當然不會拍腦袋想出店址，其背後精密和複雜的計算，常令業外的人士大吃一驚。根據經典的零售學理論，一個大賣場的選址需要考慮

以下幾個因素並經過詳細的測算。

(1) 商圈內的人口消費能力。

第一，測定商圈所覆蓋的範圍。中國目前並沒有現在的資料（GIS 人口地理系統）可資利用，因此店家不得不借助市場調研公司的力量來收集這方面的數據。有一種做法是以某個原點出發，測算 5 分鐘步行範圍、10 分鐘步行範圍、15 分鐘步行範圍。根據中國的本地特色，還需要測算以自行車出發的，小片、中片和大片半徑範圍，最后以車行速度來測算小片、中片和大片各覆蓋了什麼區域。如果有自然的分隔線，如一條鐵路線，或是另一個街區有一個競爭對手，商圈的覆蓋就需要依據這種邊界進行調整。

第二，分析商圈內人口的規模及其特徵。在分析完商圈所覆蓋的範圍后，接著需要對這些區域進行進一步的細化，計算這片區域內各個居住小區的人口規模並進行特徵調查，計算不同區域內人口的數量、密度、年齡分佈、文化水平、職業分佈、人均可支配收入等許多指標。家樂福的做法還會更細緻一些。家樂福會根據這些小區的遠近程度和居民可支配收入，再劃出重要銷售區域和普通銷售區域。

(2) 所選區域內城市的交通和周邊的商圈的競爭情況。

第一，考慮商圈內的交通狀況。交通狀況對於一個大型賣場來說很重要的。如果一個未來的店址周圍有許多的公交車，或是道路寬敞，交通方便，那麼銷售輻射的半徑就可以大為放大。上海市的大賣場都非常聰明，例如家樂福古北店周圍的公交線路不多，家樂福就乾脆自己租用公交車定點在一些固定的小區間穿行，方便這些離得較遠的小區居民上門一次性購齊一週的生活用品。

第二，對商圈內競爭對手的分析。因為未來潛在銷售區域也會受到很多競爭對手的擠壓，所以家樂福也會將未來所有競爭對手計算進去。傳統的商圈分析中，需要計算所有競爭對手的銷售情況、產品線組成和單位面積銷售額等數據，然后將這些估計的數字從總的區域潛力中減去，未來的銷售潛力就產生了。但是這樣做並沒有考慮到不同對手的競爭實力。因此家樂福在開業前，索性把其他商店的情況摸透，以打分的方法發現它們的不足之處，比如環境是否清潔、哪類產品的價格比較高、生鮮產品的新鮮程度如何等，然后依據這種精確調研結果進行具有殺傷力的打擊。

(3) 顧客群體的構成。

第一，對顧客群體的構成進行統計分析。任何一個商圈的調查不會隨著一個門店的開始營業而結束，而是隨著門店的開業繼續對顧客群體進行統計分析。家樂福在這方面特別重視。家樂福自己的一份資料指出，顧客中有 60% 的顧客在 34 歲以下，70% 是女性，然后有 28% 的人步行，45% 的人乘坐公共汽車而來。

第二，大賣場依據目標顧客的信息來調整自己的商品線。家樂福在上海市的每家店都有小小的不同。這一點最能體現家樂福的用心。例如在虹橋門店，因為周圍的高收入群體和外國僑民比較多，其中外國僑民占到了家樂福消費群體的 40%，所以虹橋店裡的外國商品特別多，如各類葡萄酒、各類肉腸、奶酪和橄欖油等，而這些都是家樂福為了這些特殊的消費群體特意從國外進口的。又如南方商場的家樂福因為周圍的居住小區比較分散，乾脆開了一個迷你商場，在商場裡開了一家電影院和麥當勞，增加自己對較遠處的人群的吸引力度；而青島的家樂福做得更到位：因為有 15% 的顧客是韓國人，所以乾脆就做了許多韓文招牌。

4. 家樂福的運作管理

（1）以商品的高流轉率進行商品的選擇。

第一，家樂福在進行商品的選擇時，重點考慮了商品的高流轉率與大批量採購的關係。高流轉率與大批量採購的一個誤區是，總以為大批量採購壓低成本是大賣場修理其他小超市的法寶，但是這其實只是「果」而非「因」。商品的高流轉率才是大賣場真正的法寶。相對而言，大賣場的淨利率非常低，一般來說只有2%~4%，但是大賣場獲利不是靠毛利高而是靠週轉快。大批量採購只是所有商場商品高速流轉的集中體現而已。而體現高流轉率的具體支撐手段，就是實行品類管理，優化商品結構。根據沃爾瑪與寶潔的一次合作，品類管理的效果使銷售額上升了32.5%，庫存下降了46%，週轉速度提高了11%。

第二，高流轉率是家樂福對商品的首選要求。家樂福選擇商品的第一項要求就是要有高流轉性。比如，如果一個商品上了貨架銷得不好，家樂福就會把它30米的貨架縮短到20厘米。如果銷售數字還是上不去，陳列貨架再縮短10厘米。如果沒有任何起色，那麼寶貴的貨架就會讓出來給其他的商品。家樂福這些方面的管理工作全部由電腦來完成，由POS機即時收集上來的數據進行統一的匯總和分析，對每一個產品的實際銷售情況、單位銷售量和毛利率進行嚴密監控。這樣做，使得家樂福的商品結構得到充分的優化，完全面向顧客的需求，減少了很多資金的擱置和占用。

（2）具體動作管理。

涉及家樂福的具體動作管理，可以用「Retail Is Detail」這句簡潔無比的英語來解釋。下面以實例來介紹：以生鮮食品為例，流動的每一個過程都要加一個控制點，從農田裡採摘下來，放在車上，放在冷庫裡，放到商場貨架上，全部要加以整理剔除和品質控制。當生鮮食品放在貨架上被第一批顧客採購了以後，還需要進一步整理。所有這一切，都需要對一些細節進行特別的關注。家樂福在這方面有一套非常複雜的程序和規則。例如，食品進油鍋的時候油溫是多少度，切開後肉類保鮮的溫度是多少度，多長時間必須要進行一次貨架清理，商品的標籤和商品新鮮度的管理，全都有詳細的規定，用制度確保「新鮮和質量」的賣點不會變形。為了使制度能夠被不折不扣地執行，員工的培訓也完全是從顧客的角度出發的，讓他們把自己當成消費者來進行採購。當作為消費者的他們看到亂成一團的蔬菜，自己也不願意買時，便對管理制度有了深刻的理解。

5. 家樂福的成功

家樂福雖然是從「一個空降兵」開始的，但是現在已經變成了15個城市裡的27個商場。轉眼間，家樂福的旗幟插上了中國各個消費中心城市的制高點。沃爾瑪「以速度搶占市場」的經典哲學被家樂福占了先機。

[案例評析]

家樂福在物流選址及運作方面的特點及啟示：

1. 本土化

緊密地與周圍的環境條件結合是家樂福選址的一個突出特點，例如環境調查人員本土化。從選址的第一步——環境調查開始，家樂福就體現了本土化的特點。它招聘本地人協助總經理瞭解當地，組建了一條新的採購鏈。

2. 與周圍環境的融合化

家樂福的選址與一般配送中心的選址是有所區別的。作為一個大型賣場，其選址要考慮其商圈人口的消費能力、顧客群體的構成以及所選區域的城市交通和周邊商圈的競爭情況。

3. 商品結構的最優化

家樂福的運作注重優化商品的結構。商品的流轉率也體現出商品物流運作的順暢程度。

4. 各運作方式的制度化

家樂福的具體營運的管理非常注重細節。員工需嚴格執行家樂福所發展的一套複雜的程序和規則。

任務三　選址方案評估

對選址方案進行評估，是選址程序的最后環節。常見的方法包括因素評分法、重心法以及線性規劃等。

一、因素評分法

因素評分法（Factor Rating System）作為一種決策技術，在現實中應用廣泛。這裡介紹因素評分法在企業選址時的應用。它的價值在於：對每個備選方案的各種相關因素進行綜合評分，從而為評估提供合理的基礎，有利於對備選地點進行比較和做出選擇。因素評分法的一個限制就是在過程中會或多或少地融入決策者的主管因素，使得根據這種方法做出的評估和決策可能不夠客觀。

因素評分法有如下五個步驟：

(1) 列出相關因素（如原材料位置、社區態度、運輸條件、環保法規等）；

(2) 對每個因素賦予一個權重，不同方案的相同因素的權重值一致，每個權重代表每個因素的相對重要性，各權重之和一般為 1.00；

(3) 給所有因素確定一個統一的數值範圍（如 1~100），並在這個範圍內對每個備選方案的所有因素進行打分；

(4) 將每個因素的得分與它的權重值相乘，再把每個方案各因素的這個乘積數相加，得到各備選方案的總分；

(5) 比較各方案的總分，選擇總分最高的地點。

【例 7-1】一個超市要新開一家分店，表 7-2 是幾個備選地點的信息。

表 7-2　　　　　　　　　　　　備選地點信息

因素(1)	權重(2)	得分（0~100）地點1(3)	得分 地點2(4)	得分 地點3(5)	加權得分 地點1 (2)×(3)	加權得分 地點2 (2)×(4)	加權得分 地點3 (2)×(5)
交通條件	0.15	100	70	80	0.15×100=15	0.15×70=10.5	0.15×80=12
附近人口	0.05	80	80	100	0.05×80=4	0.05×80=4	0.05×100=5
租金	0.30	50	90	70	0.30×50=15	0.30×90=27	0.30×70=21
面積	0.05	40	80	60	0.05×40=2	0.05×80=4	0.05×60=3
社區繁華	0.20	90	60	80	0.20×90=18	0.20×60=12	0.20×80=16
已有超市	0.15	80	90	60	0.15×80=12	0.15×90=13.5	0.15×60=9
停車場	0.10	50	80	100	0.10×50=5	0.10×80=8	0.10×100=10
合計	1.00				71	79	76

可見，這三個地點的總分差距不大，但是地點 2 的總分略高於其他兩個地點的總分。如果沒有其他情況，按照因素評分法，將選擇地點 2 作為分店的地址。

二、重心法

重心法（Center of Gravity Method）主要用於選擇配送中心或中轉倉庫。為了使分銷成本達到最低，它把分銷成本看成運輸距離和運輸數量的線性函數，求得使分銷成本最低的位置，作為目的地（重心）。

重心法的假設是：在同一種運輸方式下，運輸數量不變，運輸單價相同。

重心法的步驟如下：

（1）建立坐標系，確定各地點在坐標系中的相對位置。

（2）運用計算公式，計算出重心的模擬坐標值，並在坐標系中找到相對應的位置，一般計算如下：

$$C_x = \sum d_{ix}V_x / \sum V_x \qquad C_y = \sum d_{iy}V_y / \sum V_y$$

式中：C_x——重心的橫坐標；

C_y——重心的縱坐標；

d_{ix}——第 i 地點的橫坐標；

d_{iy}——第 i 地點的縱坐標；

V——第 i 地點運往目的地的運輸量。

$$C_x = \sum d_{ix}/n; \qquad C_y = \sum d_{iy}/n$$

式中：n——可選擇的地點數。

【例 7-2】某大型超市要在 A、B、C、D 各個分店之間建立一個配送重心 M。各分店的分佈及其到配送重心的物流量如圖 7-1 和表 7-3 所示，問 M 應設在何處？

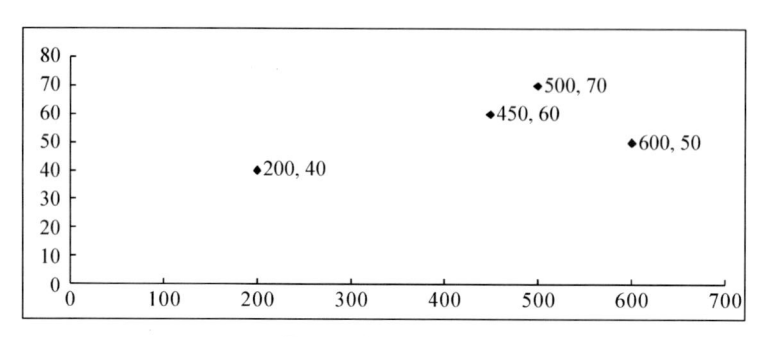

圖 7-1　各分店的分佈

表 7-3　　　　　　　　　　　各分店的分佈

位置	各分店到配送中心的物流量
A（200, 40）	1,000
B（450, 60）	500
C（500, 70）	1,500
D（600, 50）	2,000

解：用重心法求 M 的坐標值 C_x 和 C_y：

$C_x = (40 \times 1,000 + 60 \times 500 + 700 \times 1,500 + 50 \times 2,000) / (1,000 + 500 + 1,500 + 2,000)$
$= 55$

中心的分佈如圖 7-2 所示。

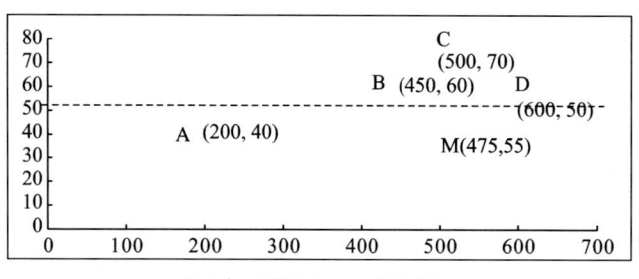

圖 7-2　配送中心 M 的位置圖

三、線性規劃法

線性規劃法可以幫助企業找到成本最小、利潤最大的選址方案。這種方法適用於這樣的情況：從多個地點出發，運輸貨物到達多個不同的目的地。

線性規劃法的步驟如下：

(1) 建立目標函數；

(2) 建立約束方程；

(3) 求解；

(4) 運用求解結果以及已知的運輸成本，計算總成本，並在各備選方案中進行比較，選擇使總成本最小的方案。

【案例】7-3　大方超市選址方案

一、零售業發展現狀

20世紀90年代以來，中國的零售業正經歷著一場深刻的變革。它不僅使零售業成為經濟發展的熱點行業，而且對整個流通業乃至經濟運行方式都產生了積極影響。這種變化和影響主要表現在如下三個方面：

（1）國內零售市場容量迅速擴大。社會商品零售總額從1990年的8,300億元增加到2003年的45,842億元。這意味著中國的零售市場規模每4年左右就要翻一番。中國已成為亞太地區乃至全世界最具增長潛力的市場之一。

（2）連鎖經營方式成功導入。超級市場、便利店、專賣店、倉儲式商場等新的業態形式層出不窮。近幾年連鎖經營在大中城市、沿海經濟發達地區發展很快，並受到消費者和經營者的普遍認同。2003年年底，全國各種形式的連鎖公司已達5,000多家，經營網點100,000多家。連鎖企業的銷售額逐年提高，2003年增長52%。1996年，上海市、北京市連鎖企業實現的銷售額占當地社會商品零售總額的比重分別達到30%和18%。

（3）新的經營理念、行銷方式、管理手段和管理技術被零售業率先採用，並向整個流通業傳播。POS系統、電子訂貨系統的業務流程、管理方式發生了變化，引發了國內以流通社會化、現代化和逐步與國際市場接軌為主要內容的流通革命。零售業作為流通的最終通道，對上游產業的拉動作用和主導化趨勢日益明顯。2000年以來，我國消費品市場的增幅已連續三年超過同期國民生產總值的增幅。國內市場對國民經濟增長的貢獻率穩步提高。經濟增長由原來的投資驅動、生產導向逐漸轉向消費驅動和市場導向。流通產業對國民經濟和產業結構調整的相關作用增強。

從發展角度看，中國零售業的變革還只是處在起步階段。伴隨中國經濟的發展和活躍人口（即人均年收入800美元以上居民）數量的增加，國內零售業今後的發展空間十分廣闊，變化的節奏會進一步加快，內涵也會更加豐富。

二、企業概況

大方株式會社是日本的一家大型零售企業，是日本國內的大型零售類企業。早在1994年，日本大方就在中國大陸的北京市、上海市等大城市開設了數家分店。由於大方超市具有貨物全、深入社區等特點，開業以來，在各地都取得了很滿意的效果，也獲得了不菲的收入。

大方於1995年進入雙水市，並於當年建立了3家分店。大方超市槐花路店成立於2000年，占地面積達1,500平方米，淡季客流量為1,500人左右，日常客流量為2,000~3,000人，高峰期時達5,000~6,000人。和大方所有分店一樣，這是一家貨物品種齊全的中型綜合類超市。該超市的周邊是居民密集區，附近又設有大型的綜合類超市。因此，自開業以來，這漸漸成為了附近居民購物的首選地。同時，它又帶動了周邊的商業發展。現在在大方超市的附近，已經形成了一個有特色的、以大方超市為中心的商業圈。

大方超市和沃爾瑪、麥德龍等國際著名大型超市相比，在貨物品種方面和價格方面毫不遜色，同時，又具有自己的鮮明特點。首先，很多大型超市受其規模限制只能在郊區等居民少、地價較低的地區開店，影響了居民購買。而大方超市分店一般以中

型店面為主，使得該超市可以深入居民聚集區，「開在居民最需要的地方」，更加方便居民就近購買日常商品，吸引了很多顧客。其次，大方超市背後的大方株式會社，為了保證貨物的質量和價格，一般採用集團採購方式，在全國範圍內通過招投標，選取最低價的供貨商。這種方式能使成本達到最低水平。

這些因素使得大方超市能在家樂、麥德龍、沃爾瑪等大型超市的包圍下生存且不斷發展。

三、大方超市的選址規劃

1. 商圈理論

周圍有多少潛在顧客才可開設1家超市？2,000戶的住宅小區可開設1家600~800平方米的小型超市；10,000戶的住宅小區可開設1家2,000平方米的中型超市。

(1) 小型超市（120~400平方米）選址的理想地點。

小型超市的店址一般設在居民聚集區或小型商業區。顧客步行10分鐘，乘或騎車幾分鐘就可到達。

(2) 中型超市（400~2,500平方米）選址的理想地點。

中型超市的店址一般選在都市中小型的商業區，距離居民區只有步行10分鐘或駕車5分鐘左右的距離，還配有停車場及自行車和摩托車的停車位。

(3) 大型超市（2,500平方米以上）選址的理想地點。

大型超市一般選址在城市經濟比較發達的中心商業區，顧客流量大、購買頻率高，有利於實現超市低價格、大銷量的行銷策略。一般應配備大型的停車場，還必須配備自行車和摩托車存車處。

大方超市槐花路店位於雙水市雙橋道與湖山路交口，距這一地區的主幹道閩江道僅百餘米。它的對面就是公交26，78，38路的總站。又有303，374，367，904，5路在此設有停靠站。此店交通便利，便於市民光顧。它的東面、南面、西面有天秀里、地秀里、星光花園等十余處居民居住地，居民需求量大、購買力強。並且顧客以中青年的居民為主。他們除了為自己消費外，還為其子女消費。它的后面就是湖山路中學，西面以及東北有兩所高校。這使它在商品採購上除了日常生活必需品外，還要有適當的前衛商品及文教用品。同時在它的周圍又設有大中型超市，主要是零星的小販和雜食店。

2. 大方超市與其他大型連鎖超市的選址對比分析

國外的大型超市在進入一個新地方的時候，一般都只派1個人來開拓市場。例如，家樂福在進駐臺灣時只派了1個人，到中國內地也只派了1個人。1995年9月11日，家樂福的企劃行銷部總監羅定中用這句令記者吃驚不已的話做他的開場白。

羅解釋說，這第一個人就是這個地區的總經理。他所做的第一件事就是招一位本地人做他的助理。然后，這位空投到市場上的總經理，和他唯一的員工做的第一件事，就是開始市場調查。他們會仔細地去調查當時其他商店裡有哪些本地的商品出售，哪些產品的流通量很大，然后再與各類供應商談判，決定哪些商品會在將來家樂福店裡出現。一個龐大無比的採購鏈，完完全全從零開始搭建。

(1) 二者的相同點。

第一，計算商圈內的人口。傳統的商圈分析中，需要計算所有競爭對手的銷售情況、產品線組成和單位面積銷售額等情況，然後將這些估計的數字從總的區域潛力中

減去，未來的銷售潛力就產生了。但是這樣做並沒有考慮到不同對手的競爭實力，因此有些商店在開業前索性把其他商店的短板摸透，以打分的方法發現他們的不足之處，比如環境是否清潔，哪類產品的價格比較高，生鮮產品的新鮮程度如何等，然後依據這種精確的調研結果進行具有殺傷力的打擊。中國目前並沒有現有的資料（GIS 人口地理系統）可資利用，因此店家不得不借助市場調研公司的力量來收集這方面的數據。有一種做法是以某個原點出發，測算 5 分鐘的步行距離會到什麼地方，然後是 10 分鐘步行會到什麼地方，最后是 15 分鐘會到什麼地方。根據中國的本地特色，還需要測算以自行車出發的小片、中片和大片半徑，最后以車行速度來測算小片、中片和大片各覆蓋了什麼區域。

如果有自然的分隔線，如一條鐵路線，或是另一個街區有一個競爭對手，商圈的覆蓋就需要依據這種邊界進行調整。然後，需要對這些區域進行進一步的細化，計算這片區域內各個居住小區的人口規模並開展特徵的調查，計算不同區域內人口的數量和密度、年齡分佈、文化水平、職業分佈、人均可支配收入等許多指標。

第二，需要研究這片區域內城市交通和周邊的商圈的競爭情況。如果一個未來的店址周圍道路寬敞、交通方便，那麼銷售輻射的半徑就可以放大。根據這些小區的遠近程度和居民可支配收入，再劃定重要銷售區域和普通銷售區域。

（2）二者的不同點。

大方屬於小型連鎖超市；而家樂福屬於大型連鎖超市：小型超市的店址一般設在居民聚集區或小型商業區，顧客步行 10 分鐘，乘車或騎車幾分鐘就可到達。而大型超市的選址更為複雜，我們在這裡不詳細闡述。

思考題：

1. 根據上面所描述的大方超市的選址決策，試分析其決策是否合理，並總結出決定選址規劃的因素有哪些，還有哪些因素未考慮？

2. 如果你是一家與大方超市相類似的超級市場的市場部主管，你在進行一家新店選址的時候，會考慮哪些因素？

【案例】7-4　某特殊鋼材股份有限公司選址方案

一、行業背景

2004 年我國生產鋼 27,279.79 萬噸，比上年增長 22.7%；生產生鐵 25,185.05 萬噸，增長 24.12%；生產鋼材（含重複材）29,723.12 萬噸，增長 23.29%。2004 年按鋼計算的直觀消費增長率由 2003 年的 25.8% 降到了 10.71%。根據我們對社會鋼材庫存的調查，由於社會庫存的大量減少，鋼材實際消費增長率在 13% 左右，比上年回落 12.8 個百分點。

由於 2004 年鋼材、鋼坯進口減少，出口增加，把淨進口鋼材和淨出口鋼坯折算成鋼全年淨進口。2004 年鋼全年淨進口約 1,383 萬噸，比 2003 年的淨進口鋼 3,655 萬噸，減少了 2,272 萬噸，下降了 62.16%，即 2004 年增加的鋼產量中有 45% 是用於頂替進口和擴大出口的。這是具有重大意義的轉折。這一方面說明這幾年鋼鐵工業發展總體上是健康的、積極的且卓有成效的，另一方面也提示我們，鋼鐵工業進一步擴大產能的空間比以前縮小了。

對我國鋼鐵行業而言，2005 年是我國鋼鐵工業實現歷史性轉折關鍵的一年。2005

年我國鋼產量將達到或超過 3 億噸，這將是一個歷史的大跨越。它標誌著今后的發展必須更加謹慎，必須由注重數量的增長，轉向更加注重增長質量的提高和結構的優化，更加注重全面、協調、可持續的發展。

二、公司隸屬的某特鋼集團簡介

於 2003 年 3 月完成重組的某特鋼集團聚集了老工業基地三家最著名的特鋼企業（A、B、C）。這一具有突破性的聯合重組，被人們形容為伸開的指頭握成了一個拳頭。

重組后的該集團，運轉僅一年，就顯示了強勁的發展勢頭。集團工業總產值比重組前的 2002 年增長了 50%，鋼產量突破 120 萬噸，銷售收入增長 40%。重組后，集團引入原 A 集團公司的改革和管理模式，並加快整合市場資源。僅一次統一公開招標採購耐火材料就降低了 18% 的採購成本。原 A 集團加工能力大於冶煉能力 30 萬噸，而原 B 集團冶煉能力則大於加工能力 30 萬噸。如果兩家各自進行配套改造至少需要十幾億元。現在每月從 B 調 1 萬噸鋼坯到 A，使兩個企業的設備能力都得到充分發揮。

集團下屬某特鋼連軋廠 1995 年從義大利引進的連軋機控冷設備，由於工藝原因，達不到設計能力，一直成為連軋廠生產的瓶頸。集團成立后，該瓶頸被一舉突破。去年，該特鋼股份公司質量損失金額同比下降幅度超過 80%。

通過改造，這條線生產的油杆鋼將從過去的 C 級提高到高檔的 H 級。今后，公司將通過技術創新，加快品種的結構調整，從而提高連軋線生產的軸承鋼、汽車用鋼等在國內、國際市場的品牌地位。

三、企業簡介

某特殊鋼股份公司（原某鋼廠）始建於 1937 年，是我國大型特殊鋼重點企業和軍工材料研發及生產基地，現隸屬於某特殊鋼集團有限責任公司全資子公司。新中國成立后，該公司先后為我國冶煉出了第一爐不銹鋼、第一爐超高強鋼、第一爐高速鋼、第一爐高溫合金。該公司為我國第一顆人造地球衛星、第一枚導彈、第一艘潛水艇和多項國家重點工程、國防工程提供了大批關鍵的特殊鋼新型材料。該公司現承擔國家黑色冶金工業科研項目、重點航天航空材料用量的 50% 以上。該公司公開發行股票 1.2 億股，募集資金 633,920,000 元，投入 2 號超高功率電爐技術改造項目、6,000 標準立方米制氧機技術改造項目及銀亮材深加工技術改造項目。

公司主要從事軸承鋼、齒輪鋼、工模具鋼、不銹鋼及溫合金等特殊製品的開發、生產和銷售。公司的主要工藝裝備有由 50/60 噸超高功率電爐、60 噸 LF/VD 爐外精煉爐、一機四流合金制方坯連鑄機和 24 架合金鋼連軋機組成的具有當今國際先進水平的「四位一體」短流程合金鋼棒材生產線；有 30/60 噸 VOD/VHD 爐外精煉爐、八五零和六五零軋機、精快鍛機、方扁制精軋機及各種先進的檢測設備。公司目前有國家級技術中心，有密集的高科技人員，其生產研究與開發囊括了特殊鋼的高新領域，具備年產特殊鋼 85 萬噸、特殊鋼材 65 萬噸以上的生產能力，並具有廣闊的市場發展空間。

四、企業的選址決策

該公司在選址上主要考慮以下幾個因素：

1. 能源優勢

（1）公司主要實體鋼廠採用電爐冶煉工藝，對電力資源需求量大。因而選擇此地是為了利用當地電力資源。

（2）在鋼材加工過程中，加熱能源在當時主要是煤炭，因而此地的選擇正是利用

了當地出產優質煤炭的優勢。

2. 交通便利優勢

鋼廠建立在長大鐵路沿線。當時長大鐵路是侵華日軍軍用物資主要運輸線路之一。

3. 水源優勢

由於鋼鐵企業耗水量大，因此鋼廠建立在渾河邊，方便取用水。

隨著鋼廠的發展，鋼廠選址的優勢日益弱化，劣勢日趨明顯。主要有：

（1）可擴展性不強。鋼廠老廠區東臨某鋁廠，西接某礦機修廠，南靠矸子山，北接長大鐵路，面積小，難以滿足企業的發展需要。因此，不得不在礦機修廠西側開闢發展新廠區。東西兩廠區之間被礦機修廠隔斷。這不利於物資運輸與調配，無形加大了生產成本。

（2）隨著電力建設的發展，鋼廠所在地電力已經無優勢可言。同時，當地煤炭日漸枯竭，其煤炭資源優勢已蕩然無存。

思考題：
1. 請從該特鋼公司的選址方案總結出選址規劃的因素。
2. 試分析該企業的選址決策是否合理。

【案例】7-5　沃爾瑪選址案例分析

一、沃爾瑪公司簡介

沃爾瑪公司（Wal-Mart Stores, Inc.）（NYSE：WMT）是一家美國的世界性連鎖企業，以營業額計算為全球最大的公司，其控股人為沃爾頓家族。總部位於美國阿肯色州的本頓維爾。沃爾瑪主要涉足零售業，是世界上雇員最多的企業，連續三年在美國《財富》雜誌全球500強企業中居首位。沃爾瑪百貨有限公司由美國零售業的傳奇人物山姆‧沃爾頓先生於1962年在阿肯色州成立。經過四十多年的發展，沃爾瑪公司已經成為美國最大的私人雇主和世界上最大的連鎖零售企業。目前，沃爾瑪在全球15個國家開設了超過8,000家商場，下設53個品牌，其員工總數達210多萬人。每週光臨沃爾瑪的顧客2億人次。

二、沃爾瑪超市的選址可行性分析

對於零售企業來說，選址是關係到企業成敗的一個重要環節。廣告、價格、顧客服務、產品及服務種類都能夠隨著環境的變化較迅速地做出調整。相比之下，商店選址可以說是零售戰略組合中靈活性最差的要素。零售商店的選址因為本身資金投入大，同時又與企業后期經營戰略的制定，以及為適應消費趨向變動所做的經營決策的調整息息相關，所以很容易受到長期約束。

對於沃爾瑪而言，假如它為追求投資最小化選擇租賃的方式，而不是購買土地自己新建，它的投入仍然會是一筆很大的開銷。因為除在合同期內需要支付租金以外，沃爾瑪還需在照明、固定資產、門面等方面投入。對於沃爾瑪這樣的連鎖零售店來說，由於其大多數的單店規模較大，位置固定，資金投入量大，合同期長，因此不可能輕易搬遷，也不太可能輕易改變經營方式。而如果沃爾瑪自己購買土地新建商店，更難以變動。合適的買主通常很難尋找，需要花數月，甚至更長時間。一家商店若搬遷，會面臨許多潛在問題：首先，可能流失一部分忠誠的顧客和員工，搬遷距離越遠，損失越大；其次，新地點與老地點的市場狀況不同，可能需要對經營策略進行調整；最

后，商店的固定資產及裝修不可能隨遷，處理時如果估價不當，也會造成資產流失。

這些因素使零售商店的選址變得異常重要，特別是外資零售企業在這方面表現得極為慎重。沃爾瑪在進入中國之前，就對中國市場進行了長達數年的、深入的、細緻的市場調查。其實早在1992年，沃爾瑪就已經獲准進入中國。但是沃爾瑪在1996年才在深圳落戶。在進入中國之前它一直在對當地商圈的交通、人口、競爭狀況和市場發展格局進行考察，以便於選擇一個好的店址。

隨著越來越多的店鋪的開發，沃爾瑪總結出了一套自己的選址經驗，並在新店的選址過程中應遵循一些原則。

(一) 遵循的原則

1. 從連鎖發展計劃出發

沃爾瑪設立門店要從發展戰略出發，通盤考慮連鎖發展計劃，以防設店選址太過分散。沃爾瑪門店分佈有長遠規劃，並且具有一定的集中度。這有利於總部實行更加精細科學的管理，節省人力、物力、財力，而且每一個門店的設立都為整個企業的發展戰略服務。

2. 選擇經濟發達的城鎮

經濟發達、居民生活水平較高的城市是零售商店的首選地。因為在這些城市人口密度大，人均收入高，需求旺盛，工商業發達，所以零售店在當地有較高的發展水平。有研究報告指出，有沃爾瑪折扣店的小鎮，一般比沒有折扣店的小鎮經濟更發達。在這樣的城鎮中沃爾瑪會保證自己有充足的客源。

3. 選擇城鄉接合部

以中小零售店和居民為主要目標市場的山姆會員店，其店址一般都選在遠離市中心的城鄉接合部，或在次商業區或新開闢的居民區中，且在該商場周圍要有20萬~30萬人的常住人口。這樣的地點也一般應具備這樣兩個條件：第一，該地點的土地價格和房屋租金要明顯低於市中心，土地價格一般為市中心的1/10以下。這樣減少了零售店投資，降低了營運成本，為沃爾瑪倉儲式零售店的低價格銷售創造了條件。第二，要符合城市發展規劃，與城市拓展延伸的軌跡相吻合。這使城市的發展為倉儲式零售店帶來大量客流量，降低了投資風險。

4. 交通便利性

主要需要瞭解兩方面的情況：一是該地是否接近主要公路，交通網路能否四通八達，商品從火車站、碼頭運至商店是否方便，白天能否通過大型貨車，因為大城市普遍對大型貨車實行運輸管制，中心區許多街道不允許貨車通過，有的只允許夜間通行。二是該地是否有較密集的公交汽車路線，商店附近各條公交路線的停主點能否均勻、全面地覆蓋整個市區。

5. 可見度

可見度用來衡量店鋪被往來行人或乘車者所能看到的程度。該店的可見度越高，就越容易引起客流的重視，他們來店裡購物的可能性越大。因此，沃爾瑪選址時要選擇可見度高的地點，一般都會選在兩面臨街的十字路口或三岔路口。

6. 適用性

如果要徵用土地建房子，沃爾瑪就要考慮土地面積形狀與商店的類型能否相符。若租用現成的房子，就要考慮建築的構造、材料、立面造型及其可塑性。沃爾瑪倉儲

式零售店貨架比一般商場高，相應地要求建築物的層高也比較高。同時還要瞭解城市建設發展規劃有關要求，詳細瞭解該區的交通、市政、綠化、公共設施、住宅建設或改造項目的近期和遠期規劃。

在以上這些原則的指導下，沃爾瑪對事先擬定的地點做市場調查。調查的主要方面包括如下三個方面。

（1）城市結構：交通條件、地形地貌。

（2）商業結構：銷售動態、零售商店的種類和經營方式、競爭的飽和度情況分析。

（3）人口特徵：人口的數量和密度、年齡分佈、文化水平、職業分佈、人口變化趨勢、人均可支配收入、消費習慣。

（二）其對選址的要求

1. 對商圈的要求

（1）在項目 1.5 千米範圍內人口達到 10 萬以上為佳，2 千米範圍內常住人口可達到 12 萬~15 萬人。

（2）須臨近城市交通主幹道，至少雙向四車道，且無綠化帶、立交橋、河流、山川等明顯阻隔為佳。

（3）商圈內人口年齡結構以中青年為主，收入水平不低於當地平均水平。

（4）項目周邊人氣旺，道路與項目銜接性比較好，車輛可以順暢地進出停車場。

（5）核心商圈內（距項目 1.5 千米）無經營面積超過 5,000 平方米的同類業態為佳。

2. 對物業的要求

（1）物業縱深在 50 米以上為佳，原則上不能低於 40 米，臨街面不低於 70 米。

（2）層高不低於 5 米，對於期樓的層高要求不低於 6 米，淨高在 4.5 米以上（空調排風口至地板的距離）。

（3）樓板承重在 $800KG/m^2$ 以上；對期樓的要求為 $1,000KG/m^2$ 以上。

（4）柱距間要求 9 米以上，原則上不能低於 8 米。

（5）正門至少提供 2 個主出入口，免費外立面廣告至少 3 個。

（6）每層有電動扶梯相連，地下車庫與商場之間有豎向交通連接。

（7）商場要求有一定面積的廣場。

3. 對停車場的要求

（1）至少提供 300 個以上地上或地下的顧客免費停車位。

（2）必須為供應商提供 20 個以上的免費貨車停車位。

（3）如商場在社區邊緣需做到社區居民和商場客流分開，同時為商場供貨車輛提供物流專用場地。40 尺貨櫃車轉彎半徑為 18 米。

4. 其他

（1）市政電源為雙向回呼或環網供電或其他當地政府批准的供電方式。總用電量應滿足商場營運及司標廣告等設備的用電需求。備用電源應滿足應急照明、收銀臺、冷庫、冷櫃、監控、電腦主機等的用電需求，並提供商場獨立使用的高低壓配電系統、電表、變壓器、備用發電機、強弱電井道及各回路獨立開關箱。

（2）配備完善的給排水系統，提供獨立給排水接駁口並安裝獨立水表。給水系統應滿足商場及空調系統日常用水量及水壓使用要求。儲水量應滿足市政府停水一天的

商場用水需求。

(3) 安裝獨立的中央空調系統。空調室內溫度要求達到 24 度正負度標準。

(4) 物業租賃期限一般為 20 年或 20 年以上，不低於 15 年並提供一定的免租期。

這樣複雜的決策過程使許多地點方案難以通過，但是這些分析決策的選址使沃爾瑪取得了很好的業績。正如山姆·沃爾頓說的：「我們不僅希望處於一條合適的街道上，而且還要求位於這條街道合適的一側。」山姆認為，在某個小鎮裡開店並不意味著市場範圍就只局限於這個小鎮之內。實際上，假如店址選得對，它還將吸引更多的外地顧客。比如，人們最初只是驅車經過而發現了沃爾瑪的招牌，接著就會開始認識這家商店，最後往往就變成了沃爾瑪的顧客。這一結果也許在很短的時間內就發生了，也可能要等上一段時間，但不管怎麼說，它幾乎總能實現。因此當沃爾瑪進入一些所謂的新市場時，實際上這些地區往往已經存在著一批它的忠實顧客了。在每一個選址前的考察，是調研時選址的關鍵。這種詳盡的選址計劃使沃爾瑪擁有了大量的客流。可以說，對於每一個選址的選擇，沃爾瑪都占盡了天時、地利、人和。

三、沃爾瑪商圈分析

商圈，是指以零售店所在地為中心，沿著一定的方向和距離擴展的、能吸引顧客的範圍。簡單地說，商圈就是來店顧客所居住的地理範圍。商圈包括三個層次，即中心商業圈、次級商業圈和邊緣商業圈。

商圈分析是指對商圈的構成、特點和影響商圈規模變化的各種因素進行綜合性的研究，也稱為商圈實務，主要包括需求狀況分析和競爭狀況分析兩個方面。

(一) 需求狀況分析一般從人口與商業氣候兩處入手

1. 人口分析

人口分析，是對人口總量、密度、年齡分佈、平均教育水平、居住條件、總的可支配收入、人均可支配收入、職業分佈、人口變化趨勢和消費習慣、交通的便利性以及到城市購買商品的鄰近農村地區顧客數量和收入水平的分析。

在店址選擇上，沃爾瑪也以方便顧客購物為首要考慮因素。沃爾瑪選址在可迅速到達的人口密度大的地方。在項目 1.5 千米範圍內人口達到 10 萬以上為佳，2 千米範圍內常住人口可達到 12 萬~15 萬人。商圈內人口年齡結構以中青年為主，收入水平不低於當地平均水平。人口可支配收入較多為最宜且有很好的消費習慣，習慣消費。

交通便利，臨近城市交通主幹道，至少雙向四車道，項目周邊人氣旺，道路與項目銜接性比較順暢，車輛可以順暢地進出停車場。

2. 商業氣候分析

商業氣候分析，是對主導產業及產業多角化程度等的分析。通過這些分析，商場可掌握商圈內是否存在產業、是什麼產業以及會給商圈帶來什麼影響。

沃爾瑪主導競爭力是天天平價的產品，以「幫顧客節省每一分錢」為宗旨，實現了價格最便宜的承諾。同時沃爾瑪也向產業多角化發展，提出了「一站式」購物新概念。

在沃爾瑪，消費者可以體驗「一站式」購物（One-Stop Shopping）的新概念。在商品結構上，它力求富有變化和特色，以滿足顧客的各種喜好。其經營項目繁多，包括食品、玩具、新款服裝、化妝用品、家用電器、日用百貨、肉類果菜等。另外，沃爾瑪為方便顧客還設置了多項特殊的服務類型。免費停車就是其中之一。例如，深圳

的山姆店營業面積 12,000 多平方米，有近 400 個免費停車位，而另一家營業面積達 17,800 多平方米的沃爾瑪購物廣場也設有約 150 個停車位。沃爾瑪將糕點房搬進了商場，更設有「山姆休閒廊」。所有的風味美食、新鮮糕點都給顧客在購物勞頓之余以休閒的享受。店內聘有專業人士為顧客免費諮詢電腦、照相機、錄像機及其相關用品的有關情況，有助於減少盲目購買帶來的風險。店內設有闌克施樂文件處理商務中心，可為顧客提供包括彩色文件製作、複印、工程圖紙放大縮小、高速文印在內的多項服務。一次購物滿 2,000 元或以上，沃爾瑪皆可提供送貨服務，在指定範圍內每次 49 元（因為商品價格中不含送貨成本）。另外，深圳山姆店辦理一切移動電腦售機業務。移動局銷售的所有機型的價格均比其他代辦網點便宜 100 元；它還代理銷售潤訊的通信產品，代收各類機型的臺費。各種中文機、數字機均比市面其他潤訊網點便宜 50 元。

在社會環境方面，沃爾瑪在自己國家會享受鼓勵優惠等，但是在國外發展時會受到當地政府一些政策的影響，因為當地政府會保護國內企業的發展。

物業租賃期限一般為 20 年或 20 年以上，不低於 15 年並提供一定的免租期。

（二）競爭狀況是指零售商業之間的「競—合」關係及其對顧客的影響

就選購商品而言，顧客通常願意去一個有兩家或更多家商店的地方，以便進行挑選和價格比較。如果一個城市裡有三家商店競爭銷售相同的商品，那麼集中在一起的兩家商店比離開一段距離的另外一家商店更具有優勢。因為消費者還是願意到能夠進行貨物比較的地方購物（除非實力雄厚的零售商能使潛在的消費者確信比較購物毫無必要，那他就可以利用孤店租金較低的優勢，經銷品種齊全、價格更低的商品）。另外，當店址周圍有多種商店類型協調並存，形成相關商店群時，往往會對經營產生積極影響，如經營相互補充類商品的商店相鄰而設，就可在方便顧客的同時，擴大自己的銷售。

（1）商業信譽。沃爾瑪是全球零售業巨頭，其產品質量、服務都是非常好的，且商品價格低。沃爾瑪是信譽很好的商店，其商圈規模比同行業其他商店大。

（2）成本費用。沃爾瑪超市的口號是：天天低價！沃爾瑪超市能夠把低價作為主要競爭手段，來自於規模經濟性導致的成本領先，主要體現在賣場規模和採購規模這兩個環節。自身的原因是採購成本、物流成本、配送成本等成本低。

（3）物流與供應鏈管理。沃爾瑪在節省成本以及在物流配送系統與供應鏈管理方面取得了巨大的成就。與先進的信息技術應用有機結合，成本低，作業方式先進，迅速。

（4）經營規模。商店的經營規模越大，商品經營範圍越廣，花色品種越齊全，其吸引顧客的空間範圍越大。

（5）競爭商店位置。相互競爭的商店之間的距離越大，它們各自的商圈也越大。但是，有時相互競爭的商店毗鄰而設，顧客因有較多的選擇而被吸引過去，則商圈也可能會因競爭而擴大。

（6）勞動力保障。善待員工，公平對待。在沃爾瑪的整體規劃中，建立企業與員工之間的夥伴關係被視為最重要的部分。這種以人為本的企業文化理念極大地激發了員工的積極性和創造性。員工為削減成本出謀劃策，設計別出心裁的貨品陳列，還發明了靈活多樣的促銷方式。

（7）促銷活動。商店通過各種促銷手段擴大其知名度和影響力，吸引更多的邊緣

商圈顧客慕名光顧，從而使其商圈規模擴大。

（8）競爭情況。競爭情況主要包括：現有商店的數量、現有商店的規模分佈、新店開張率、所有商店的優點與弱點、商店的短期和長期變動以及飽和情況等。任何一個商圈都可能會處於商店過少、過多和飽和的情況。商店過少的商圈內只有很少的商店提供滿足商圈內消費者需求的特定產品與服務；商店過多的商圈，有太多的商店銷售特定的產品與服務，以致每家商店都得不到相應的回報。一個飽和的商圈的商店數目恰好滿足商圈內人口對特定產品與服務的需要。飽和指數表明一個商圈所能支持的商店不可能超過一個固定數量，樂購、家樂福等都是沃爾瑪強大的競爭對手，不可忽視。但是沃爾瑪天天平價，質量有保證等具有極大的競爭力。

對商場來講，商圈分析有重要的意義。它有助於企業選擇店址，即在符合設址原則的條件下，確定適宜的設址地點。因為商場在選擇店址時，總是力求以較大的目標市場，來吸引更多的目標顧客。這首先就需要經營者明確商圈範圍，瞭解商圈內人口的分佈狀況以及市場、非市場因素的有關資料。在此基礎上，進行經營效益的評估，衡量店址的使用價值，按照設址的基本原則，選定適宜的地點，使商圈、店址、經營條件協調融合，創造經營優勢。

四、沃爾瑪的商業區位選擇及商圈實務

（一）不同空間尺度的沃爾瑪商業區位的選擇

（1）從宏觀角度來看，沃爾瑪作為全球最大的零售跨國企業，其在全球的分佈是廣泛的。

就其在中國的分佈來看，呈「沿海—中部—西部」三級梯度的分佈模式。其中廣東、福建、浙江三省為全國沃爾瑪布點最多的省，而且集中分佈於東南沿海地區；中部各省都有分佈，但數目較少；而廣大的西部地區沃爾瑪的足跡還未涉及。到目前為止，新疆維吾爾自治區、西藏自治區、青海省、甘肅省、陝西省、寧夏回族自治區、內蒙古自治區等還沒有沃爾瑪的零售點。

（2）從中觀角度看，沃爾瑪在浙江省的分佈又不同於廣東省、福建省這樣的沿海省份。廣東、福建省境內沃爾瑪集中分佈於沿海一帶城市，而在浙江省其分佈具有明顯的中西部傾斜的趨勢。可以說，在浙江省整個範圍內沃爾瑪的佈局比較均衡。若完成金華市、嘉興市、寧波市、衢州市和杭州市的布點，沃爾瑪就基本覆蓋了浙江省的大部分地區。

（3）從微觀角度來看，2006年6月22日，沃爾瑪進駐金華，成為浙江沃爾瑪首店。在符合沃爾瑪進軍的「二線模式」下，沃爾瑪在金華的選址定在了穿越金華市整個城區中心的婺江的北岸，也在整個市區的幾何中心上（八一北街與婺江路交匯的十字路口處）。

（二）沃爾瑪在金華市商圈的界定

在沃爾瑪的商圈分析中，調查的主要內容包括商店所在地的人口總數、客流量、消費水平、營業額預計值、競爭對手情況等資料。

從分析中看出，金華沃爾瑪的核心商圈北與浙贛鐵路相交，與環城北路鄰近，附近有五星公園等設施；南則與中洋購物中心、福泰隆廣場等商場接壤；西邊至金華九中、汽車西站和火車西站；東邊則可以到下沿和清風公園，有一個半徑大致為2千米的圓，人數占了消費人群的75.85%。這個範圍幾乎囊括了金華大半個市區的。金發廣

場等人流聚集地也在其核心商圈內。而沃爾瑪的次級商圈北接杭金衢高速公路，與郊區的一些村莊如六頭塔村、上頭塘等鄰近；南面位於環城南路以南，附近與金華市技師學院、姜家村等接壤；西與金干鐵路相交；東有艾青文化公園、赤山公園等景區。這大致是半徑為 5 千米的圓。該圈人數占了 12.92%。次級商圈的邊界多位於郊區，甚至農村。可見沃爾瑪的消費者覆蓋面之廣，影響力之大，而且在次級商圈中還包括了浙江師範大學、金華職業技術學院等高校。眾多的學生也為其帶來巨大市場。次級商圈以外則是邊緣商圈，消費人群比較分散，交通工具多為自駕車、公交車，人數占了調查人口的 11.23%。

（三）沃爾瑪商圈實務分析

1. 需求狀況分析

就金華市（婺城區和金東區）來說，2006 年全市出生人口為 47,235 人，出生率 10.37‰，人口自然增長率為 5.11‰。年末總人口為 456.80 萬人，其中市區 92.21 萬人；非農業人口 101.18 萬人，其中市區 31.33 萬人。平均每戶家庭人口為 2.63 人。2006 年全市實現生產總值（GDP）1,228.57 億元，按可比價計算，比上年增長 13.3%。其中：第一產業增加值為 67.90 億元，增長 4.3%；第二產業增加值為 662.62 億元，增長 14.2%；第三產業增加值為 498.05 億元，增長 13.6%。根據抽樣調查，市區城鎮居民人均可支配收入為 17,806 元，比上年增長 15.8%，剔除物價因素後實際增長 14.5%。全市農村居民人均純收入為 6,137 元，增長 11.3%，剔除物價因素後實際增長 10.4%。從上面的數據可以看出，金華市具備了較強的支撐能力去滿足諸如沃爾瑪大型購物廣場的需求。

同時，通過 500 份問卷調查了沃爾瑪消費者的一些基本狀況。在問卷統計中，男女比率分別為 36.49% 和 53.51%；從年齡分佈來看，大概以 30 歲為中心成正態分佈，20～30 歲的占 59.86%，20 歲以下的占 14.29%，30～40 歲的占 14.65%，40～50 歲的占 6.80%，50 歲以上的占 3.40%。大部分為有可自由支配收入的人群，月收入在 2,000 元和 2,999 元之間的占 17.65%，在 3,000 元以上的占 9.15%。從購物交通方式來看，乘坐公交車的比重占了一半以上，其次為步行，使用小汽車的占 12.16%。

另外，調查還顯示，在商業網點的顧客中，有 22.72% 的消費者屬於居住人口，23.76% 的消費者屬於工作人口，48.42% 的消費者屬於路過人口。不同顧客有著不同的購物特點和消費傾向。對於這樣的購物人群結構來說，交通線的便捷和區位的選擇就顯得更為重要。

對於商業氣候，從調查中發現，來沃爾瑪的人群中從事第二和第三產業的人居多，從事第一產業的僅占 4.41%。從金華市來看，儘管商圈內產業呈多角化發展，但是消費市場一般不會因某產業市場需求的變化而發生大的波動。而區域內的居民分散在很多行業，因此居民總體購買力水平的波動就不明顯，對零售商店營業額的影響也相對較小。從這一點上看，金華市有著較好的購物環境。

2. 競爭狀況分析

隨著沃爾瑪的進駐，金華市的零售業面臨巨大的壓力，而福泰隆、中洋等已經占據的市場，也對沃爾瑪商圈分佈有相當大的影響。特別是當樂購超市隨之進駐，選擇了離沃爾瑪僅不到 300 米的地點時，沃爾瑪更是面臨著強大的競爭。

在樂購、福泰隆和中洋三大超市情況的分析中，樂購超市在規模、產品種類、價

格或者服務態度上都與沃爾瑪相當，但沃爾瑪的國際效益略優於樂購，因此認為樂購的商圈略小於沃爾瑪，但相差不大。雖然中洋和福泰隆的商圈在本身的優勢上與沃爾瑪和樂購的國際商場相差較大，但是由於其是本地商場，消費者對商店的傾向性和心理認同較強，往往有一種慣性作用，因此這兩個商場的商圈和與樂購大小接近。

沃爾瑪位於江北近江的位置，居於城市幾何中心，因此其商圈覆蓋了江北、江南大半繁華地區。這為它吸引消費者占據了極大的地利優勢。但是同時也可以看到沃爾瑪北有樂購的進駐，南有中洋、福泰隆等地方性商場。它們幾乎成一條直線分佈，其核心商圈與沃爾瑪都存在一定的重合。因此，商圈在此很難表現出明顯的區域界線。它因商店的經營特別是樂購，與之規模相當、距離較近，對消費者市場的競爭更是激烈。樂購和沃爾瑪的商圈北至后地、火車西站，西至耀華大廈，東到侍王府、婺州公園等。幾乎有三分之二的商圈面積是疊置在一起的。中洋、福泰隆廣場也與沃爾瑪有較大的重合，而沃爾瑪的核心商圈邊緣也正好與中洋、福泰隆廣場交匯。而三者都重疊的地方更是競爭最為激烈的地方。如何在這些地區吸引更多消費者、占據更大市場，是重中之重。

思考題：
1. 沃爾瑪選址所要考慮的因素有哪些？
2. 沃爾瑪的選址要求與家樂福的異同點有哪些？
3. 沃爾瑪如何通過選址獲取競爭優勢？

知識鞏固

(1) 通常在什麼情況下，企業會面臨選址的問題？
(2) 試舉例說明，企業在選址時，要考慮哪些主要因素？
(3) 試舉例說明，製造業企業和服務業企業在選址過程中以及對選址方案的評估中，會有哪些差別？
(4) 某眼鏡公司正在為建立一個新工廠評估 3 個可能的廠址，為各個相關的因素分配了權重，並對各廠址相應的因素進行了評分，見表7-4。根據表中提供的信息，對3個待選廠址進行評估，並做出選擇。

表7-4　　　　　　　　3個待選廠址的相關數據

相關因素	權重	得分（0~100） A廠址	B廠址	C廠址
生產成本	0.30	50	80	75
原材料供應	0.26	70	75	80
勞動力	0.18	65	50	55
環境	0.04	80	65	65
市場	0.16	40	70	80
其他費用	0.06	60	30	90

（5）運用重心法，從圖7-3中找出重心位置。各地的物流量見表7-5所示。

表7-5　　　　　　　　　　　各地的流量表

位置	物流量
	1,000
	200
	700
	650
	800

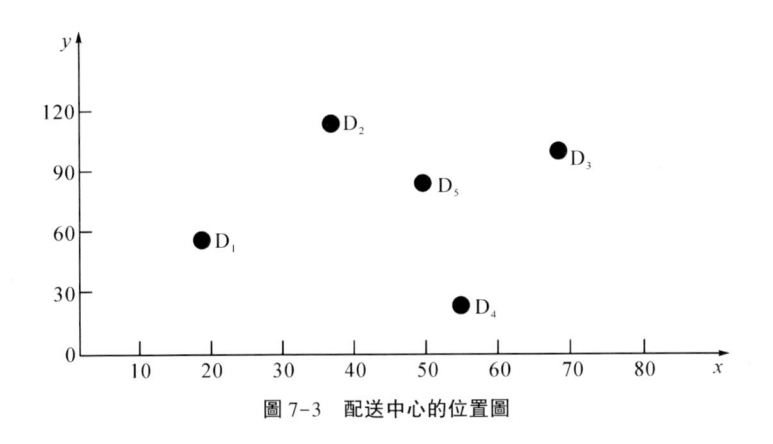

圖7-3　配送中心的位置圖

案例分析

設施選址的困惑

　　安娜瑞爾登沉思著走過公司擁擠的寫字間，對周圍的嘈雜紛亂視而不見。在過去的13年裡，安娜作為埃爾多拉公司（Eldora Company，EDC）的CEO，引領公司取得了非常輝煌的業績。當其他大型自行車製造商紛紛把製造工廠轉移到海外，以利用低廉的勞動力成本時，安娜仍然堅持本地化生產策略，將其製造廠和公司辦公地點設在一起——科羅拉多州的大石城。安娜認為，她把公司所有機構集中在一起的做法雖然有違常規，但是對協調各零部件的生產是非常有利的，並且最終導致了公司的增長——EDC已經成為全美最大的和利潤率最高的自行車生產商。但是，目前主管生產的副總經理肖恩安德魯斯，正在勸說她在中國開設工廠。

　　那天早晨，他們說起這件事的時候，剛剛幫助EDC的一些職員擺好了放在展臺上的公司宣傳資料，正準備把公司最新的幾個車模擺放在他們展區的周圍。事實上，生產部門的領導很少會參加展銷會。這也是肖恩的第一次，他早就想來，並且安娜也支持他的想法。「看看這裡有多少家公司吧！這裡的市場競爭對手太多了！」他說道，「我2個月前就說過了，而且你也知道，市場分析家的數據也有力地支持了我的觀點。就算他們的數據還不能讓你信服，你看看周圍。在美國，我們這個行業已經飽和了。我們

應該打入亞洲市場!」

「別說了,肖恩。」安娜回答道,「我知道你一直想推行這個計劃,你早就對我說過。但是,我們定個時間以後再談,現在不是說這個的時間,也不是地方!」

三個小時後的現在,隨著展銷會的全面展開,安娜終於明白了為什麼肖恩急著要說出那些話。把所有的競爭者同時都集中在一間展廳裡,的確能夠讓人對這一行業的變化有個最直觀的感受。她想了想肖恩所說的關於美國市場的話。1992 年,EDC 的銷售和盈利都創造了記錄。現在,公司的產量占全美自行車銷量的 30%。美國巨大的自行車市場以每年 2% 的緩慢速度增長,而在亞洲,同種自行車的市場卻幾乎每年倍增。埃爾多拉公司不可能利用美國的製造廠來角逐亞洲的市場。世界上最大的兩家自行車製造廠已經落戶亞洲,分享著亞洲廉價的勞動力資源和分銷成本以及迅速增長的市場。

她停在了一輛由一家年輕但快速成長的自行車公司生產的山地自行車展品前。有前置系統的山地自行車是最新的潮流——增加的緩衝和支撐力能夠更好地吸收在路上騎車的衝擊力,而且不會讓騎手減速或者失去平衡。多數這樣的自行車都非常昂貴。但是,埃爾多拉公司早已進入這一類自行車的製造,並且令安娜驕傲的是,它們能夠以 190 美元的低價位銷售這種車。公司多年來一直致力於低價自行車的研製,如果通過大的零售商購買這樣的自行車的話,價格一般在 100~200 美元。埃爾多拉公司的售價一般都會比其他低端的自行車生產商高一些。但是,大零售商們寧願出高價來購買埃爾多拉公司的產品,因為公司多年來一直能夠不斷推出堪稱藝術品的車型,並且,其迅速及時的遞送系統也是其他海外競爭者無法企及的。

公司成功的一個原因是因為公司的所在地科羅拉多州的大石城是一個自行車的聖地。埃爾多拉公司所有階層的雇員都對自行車有真正的愛好,並且不斷渴求瞭解這一領域的最新進展和設計。

成功的另一個原因是所有的市場部人員、工程師、設計師和製造人員都在同一個園區內工作,彼此之間只有 10 分鐘路程。安娜在這一策略上下了大註,並且獲得了豐厚的回報。交流變得更為容易。在樣式設計、生產計劃等方面的改動能夠高效而迅速地完成。以山地車為例,市場佔有率從 1988 年的零增長到了如今的 50%。並且埃爾多拉公司能夠輕而易舉地滿足增長的市場需求。而且混合型車——山地車和公路車的結合體,曾經有過一陣子的風光。當需求開始下降的時候,埃爾多拉公司能夠以中斷來調整生產。

早在 12 年前,EDC 就已經進入了高端自行車(零售價 400~700 美元的自行車)的生產領域,並從中獲利。安娜成為 CEO 後的頭幾個行動之一就是與瑞納爾蒂(Rinaldi)公司——當時專攻賽車的一家義大利高端自行車製造商合作。作為合約的一部分,埃爾多拉公司開始從瑞納爾蒂公司進口自行車並且以薩米特(Summit)的品牌通過專業自行車經銷商銷售。同時,瑞納爾蒂公司也在歐洲市場推廣 EDC 公司的產品。這項合約帶來了回報:雖然賽車不再受歡迎,但是 EDC 的付出獲得了最大的收益。通過這項合約以及其他合約,EDC 現在的總銷售量有 20% 是在美國市場之外完成的(首先是歐洲和加拿大)。與瑞納爾蒂公司和專業自行車商店的合作還讓 EDC 公司的管理層瞭解了這些年來業界的最新潮流。

但是,當她想起公司海外銷售業績的時候,她的優越感消失了。1987—1991 年,EDC 公司的海外銷售量一直在以 80% 的年增長率上升。但在最近點兩年來,一直沒有

增長。

肖恩出現在安娜的身旁，把她從沉思中帶回到她所處的環境裡來。他說：「博爾已經開完了第一輪零售商會議。我們現在要到酒店去吃午飯。順便討論一下我們的觀點。」博爾斯圖爾特（Dale Stewart）是 EDC 公司的行銷副總經理。他關於公司出路的意見經常與肖恩的相左。但是他們兩人的工作關係很和睦。

「你不會放過這個的，是吧？」安娜說道，舉起手來做了個投降的姿勢，「好的，讓我們談談吧。但是你要知道，在下個月回大石城進行一次更正式的討論之前，我是不會做決定的。」

在三明治旁，肖恩打開了他的話匣子。「我們的主要市場在北美和西歐，然而，這些市場卻還不到世界需求總量的四分之一。去年全世界生產的 2 億輛自行車中，有 4,000 萬輛是在中國銷售的，3,000 萬輛在印度，還有 900 萬輛在日本。從歷史上看，在亞洲這一增長的市場上銷售的自行車都是低端產品，僅僅用來作為基本的交通工具。但是，那裡的經濟情況在迅速改變著。那裡的中產階層不斷增長。突然間，人們有了更多的可自由支配的收入。很多消費者現在需要更優質且新潮的產品。有懸掛系統的山地車是其中的一種。混合型自行車也還不錯。事實上，在這個市場中，對我們所生產的這些產品種類的需求每年翻一番，並且這種增長看來是持續的。」

「如果我們要在亞洲市場開展競爭，我們就需要在當地設立一家工廠。我的部門同事已經對那裡的許多地點進行了評估。我們考慮了工資水平、市場准入和原材料成本等，我們認為中國大陸是我們最好的選擇。我們很願意盡快在那裡開設一家工廠，建立我們在那個市場的地位。」

德爾跳了起來。「我們最大的兩個競爭對手，一個來自中國大陸，一個來自臺灣，已經在那裡供應市場了！」他說道，「1990 年，這兩家公司產量的 97% 是用來出口的。1994 年，他們已經修改了計劃，要把產量的 45% 投放到當地市場。我們沒法在這裡跟他們競爭。我們產品的 20% 是花在勞動力上的，但那些國家裡，製造業工人的小時工資大約是我們的 5%～15%。另外，我們還要多花 20% 的運輸費和關稅才能使我們的自行車進入那些市場。」

他看了肖恩一眼，繼續說道：「但接下來的觀點，我和他不同。我認為我們需要一個短期解決方法。這些公司在這些市場上比我們領先了一大截。我越想就越覺得我們應該首先在亞洲直接展開銷售活動。」

「德爾，你瘋啦！」肖恩說道，「沒有製造廠在亞洲搞銷售活動有什麼意義？我知道我們正在亞洲市場上採購原材料，可是如果我們要在亞洲建廠的話，我們就又能省下 10% 來。那時我們就能把埃爾多拉自行車真正帶入亞洲了。如果我們決定要在那裡展開競爭，我們就要從我們的強項——質量開始。如果我們採納你的方法的話，那麼我們就根本不是在銷售真正的埃爾多拉自行車，僅僅是在賣一些貼著我們標籤的其他產品而已。產品質量得不到保證，也不可能建立像我們在這裡所擁有的這樣良好的信譽。這不是真正的埃爾多拉，從長遠來看，這樣肯定行不通。」

「我們造的是自行車，可不是登月火箭。」德爾反擊道，「在亞洲有許多公司能夠迅速為我們供貨。只要我們給他們提供我們的設計，並且幫助他們完善生產工藝，我們就可以在短期內採用外包生產，直到我們有了更為長遠的安排。」他轉向安娜，說道，「別理肖恩，我們甚至可以在亞洲長期採取外包生產的策略。我們對在中國設廠和營運

瞭解多少？我只知道甚至在我們坐在這裡的時間裡，我們都在丟失潛在的市場份額。亞洲的貿易公司沒有給予我們的產品應有的重視，而且它們也沒給我們提供有關當地顧客需要的到底是什麼產品的信息。銷售行動可以幫助我們一邊進入市場，一邊瞭解市場。先設立工廠的時間太長了，我們現在就應該進入亞洲，而銷售行動是最為快捷的方法。」

安娜插話了，「德爾說得對，肖恩。我們在這裡非常成功的很大一部分原因是我們所有的營運都在大石城這一個地方完成。我們對於我們自己的柔性生產運作有完全的控制。這是我們能夠快速迎合本地市場變化的一個關鍵因素。我們如何面對在地球另一邊的工廠中出現的生產問題的挑戰？到時候你自己過去解決嗎？又要花多少時間呢？」

「而且，可以考慮一下其他方案。如果妨礙我們進入這一市場的主要原因是成本的話，那你們都忽略了一些明顯的備選方案。目前，只有我們的車架生產過程是全自動的。如果我們能讓其他更多的生產過程都自動化的話，我們就能削減掉很大一部分勞動力成本。而且，為什麼你們這麼喜歡中國大陸？坦白地說，我上個月在那裡參觀工廠的時候看到的一些問題很讓我擔心。你們知道的，那天我們來準備去參觀一個工廠，結果那天工廠停電了。從第二天工廠工人的表現來看，停電是常有的事。前去工廠的道路路況也很差。污水和洗滌劑經常不處理就直接倒入下水道。我們要在那裡辦廠的話，所面對的情況都會不同。這些因素又將如何影響我們的成本呢？」

「相比大陸而言，臺灣的基礎設施要好得多了。把我們的亞洲基地建在那裡如何？並且我聽說新加坡為新建的製造工廠提供非常有吸引力的減稅措施。還有墨西哥。它離我們這裡很近，不考慮配送成本的話，那裡的工資水平與亞洲類似，但是其他風險要小得多了。我知道你們都對這個問題態度強硬，但這不是光憑熱情就行的。」安娜把她的三明治包裝紙揉成一團，喝光了杯子裡的汽水。「我們回展覽館吧。我們要安排一次正式會議來討論這個問題。我本來準備下個月開的，現在看來提前兩週怎麼樣？」

在與德爾和肖恩一起回會展中心的路上，安娜覺得有一點挫折感，並且對 EDC 公司究竟應該採取什麼措施感到迷茫。她覺得她真的不知道決策的哪些方面是重要的，哪些是無關緊要的。是不是應該在中國建立一個分廠？如果是的話，應該以哪種角色進入呢？製造商、銷售商還是技術提供商？或者她應該考慮其他的廠址？中國大陸勞動力成本的低廉能否抵消因為基礎設施差帶來的其他問題呢？

增長對於埃爾多拉公司而言非常重要，因為增長不僅能為股東帶來收益，而且還能提供一個有吸引力並能留住最優秀人才的工作環境。現在看來，安娜要在保持增長和本土化製造戰略之間做出選擇，雖然后者曾經非常適合。安娜清楚地知道，多年前她所做出的選址決策對公司今日的成功非常重要，但她也清楚，如今要制定的選址決策也同等重要。

資料來源：A. D. BARTNESS, MARCHAPRIL. THE PLANT LOCATION PUZZLE [J]. HAVARD BUSINESS REVIEW, 1994.

思考題：
1. EDC 所面對的競爭環境是怎樣的？
2. EDC 在製造方面的強項是什麼？
3. EDC 應該在亞洲開設分廠進行生產嗎？
4. 你認為安娜瑞爾登推薦的行動計劃是怎樣的？

模塊八 質量管理

【學習目標】

1. 理解質量與質量管理。
2. 理解全面質量管理。
3. 瞭解基本的質量管理工具和管理思想。
4. 瞭解六西格瑪管理模式。

【技能目標】

1. 掌握質量與質量管理的概念。
2. 理解全面質量管理的思維模式。
3. 掌握基本的質量管理工具。
4. 初步掌握實現六西格瑪管理模式的途徑。

【相關術語】

質量管理（quality management）
全面質量管理（TQM）
流程圖（flow chart）
持續改善（continuous improvement）
PDCA 循環（PDCA cycle）
六西格瑪管理（Six Sigma management）

【案例導入】

Troys 公司的問題

Troys 公司是一家有著 20 年歷史的製造和銷售玩具以及七巧板游戲的玩具公司，並以其產品質量和創新聞名於世。儘管該公司是玩具行業的佼佼者之一，但是近年來銷售額卻呈下降趨勢。在剛剛過去的 6 個月內，公司的實際銷售額與去年同期相比有所下降。生產部經理把銷售額下降的原因歸結為經濟原因。他正在考慮採取一系列措施來解決這一問題，具體包括降低生產成本及精簡設計和生產開發部門。儘管這些措施的效果還未顯現出來，但他確信，在以后的 6 個月內，其效果將通過利潤的增加反應

出來。

主管銷售的副總裁正在著手處理顧客的投訴。這些投訴都是有關公司生產的塑料玩具，如某些玩具的傳動部件不能正常運轉。他的助理提出了一個折價計劃，即顧客可以拿失靈的玩具來換新玩具。助理相信這將有助於平息那些不滿意顧客的怨氣。他還提出可把換回的玩具進行修理並把它們在公司的批發部以一定的折扣賣掉。他認為這樣做不會造成公司銷售額的降低。試試這一計劃，並不需要增加新的員工。正式員工可在銷售淡季進行一些機器設備的維護保養工作，並使生產線處於良好狀態。

生產部助理聽到副總裁助理的計劃后指出，更好的辦法是在產品發運前加強對成品的檢驗。「採用百分比的檢驗，我們就能剔除不合格品並防止任何質量問題的發生。」

思考題：

如果你是一位被 Troys 公司聘用的諮詢師，你能為公司總裁提出什麼建議呢？

很多產品的生產和服務過程受到質量管理的困擾。例如，機場丟失行李，計算機製造商生產並裝配已損壞的硬盤，醫師給病人開了錯誤的藥方，郵政系統丟失或寄錯顧客的信件。除了這些對消費者來說顯而易見的、直接的質量問題，還有一些質量問題是在生產過程中被發現、改進和解決的。因此，它們是消費者所看不到的。但是，它們對企業的經濟效應產生了一定的影響。比如，產品在到達最後一道裝配線的時候，可能沒有通過最後的檢驗，因此產品零件不得不重新生產，重新裝配。

本章的主要目的是幫助讀者理解質量問題並加強對企業質量管理重要性的認識。

任務一　質量管理發展

一、質量與質量管理

質量、成本、交貨期、服務及回應速度，是決定市場成敗的關鍵要素。而質量更是居首位的要素，是企業參與市場競爭的必要條件。質量低劣的產品，價格再低也無人問津。為什麼日本企業能夠占據世界汽車市場和家用電器市場的領先地位？靠的是優異的產品質量。企業要想躋身國際市場，後來居上，首先要有優質的產品和完善的服務。

提高生產率是社會的永恆主題。企業的產品質量不能滿足顧客的要求，就不能在市場上實現其價值，就是一種無效或低效率的勞動，就不可能有真正的高效率和高效益。

1. 質量的概念

質量是質量管理的對象。正確、全面地理解質量的概念，對開展質量管理工作是十分必要的。在生產發展的不同歷史時期，人們對質量的理解隨著科學技術的發展和社會經濟的變化而有所變化。

什麼是質量？國際標準 ISO8402—1986 對質量做了如下定義：質量（品質）是反應產品或服務滿足明確或隱含需要能力的特徵和特性的總和。現代質量管理認為，必須以用戶的觀點對質量下定義。最著名的也是最流行的，是美國著名的質量管理權威

朱蘭（J. M. Juran）給質量下的定義：「質量就是適用性。」

所謂適用性，就是產品和服務滿足顧客要求的程度。企業的產品是否使顧客滿意？是否達到了顧客的期望？如果沒有，就說明存在質量問題。不管是產品本身的缺陷還是沒有瞭解清楚顧客到底需要什麼，都是企業的責任。

但是適用性和滿足顧客要求是比較抽象的概念。為了使之對質量管理工作起到指導作用還需將其具體化。在這方面，美國質量管理專家戴維斯教授將適用性的概念具體分為 8 個方面的含義，即：

（1）性能。性能是指產品主要功能達到的技術水平和等級，如立體音響的信噪比、靈敏度等。

（2）附加功能。附加功能是指為使顧客更加方便、舒適等所增加的產品功能，如電視機的遙控器功能。

（3）可靠性。可靠性是指產品和服務完全達到規定功能的準確性和概率。比如燃氣竈、打火機每次一打就著火的概率；快遞信件在規定時間內送達顧客手中的概率等。

（4）一致性。一致性是指產品和服務符合產品說明書和服務規定的程度，比如汽車的百千米油耗是否超過說明書規定的數值、飲料中天然固形物的含量是否達到所規定的百分比等。

（5）耐久性。耐久性是指產品和服務達到規定的使用壽命的概率。比如電視機是否達到規定的保障使用小時、燙發發型是否保持規定的天數等。

（6）維護性。維護性是指產品是否容易修理和維護。

（7）美學性。美學性是指產品外觀是否具有吸引力和藝術性。

（8）感覺性。感覺性是指產品和服務是否使人產生美好聯想甚至妙不可言的感覺。如服裝面料的手感、廣告用語給人的感覺和使人產生的聯想。

以上這 8 個方面是適用性概念的具體化。人們也就更容易從這 8 個方面瞭解顧客對產品和服務的要求，並將這些要求轉化為產品和服務的各種標準。這些標準包括：

（1）價值。服務是不是最大限度地滿足了顧客的希望，使其覺得錢花得值。

（2）回應速度。尤其對於服務業來說，時間是一個主要的質量性能和要求。有資料顯示，超級市場出口處的顧客等待時間超過 5 分鐘，就顯得很不耐煩，服務質量就會大打折扣。

（3）人性化。這是服務質量中一個最難把握但卻非常重要的質量因素。人性化不僅僅針對顧客的笑臉相迎，還包括對顧客的謙遜、尊重、信任、理解、體諒和與顧客有效的溝通。

（4）安全性。無任何風險、危險和疑慮。

（5）資格。應具有必備的能力和知識，提供一流的服務。如導遊的服務質量，就在很大程度上取決於導遊人員的外語能力和知識素養。

從以上關於質量的概念的表述可以看出，隨著社會的進步、人們收入水平和受教育水平的提高，消費者越來越具有豐富的文化和個性內涵，對產品和服務質量的要求越來越高。從而，如何正確認識顧客的需求，如何將其轉化為系統性的產品和服務的標準是現代質量管理首先要解決的重要問題。要提高質量管理水平，首先要大大革新質量管理思想的觀念。

2. 質量過程

產品質量根據其形成過程，有設計過程質量、製造過程質量和使用過程質量之分。

（1）設計過程質量，是指設計階段所體現的質量，也就是產品設計符合質量特性要求的程度。它最終是經過圖樣和技術文件質量來實現的。

（2）製造過程質量。製造過程質量是指按設計要求，通過生產工序製造而實際達到的實物質量，是設計質量的實現；是製造過程中，操作工人、技術設備、原料、工藝方法以及環境條件等因素的綜合產物。

（3）使用過程質量。這是在實際使用過程中所表現的質量。它是產品質量與質量管理水平的最終體現。

3. 工作質量

工作質量一般是指與質量相關的各項工作對產品質量的保證程度。工作質量所涉及的各個部門、各個崗位工作的有效性，同時決定著產品質量。然而，它又取決於人的素質，包括工作人員的質量意識、責任心、業務水平。其中，最高管理者（決策層）的工作質量起主導作用。一般管理層和執行層的工作質量起保證和落實的作用。

工作質量能反應企業的組織工作、管理工作和技術工作的水平。工作質量的特點是：它不像產品質量那樣直觀地表現在人們面前，而是體現在一切生產、技術、經營活動之中，並且通過企業的工作效率及工作成果，最終通過產品質量和經濟效果表現出來。

產品質量指標可以用產品質量特性值來表示。而工作質量指標，一般通過產品合格率、廢品率和返修率等指標表示。如合格率的提高，廢品率、返修率的下降，就意味著工作質量水平的提高。然而，工作質量可以通過工作標準來衡量，對「需要」予以規定，然後通過質量責任制等進行評價、考核與綜合評分。具體的工作標準依不同部門、崗位而異。

對於生產現場來說，工作質量通常表現為工序質量。所謂工序質量是指操作者（Man）、機器設備（Machine）、原材料（Material）、操作及檢測方法（Method）和環境（Environment）5大因素（即4M1E）綜合起作用的加工過程的質量。在生產現場抓工作質量，就是要控制這5大因素，保證工序質量，最終保證產品質量。

任務二　質量成本

一、全面質量管理

自20世紀50年代以來，由於科學技術迅速發展，工業生產技術手段越來越現代化，工業產品更新換代也越來越頻繁。特別是出現了許多大型產品和複雜的系統工廠以後，質量要求大大提高了，特別是對安全性、可靠性的要求越來越高。此時，單純靠統計質量控制已無法滿足要求。因為整個系統工廠與試驗研究、產品設計、試驗鑒定、生產設備、輔助過程、使用過程等每個環節都有著密切關係，僅僅控制過程是無法保證質量的。這樣就要求全面控制產品質量形成的各個環節、各個階段。另外，由於在質量管理中的應用，行為科學的主要內容就是重視人的作用，認為人受心理因素、生理因素和社會環境等方面的影響，因而必須從社會學、心理學的角度去研究社會環

境、人的相互關係以及個人利益對提高工效和產品質量的影響，發揮人的能動作用，調動人的積極性，以加強企業管理。同時，人們也認識到：不重視人的因素，質量管理是搞不好的。因而從 20 世紀 60 年代開始，我國進入全面質量管理（Total Quality Management，TQM）階段。在質量管理中，也相應出現了「依靠工人」「自我控制」「無缺陷運動」「QC 小組活動」等。

我們將 TQM 定義為：「管理整個組織，使其在對顧客有重要作用的產品和服務的各個方面都非常出色。」這個定義比常用的另一個定義——「符合規範」更具有適用性。儘管第二個定義對於產品生產是有效的，但是對於大多數服務領域，該定義就不太適用了，因為服務質量很難精確定義和測量。不過，只要找出對顧客而言的重要因素，然后建立一種組織文化，就能激發員工提高服務質量的積極性了。

TQM 強調將質量看做公司運作的整體要素（如圖 8-1 所示）。其一般使用工具包括：

（1）統計工序控制（Statistical Process Control，SPC），包括使用工序流程圖、檢查表、帕累托分析和直方圖、因果（或魚骨）圖和趨勢圖等工具。質量小組常通過這種方式來解決質量問題，並進行持續改善；

（2）質量功能展開（Quality Function Deployment，QFD）。經理們嘗試用這種方式將顧客的要求反饋到組織中。

（3）質量控制部門的常用工具主要是該部門的質量專職人員使用的統計質量控制方法（SQC）。SQC 包括抽樣方案、工序能力和田口方法。本章我們只介紹一般的質量管理工具。

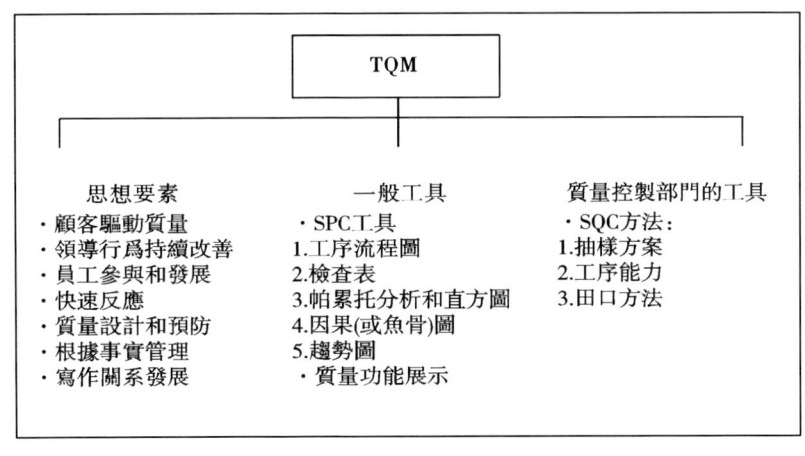

```
                        TQM
    ┌────────────────────┼────────────────────┐
  思想要素              一般工具          質量控製部門的工具
 ·顧客驅動質量        ·SPC工具            ·SQC方法：
 ·領導行爲持續改善    1.工序流程圖         1.抽樣方案
 ·員工參與和發展      2.檢查表             2.工序能力
 ·快速反應            3.帕累托分析和直方圖 3.田口方法
 ·質量設計和預防      4.因果(或魚骨)圖
 ·根據事實管理        5.趨勢圖
 ·寫作關系發展        ·質量功能展示
```

圖 8-1　TQM 的組成部分

全面質量管理要求公司上下都要關注質量。這一質量管理方法有三個核心：第一是永遠無止境地推進質量改進，也就是人們所說的持續改進；第二是全員參與；第三是追求顧客滿意度，要不斷地滿足或超出顧客的期望。全面質量管理改變了原來質量管理的概念，引入了新的觀念、新的理念，即從原來檢查最終產品或服務變為監控產品的生產全過程。TQM 的出發點就是預防產品質量問題的發生。

我們可以這樣來描述 TQM 方法：

（1）明確用戶的需要。為此，要採取用戶調查、特殊用戶群體調查訪問或一些別

的方法；同時把用戶的想法納入公司的決策過程之中，一定要做到對內部用戶（下道工序）與外部用戶（顧客）同等對待。

(2) 開發新產品或提供新服務以滿足或超出用戶的需求，使新產品便於使用，易於生產。

(3) 設計生產過程，確保一次成功，判斷有無差錯產生，並努力防止其發生。當發生差錯時，找出並消除原因，以便以后不再發生或很少發生。努力把生產過程設計為「可防止差錯發生」，有時人們稱其為防差錯設計。在產品設計過程中各種因素交叉在一起，往往使得員工或顧客在製造或使用過程中不犯錯誤是不可能的。這種設計有很多實例，如在組裝機器時，只有正確的方法才能進行下去；家用插座只有正確地安裝在牆上才有效。這種設計方法還有一種叫法，即傻瓜型設計。但是，使用這種叫法會有認為員工和顧客是傻瓜的嫌疑。

(4) 跟蹤並記錄生產結果，利用這些結果指導系統的改善，永不停止地改善工作。

(5) 把這些概念擴展到供貨商和分銷商。

很多大公司成功實施了TQM。TQM的成功得力於公司內部每個人的無私奉獻和通力合作。正像定義中所說的那樣，高層管理者必須起到支持與保障作用並積極介入，否則，TQM將僅僅是一種時尚，曇花一現。

前面描述介紹了TQM的精髓，但沒有涵蓋TQM的全部內容。TQM還有一些重要的含義。其中包括：

(1) 持續改進。在下面會展開說明。

(2) 標杆法（瞄準競爭對手）。這包括確認在某一方面做得最好的公司或其他組織並學習與掌握他們的做法來改進自己的經營管理。所樹立的榜樣不一定與你的公司同屬一個行業。例如，施樂公司選擇了L. LBean郵寄公司作為榜樣，規範其訂單處理業務。

(3) 員工授權。讓員工承擔一定的質量改進責任，並賦予其為完成改進任務採取必要行動的權利，以此來極大地激發員工在質量改進方面的積極性。這樣做就是把決策權力交給一線員工以及那些對問題及其解決方案有深刻認識的員工手中。

(4) 發揚團隊合作精神。在處理和解決問題時要發揮團隊的作用，行動一致，讓大家都積極參與質量管理並發揚協作精神，在員工中樹立共同的公司價值觀。

(5) 依據事實而不是個人主觀判斷做出決策。管理的任務之一就是收集和分析數據，並依此做出決策。

(6) 掌握質量管理工具，對員工和管理者進行質量管理工具應用的技術培訓。

(7) 供應商的質量保證。供應商必須建立質量保證制度，努力進行質量改進，以確保其能夠及時地交付所要求的零部件和原材料。

(8) 宣傳活動。在全公司內部宣傳TQM的重要性和原則。

(9) 強調源頭質量。要每一位工人對他的工作負責，這體現了「把工作做好」以及「如果出了問題就糾正它」的觀念。寄希望於工人能夠製造出符合質量標準的產品，同時，能夠發現並及時糾正出現的錯誤。實際上，每個工人都是其工作的質量檢查員。當他所完成的工作成果傳遞給下一道工序（內部顧客）時，或者作為整個流程的最后一步傳遞給顧客時，他要保證所做的一切能夠符合質量標準。

通過向全體員工灌輸源頭質量這一概念，就可以完成以下目標：

①可以使對質量生產有直接影響的員工負起質量改進的責任；
②可消除經常發生在質量檢查員與工人之間的敵對情緒；
③可通過對工人的工作進行控制和自我控制以及使他們為自己的工作而驕傲這些方式來保證並改進質量。

（10）公司的供應商。提倡與他們建立一種長期的戰略合作夥伴關係。這實際上是一種有價值的重要投資。通過這種方式，可以保證並提高質量。這樣就沒有必要檢驗他們提供的產品。

如果你認為 TQM 只是多年管理方法的簡單匯集，那就錯了。實際上，TQM 反應了人們對質量的一種全新看法，體現了一家公司的文化。

表 8-1 說明了一家貫徹 TQM 的公司文化和一家堅持傳統的質量管理的公司之間的差異。

表 8-1　　貫徹 TQM 的公司和堅持傳統質量管理的公司的比較

項目	傳統的質量管理	TQM
總使命	使投資得到最大的回報	達到或超過顧客期望
目標	強調短期效益	在長期效益和短期效益之間求得平衡
管理	不常公開，有時與目標一致	公開，鼓勵員工參與，與目標一致
管理者的作用	發布命令，強制推行	指導，消除障礙，建立信譽
用戶需求	並非至高無上，可能不清晰	至高無上，強調識別和理解的重要性
問題	責備，處罰	識別並解決
問題的解決	不系統，個人行為	系統，團隊精神
改進	時斷時續	持續不斷
供應商	矛盾對立	合作夥伴
工作	狹窄，過於專業化，個人努力	廣泛，更全面，更著重發揮團隊作用
定位	產品取向	流程取向

在實際運作中，雖然同樣是實施 TQM，所取得的成效卻大不相同。成效顯著的公司有之；經各種努力，卻成效甚微的公司也不乏其數。收穫不大的原因在於實施 TQM 的過程不當，而不是這種管理方法本身。綜合一些文獻上的成果，以下因素都是實施 TQM 的障礙。

（1）缺乏在全公司範圍內對質量概念的統一認識和理解：各自為政，對成功的標準的理解也不同。

（2）缺乏改進規則：不能理解與重視改進規則所具有的戰略意義。

（3）不能以顧客為關注點：增加了顧客不滿的機會。

（4）公司內部的交流不夠，彼此不通氣：有矛盾，造成浪費並導致混亂。

（5）授權不夠：不相信瞭解問題本身的員工能解決所遇到的問題，官僚作風嚴重，推諉扯皮。

（6）急功近利：認識不到提高質量水平的長期性和持續性。

（7）過於看重因改進產品所發生的費用。頭痛醫頭，腳痛醫腳。不能深刻地體會「今天少花一分錢，明天多花一元錢！」

(8) 勞民傷財：表面文章做得多、實際行動少。
(9) 激勵不夠：管理者不能採取有效手段激發員工提高質量的熱情。
(10) 不願花時間實施質量改進計劃。
(11) 領導不夠重視：管理者對質量工作不夠重視。

無論對想要實施 TQM 的公司，還是對在實施過程中遇到問題的公司來說，以上諸多條都是極好的警示語。

任務三　質量控制

質量控制目標的實現，必須依賴於有效的質量管理工具的應用和質量管理方案的實施。

一、質量管理工具與管理思想

(一) 質量管理常用工具

質量管理工具有很多，比如流程圖、檢查表、直方圖、帕累托圖、散點圖、控制圖、因果分析圖以及趨向圖等。它們被普遍用於質量管理和改進中。

1. 流程圖

流程圖直觀描述一個工序，通過說明一個工序中各個操作步驟，幫助人們確定可能出問題的節點。流程圖中的菱形代表工序中的決策點，矩形代表操作，箭頭表示工序中各步驟發生的先後順序（如圖 8-2 所示）。

在繪製流程圖時，首先要明確該工序有幾個步驟，然後將這些步驟分類（決策點/操作）。在繪製流程圖時，既不能過於詳細，也不能遺漏關鍵步驟。

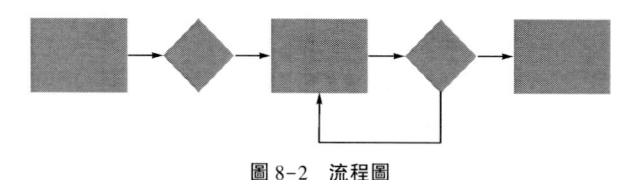

圖 8-2　流程圖

2. 檢查表

人們經常使用檢查表來確認發生的問題。通過檢查表，人們可以方便地收集、整理及組織數據。檢查表沒有固定的格式，一般根據使用者需要解決的問題來具體設計。分析缺陷類型、原因和缺陷地點的檢查表是最常見的檢查表。從表 8-2 中可以清楚地看出產品出現缺陷的原因。

表 8-2　　　　　　　　　　　　　檢查表

		機器 1	機器 2
員工 A	上午	＊＊＊＊＊＊	＊＊＊＊＊
	下午	＊＊	＊＊
員工 B	上午	＊	＊＊＊＊＊＊
	下午	＊	＊＊

從檢查表中可以看出，主要的缺陷出現在上午的員工 A 的機器 1 身上，而同樣在上午，員工 B 操作機器 1 卻沒有太多問題。這說明員工 A 是上午機器 1 出現缺陷的主要原因。而在上午，不管是員工 A 還是員工 B，操作機器 2 都出現了較多缺陷。這說明機器 2 在上午是導致缺陷的主要原因。

3. 直方圖

在質量管理中，直方圖能很方便地將產品的質量狀況、質量波動情況表化。他對收集到的數據進行處理，以反應產品質量的分佈情況，判斷和預測產品質量及不合格率。此直方圖是質量分佈圖，是一種幾何形圖表。他的繪製方法是根據從生產過程中收集來的質量分佈情況，畫出以組距為底邊、以頻數為高度的一系列連接起來的柱狀矩形圖，如圖 8-3 所示。

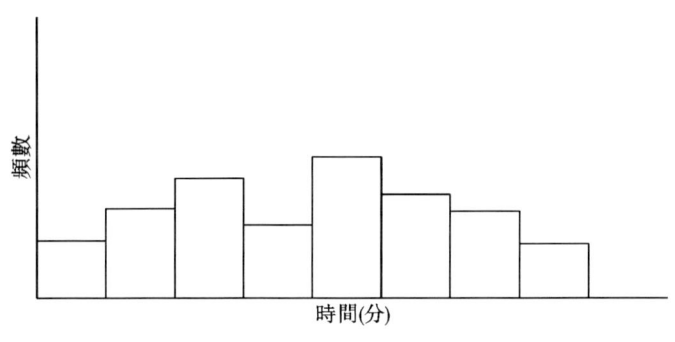

圖 8-3　直方圖

畫直方圖的目的就是通過觀察圖的形狀，判斷生產過程是否穩定，預測生產過程的質量。

4. 帕累托分析

帕累托分析是另外一種有效的、常用的質量管理工具。帕累托分析使用了帕累托法則，即通常所說的 80/20 法則：其中 80% 的問題是由占總原因數量的 20% 的原因引起的。這應用在質量管理裡面，可以解釋為：20% 的原因引起了 80% 的質量問題。因此，找到引起絕大多數問題的主要問題是關鍵。帕累托分析就能幫助我們找到關鍵問題。其思想是：根據問題的重要程度將其分類，集中解決重要問題，適當關注次要問題。帕累托圖是用於確認問題而進行排序的柱狀圖，根據問題發生的頻率排序（如圖 8-4 所示）。

有一個問題需要引起注意，一旦集中精力解決了最主要的問題，就要把第二重要的問題提到第一位。因此，每次解決了一個問題以後，都要重新收集數據，重新製作一張新的帕累托圖。而此時，已經解決了的那個問題，就變為次要問題。

圖 8-4　帕累托圖

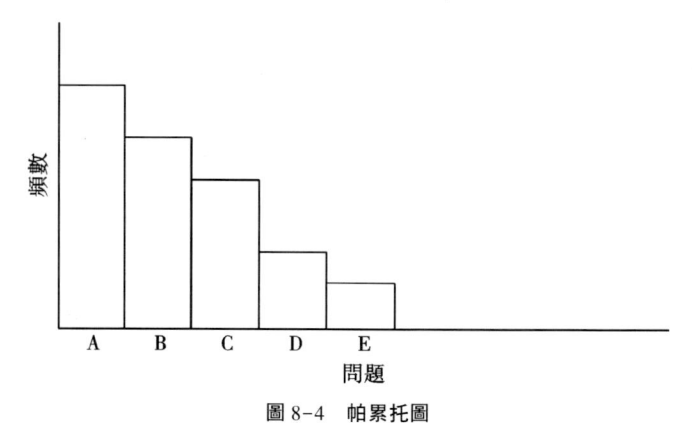

5. 散點圖

散點圖主要用於判斷兩個變量之間是否相互關聯。一般 X 軸的變量表示問題的某一種原因，Y 軸的變量表示出現的問題。當兩個變量正相關（向上傾斜）時，表示問題隨著該原因的增大而增大；反之亦然。相反，兩變量負相關（向下傾斜）時，說明當表示原因的變量減小時，表示問題的變量增大；反之亦然。

兩種變量之間的關聯性越高，途中高的點越不分散，兩個系列的點集中在一條虛擬的直線附近。如圖 8-5 中所示的兩種變量，他們的正相關性就很高。

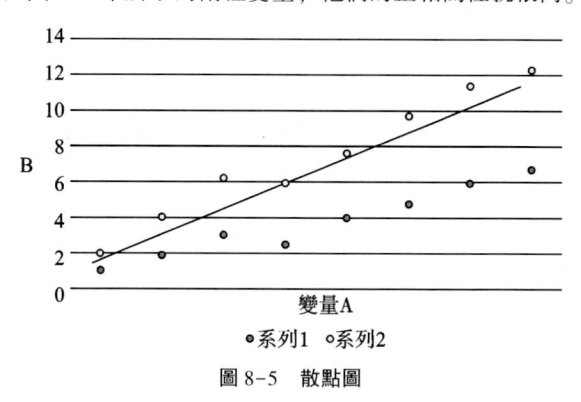

圖 8-5　散點圖

6. 控制圖

控制圖又稱管制圖，由美國貝爾電話實驗室的休哈特（W. A. Shewhart）博士在 1924 年首先提出，逐漸成為一種重要的科學管理，特別是質量管理的有效工具。控制圖用於檢驗某工序的產品，判斷其特性值是否是隨機的，區分引起質量管理波動的原因是偶然的還是系統的，從而判斷生產過程是否處於受控狀態。此外，控制圖還可以揭示某一問題發生的時間及其原因。控制圖的中心線代表零誤差。位於中心線上方和下方的兩條線分別代表上控制線和下控制線。它們代表可以接受的誤差的範圍（如圖 8-6 所示）。

LCL(上控製線)

LCL(下控製線)

時間 ⟶

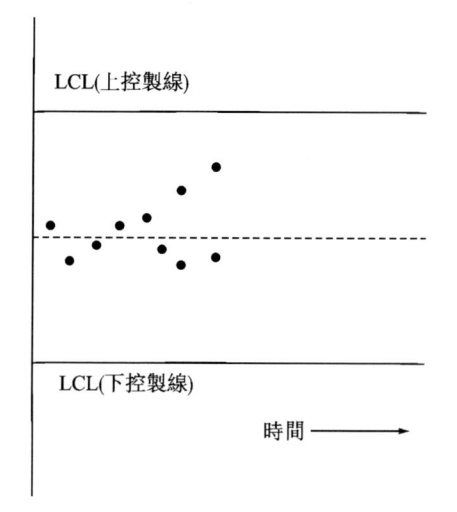

圖 8-6　控制圖

7. 因果分析圖

因果分析圖又稱特性因素圖。該圖由於其形狀像魚刺或樹枝，因而又稱為魚刺圖或樹枝圖（如圖 8-7 所示）。它由日本質量管理專家石川馨教授所創。

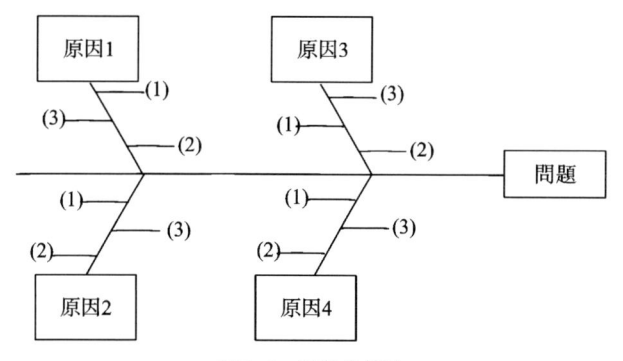

圖 8-7　因果分析圖

繪製因果分析圖的步驟如下：

（1）明確要分析的質量問題並確定需要解決的質量特性。

（2）召開由與該質量問題有關人員參加的分析會，使用頭腦風暴法，對造成質量問題的原因充分發表意見和看法。

（3）找出重要原因，並根據重要程度用順序號表示，對重要原因要調查核實。

（4）按各原因引導大家展開分析，將大家提出的看法按各原因的組成部分及相互之間的關係，用長短不等的箭頭線畫在圖上，展開分析直到再也無法分解原因為止。

有了因果分析圖，能夠更快捷、更有效、更全面地找到並解決問題。

通常我們可以對有可能成為問題原因的相關因素提出 5W1H 問題，即 Who，What，Where，When，Why 以及 How。

以上介紹的 7 種方法是質量管理中人們常說的「QC 七工具」。這些方法集中體現

了質量管理「以事實和數據為基礎進行判斷和管理」的特點。還有一種常用的工具稱為趨勢圖。

8. 趨勢圖

趨勢圖用於跟蹤變量在一段時間內的變化，從而判斷變量變化的趨勢。

由圖 8-8 所示的趨勢圖中可以看到，缺陷發生率隨著時間的推移而上升。該生產系統應該引起管理者的警惕。

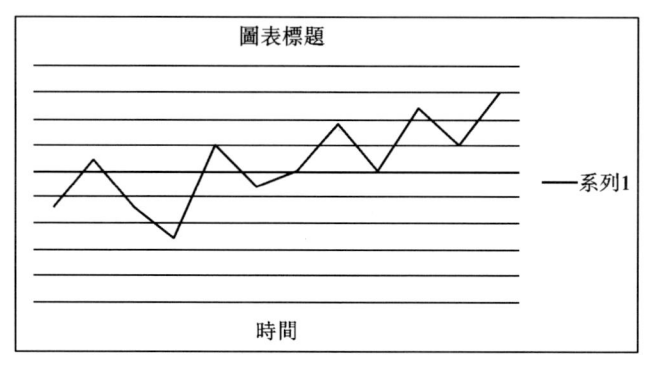

圖 8-8　趨勢圖

全面質量管理的一般工具是那些為統計工序控制（SPC）而制定的工具。典型的生產質量控制（QC）部門有許多職能需要完成，包括在實驗室和現場進行可靠性實驗設計；在現場收集產品的性能數據，並即時解決問題；制訂工廠的質量控制計劃方案並進行預算；設計和監督質量控制系統和檢驗程序，並運用專門的技術知識在實際中實施檢驗。因此，質量控制部門的工具屬於統計質量控制（SQC）的範疇。它包括兩個主要部分：抽樣驗收和工序控制。

（二）持續改善

1. 持續改善的含義

持續改善（Continuous Improvement，CI）是一種管理思想。它將產品和工序改進作為一種永無中止的、不斷獲得進步的過程。它是構成全面質量管理體系所必需的指導思想。持續改善的定義就是：根據團隊成員的意見和建議，對機器、材料、人力資源以及生產方法進行持續不斷的改進。這種管理思想經常與傳統的依靠主要技術和理論的革新而取得巨大改進的思想形成了鮮明的對比。在對北美 872 名生產經理的調查中發現，大多數世界級的生產企業對持續改善都特別重視與偏愛。

在這一部分，我們將討論有關持續改善的關鍵管理要素以及一些與持續改善程序有關的基本工具的應用。我們還將討論持續改善對質量提高的影響。

儘管在管理史上，製造企業已經成功地實施了持續改善，但是在服務行業，持續改善的應用正方興未艾。

【案例】8-1　聯邦快遞公司的持續改善

一天我來到聯邦快遞公司，與一個團隊一起共進午餐。這些人幾乎都是新員工。他們當中大多數人只有高中學歷。但他們邊吃飯邊談論的卻是一些複雜的管理術語，如日本持續改進的藝術「改善」和帕累托（一種解決問題的階梯式工具）。有個團隊

成員提到，在某周例會上，質量控制部門的一個員工提出一個單據處理問題。他解釋說，郵包越大，聯邦快遞公司收取的費用也越多。但是由於工作繁忙，工人有時忘了檢查客戶是否在單據上正確標明郵包重量。這意味著，聯邦快遞公司即使已經將運費降到很低也得不到保障，因而常常賠本。這個問題是由單據服務處的一個員工發現的。在聯邦快遞公司這樣一個有 3 萬人的郵遞網路組織中，快遞部門經常忘了校對郵包重量。他向快遞部門陳述了這一問題的重要性。單據服務處的另一名工作人員建立了一個單據檢查系統，以確保郵包重量得到核對。僅僅一年，這個辦法就為公司節約了 210 萬美元。

2. 持續改善的工具和程序

許多公司將持續改善作為一種程序，其方法既有複雜的運用統計工序控制的結構化程序也有簡單的頭腦風暴法。

另一個工具是 PDCA 循環，即計劃（plan）—執行（do）—檢查（check）—處理（act），常被稱為戴明循環（如圖 8-9 所示）。該工具體現了持續改善過程的順序性和連續性特徵。循環的計劃階段是對改進領域（一些時候又稱為主題）和與該領域相關的特定問題的識別。這也是分析問題時的重點。另外，在進行 PDCA 循環分析時，可應用 5W2H 方法。5W2H 代表了做什麼（What）、為什麼（why）、在何處做（Where）、何時做（When）、誰來做（Who）、怎麼做（How）以及花費多少（How much），具體如表 8-3 所示。

在 PDCA 循環的執行階段實施轉變。專家們通常建議，首先應在小規模範圍內執行計劃，而且計劃中的任何改變都應文件化（檢查表 8-3 在此處是很有用的工具）。檢查階段主要評價在實施過程中收集的數據。目的在於瞭解原定目標與實際結果是否相吻合。在處理階段，改進後的東西被編製成新的標準流程，並在整個組織中的相應之處加以貫徹執行。

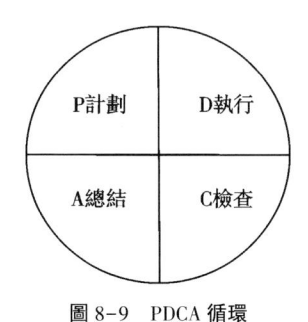

圖 8-9　PDCA 循環

表 8-3　　　　　　　　　　　5W2H 方法

類型	5W2H	說明	對策
主題	做什麼？	要做的是什麼？	取消不必要的任務
目的	為什麼做？	為什麼這項任務必須做？澄清目的。	

表8-3(續)

類型	5W2H	說明	對策
位置	在何處做？	在那裡做這項工作？必須在那兒做嗎？	改變順序或組合
順序	何時做？	什麼時候是做這項工作的最佳時機？必須在那個時候嗎？	
人員	誰來做？	誰來做這項工作？應該讓別人做嗎？為什麼是我做這項工作？	
方法	怎麼做？	如何做這項工作？這是最優方案嗎？還有其他方法嗎？	簡化任務
成本	花費多少？	現在的花費是多少？	選擇一種改進方案

註：人們已經制定了許多簡單的指南用以幫助團隊或小組創造出新的想法，並促使你從各種可以想像的角度對每一件事情提出疑問。

當企業在進行持續改善時，改善的過程常以手冊的方式表示，如同寫一個電影腳本。表8-4展示的就是像電影腳本一樣的被稱為「質量改進（QI）的故事」的步驟的總結。

表 8-4　　　　　　　　　　質量改進（QI）的故事

	步驟	功能	工具
計劃	1. 選擇課題	• 確定改進主題 • 瞭解為什麼選擇這個主題	「下一道工序是我們的顧客」 • 標準化 • 教育 • 及時校正與預防再發生
	2. 瞭解當前情況	• 採集數據 • 找出主題的關鍵特性 • 縮小問題範圍 • 劃分優先次序：將主要問題列在前面	• 檢查表 • 直方圖 • 帕累托法
	3. 進行分析	• 列出最嚴重問題的所有可能原因 • 研究可能的原因之間以及原因與問題之間的關係 • 選擇一些原因並建立有關可能關係的假設 • 採集數據，研究因果關係	• 魚骨圖 • 檢查表 • 散點圖 • 分層技術
	4. 設計對策	• 設計對策以明確產生問題的原因	• 固有的技術 • 經驗
執行		• 實施對策（實驗）	
檢查	5. 確認對策效果	• 手機有關對策實施效果的數據 • 進行前後對比	• SPC 工具
處理	6. 標準化對策	• 根據效果已被確認的對策修訂現有標準	
	7. 識別遺留問題並評價整個流程		

註：P. Lillrank and N. Kano. Continuous Improvement: Quality Control Circles in Japanese Industry（Ann Arbor: University of Michigan, Center for Japanese Studies, 1989）.

3. 持續改善中的標杆設定（Benchmarking）

到現在為止，我們所描述的持續改善方法或多或少是立足於公司內部的。它們通過詳細分析公司當前的實際情況來尋求改進。而外在標杆設定（External

Benchmarking）是走出去考察同行業競爭者以及其他行業的優秀公司正在做什麼。外在標杆設定的基本目的很簡單，那就是：尋找能夠提高公司水平的最好方法，並看看你能如何運用這些方法。標杆設定的應用是馬可姆·波里奇國家質量獎獲得者的一個特徵。並且，它已經被廣泛應用於整個工業領域。標杆設定通常包括如下四個步驟：

（1）確認需要改進的流程。這等同於持續改進中的主題選擇。

（2）識別在完成流程方面處於世界領先水平的公司。

對大多數流程來說，用來比較的公司有可能不屬於同一行業。例如，施樂公司在評價它的訂購系統時，將 L. L. 比恩公司（L. L. Bean）作為標杆設定的對象；而英國一個很大的計算機製造商 ICL（International Computers Limit）與英國一個很大的服裝零售商麥克斯和斯班瑟公司（Marks and Spenser）進行比較，以改進它的分銷系統。

（3）與作為比較對象的那個公司接觸，並對該公司的經理和工人進行私人拜訪。

許多公司從要比較的那個流程中選擇一些工人組成一個標杆設定小組，並將此作為持續改進計劃的一個部分。

（4）分析數據。

這能夠使人們看到自己公司的行為與被比較公司的行為之間的差距。這項研究包括兩個方面：一個是比較實際運作中的流程；另一個是按照一套方法比較這些流程的性能。流程經常用流程圖或文字說明進行描述。

在流程的比較中，典型的性能評價指標是：成本、質量和服務的大幅度改進。比如，每次訂購的成本、次品率和服務影響時間等。

【案例】8-2 佛羅里達電力和照明公司的質量管理改善

FPL（佛羅里達電力和照明公司）致力於提供穩定的電力和照明服務。2004年的颶風季節中，在六周內連續有3次颶風襲擊了佛羅里達州。這帶給 FPL 改善前所未有的挑戰。

對此，FPL 制訂了周到的修復重建計劃，包括在颶風過去后的24小時內在重災區設立了大量的運輸點。這些運輸點相當於小型物資貯備中心，旨在快速恢復照明和日常生活必需品的供應。

FPL 奉行持續改善的理念，在2005年改進了災區修復重建計劃。改進的部分包括：優化從運輸點到現場的人員調配；密切地與當地緊急救援中心合作；優先修復和重建醫院、學校等關鍵基礎設施機構；為顧客提供更快、更全的修復重建信息。

為了以最快的速度為最多的顧客服務，FPL 還準備與縣市採購機構緊密合作，從而保證能夠恢復對日常生活必需品的及時供應，此外還使用最先進的技術，實現事先測定災情和修復重建工作的全程管理。這樣即使無法預測風暴的強度，也可以為颶風季節做好充分準備。

任務四　六西格瑪管理

六西格瑪（Six Sigma）的概念是在1987年，由美國摩托羅拉公司通信業務部的喬治·費舍首先提出的。六西格瑪是指企業在百萬次操作中只有3.4次出現錯誤。當時

的摩托羅拉雖然有一些質量方針，但是沒有統一的質量策略。同很多美國和歐洲的其他公司一樣，其業務正被來自日本的競爭對手一步一步蠶食。為了提高產品質量的競爭力，六西格瑪這一創新的改進概念在摩托羅拉全公司得到大力推廣。採取六西格瑪管理模式後，該公司平均每年提高生產率12.3%。20世紀90年代中後期，通用電氣公司的總裁杰克・韋爾奇在全公司實施六西格瑪管理法並取得了輝煌業績，這使得這一管理模式真正名聲大振。

一、六西格瑪目標

六西格瑪法是一種管理業務和部門的系統方法。它把顧客放在第一位。它利用事實和數據來驅動人們更好地解決問題。六西格瑪法主要致力於3個方面的改善：提高顧客滿意度、縮短工作週期、減少缺陷。

這些方面的改善意味著業務費用的顯著節省，留住客戶機會的增加，以及產品和服務聲譽的提高。

雖然六西格瑪法中包含對業務過程的測量和分析，但是它不僅僅是一種質量改進方案，還是一種業務改進方案。要達到六西格瑪的目標需要的不僅是細微的、逐漸的改善，而且還要在各個方面實現突破性進展。

二、實現六西格瑪法的途徑

企業可以根據需要通過業務變革、戰略改進和解決問題三個途徑來決定開展六西格瑪法的廣度和深度。

1. 業務變革

對於那些有開展六西格瑪法的需要、願望和動力，並且把它當做一場全方位的變革的企業來說，該途徑是一種正確的道路。一個企業採取這種激進的方案可能是因為企業正在落後、正在虧損、無力開發新產品，員工變得懶散，企業的發展帶來了管理上的混亂等。採用這種業務變革途徑的有通用電氣、摩托羅拉、福特和3M等公司。

2. 戰略改進

這個途徑提供了很多的可能性。戰略改進的努力可能被局限在一兩個關鍵的業務需要上，同時團隊和培訓的目標都是把握主要的機遇和應對挑戰。採取戰略改進途徑的有美國強生、希爾斯美國運通、太陽微處理系統公司等。例如：一個大型的衛生潔具生產企業通過開展六西格瑪法來解決製造缺陷、成本和生產率等關鍵問題。

3. 解決問題

企業可用這種方法來解決那些惱人的、長期存在的問題。這些問題在早期就試圖被改進，但沒有獲得成功。那些受到六西格瑪法理論和工具綜合培訓的員工可以在瞭解事實和真正理解問題原因的基礎上應用六西格瑪法工具來分析和解決問題。

三、精益生產

精益生產（Lean Production, LP）是日本的豐田生產方式（Toyota Production System, TPS）。它最早於20世紀90年達由美國麻省理工學院數位國際汽車計劃組織（IMVP）的專家提出。精益是對日本豐田生產方式的讚譽。精，即少而精，不投入多

余的生產要素，只是在適當的時間生產必要數量的市場急需產品（或下道工序急需的產品）；益，即所有經營活動都要有益有效，具有經濟性。

精益生產綜合了大量生產與單位生產的優點，力求在大量生產中實現多品種和高質量產品的低成本生產。精益生產成為當前工業界最佳的一種生產組織體系和方式。其指導思想是，通過生產過程整體優化，改進技術，理順物流，杜絕超量生產，消除無效勞動與浪費，有效利用資源，降低成本，改善質量，達到用最少的投入實現最大產出的目的。精益生產的主要特點是：拉動式、準時化生產、均衡生產、一個流程等。

六西格瑪是一項以數據為基礎，追求幾乎完美的質量管理方法。從實質上講，六西格瑪管理法是一種從全方面質量管理方法（TQM）演變而來的高度有效的企業流程設計、改善和優化技術，並提供了一系列同等的適用於設計、生產和服務的新產品開發工具。六西格瑪管理法的重點是將所有的工作作為一種流程，採取量化的方法分析流程中影響質量的因素，找出最關鍵的因素加以改進從而達到更高的客戶滿意度。從目前的實踐來看，六西格瑪管理主要有兩種類型：六西格瑪改進和六西格瑪設計。現今，六西格瑪已經逐步發展成為以顧客為主體來確定企業戰略目標和產品開發設計的標尺，是企業追求持續進步的一種質量管理哲學。

對於處於不同的管理水準又急切尋求管理改進的眾多企業，究竟是採用精益生產方式還是推行六西格瑪？每一種管理理念的提出和發展從來都不是孤立的，也不是靜止不變的。精益生產還在發展，六西格瑪理論也仍在充實和完善。對於企業的經營改進活動，二者既有區別，又有很多相同和互為支持之處。事實上已經有一些企業（如天津的中美史克制藥有限公司）在推行二者的結合，即精益西格瑪（Lean Sigma）革新。精益方法追求的是將生產活動中的所有浪費（在價值流中被稱為 Muda）減到最小。所謂 Muda 包括所有的有缺陷的工作，不僅僅是有缺陷的產品。時間、動作和材料的浪費也是 Muda。在實施精益生產時，應用六西格瑪的思考流程可以獲得減少浪費的科學途徑，有利於識別和減少波動，通過定量化的方式尋找產生波動和浪費的根本原因。

【案例】8-3　豐田公司的質量管理

豐田生產汽車時非常注意質量和效率。這使得豐田在北美洲銷量最佳。每輛豐田汽車的生產流程僅需約 20 小時，經過模具製造、衝壓、車身焊接、上漆、裝配、檢測、最后到測試跑道，每個環節都需要檢測質量是否達標，逐個環節向下推進的前提是嚴格控制質量已達標。

豐田奉行持續改善和 JIT 理念，其核心是及時生產管理理念——精益生產，即消除生產過程中任何時間、物料甚至動作上的浪費。精益生產綜合了大量生產與單位生產方式的優點，力求在大量生產中實現多品種和高質量產品的低成本生產。精益生產成為當前工業界最佳的一種生產組織體系和方式。其指導思想是，通過生產過程整體優化、改進技術、理順物流、杜絕超量生產、消除無效勞動與浪費、有效利用資源、降低成本、改善質量，達到用最少的投入實現最大產出的目的。精益生產的主要特點是：拉動式、準時化生產等。

在持續改善的具體實施過程中，豐田授權員工在任何環節一旦發現質量問題，可立即暫停生產並討論解決方案。這聽上去可能是效率低下的，但實際上，它卻提高了

效率，這樣做能夠避免接下來的環節出現更大的質量問題，消除浪費，最終帶來質量和效率上的改進。

質量、成本、交貨期、服務及影響速度，是決定市場成敗的關鍵要素。而質量更是居首位的要素，是企業參與市場競爭的必備條件。

質量（品質）是反應產品或服務滿足明確或隱含需要能力的特徵和特性的總和。現代質量管理認為，必須以用戶的觀點對質量下定義。如何正確認識顧客的需求，如何將其轉化為系統性的產品和服務的標準是現代質量管理首先要解決的重要問題。

全面質量管理（TQM）的定義為「管理整個組織，使其在對顧客有重要作用的產品和服務的各個方面都非常出色。」TQM 強調將質量看做公司運作的整體要素。其一般的工具包括：①統計工序控制。質量小組常通過這種方式來解決質量問題，並進行持續改善。②質量功能展開。經理們嘗試用這種方式將顧客的要求反饋到組織中。質量控制（QC）部門的常用工具主要是該部門的質量專職人員使用的統計質量控制方法（SQC）。

持續改善（CI）是一種管理思想，它將產品和工序改進作為一種永無中止的、不斷獲得進步的過程。它是構成全面質量管理體系所必需的。持續改善的定義就是：根據團隊成員的意見和建議，對機器、材料、人力資源以及生產方法持續不斷地進行改進。

六西格瑪是指企業在百萬件次操作中只有三四次出現錯誤。六西格瑪管理的定義為：獲得和保持企業經營成本並將其經營業績最大化的綜合管理體系和發展戰略。

公司必須堅持以用戶的觀點對質量下定義。公司可以運用全面質量管理的一系列工具和程序對存在的問題進行分析，並且要進行持續改善，才能使公司的產品重新獲得用戶的肯定。

【案例】8-4　迎接質量世紀——約瑟夫·朱蘭訪談錄

約瑟夫·M. 朱蘭（Joseph M. Juran）現在的年齡正好是他出版《質量控制手冊》時的兩倍。這本書在質量領域就像保羅·塞繆爾森（Paul Samuelson）的《經濟學》在經濟領域一樣經典。我們在沃里克飯店的會議室交談，我們談到了質量運動的過去、現在和未來。

為什麼要強調質量的重要性？就經濟而言，歷史學家將把我們的這個世紀定義為「生產率的世紀」。其中最重大的事件之一是日本成為經濟超級大國。這主要得益於日本的質量革命。儘管我們的消費者喜歡日本產品，但是我們的製造商不喜歡，因為競爭被大大加劇了。下個世紀必然成為「質量的世紀」。

為什麼提高質量要花這麼長的時間？這是一個緩慢的過程，其中一個制約因素是文化阻力。每個行業都異口同聲地說：「我們與其他公司不同。」在每家公司中每個經理人員又會強調其不同之處。但是就管理和質量而言，它們其實是相同的。

1. 提高質量的代價

對於提高質量是多花錢還是節省錢，有很多混亂的想法。從某種意義上講，提高質量意味著某種產品或服務具有使人們願意購買的特性。因此，提高質量的目的是增加收入。現在要創出自己的特點，通常需要投資。從這種意義上講，提高質量意味著

多花錢。提高質量也意味著沒有麻煩，沒有故障。因為如果內部出現問題受損失的是公司。如果外部出現問題，受損失是消費者。從這一點來看，提高質量又意味著節省錢。

在同戴維·基恩斯（David Kearns）——當時施樂公司的首席執行官談論該公司的總戰略之前，我參觀了施樂公司。我感到很失望。高層人員沒有與質量有關的計分板。我要了一張十個最頻繁出現的故障記錄。他們的運行故障率比日本要高得多。施樂在保修期間損失了大量金錢。因此我瞭解到目前型號複印器的十大故障。我問：「你們以前的型號得到過類似的信息嗎？列出的兩個單子是一樣的。」他們知道這些地方有問題，但是沒有解決。因此，當我和基恩斯坐在一起時指出下面這一點並不困難：「你們還在出售你知道會出故障的機器。」

2. 控制與創造性

看看這個例子：我們都在制定財務預算。每個月的實際支出是不同的：購買足夠三個月用的辦公用品，這會在圖線上留下一個小的尖峰。現在統計人員又進了一步，說：「你怎麼知道只是一個小尖峰還是一次真正的變化？」他又說：「我在這兒給你畫出兩條線。它們之間有足夠的距離。95%的時間你的各種數字是在它們之間變化。」現在假定發生了顯然是在線外的變化。很可能是什麼地方出了大亂子。通常這是當地什麼事引起的，因為整個系統的運行仍在控制之下。因此監督者聚集到現場，使運轉恢復正常。

注意區分什麼是長期的，什麼是偶爾發生的。偶爾發生的事，我們用控制機制來處理。通常偶爾發生的問題是可以委託他人解決的，因為問題的起源和補救都在當地。而改變長期問題就需要創造性了，因為目的是打破現狀——消除浪費。處理長期問題要求結構性的改變，在很大程度上需要上層的干預。你有兩種截然不同的處理程序：控制程序，即保持現狀；改進程序，即打破現狀。這兩種都需要，好的經理人員會善於利用這兩種程序。

摩托羅拉公司的鮑勃·高爾文（Bob Galvin）不止一次地指出他的發現——「盡善盡美」是可能做到的。這是現實。對像飛機這樣關係重大的設備，我們研究出許多盡善盡美的辦法。例如冗餘、備份，有意為一些材料的性能留出餘量；禁止手工操作以減少人為的差錯。我們現在必須更深入探求盡善盡美的辦法，因為我們正在大量使用信息技術，使我們能依靠它傳遞信息以及提供金融服務。豐田公司每年進行一百多萬項改進，可見人類的創造力是沒有限制的。問題是我們如何最大限度地利用我們自己的創造力。

資料來源：《財富》中文版1999年4/5月刊。

思考題：
1. 為什麼提高質量要花很長時間？
2. 提高質量是多花錢還是節省錢？
3. 如何理解質量管理中的控制與創造性的矛盾？
4. 信息技術在質量管理中的作用是什麼？

【案例】8-5　豐田召回門質量案例分析

豐田汽車公司（Toyota Motor Corporation）是一家總部設在日本愛知縣豐田市和東京都文京區的汽車工業製造公司，隸屬於日本三井財閥。豐田汽車公司自2008始逐漸

取代通用汽車公司而成為全世界排行第一位的汽車生產廠商。

作為世界第一大汽車企業，以安全性能著稱的豐田汽車，卻因為安全問題引發了「踏板門」「腳墊門」等風波，這無疑是「搬起石頭砸自己的腳」。2009 年 8 月 28 日，在美國加州聖迭戈的高速公路上，一名警察駕駛一輛雷克薩斯 ES350 轎車突然加速導致一家四口死亡。經過美國媒體的輪番報導，豐田車的質量問題引發關注。政府部門介入，責令豐田公司對其汽車安全系統進行檢查，由此引發了豐田的召回門事件。

事件發生的根本原因分析如下：公司擴張速度過快，產品質量管理和人員培訓沒有跟進，導致一系列部件存在缺陷。在擴張市場期間沒有對員工提出的一些建議進行採納，對顧客的質量問題反饋沒有重視。高層的理念存在一定的誤區，偏離了「切戒奢侈浮華，力求樸實穩健」的豐田綱領。盲目降低成本，生產擴張市場，沒有注重汽車的售後維修服務及客戶信息反饋，導致汽車問題的累積及最後的爆發。

第一，為配合美國講求人權的特徵，豐田就實行了「官民並重」的危機公關策略，在 2010 年 1 月召回 8 款上百萬輛問題汽車后，即在美國報紙大打廣告，安撫消費者。此外，在美國各電視臺投放廣告，強調豐田公司重視質量安全和消費者權益。

第二，作為豐田汽車總裁，豐田章男親自道歉。2010 年 2 月 23 日和 24 日，豐田章男出現在美國華盛頓國會舉行的兩場聽證會。聽證會開始后，豐田章男就向駕駛豐田車發生事故的駕駛員表示深深歉意。接著，他承諾將努力修好故障汽車，嚴格執行「安全和顧客第一」的產品理念。他說：「我們家族的名字就在每輛汽車上，我也願意在個人層面上做出承諾，豐田將竭盡全力工作，重塑消費者的信心。」

以下節選部分發言內容，幫助我們一同探討豐田「質量門」的根本原因所在。

「我想著重談三個主題：豐田對質量控制的基本理念、召回事件的原因以及我們將如何改進質量控制工作。

首先，我希望談談豐田的質量控制理念。我本人，以及豐田公司並不是完美的。有時候，我們也會發現缺陷。但在這樣的情況下，我們通常會停下腳步，試著去弄清楚癥結所在，做出改變以求進一步提高……在豐田公司，我們相信要想製造出合格的產品，就要有優秀的人員。每一名雇員都會思考自己所做的事情，不斷地做出改進。這樣一來，豐田可以打造出更為優質的汽車。我們積極培養雇員，讓他們分享並踐行這樣的核心價值。豐田在美國已經有超過 50 年的銷售歷史，並於 25 年前開始在這個偉大的國度生產汽車。在這個過程中，豐田 20 萬名營運人員、經銷商與供應商能夠分享這個核心價值。這也是我最驕傲的一點。

其次，我希望談談是何種原因導致豐田要面對今天的召回事件。在過去幾年來，豐田一直快速擴展自己的業務。坦白地說，我擔憂這樣的增長速度有些過快了。我指出豐田一直以來遵循的幾點重要原則：首先，安全性；其次，質量；最後，產量。這些重要原則出現了混淆，我們不能像以前那樣，應該停下來思考並改進。我們聽從客戶意見以打造更優質汽車的基本立場也有些動搖。過快的發展速度令豐田無法培養自己的成員與架構。我們應當認識到這一點。這樣的狀況導致我們今天要面對召回事件，我感到后悔。我對曾經遭遇意外的豐田車主表示歉意。

最後，我希望談談在未來豐田將如何管理質量控制工作。到目前為止，任何召回決定都是由豐田汽車公司客戶質量工程部做出的。該部門確認汽車是否存在技術故障，決定召回舉措的必要性。但是，今天的問題反應出一點：我們缺乏的是客戶的觀點。

为了在这方面进行改进，我们将在召回决定环节做出如下改变。一旦公司做出召回决定，程序中将增加一个环节，确保管理层能够基于「消费者安全第一」的理念来做出负责任的决定。为了做到这一点，我们将开发一套系统，让管理层能够及时瞭解到客户的意见。在这套系统中，每一个区域能够做出必要的决定。此外，丰田将建立质量谘询小组，由北美以及世界上其他地区的知名专家组成，以确保丰田不会做出错误的决定。最后，我们将大力投资，确保在美国销售的汽车质量可靠。丰田将建立汽车卓越品质中心，设立产品安全总监一职。公司内部将就与汽车质量有关的决定分享更多的信息与责任。

以上便是我将采取的措施。目前丰田正在与美国国家公路交通安全局进行合作。无论最终丰田将承担何种后果，我都会努力提升丰田汽车的质量，践行将消费者放在第一位的原则。」

无论是从案例、网路，还是从丰田章男在听证会上的发言，我们都可以瞭解到，丰田生产方式的三大支柱之一是全面质量管理。它将质量控制下放到流水线的每一个环节，强调质量是生产而不是检查出来的。值得注意的是，丰田的质量管理体系在很大程度上依赖於流水线上的普通员工对部件进行质量控制，其核心特徵之一就是全员参加。正如丰田章男所说的那样，「在丰田公司，我们相信要想制造出合格的产品，就要有优秀的人员」。而在这裡面暗含著一个大前提，那就是——普通员工具备了足够的知识，来发现汽车制造过程中的质量问题。丰田认为他们对於其员工进行的深入培养，足以应付汽车制造中的各个环节。但是，这显然是不可能的。丰田章男认为，「过快的发展速度令丰田无法培养自己的成员与架构」。显然，他自己也认为是内部成员以及架构的问题导致了丰田的召回时间。但是更深一层次，是通过加大培养力度继续实行丰田固有的质量管理策略，还是重新建立一套适应现代汽车生产技术高速发展的、新的质量管理方案。我想这应该是丰田章男应该仔细考虑的。

近年来，汽车科技高度发展。同时丰田汽车以每年 50 万辆生产能力大幅扩张。质量与产量的天平不再平衡。丰田顺利获得重视产量而带来的产能扩张，却同时收穫了产品质量下降的问题。而丰田的召回事件从 2005 年左右就已经开始显露苗头。

在过去的二十年间，汽车的电子化进程已经彻底改变了汽车制造业的核心技术体系。在丰田生产系统产生巨大影响的 20 世纪 70 年代，大部分汽车配置的是化油器发动机和手动变速箱。当时的汽车除了收音机之外，几乎没有任何电子器件，更没有计算机控制设备。今天，一辆高级轿车中计算机设备的处理能力相当於数臺桌面电脑，而整车将近三分之一的成本被用在了电子设备和软件开发上。今天的丰田车驾驶者踩下油门踏板之后，会首先被转换成电子信号，再由电脑来控制发动机转速。在这一被延长的控制信号传递鏈中，任何一个环节出现问题，都会导致整个油门系统故障。当电子控制系统与发动机、转向和制动装置组合在一起，就会变成极为复杂的系统。在如此复杂的系统面前，丰田曾经引以为傲的「以人为本、全员参加」的全面质量管理理念显得颇为力不从心。在 20 世纪七八十年代，生产线上的任何员工都可以轻易找出汽车覆盖件表面的瑕疵。而在电子设备大规模应用於整车组装的今天，由电子设备以及大型软件系统带来的问题，并不是能够轻易发现的。且不说电子系统的复杂程度，仅是在无法预知的方面，就无法即时发现问题。举个例子，譬如行车电脑的油耗显示功能，可能前 5,000 千米都可以準确显示，但是如果是系统累加程序设计本身存在问题，

那麼很可能在5,000千米後的油耗計算便會出現問題。質量審查關節,在當時可能順利通過,但並不代表在未來的某一時點,或者真正上路之後,也能做到無任何質量問題出現。

豐田公司的質量管理體系還面臨另外一個頗具普遍意義的問題,那就是在大規模複雜產品生產過程中面臨的質量控制極限。質量控制領域最有名的概念,當屬六西格瑪。這一管理方法設定的產品質量目標為6個標準差,也就是說每生產100萬件產品,只有3.4件有缺陷。這個目標應該說已經趨近人類能夠達到的極限。然而,2007年豐田公司全年的汽車銷量就已經達到936萬輛。其中的每一輛車,均由2萬~3萬個零部件組成。我們可以簡單計算一下,此數量的汽車需要的零部件總數已經超過2,000億,整合后的複雜系統近1,000萬個。對此目標進行質量控制,早已超出目前人類能力的極限。

其實,對於任何一家產量與豐田類似的大型車廠來說,汽車質量問題已經是一種常態。在應對大規模複雜產品的質量控制挑戰時,現有技術水平和管理體製造成了所有車廠都會力不從心。單靠車廠自身的質量控制與檢測,無法完全排除缺陷產品的出現。而召回,就成為一種必然。

在豐田章男的聽證會發言中,豐田今后提出的質量管理方案,大致分為四點:

一是開發新的系統,讓管理層能夠及時瞭解客戶的意見。在這套系統中,每一個區域能夠做出必要的決定。

二是建立質量諮詢小組,由北美以及世界上其他地區的知名專家組成,確保豐田不會做出錯誤的決定。

三是加大投資,確保在美國銷售的汽車質量可靠。豐田將建立汽車卓越品質中心,設立產品安全總監一職。公司內部將就與汽車質量有關的決定分享更多的信息。

四是確保管理團隊的所有成員都要親自駕駛車輛。他們自己將發現問題所在以及嚴重程度。管理層不能依靠報告或是數據在會議室中解決問題。

分析案例,要想從根本上排除今后製造中所產生的質量問題,在這個科技飛速發展的時代是不太可能的。但是我們也不能因此就停滯不前,豐田章男提出了四大解決辦法。

第一,從源頭加強質量管理。一家汽車製造廠商是與多家零部件生產商合作的。大部分零部件都需要從這些供應商提貨。在今后的供應鏈環節中應加大對供貨商產品質量的審核,並提出具體的解決方式和預警機制。如出現問題后的相應補貨措施、賠償措施,以及出現多少比率的問題后不再與該供應商簽訂合同等。

第二,加強內部組裝環節的審查機制。在生產和組裝流程中,一方面沿襲以前的傳統,加大對員工的專業知識的培訓,確保他們有足夠的專業知識和技能以發現大部分潛在的問題。另一方面加大對高新技術軟件和檢測設備的投入,利用計算機來測試並檢查高精密儀器部件的問題,有效降低可能在當時不會出問題,而在今后某一時點出現問題的可能性。如我們之前舉的例子,行車電腦累加程序出現問題,單靠人腦是基本無法發現的,但是通過電子計算機,可以模擬行駛累加,便能很容易發現問題。

第三,確保每輛汽車都由專業技術人員進行路測,並將責任落實到人。客戶在購買每輛豐田轎車時都能夠知道該輛汽車是什麼時間由豐田公司的哪位員工參與試駕、檢驗合格的。如果在質保期內發生問題,系屬該員工失職未能檢測出的(而不是一些

不可測的問題），則追償責任到具體員工。

第四，延長質保年限和千米數。現在大多數汽車廠商對於其產品的質保年限一般都在 2~3 年，質保千米數在 6 萬~10 萬千米。豐田汽車在產能擴張上已經領先於其他同行，但是質量方面卻因「質量門」事件信譽大跌。豐田必須在質量上做出更加長效的承諾和保證，才能逐步重新獲得消費者的認可。

第五，不逃避問題。出現問題並不可怕，正如我們如上分析的一樣，在使用如此多科技產品的當今時代，真的要在生產、組裝環節中屏蔽一切問題是幾乎不可能的。如果真的在未來出現了問題，而此種問題確實無法在之前的環節中檢測出來，那麼廠商更應當積極對待。需要維修則維修，需要召回則召回。將問題解釋清楚，消費者都能理解。而通過逃避問題、逐個更換零部件、給予降價優惠等措施，採取大事化小小事化了的態度，一方面無法從根本上解決問題，另一方面也置消費者人身安全於不顧。一旦事情被揭發，擴大化，那麼廠商損失的絕不僅僅是因召回幾萬輛車而蒙受的損失。不僅損失的資金量要遠多過此，更重要的是，損失的信譽，可能是今後幾年、甚至十幾年都無法彌補的；更有甚者，可能在今後的汽車市場上，直接淪為競爭失敗者，無法東山再起。

思考題：
1. 豐田質量管理體系中的哪些漏洞，導致了召回門事件的發生？
2. 豐田的全面質量管理體系，應該如何進一步完善？

【案例】8-6 瀘州老窖酒廠屢獲殊榮的訣竅

瀘州老窖酒廠是我國古老的名酒廠。它生產的瀘州老窖大貢酒是中國四大名白酒之一。早在 1915 年就獲得巴拿馬萬國博覽會金獎，蟬聯歷居國家名酒和金獎優質產品稱號。現在工廠擁有固定資產 1.02 億元，占地 800 餘畝（1 畝 ≈ 666.67 平方米，下同），擁有正式職工 1,878 人，擁有萬噸的年產能力，是國家大型骨幹企業之一。瀘州老窖酒廠多次榮獲全國質量效益型先進企業稱號。

瀘州老窖酒廠從 1979 年開始推行全面質量管理，開展企業管理現代化建設。隨著改革開放的深入發展，市場競爭的日益加劇，企業進一步明確提出了「在信譽中生存，在競爭中發展，生產一流產品，建設一流企業，塑造最佳企業形象」的工廠方針，把質量作為企業生產經營工作的中心，把全面質量管理作為現代化管理的中心，創立了適合企業特點的、以質量為核心的經營管理模式，走上了質量效益型發展道路，使企業面貌發生了巨大變化，實現了傳統企業向現代化的轉變。

1988 年和 1989 年該廠先后榮獲商業部和四川省質量管理獎，首批通過國家級產品質量認證，首批評為「中國（十大）馳名商標」，跨入「全國 100 家知名企業」和「500 家最佳經濟效益企業」行列。

產品質量實現重大突破。優等品率 1992 年創歷史最好水平，達 58.9%，比 1980 年提高了 33 個百分點，比 1991 年提高了 3 個百分點。

經濟效益大幅度增長。實現利稅 1992 年創歷史最高水平，達 1.34 億元，是 1980 年的 20.5 倍，比 1991 年增長 51.2%。

1992 年，瀘州老窖廠老窖系列產品連獲六枚國際金獎，使瀘州老窖大曲酒的國際金牌總數達到 10 枚。

瀘州老窖酒廠走質量效益型發展道路，取得了巨大成就。1993 年 4 月，該廠榮獲國家技術監督局、中國質量管理協會授予的「全國質量效益型先進企業」的光榮稱號。其做法有：

一、積極轉變經營機制，確立質量的中心地位

瀘州老窖酒廠過去是個典型的、封閉式的單純生產型企業。正所謂「皇帝女兒不愁嫁」，該廠只管生產不問市場。在經濟改革的大潮中，名牌企業也遇到了嚴峻的市場競爭和挑戰。瀘州老窖酒廠從長期的實踐中深刻地體會到，企業必須突破原有的生產經營模式，建立健全適應市場需要的、充分發揮自身優勢的市場機制，才能保證自己的生存和發展，獲得最佳經濟效益。瀘州老窖大曲酒之所以能金牌不倒，享譽古今，暢銷不衰，最根本的一條就是因為它的質量好，因為「名酒就名在質量上」。瀘州老窖酒廠的經濟效益主要取決於產品的質量檔次。優等品所創稅是合格品的 140 倍。可見，提高優質品比率是創效益的關鍵。但是，只靠產品提高效益也是有限的，必須大力進行經濟技術開發，拓寬生產經營領域。

為了在新的形勢下，進一步發揮優勢，適應市場，瀘州老窖酒廠在經營思想、經營戰略、發展方針上做了重大決策：一是打破長期的、品種單一的產品結構，向多品種多規格的產品轉變，提出了不斷開發酒類新產品、越出行業搞開發的開發方針；二是打破「以產定銷」的產銷關係，向以市場發展需求為依據的「以銷定產」「以產促銷」的生產經營模式轉變，提出以市場為導向、以銷售為突破口、生產圍著市場轉的產銷策略；三是打破以量取勝的外延發展格局，向以質量效益的內涵發展道路轉變，提出了發揮老窖優勢和技術優勢、大幅度提高優質品比率的發展目標。

為了保證實現企業的經營戰略，瀘州老窖酒廠進一步明確了「質量是企業生產經營的中心」，提出了「產品信譽高於一切，企業榮譽高於一切」的企業精神；制定了「發揮老窖質量優勢，努力開拓國內外市場；大力研製開發適應不同層次不同消費習慣的優勢酒種；以質量求效益，努力提高優質品比率，控制和減少質量損失；提高銷售服務水平，保證用戶滿意」的質量目標；按照質量保證的需要，進一步調整並健全了企業組織機構，突出了市場調研、產品開發和銷售服務，以質量效益為紅線，進一步健全了企業經營管理制度，理順了管理關係；以大幅度提高優質產品比率為目標，調整改進生產工藝，創立了質量型釀酒生產模式。在全國眾多酒廠大搞擴建擴產的情況下，瀘州老窖廠把主要人力、物力、財力投向科研技改、挖潛革新，限產保優，努力以質取勝，創造了最佳經濟效益。

二、紮實搞好管理基礎工作，為質量效益提供可靠保證

瀘州老窖酒廠是在解放前 36 家手工作坊的基礎上建立起來的傳統釀酒企業。由於該廠過去長期沿襲作坊生產方式，因此管理基礎十分薄弱。他們在長期的管理實踐中充分認識到，要提高現代化管理水平，走優質高效的發展道路，必須不斷提高基礎管理工作水平。

他們狠抓計量工作的建設，幾年來投資上百萬元，為科研開發、質量控制、生產經營開發了先進的計量技術，培養建立了一支精幹的計量技術隊伍，在全國首創了適合大型釀酒企業特點的「三級網路，矩陣管理」計量管理模式，使這個傳統釀酒企業徹底擺脫了「憑感觀計量」「憑經驗釀酒」的落後局面，使計量管理連上三個臺階，在全國釀酒行業中首批成為國家計量一級企業，榮獲「國家計量先進單位」稱號。他

們狠抓了企業標準化建設，開展了大規模的標準化試驗，根據用戶需求制定了產品技術標準，建立了完善的技術標準體系；根據 TQC 的思想、理論和方法，以質量職能和質量責任為核心，建立了管理標準和工作標準體系，使企業的生產經營走上了標準化軌道。

他們研製開發了以計算機為手段的全廠質量信息系統，建立了從原料進廠、工序控制到產品出廠銷售的計算機閉環管理網路，有效地保證了質量控制和質量追溯。

他們堅持不懈地開展質量教育，從基礎教育入手，發展到逐級深化教育和按專業特點分層教育。參加全國 TQC 電視講座學習目標統考合格率已達應參加人數的 96.9%，提前實現了國家質協「八五」期末取證率。因此，該廠被評為四川省 TQC 電教先進單位。

三、建立嚴密高效的質量體系，實現全過程可靠的質量控制

瀘州老窖酒廠從 1979 年推行 TQC 以來，通過長期的探索試驗，把 TQC 思想、理論、方法應用到傳統釀酒生產和管理上，把傳統釀酒質量控制與現代管理方法相結合，逐步形成了一套具有企業特點的、行之有效的質量管理和質量保證模式。企業建立了工廠、車間、班組三級質量管理網，分配了質量職能，規定了質量責任，制定了質量管理制度，培養建立起一支素質較高的質量管理隊伍；制定了企業中長期發展規劃和質量方針政策，開展了方針目標管理；通過大量的研究試驗，他們掌握了瀘州老窖大曲酒質量形成規律，明確了成品質量同原材料、半成品以及各道工序質量的相關關係，找出了各個環節影響質量的主要因素，進而制定了釀酒專業技術職能和質量管理職能，明確了質量職能活動內容和程序，第一次把瀘州老窖大曲酒這一傳統名牌產品的質量控制從經驗轉變為科學型；在此基礎上，企業廣泛運用數理統計方法，研究瀘州老窖大曲酒數學模型和微機輔助管理系統，從基礎酒質量鑑別、儲存老熟、勾兌調味、出廠檢驗到銷售服務全部實現計算機輔助管理，在全國釀酒行業首家建成現代化酒質管理網路；企業還建立了包括原材料、半成品、成品以及主要工序的質量檢驗網路，配備了相應的檢驗人員和先進的檢測器材，做到層層質量把關，及時提供質量信息，特別在酒質檢驗上在全國率先採用標準酒樣和統計檢驗方法，長期有效地保證了產品質量的合格。

在國家《質量管理和質量保證》系列標準發布后，瀘州老窖酒廠全面總結了多年來釀酒質量管理經驗，按照《質量管理和質量體系要素指南》標準，對釀酒質量體系進一步進行了改造優化，進一步明確提出了「在信譽中生存，在競爭中發展，生產一流產品，建設一流企業，塑造最佳企業形象」的工廠方針，制定了十六項質量政策，規定了以質量求效益的企業各項質量目標；根據釀酒生產特點，他們設計了包括九個階段的質量環，按 17 個體系要素，將 9 大質量職能展開為 94 項質量管理職能活動，重新調整分配了各部門質量職能，完善了以質量責任為核心的經濟責任制；他們設計了質量手冊和全套質量文件；他們重點強化了質量體系的審核、復審和體系協調，從而使瀘州老窖酒廠的質量體系實現標準化、程序化，提高了質量管理和質量保證的有效性和可靠性。

通過深入貫徹質量管理國家標準，瀘州老窖廠進一步突出了質量在企業生產經營中的中心地位，把全廠的各項管理工作納入以全面質量管理為中心、以計算機控制為手段的現代化管理軌道，形成「產品根據市場變，企業圍著質量轉」的良性循環。

四、大力進行經濟技術開發，不斷增強企業實力

在改革開放的新形勢下，瀘州老窖酒廠制定了「越出行業學先進，跨出行業搞開

發，把工廠建成以瀘州老窖系列產品為依託，集科、工、貿、金融為一體，多角化、國際化經營集團」的戰略目標，大力進行技術改造與產品開發，努力開展經濟協作，不斷完善開發機構，提升開發人員的素質，逐年增加開發投入，取得了可喜成果。

他們以酒為根本，根據市場發展趨勢，發揮老窖產品的優勢，向低度化、營養化、國際化發展產品品種。現正形成六種酒度28個規格的老窖大曲酒系列，滋補酒、康樂酒等營養酒系列和雞尾酒、威士忌等國際飲料系列，不斷滿足了各種層次的消費者的潛在需求。

為了提高產品質量，他們不斷研發和引進新技術，進行企業的更新改造，推進企業技術進步，在釀酒行業首先成功研製「微機勾兌」「微機控制立體製曲」，推出「原窖分層釀製」釀酒新工藝等多項重大科研技改成果。其中七項獲得省、部以上重大成果技術進步獎，用現代科學技術武裝了傳統釀酒生產。

他們充分發揮老窖的產品優勢和技術優勢，大力開展經濟技術協作，創造了巨大的經濟效益和社會效益，僅1992年就直接創利1,573.6萬元。同時他們還努力進行國際開發，1992年已經同馬來西亞、新西蘭、俄羅斯等國家簽訂了合作合資生產酒類產品的協議或合同，邁出了國際化生產經營的步伐。

1992年，他們已在跨行業經濟技術開發上取得了重大進展，先後籌建了中外合資彩印包裝中心，參股國際信託公司，並建立了多個內貿、邊貿企業公司，開始向多角化經營集團發展。

五、積極開展群眾性質量管理活動，把質量效益變為全員行動

多年來，瀘州老窖酒廠緊緊圍繞工廠方針，積極開展群眾性質量管理活動，建立了深厚的基礎。在企業向質量效益型發展的過程中，他們進一步提出了以質量求效益的活動目標，動員全廠職工立足本職，提高質量，爭創效益。1991—1992年，他們連續開展了以減少工序不良品損失為內容的QC小組活動。釀酒工序1991年比1990年減少44.6%，1992年又比1991年減少50%；包裝不合格品率1991年比1990年下降20%，1992年又比1991年下降21.3%。在節能降耗加速資金週轉方面，他們已取得明顯成效。單是改進蒸氣竈一項，每年可節省45.4萬元。1992年在大量增加技改投入、新建項目投產的情況下，資金週轉天數仍基本保持1991年的水平，比1980年減少64.4%。目前企業已建立QC小組94個，兩年共取得市級以上優秀QC成果獎14個。該廠在保證和提高產品質量、提高優質品率和增收節支等方面都取得明顯效果。

思考題：

1. 瀘州老窖是如何實現全面質量管理的？
2. 影響瀘州老窖產品質量的因素有哪些？
3. 瀘州老窖是如何做好質量控制的？

【案例】8-7　Westover電器公司質量管理案例分析題

Westover電器公司是位於休斯敦的一家中心電動馬達線圈製造商。該公司作業經理Joe Wilson曾面臨日益增多的廢品率問題。「我不能確定這些問題是從哪兒產生的」，他在每週一次的公司管理人員會議上對老板這麼說，「卷線部門的廢品讓我們白干了兩個月。沒有人知道原因是什麼。我請一名顧問Roger Gagnon來查看情況，並希他提出關於我們如何才能找到原因的建議。我並不期望Roger能提出技術性建議，只要求他能

指出正確方向。」

　　Roger 一到公司就去生產車間。與卷線部門質量監督人員的交談中，他發現他們並不清楚問題所在及如何改正。在卷線生產過程中，三臺機器將線卷在一個塑料軸上。經過質檢后，這些線圈被送到包裝部門。Roger 發現包裝部門員工要進行再檢驗並立即進行校正。問題是有太多的線圈被查出有缺陷並在包裝前要返工。Roger 接著考察了質管部門，從那裡他得到了過去幾個月卷線部門廢品記錄（見表 8-5）。根據上述內容回答下列問題：

思考題：

1. WESTOVER 公司目前在質量方面存在的主要問題有哪些？
2. 以一頁紙為限，說出你的質量改進建議。

表 8-5　　　　　　　　　　　　卷線部門廢品記錄表

日期	檢驗數	卷線機	卷線不合格	線纏在一起	鉛包破裂	線皮擦傷	線軸問題	線的問題	電器測度不通過
1	100	1	1	0	4	1	0	0	1
	100	2	2	1	0	0	1	5	0
	100	3	0	0	0	5	0	0	3
2	100	1	0	1	3	0	0	0	0
	100	2	3	1	0	0	2	3	0
	100	3	0	0	1	6	0	0	0
3	100	1	1	0	0	2	0	0	0
	100	2	0	0	0	0	0	3	0
	100	3	0	0	1	4	0	0	3
4	100	1	0	0	3	0	0	0	0
	100	2	0	0	0	0	0	2	0
	100	3	0	0	0	3	1	0	3
5	100	1	0	1	5	0	0	0	0
	100	2	0	0	0	0	0	2	1
	100	3	0	0	0	3	0	0	2
8	100	1	0	0	2	0	0	0	0
	100	2	0	0	0	0	0	1	0
	100	3	0	0	0	3	0	0	3
9	100	1	0	1	2	0	0	0	0
	100	2	0	0	0	0	0	1	0
	100	3	0	0	0	0	0	0	4
10	100	1	0	0	5	0	0	0	0
	100	2	1	0	0	0	1	0	0
	100	3	0	0	0	5	0	0	4
11	100	1	0	1	4	0	0	0	0

表8-5(續)

日期	檢驗數	卷線機	卷線不合格	線纏在一起	鉛包破裂	線皮擦傷	線軸問題	線的問題	電器測度不通過
	100	2	0	0	0	0	0	0	0
	100	3	0	0	0	4	0	0	4
12	100	1	0	0	3	0	1	0	0
	100	2	1	0	1	0	0	0	0
	100	3	0	0	0	5	0	0	4
15	100	1	0	0	2	0	0	1	0
	100	2	0	0	0	0	0	1	0
	100	3	0	0	0	3	0	0	3
16	100	1	0	0	6	0	0	0	0
	100	2	1	0	0	0	0	0	0
	100	3	0	0	0	3	0	0	3
17	100	1	0	1	1	0	0	0	0
	100	2	0	0	0	0	0	0	1
	100	3	0	0	0	3	0	0	3
18	100	1	1	0	2	0	0	0	0
	100	2	0	0	0	0	0	1	0
	100	3	0	0	0	4	0	0	1
19	100	1	0	0	2	0	0	0	0
	100	2	0	0	0	0	0	0	0
	100	3	0	0	0	3	0	0	1
22	100	1	0	1	4	0	0	0	0
	100	2	0	0	0	0	0	0	0
	100	3	0	0	0	3	0	1	2
23	100	1	0	0	4	0	0	0	0
	100	2	0	0	0	0	0	0	1
	100	3	0	0	0	4	0	0	3
24	100	1	1	0	2	0	0	1	0
	100	2	0	1	0	0	0	0	0
	100	3	0	0	0	4	0	0	3
25	100	1	0	0	3	0	0	0	0
	100	2	0	0	0	1	0	0	0
	100	3	0	0	0	2	0	0	4
26	100	1	0	0	1	0	0	0	0
	100	2	0	1	0	1	0	0	0
	100	3	0	0	0	2	0	0	3

表8-5(續)

日期	檢驗數	卷線機	卷線不合格	線纏在一起	鉛包破裂	線皮擦傷	線軸問題	線的問題	電器測度不通過
29	100	1	0	0	2	0	0	0	0
	100	2	0	0	1	0	0	0	0
	100	3	0	0	0	2	0	0	3
30	100	1	0	1	2	0	0	0	0
	100	2	0	0	0	0	0	0	0
	100	3	0	0	0	2	0	0	3

【案例】8-8　廣州本田汽車質量管理案例

2005年1月10日，離洞房花燭夜的喜慶婚宴還有三個多小時，石橋鎮新郎周先生迎親的婚車車隊中，一輛本田轎車突然發生車禍——當場一人死亡。

這輛本田車行至南莊兜收費站。由於前面六輛車是杭州本地車，有統繳卡，而這輛車和另一輛車沒有卡，因此要繳費過關。等本田車通過收費站時，與前車相距約有100多米。過了收費站幾分鐘後，車子還在加速往前趕，但意外發生了，司機突然發現前方約10米處有一條大黃狗自右向左橫穿馬路。司機說，他馬上緊急煞車，但已經來不及，車頭撞上了那條黃狗，車內方向盤的氣囊彈了出來，他的臉被蒙住，一點都看不到。之後，他便什麼都不知道了。嶄新的廣州本田轎車當場解體，斷為兩截，兩前輪承載的駕駛室翻到對面車道；兩后輪承載的車體在原先車道上；車后座上三名新娘的年輕表親，被甩出車外，重重摔在馬路上。

接下來本次汽車產品危機的事情進程是：

1月11日，廣州本田售后服務科潘先生接受了杭州電視臺的採訪。潘先生笑容可掬地回答道：「車輛的話，不能簡單地看它厚薄。這個在設計上都有它的要求，不能簡單評價。我們已經看過現場了。為了明確這具體由什麼原因引起、是不是和我們有關等問題，我們將對車輛進行確認。」

1月13日，車主及死難者家屬打算委託浙江省權威機構對事故車進行檢測。廣本雅閣車的車主要求與廠家一起委託浙江省權威機構對被撞車進行全面的安全質量檢測，但廠家表示應該由廠方自行認定質量是否存在問題，因此雙方沒有達成共識。1月14日，杭州市公安局余杭區分局交通巡邏（特）警察大隊向浙江省質量鑒定管理辦公室提出質量鑒定申請，要求對事故車的轉向系統、制動系統、安全氣囊系統是否符合有關要求及車身斷裂原因進行鑒定。1月17日，廣州本田汽車有關專家到杭州並再次否認汽車質量有問題。1月19日，日本本田公司技術專家到杭州，並配合檢測。1月24日，廣州本田服務雙周開始，主要針對冬季用車進行空調系統、冷卻系統和制動系統方面的全國免費檢測。但按照廣本新聞發言人的說法，此舉和斷車事件無關。一個多月的迴避和沉默之後，2月28日廣本舉行第五十萬輛轎車下線儀式。

思考題：

1. 廣州本田的舉動主要違反了質量管理原則中的哪些原則？為什麼？
2. 廣州本田的主要失誤在哪裡？
3. 從案例中你是如何認識質量管理體系重在執行的理念的？

知識鞏固

一、判斷題

1. 質量的適用性是指：性能、附加功能、可靠性、一致性、耐久性、維護性和美學性。（　）

2. 全面質量管理要求公司上下都要關注質量。這一質量管理方法有三個核心：第一是永遠無止境地推進質量改進，也就是人們所說的持續改進；第二是全員參與；第三是追求顧客滿意度，要不斷地滿足或超出顧客的期望。（　）

3. 帕累托分析使用了帕累托法則，即通常所說的80/20法則：其中80%的問題是由占總原因數量的20%的原因引起的。（　）

4. 持續改善（Continuous Improvement，CI）是一種管理思想。它將產品和工序改進作為一種永無中止的、不斷獲得進步的過程。它是構成全面質量管理體系所必需的指導思想。（　）

5. PDCA循環，即計劃（plan）—執行（do）—檢查（check）—處理（act），常被稱為戴明循環。該工具體現了持續改善過程的順序性和連續性特徵。（　）

二、討論題

1. 你是如何理解質量的重要性？
2. 影響質量的因素有哪些？
3. 什麼是全面質量管理？它有哪些特點？
4. 請列舉常見的質量分析與管理工具，可用圖表說明。
5. 實施六西格瑪法的意義是什麼？目前中國的製造企業實施情況如何？請列舉說明。

實踐訓練

項目　認識全面質量管理、質量管理工具在服務型企業中的應用

【項目內容】

帶領學生參觀某國際品牌4S汽車專賣店的營運管理。

【活動目的】

通過對品牌4S汽車專賣店的營運管理感性認識，幫助學生進一步鞏固全面質量管理、質量管理工具等質量管理知識。

【活動要求】

1. 重點瞭解品牌4S汽車專賣店的營運模式以及質量管理、成本管理和客戶管理的原則。
2. 每人寫一份參觀學習提綱。
3. 保留參觀主要環節和內容的詳細圖片、文字記錄。
4. 分析品牌4S汽車專賣店的全面質量管理重點。
5. 每人寫一份參觀活動總結。

【活動成果】
參觀過程記錄、活動總結。
【活動評價】
由老師根據學生的現場表現和提交的過程記錄、活動總結等對學生的參觀效果進行評價和打分。

模塊九
綜合計劃的編製與控制

【學習目標】

1. 瞭解常用的生產計劃及他們之間的關係。
2. 瞭解生產能力與市場需求協調的互動機制及編製綜合生產計劃的策略。
3. 知道期量標準、生產計劃、生產能力、生產負荷等專業術語的含義。
4. 瞭解生產計劃的類型及其內容與編製方法。
5. 明白生產能力的計算方法和生產能力的平衡方法。
6. 說明作業計劃控制的主要內容與方法。

【技能目標】

通過本模塊的學習，學生應該：
1. 掌握常用的綜合生產計劃的編製的方法。
2. 能夠獨立制定綜合計劃並計算成本。
3. 能夠正確地編製作業計劃。
4. 能夠正確地計算生產能力，並有效地開展生產能力平衡工作。
5. 可以正確地下達和科學地控制作業計劃。

【相關術語】

綜合計劃（aggregate planning）
期量標準（standard of scheduled time and quantity）
長期計劃（long-range planning）
節拍（beat）
中期計劃（intermediate-range planning）
作業控制（control for the operations）
短期計劃（short-range planning）
生產能力（Productive capacity）
生產計劃（production program）
機會成本（Opportunity cost）

【案例導入】

阿根廷鮑吉斯—羅伊斯公司的泳裝生產計劃

鮑吉斯—羅伊斯公司（Porges-Ruiz）是布宜諾斯艾利斯的一家泳裝生產廠商。該公司制定了一項人事改革政策，從而不僅降低了成本，同時也增強了員工對顧客的責任心。由於很受季節的影響，該公司不得不在夏季的3個月將其產品的3/4銷往海外。鮑吉斯—羅伊斯公司的管理層還是採用傳統方式——依靠加班、聘用臨時工、積聚存貨來應付需求的大幅上升。但這種方式帶來的問題很多，一方面，由於公司提前幾個月就將泳裝生產出來，其款式不能適應變化的需求情況；另一方面，在這繁忙的3個月，顧客的抱怨、產品需求告急、時間安排變動及出口使得管理人員大為惱火。

鮑吉斯—羅伊斯公司的解決辦法是在維持工人正常的每週42小時工作報酬的同時，相應改變生產計劃，從8月到11月中旬改為每週工作52小時（南美洲是夏季時，北半球是冬季）。等到高峰期結束，到第二年4月每週工作30個小時。在時間寬鬆的條件下，該公司進行款式設計和正常生產。

這種靈活的調度使該公司的生產占用資金降低了40%，同時使高峰期生產能力增加了一倍。由於產品質量得到保證，該公司獲得了價格競爭優勢，因而銷路擴大到巴西、智利和烏拉圭等地。

資料來源：轉載自杰伊‧海澤和巴里‧雷德的《生產與作業管理教程》，華夏出版社，2002年。

任務一　綜合計劃活動概述

一、背景

「人無遠慮，必有近憂」「凡事預則立，不預則廢」說明了同一個道理：企業營運與人生規劃一樣，必須從長計議，做出計劃安排。

計劃是管理的首要職能，是組織、領導和控制等管理職能的基礎和依據，是企業營運成功的關鍵。它滲透於企業各個組織層次的管理活動中。

二、基本內容

（一）計劃的組成和層次

生產計劃系統是一個包括需求預測、中期生產計劃、生產作業計劃、材料計劃、能力計劃、設備計劃、新產品開發計劃等相關計劃職能，並由生產控制信息的迅速反饋構成的複雜系統。

在現代企業中，企業內部分工精細，協作嚴密。任何一部分活動都不可能離開其他部分而獨立進行。尤其是生產活動，它需要調配多種資源，按時、按量地提供所需的產品和服務。因此必要要有周密的計劃來指揮企業各部分的生產活動。生產計劃的作用就是要充分利用企業的生產能力和其他資源，保證按質、按量、按品種、按期限地完成訂貨合同，滿足市場需求，盡可能地提高企業的經濟效益，增加利潤。

（二）生產計劃的內容

企業的生產計劃體系是一個龐大複雜的系統，既有長期的戰略規劃，也有中期的綜合生產計劃和短期的作業計劃。相關的體系和層次如圖9-1所示。

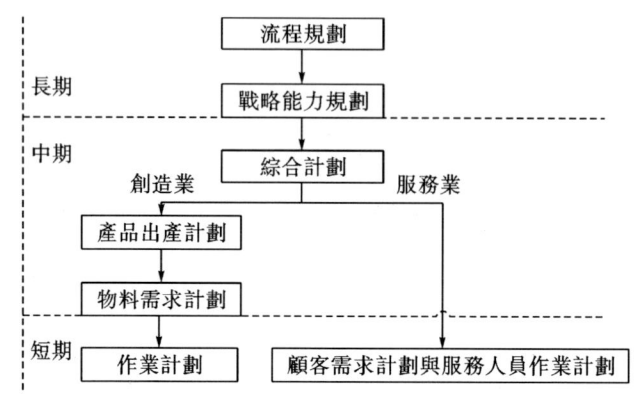

圖9-1 營運計劃體系簡圖

1. 長期生產計劃

長期生產計劃屬於戰略計劃範圍。它的主要任務是進行產品決策、生產能力決策以及確立何種競爭優勢的決策。它涉及產品發展方向、生產發展規模、技術發展水平、新生產設施的建造等。

2. 中期生產計劃

中期生產計劃屬戰術性計劃。在我國企業中通常稱之為生產計劃或生產計劃大綱；其計劃期一般為一年，故許多企業又稱之為年度生產計劃。它的主要任務是在正確預測市場需求的基礎上，對企業在計劃年度內的生產任務做出統籌安排，規定企業的品種、質量、數量和進度等指標，充分利用現有資源和生產能力，盡可能均衡地組織生產活動和合理地控制庫存水平，盡可能滿足市場需求和獲取利潤。

中期生產計劃是根據市場需求預測制定的。它的決策變量主要是生產率、人力規模和庫存水平。其目標是如何充分利用生產能力，滿足預測的用戶需求，同時使生產率盡量均衡穩定，控制庫存水平並使總生產成本盡可能低。對於處理流程型企業，中期計劃的作用是非常關鍵的。這是由於這類企業具有設備或生產設施價格昂貴、生產連續進行、生產能力可以明確核定以及採取備貨生產方式等性質。而對於製造裝配型企業，由於生產能力的定義隨產品結構的變化而改變，難以在制訂中期計劃時準確地核定；加上其主要採用訂貨生產方式，在制訂中期生產計劃時往往缺乏準確的訂貨合同信息，故中期生產計劃只能起到一種指導作用。這類企業生產計劃的重點是短期生產作業計劃。但是，對於那些實現了流水生產和接近流水生產性質的加工裝配企業來說，中期計劃同樣起著重要的作用。

3. 短期生產作業計劃

短期生產作業計劃，亦稱生產作業計劃。它的任務主要是直接依據用戶的定單，合理地安排生產活動的每一個細節，使之緊密銜接，以確保按用戶要求的質量、數量和交貨期交貨。

生產作業計劃是生產計劃的具體實施計劃。它是把生產計劃規定的任務，一項一

項地具體分配到每個生產單位、每個工作中心和每個操作工人，規定他們在月、周、日以至每一個輪班的具體任務。因此生產作業計劃是一項十分細緻和複雜的工作。對於製造裝配型企業，生產作業計劃的地位和作用十分關鍵。對於這類企業，如何安排和協調材料、零部件和完工產品的加工進度和加工批量，確保交貨並使庫存盡可能少，是這類企業作業計劃面臨的主要挑戰。

企業的各種計劃，包括從戰略層計劃到作業層計劃三個層次。不同的層次營運計劃有各自不同的特點。表 9-1 詳細列舉了不同層次營運計劃的主要特點。

表 9-1　　　　　戰略層、管理層和作業層計劃的主要特點

項目	戰略層計劃（長期）	管理層計劃（中期）	作業層計劃（短期）
管理層次	高層領導	中層領導	基層
計劃期	3~5 年或更長	6~18 個月	小於 6 個月
空間範圍	整個企業	工廠	車間、工段
詳細程度	非常概括	概略	具體、詳細
不確定性	高	中	低
計劃的時間單位	粗	中	細

任務二　編製綜合計劃

一、背景

綜合計劃，又稱生產大綱，是在企業設施規劃、資源規劃和長期市場預測的基礎上做出的，是企業各部門一年內經營生產活動的綱領性文件。

二、基本內容

（一）綜合計劃的投入和成本

在制訂綜合計劃時，部門經理必須回答以下幾個問題：

（1）需求的變化可否通過勞動力數量的變化來平衡？
（2）是否通過轉包方式來維持雪球增長時的勞動力的穩定？
（3）需求變動是通過聘用非全日制雇員還是採取超時或減時工作來平衡？
（4）是否改變價格或其他因素來影響需求？
（5）庫存能否用於平衡計劃期內需求的變化？

對這些問題的思考有利於管理層制訂有效的綜合計劃。同時制訂一個有效的綜合計劃還需要許多重要的信息。

首先，計劃者必須瞭解計劃期間的可利用資源；

其次，必須對預期需求進行預測；

最後，計劃者務必重視勞動法有關的內容。綜合計劃的主要成本如表 9-2 所示。

表 9-2　　　　　　　　綜合計劃投入及成本列表

資源	成本
勞動力/生成率	基本生產成本
設備設施	與生產率變化相關的成本
需求預測	—聘用/解雇成本
勞動力變化的政策狀況報告	—培訓成本
轉包合同	轉包成本
加班	加班成本
存貨水平	庫存成本
延遲交貨	延期交貨成本

（二）綜合生產計劃的制訂策略

在「穩妥應變型」決策策略下，制訂綜合生產計劃的基本策略主要有 3 種。這些策略必須靈活地權衡勞動水平、工作時間、庫存水平和缺貨拖欠等內部因素。當企業需要按常規調整勞動水平時，很多企業通常會保持全職員工的穩定性，而通過人才市場或職業介紹所聘用一些臨時工人。如果這些臨時工人在聘用期間表現得非常好，也可能轉為全職員工。當然，前提是企業需要更多的全職員工。

1. 追逐策略

當訂貨發生變化時，通過平庸或解聘以適應需求波動。這種策略的優點是投資小，無訂單拖欠；缺點是容易造成勞資關係疏遠，特別是當訂單減少時，工人們會放慢生產速度，因為他們害怕一旦完成，他們就會失業。

2. 穩定勞動力水平

通過柔性的工作進度計劃或調整工作時間，進而調整產出率，即通過調整工作時間以適應需求波動。這種策略保持了穩定的勞動力水平，避免了追逐策略中聘用和解聘工人時所付出的感情代價以及聘用和解聘費用，但提高了勞動力成本。

3. 平準策略

通過調節庫存水平，允許訂單拖欠或缺貨等方法，來保持穩定的產出率和穩定的勞動力水平，以適應需求波動。這種策略的優點是人員穩定，產出均衡；缺點是降低了潛在的顧客的服務水平，增加了庫存投資，而且庫存品可能會過時。

當企業只有採用一種策略來應對需求波動時，稱為單一策略。兩種或兩種以上策略組合是混合策略。實際上，企業更廣泛採用的是混合策略。

（三）編製綜合生產計劃的策略

綜合生產計劃的重點是解決生產能力與需求變動之間的矛盾，以保證生產經營目標的實現。因此，編製綜合生產計劃的策略主要有兩種：

1. 調節生產能力以適應需求

（1）調節人力水平。通過聘用和解聘人員來實現這一點。

（2）加班或部分開工。調節人員水平的另一個方法就是加班或減少工作時間。

（3）安排休假。即在需求淡季時，只留下一部分基本人員，大部分人員和設備都停工。這時，就可以使工人全部休假或部分休假。

（4）利用庫存調節。在需求淡季時儲存一些調節庫存，在需求旺季時使用。

（5）外協或轉包。這是用來彌補生產能力短期不足的一種常用方法。

【案例】9-1 四川長虹和杭州西湖的綜合計劃策略的比較

四川長虹和杭州西湖都是中國電視機行業的競爭者。但是他們的綜合計劃方式有所不同。

20世紀90年代電視機的顯像管是其最重要的部件之一。由於其生產線的投資需要很大的資本投入，因此，電視機生產廠商可以選擇轉包生產、自己進行組裝，也可以選擇自己生產。四川長虹已經斥巨資在四川建立了自己的顯像管生產線。這條生產線不僅滿足了四川長虹自己的電視機生產能力，而且能夠為其他電視機生產廠商提供顯像管。在進行綜合計劃時，四川長虹考慮的是利用勞動力策略來改變其生產能力，也就是我們所說的調解人力水平。

而杭州西湖在顯像管生產上選擇了外協或轉包生產這一調解能力的綜合計劃策略。其顯像管的轉包商主要來自於國外，所以在生產旺季，杭州西湖必須承擔由於供應商誤時誤點而導致的影響生產正常進行的缺貨成本和生產資源、能力的浪費等。

（轉載自杰伊·海澤和巴里·雷德的《生產與作業管理教程》p345 運作案例）

2. 改變需求以適應生產能力

（1）導入互補品。不同的產品需求可以錯「峰」錯「谷」。例如：生產割草機的企業可以同時生產機動雪橇。這樣，其核心部件——微型發動機的年需求就可以基本保持穩定。

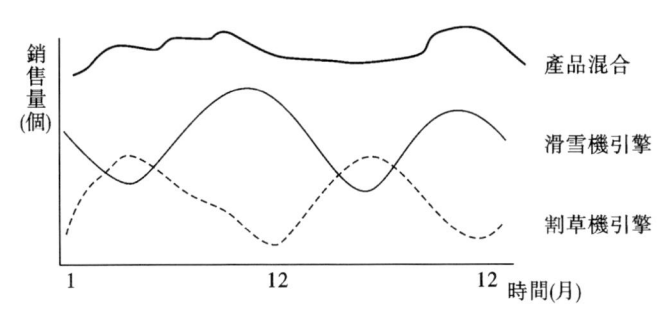

圖9-2 互補產品銷量變化示意圖

這種方法的關鍵是找到合適的互補產品。這樣既能夠充分地使用現有資源，又可以使不同需求的「峰」「谷」錯開，使產出保持均衡。

（2）調整價格，刺激需求。對於季節性需求變化較大的產品，在需求淡季，可通過各種促銷活動，降低價格，使「淡季不淡」，保持穩定的需求。例如：航空業在淡季出售打折機票等。

無論是調節能力還是改變需求，都是要解決能力和需求的平衡問題。這些方法各有優劣，具體見表9-3。企業採用何種方法應在實踐中充分考慮後綜合確定。

表 9-3　　　　　　　　　不同策略的優缺點

策略	優點	缺點
調節人力水平	需求變動時避免形成庫存	聘用或解雇及培訓成本高
利用並調節庫存	人員和生產能力沒有變動或變動很小	成本上升
加班或部分開工	與季節變動保持一致，無雇用及培訓成本	支付加班成本，工人疲勞
外協或轉包	有一定的彈性，產出平衡	失去質量控制，減少利潤
延遲交貨	避免加班，產量穩定	顧客需要等待，信譽受損
刺激需求	利用過剩的生產能力，擴大市場佔有率	需求不確定，很難保證供求平衡
引入互補產品	充分利用資源，人員穩定	需要有保障

(四) 綜合生產計劃編製的程序

圖 9-3 表示一個綜合生產計劃的制訂程序。由該圖可以看出，這樣一個程序是動態的、連續的。計劃需要週期性地被審視、更新，尤其是當新的信息輸入、核心的經營機會出現時。

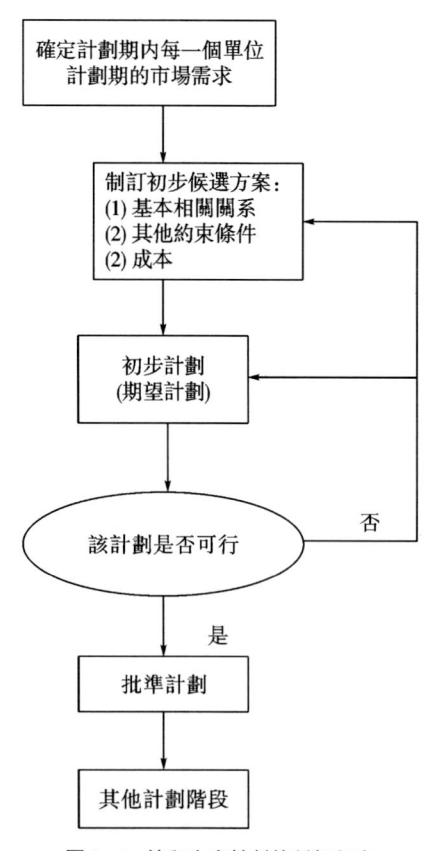

圖 9-3　綜和生產計劃的制訂程序

(五) 綜合生產計劃的編製方法

綜合生產計劃的編製方法有很多種，通常可分為試算法和線性規劃法。線性規劃

法過於複雜，我們在這裡只介紹試算法。

試算法是一種得到廣泛應用的方法。雖然制訂綜合計劃的方法很多，但是調查研究表明，用「以經驗為基礎，採用試算法制訂綜合計劃」的企業仍然占據了非常大的比例。實踐中，用圖解法或試算法的基本原理制訂運作計劃的企業占絕大多數。

試算法是指通過計算幾個不同的綜合計劃方案的總成本，然後從中選擇最合適的計劃方案。

試算法的做法往往是這樣：
（1）根據預測需求、庫存要求等確定運作需求；
（2）做一些必要的、合理的基本假設；
（3）制訂若干個不同的運作計劃；
（4）比較各綜合計劃，選擇一個合理的計劃方案。

【例 9-1】某企業的全職員工有 20 人，每人每月能以 6 元/件的成本生產 10 件產品，每月庫存成本為 5 元/件，訂貨成本為 10 元/件。未來 9 個月的需求如表 9-4 所示。試擬訂綜合計劃。

表 9-4

計劃期（月）	1	2	3	4	5	6	7	8	9	合計
需求預期（件）	190	230	260	280	210	170	160	260	180	1,940

解：（1）分析。
運作能力 = 20(人)×10(件/人/月)×9(月) = 1,800（件）
需求 = 1,940（件）
能力缺口 = 1,940−1,800 = 140（件）
140(件)÷90(件/人)≈2（人）
（2）初步安排。
以產銷平衡為原則，共需安排 22 人，如圖 9-5 所示。

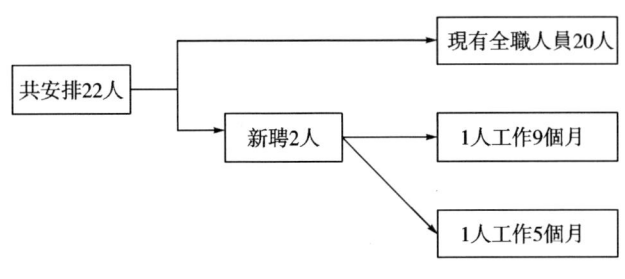

圖 9-5　人員安排

預期需求具有明顯的波動性。因此，做如下安排：
21 名工人：工作 9 個月（如：1~9 月）
1 名工人（記為工人 P）：工作 5 個月，工作時間安排在需求的旺季。
（3）根據上述思路制訂綜合計劃。假設工人的工作時間安排在 1~5 月，編製計劃，如圖 9-6 所示。可應用 Excel 表格。

時段	1	2	3	4	5	6	7	8	9	10	合計
預測產出	190	230	260	280	210	170	160	260	180		1940
正常時間	220	220	220	220	220	210	210	210	210		1940
臨時聘用											
加班時間											
轉包合同											
合計	220	220	220	220	220	210	210	210	210	0	1940
產出-預測	30	-10	-10	-60	10	40	50	-50	30	0	0
庫存											
期初	0	30	20	0	0	0	0	20	0	0	
期末	30	20	0	0	0	0	20	0	0	0	
平均	15	25	10	0	0	0	10	10	0	0	
延期	0	0	20	30	70	30	0	30	0	0	230
成本											
產出											
正常	1320	1320	1320	1320	1320	1260	1260	1260	1260	0	11640
臨聘											
加班											
轉包											
招聘解聘											
庫存	75	125	50	0	0	0	50	50	0	0	350
延期	0	0	200	800	700	300	0	300	0	0	2300
合計	1395	1415	1570	2120	2020	1560	1310	1610	1260	0	14290

圖 9-6　綜合計劃的方法技術——試算法

（4）改變工人的工作時間安排（如：2~6月），編製出若干份類似的計劃。

（5）決策。根據有關要求，選擇出最滿意的計劃。

【例 9-2】根據預測、生產和成本信息（見表 9-5），改變工人人數以使生產速度和需求匹配。求此時與綜合計劃相關的成本。

表 9-5　　　　　　　　　預測、生產和成本信息

月份	1	2	3	4	5	6	7	8	9	總數
預測	40	25	55	30	30	50	30	60	40	360

生產信息		成本信息	
現有工人數	10（人）	雇傭成本	$600/人
工作時間	160（小時/月）	解雇成本	$500/人
生產單位產品的時間	40（小時/件）	正常工作成本	$30/小時
每個工人每月產量：		加班成本	$45/小時
160（小時/月）÷40（小時/件）= 4（件/月·人）		轉包勞動成本	$50/小時
庫存所需的安全庫存 10（件）		庫存維持成本	$35/件·月

解：

變動工人數匹配需求的成本計算如表 9-6 所示。

表 9-6　　　　　　　變動工人數匹配需求的成本計算

月份	1	2	3	4	5	6	7	8	9
預測產量（件/月）	40	25	55	30	30	50	30	60	40
職工人數									
需要的工人數（人）（預測數÷4 件人·月）	10	7	14	8	8	13	8	15	10
(a) 月初額外雇傭人數（人）	0	0	7	0	0	5	0	7	0
(b) 月初解雇人數（人）	0	3	0	6	0	0	5	0	5
成本									
正常工作成本（$）工人數*（$30/人·工時）*（160 小時/月）	48,000	33,600	67,200	38,400	38,400	62,400	38,400	72,000	48,000
雇傭或解雇工人的成本（$）	0	1,500	4,200	3,000	0	3,000	2,500	4,200	2,500
安全庫存維持成本（$）10(件)*（$35/件·月）	350	350	350	350	350	350	350	350	350

計劃的總成本 = Σ 正常工作成本 + Σ 雇傭和解雇工人的成本 + Σ 安全庫存維持成本
= $446,440 + $20,900 + $3,150
= $470,450

任務三　核定生產期量標準

一、背景

期量標準，又稱作業計劃標準，是指規定製造對象在生產期限和生產數量方面的標準數據。它是編製生產作業計劃的重要依據。其中「期」是指生產時間，「量」是指生產數量。

先進合理的期量標準是編製生產作業計劃的重要依據。它是保證生產的配套性、連續性以及充分利用設備能力的重要條件。制定合理的期量標準，對於準確確定產品的投入和產出時間、做好生產過程各環節的銜接、縮短產品生產週期、節約企業在製品占用都有重要的作用。

二、基本內容

期量標準就是經過科學分析和計算，對加工對象在生產過程中的運動所規定的一組時間和數量標準。期量標準是有關生產期限和生產數量的標準。因而企業的生產類型和生產組織形式不同時，採用的期量標準也就不同，如表9-7所示。

表9-7　　　　　　　　　　　期量標準類型

生產類型	期量標準
大量生產	節拍、節奏、在製品定額
成批生產	批量、生產週期、生產間隔期、生產提前期、在製品定額
單件生產	生產週期、生產提前期

1. 大批大量生產企業的期量標準

在大量生產條件下，企業連續大量生產一種或幾種產品。在每一種產品的生產過程中，生產線速度穩定，各工作地也很固定。此時，為保證生產連續且均衡地進行，企業只需要根據生產批量和交貨期預先制定好生產節拍、節奏和在製品定額。

（1）節拍。節拍是指大批量流水線上前後兩個相鄰加工對象投入或出產的時間間隔。節拍是組織大量流水生產的依據，是大量流水生產期量標準中最基本的標準。其計算公式如下：

$$r = \frac{F}{N}$$

其中：r——生產節拍；
　　　F——計劃期有效工作時間；
　　　N——計劃期產品產量。

【例9-3】某生產流水線實行每天兩班制，每班有效工作時間為8小時。現已知該流水線日計劃產量為6,000件，則該流水線的生產節拍應該是為多少？

解：$r = \dfrac{F}{N} = \dfrac{2 \times 8 \times 60 \times 60}{6,000} = 9.6$（秒/件）

因此，此流水線的生產節拍應該是 9.6 秒/件。

（2）節奏。節奏是指大批量流水線上前後兩批相鄰加工對象投入或出產的時間間隔。其計算公式為：

$$R_{節} = r_{平} \times Q_{運}$$

其中：$R_{節}$——流水線生產節奏；

$r_{平}$——流水線平均生產節拍；

$Q_{運}$——運輸批量。

【例9-4】某生產流水線的平均生產節拍是 0.6 分/件，產品的出產運輸批量是 30 件，求該流水線生產節奏。

解：$R_{節} = r_{平} \times Q_{運} = 0.6 \times 30 = 18$（分/批）

因此，該流水線的生產節奏為 18 分/批。

（3）在製品定額。在製品定額是指在大量生產條件下，各生產環節為了保證數量上的銜接所必需的、最低限度的在製品儲備量。

2. 成批生產條件下的期量標準

在成批生產條件下，企業生產多種產品。各產品按批量和一定時間間隔一次成批生產。此時，為保證生產的連續性和均衡性，企業需要根據不同的批量預先定好生產週期、生產間隔期、生產提前期以及各環節的在製品定額。因此，成批生產條件下的期量指標主要為：

（1）批量。批量是指相同產品或零件一次投入或出產的數量。

計算批量的方法主要有最小批量法、經濟批量法和以期定量法。在使用這些方法的過程中，要注意計算結果需要修正。

①最小批量法。根據允許的調整時間損失係數來確定批量。所謂允許的調整時間損失係數，就是指設備調整時間損失對加工時間的比值不允許超過的數值。其計算公式為：

$$Q_{min} = t_{調} / t_{序}$$

其中：Q_{min}——最小批量；

$t_{調}$——設備調整時間；

$t_{序}$——工序單件工時定額。

【例9-5】某生產設備的正常調整時間為 3 小時，零件經該設備加工的單件工時定額為 15 分鐘，試求該設備加工零件的最小批量。

解：$Q_{min} = t_{調} / t_{序} = 3 \times 60 \div 15 = 12$（件）

因此，該設備加工零件的最小批量是 12 件。

②經濟批量法（使費用最小）。當成批生產時，若一批產品數量越大，每單位產品所應分擔的一次調整機器所需要的費用越少，但存貨保管費用卻隨一批產品數量的增加而增加。因此，使設備調整費用和保管費用之和最小的批量就是經濟批量。如圖 9-8 所示。

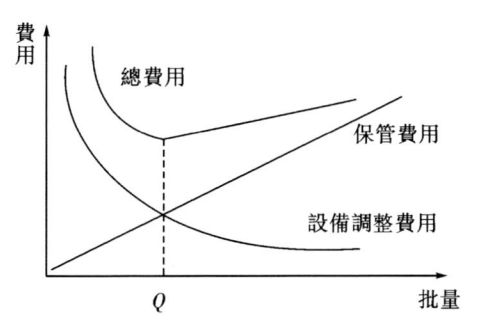

圖 9-8 經濟批量法的數學意義

經濟批量的計算公式為：

$$Q^* = \sqrt{\frac{2NA}{C}}$$

其中：Q^*——經濟批量；
A——每次設備調整費用；
N——年計劃加工產品產量；
C——每件產品的年平均庫存保管費用（估計值）。

【例9-6】某產品年總產量為20,000件，每批產品的設備調整費用為100元，每件產品年平均保管費用為1元，求經濟批量。

解：$Q^* = \sqrt{\frac{2NA}{C}} = \sqrt{\frac{2 \times 20,000 \times 100}{1}} = 2,000$（件）

因此，該產品的經濟批量為2,000件。

③以期定量法（先確定生產間隔期再確定批量）。其計算公式為：

$$Q = R \times N_\text{日}$$

其中：Q——生產批量；
R——生產間隔期；
$N_\text{日}$——計劃期平均日產量。

【例9-7】某企業月計劃生產時間為20天，計劃安排生產間隔期為2天，倘若計劃平均日產量為180件，求企業的生產批量。

解：計劃期平均日產量為180件時，則

$Q = R \times N_\text{日} = 2 \times 180 = 360$（件）

因此，當計劃期日產量為180件時，該企業的生產批量應為360件。

（2）生產週期。生產週期是指一批產品或零件從投入到產出的時間間隔。生產週期的確定有兩種方法：①根據生產流程，確定產品（或零件）在各個工藝段上的生產週期；②確定產品的生產週期。

每個工藝段又包括以下組成部分：①基本工序時間；②檢驗時間；③運輸時間；④等待加工時間；⑤自然過程時間；⑥制度規定的停歇時間。

（3）生產間隔期。生產間隔期是指相鄰兩批相同產品或零件投入的時間間隔或出產的時間間隔。以量定期法就是根據提高經濟效益的要求先確定批量再確定生產間隔期的。

(4) 生產提前期。生產提前期是指產品或零件在各工藝階段的投入或產出時間與成品出產時間相比所提前的時間。其中，產品裝配出產日期是計算提前期的起點。生產週期和生產間隔期是計算提前期的基礎。

提前期分為投入提前期和出產提前期：
①某車間投入提前期＝該車間生產提前期＋該車間的生產週期
②某車間出產提前期＝后車間投入提前期＋保險期

生產提前期、生產週期和保險期之間的關係如圖9-9所示：

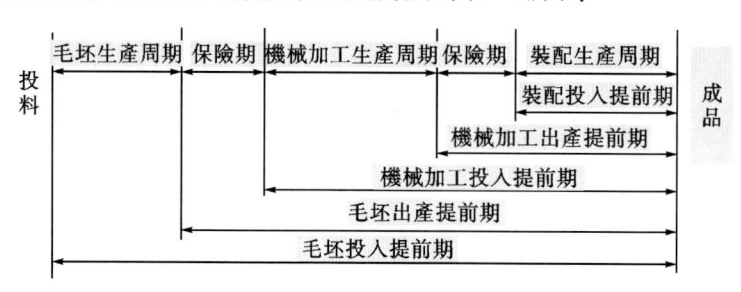

圖9-9 各週期之間的關係

(5) 在製品定額。在製品定額是指在成批生產條件下，各生產環節為了保證數量上的銜接所必需的、最低限度的在製品儲備量。

3. 單件生產下的期量標準

在單件生產條件下，企業主要圍繞顧客的需求來組織生產。隨著生產條件和生產數量變化，經常對其期量標準做出修訂。因此，生產週期和生產提前期就成了主要的指標。

單件生產的生產週期計算公式為：

$$T_{產品} = T_{長} + T_{裝} + T_{后}$$

其中：$T_{產品}$——產品的生產週期；

$T_{長}$——加工時間最長的零部件的生產週期；

$T_{裝}$——產品裝配所需的時間；

$T_{后}$——產品的后處理時間。

【例9-8】某產品有5個部件組成，其中生產時間最長的部件的加工時間為15天。將各個部件組裝起來需要3天。在裝配成功后，產品的測試時間為2天。試求該產品的生產週期。

解：$T_{產品} = T_{長} + T_{裝} + T_{后} = 15 + 3 + 2 = 20$（天）

因此，該產品的生產週期為20天。

任務四　平衡生產能力

一、背景

企業的生產能力與生產計劃有密切關係。生產能力反應了企業生產的可能性，是制訂生產計劃的重要依據。只有符合企業生產能力水平的生產計劃，才能使計劃的實

現有可靠和紮實的基礎。如果生產計劃訂得低於生產能力水平，那麼就會造成「能力」的浪費；相反，如果計劃超過生產能力的水平，那麼也會造成計劃指導的「信譽」減退和損失。

二、基本內容

（一）什麼是生產能力

生產能力是指在計劃期內，企業參與生產的全部固定資產，即在既定的組織技術條件下，所能生產的最大產品數量，或者能夠處理的原材料數量。生產能力是反應企業所擁有的加工能力的一個技術參數，也可以反應企業的生產規模。每位企業主管之所以十分關心生產能力，是因為他隨時需要知道企業的生產能力能否與市場需求相適應。當需求旺盛時，他需要考慮如何增加生產能力，以滿足需求的增長；當需求不足時，他需要考慮如何縮小規模，避免能力過剩，盡可能減少損失。

（二）生產能力的分類

企業的生產能力，根據用途不同，可以分為設計能力、查定能力和現有能力三種：

1. 設計的生產能力

設計的生產能力是指企業開始建廠時，根據工廠設計任務書中所規定的工業企業的產品方案和各種設計數據來確定的。在企業投入生產以後，需要有一個熟悉和掌握技術的過程，因此設計能力，一般都需要經過一定時期才能獲得。

2. 查定的生產能力

查定的生產能力是指在沒有設計能力時或雖然有設計能力，但是由於企業的產品方案和技術組織條件已發生很大變化，原有的設計能力已不適用，需要重新核定的生產能力，這種生產能力是根據企業現有條件，並且考慮到企業在查定期內所採取的各種措施的效果來計算的。

3. 現有的生產能力

現有的生產能力是指企業在計劃年度內所達到的生產能力。它是根據企業現有的條件，並考慮企業在查定時期內所能夠實現的各種措施的效果來計算的。

上述三種生產能力，各有不同的用途。當確定企業的生產規模，編製企業的長期計劃，安排企業的基本建設計劃和採取重大的技術組織措施的時候，應當以企業查定能力為依據。

而企業在編製年度的生產計劃，確定生產指標的時候，則應當以企業的現有能力為依據。因此現有能力定得是否準確，對於生產計劃的制訂有直接影響。本章後續內容所說的生產能力，就是指現有能力。

生產能力是編製生產計劃的一個重要依據，但並不是全部依據。企業在按照市場需要編製生產計劃的時候，不但要根據企業固定資產的生產能力，而且要考慮到原材料的供應情況，考慮到其他有關條件的因素。不考慮這些，就不能編製一個好的生產計劃。如果把工業企業的生產能力和生產計劃混同起來，用生產能力去代替生產計劃，或者，用生產計劃代替生產能力，那麼，在前一種情況下，就會忽視機器設備等固定資產和勞動力、原材料等其他生產要素之間的比例關係，給生產帶來不良的影響；在後一種情況下，就會把由於考慮到勞動人數和原材料供應等因素的影響而計算出的生產水平，當做企業固定資產的生產能力，這也不利於企業挖掘生產潛力。

(三) 生產能力的計算

一個企業的生產能力取決於其主要車間或多數車間的生產能力經綜合平衡後的結果。一個車間的生產能力取決於其主要生產工段（生產單元）或大多數生產工段（生產單元）的生產能力經綜合平衡後的結果。一個生產工段（生產單元）的生產能力，則取決於該工段內主要設備或大多數設備的生產能力經綜合平衡後的結果。因此計算企業的生產能力，應從企業基層生產環節的生產能力算起，即從生產車間內各設備組的生產能力算起。

設備組生產能力的計算公式如下：

$$M = F_e \times S / T_p$$

式中：M——計劃期內某設備組的生產能力，單位為臺/年；
S——該設備組內設備的數量，單位為臺；
F_e——該類設備計劃期內的單臺有效工作時間，單位為小時/年；
T_p——單位產品該工種的臺時定額，單位為小時/臺。

一條生產線的生產能力計算公式如下：

$$M = F_e \times P$$

M——計劃期內該生產線的生產能力，單位為臺/年；
F_e——計劃期內該生產線的有效工作班數，單位為班/年。

【例9-9】某機械製造廠生產小型電動機 H，G，R，S 等型號系列。選 R 為其代表產品，如已知機械加工車間的主軸生產單元有數控車床 7 臺。每臺車床的制度工作班數為 42 班/月，其中有一臺車床在計劃期內適逢中修，要占用 3 個工作班。R 型代表產品的單臺車床工時定額為 6 個臺時。該主軸生產單元數控車床組的生產能力可計算如下：

$M = F_e \times S / T_p =$（42×7-3）×8/6 = 388（臺/月）

由上可知，計劃月內主軸生產單元數控車床組的生產能力為 388 臺代表產品。

【例9-10】某廠機械加工車間銑工工段有 5 臺萬能銑床。制度工作時間為每臺機床每月 42 個工作班，每班 8 小時。若有效工作時間是制度工作時間的 95%，車間生產 A，B，C，D 四種產品結構和工藝過程均不相同的產品。A，B，C，D 四種產品的產量和工時定額如表 9-7，則假定產品銑工工序的單臺定額為 6.696,4 小時。請計算計劃月內銑工工段的生產能力以及生產 A，B，C，D 四種產品的能力。

表 9-7　　　　　　　　　　假定產品換算表

產品名稱	各產品的計劃產量	各產品產量占總產量的比重/%	各產品某工種的單位產品臺時定額	假定產品某工種的單位產品臺時定額
①	②	③=②/∑②	④	⑤=④×③
A	56	26.42	9.6	2.536,3
B	72	33.96	7.8	2.648,9
C	48	22.64	1.8	0.407,5
D	36	16.98	6.5	1.103,7
合計	∑②=212	∑③=100.0		∑⑤=6.696,4

解：由此可以算出計劃月內銑工工段的生產能力為：
$M = F_e \times S/T_p = 42 \times 8 \times 0.95 \times 5/6.696 = 238.35$（臺/月）

根據上式計算，該銑工工段的生產能力為 238.35 臺假定產品。如把以假定產品表示的生產能力轉換為各具體產品的生產能力，則可計算如下：

生產 A 產品的能力：$238.35 \times 26.42\% = 62.97$（臺）
生產 B 產品的能力：$238.35 \times 33.96\% = 80.94$（臺）
生產 C 產品的能力：$238.35 \times 22.64\% = 53.96$（臺）
生產 D 產品的能力：$238.35 \times 16.98\% = 40.47$（臺）

對於多品種小批量生產的企業，由於生產的品種變化大，在計算計劃期的生產能力時，以代表產品和假定產品為計量單位都不方便或不合適。通常直接採用「臺時」計算，即計算該設備組在計劃期內可以提供的工作時間。在進行生產能力平衡時，將計算所得的臺時數與計劃期安排在該設備組上加工的各產品的加工工作量進行對照比較，以檢驗該設備組的生產能力能否滿足計劃期生產任務的要求。

一個單位各設備組的實際生產能力是不會完全相等的。各設備組的生產能力有的高、有的低，與計劃要求的能力有一定出入。如不採取措施則該單位的生產能力水平，將取決於諸設備組中生產能力最低的環節。此時應進行生產能力的綜合平衡，就是要採取措施設法提高薄弱環節的生產能力，使之接近大多數設備組的生產能力，使該單位的實際生產能力達到合理的水平。

（四）產能收縮

當企業不能適應市場的變化，因經營不佳而陷入困境時，需要進行產能收縮。在收縮中應盡可能減少損失，力爭在收縮中求得新的發展。下面介紹產能收縮的幾條途徑：

1. 逐步退出無前景行業

經過周密的市場分析，如果確認本企業所從事的行業行將衰退，那麼企業就需要考慮如何退出該行業。市場衰退是預測分析的結果，還不是現實。企業只不過在近年中感覺到衰退的跡象。因此，企業首先停止在此行業的投資，然后分階段地撤出資金和人員。之所以採取逐步退出的策略，是因為還有市場。另外，企業資金的轉移也不是一件很容易的事情。企業不能輕易放棄還有利可圖的市場。這樣做可以盡可能地減少損失。

2. 出售部分虧損部門

對於一些大企業，如果某些子公司或分廠的經營狀況很差，消耗企業大量的資源，使公司背上了沉重的負擔，扭虧又無望，那麼這時不如拋售虧損部門。這個方法是西方企業處理虧損子公司所通常採用的方法。對待出售資產的決策應有積極的態度。出售是收縮，但收縮是為了卸掉包袱，爭取主動，為發展創造條件。

3. 轉產

如果本行業已日暮途窮，而企業的設備還是比較先進的，員工的素質也很好，可以考慮轉向相關行業。由於行業相關，加工工藝相似，大部分設備可以繼續使用，員工們的經驗可以得到充分的發揮。例如，服裝廠可以轉向床上用品和居室裝飾品，食品廠可以轉向生產動物食品等。

（五）產能擴張

在生產過程中，企業有時可能需要擴大產能。企業在擴大其生產能力時，應考慮許多方面的問題。其中最重要的三個方面是維持生產系統的平衡，控制擴大生產能力的頻率以及有效利用外部生產能力。

1. 維持生產系統的平衡

在一家生產完全平衡的工廠裡，生產第一階段的輸出恰好完全滿足生產第二階段輸入的要求，生產第二階段的輸出又恰好完全滿足生產第三階段的輸入要求，依次類推。然而，實際生產中達到這樣一個「完美」的設計幾乎是不可能的，而且也是人們不希望的。因為：其一，每一生產階段的最佳生產水平不同；其二，產品需求是會發生變化的，而且生產過程本身的一些問題也會導致生產不平衡的現象發生。除非生產完全是在自動化生產線上進行的，因為一條自動化生產線就像一臺大機器，是一個整體。

解決生產系統不平衡問題的方法有很多。例如：一，提高瓶頸的生產能力。可採取一些臨時措施，如加班工作、租賃設備、通過轉包合同購買其他廠家的產成品等；二，在生產瓶頸之前留些緩衝庫存，以保證瓶頸環節持續運轉，不會停工；三，如果某一部門的生產依賴於前一部門的生產，那麼就重複設置前一部門的生產設備，可以充足地生產以便供應下一部門的生產所需。

2. 控制擴大生產能力的頻率

在擴大生產能力時，應考慮兩種類型的成本問題：生產能力升級過於頻繁造成的成本與生產能力升級過於滯緩造成的成本。首先，生產能力升級過於頻繁會帶來許多直接成本的投入，如舊設備的拆卸和更換、培訓工人、使用新設備等。此外，升級時必須購買新設備。新設備的購置費用往往遠大於處理舊設備回收的資金量。最後，在設備更換期間，生產場地或服務場所的閒置也會造成機會成本。

反之，生產能力升級過於滯緩也會有很大的成本支出。由於生產能力升級的間隔期較長，因此每次升級時，都需要投入大筆資金，才能大幅度地擴大生產能力。然而，如果當前尚不需要的那些生產能力被閒置，那麼，在這些閒置生產能力上的投資就將作為管理費用計入成本。這就造成了資金的占用和投資的浪費。

3. 有效利用外部生產能力

有些情況下還可以利用一種更為經濟有效的辦法，那就是不擴大本企業的生產能力，而是利用現有的外部生產能力來增加產量。常用的兩種方式分別是：簽訂轉包合同或共享生產能力。共享生產能力的新途徑還有利用一種企業聯合體的柔性生產等。

（六）生產能力調節因素

企業對生產能力加以調節控制的因素很多。從計劃的觀點看，可將這些因素按取得能力的時間長短，分為長期、中期和短期三類。

1. 長期因素

取得生產能力的時間在一年以上的因素都可歸入長期因素。它們包括：建設新廠、擴建舊廠、購置安裝大型成套設備、進行技術改造等。這些措施都能從根本上改變生產系統的狀況，大幅度地提高生產能力，但同時也需要大量的資金投入。應用這些因素屬於戰略性決策。

2. 中期因素

在半年到一年之內對生產能力發生影響的那些因素為中期因素。如採用新的工藝裝備，添置一些可隨時買到的通用設備，或對設備進行小規模的改造或革新；增加工人，以及將某些生產任務委託其他工廠生產等。其中，也包括利用庫存來調節生產。這些因素是在現有生產設施的基礎上的局部擴充。它們屬於中層管理的決策。一般在年度生產計劃的制定與實施中加以考慮。

3. 短期因素

在半年之內以至當月就能對生產能力產生影響的因素屬於短期因素。這類因素很多，如：

（1）加班加點。

（2）臨時增加工人，增開班次。

（3）採取措施以降低廢品率。

（4）提高原材料質量。

（5）改善設備維修制度。這能減少設備故障時間，提高設備利用率，從而提高生產能力。

（6）採用適當的工資獎勵制度，激發工人的勞動積極性，在短時間內擴大生產。

（7）合理選擇批量。批量選擇的不同會影響設備調整時間的變化。合理選擇批量能減少不必要的設備調整時間，從而提高設備利用率，即提高了設備的生產能力。

任務五　編製作業計劃

一、背景

有效的作業計劃有助於提高製造業的生產率、設備和人員的利用率；有助於提高服務業的服務水平，節約成本，提高競爭力。比如，在醫院，有效的作業計劃能夠幫助醫院更好、更及時地提供服務，挽救病人的生命。

二、基本內容

（一）作業計劃的內容

作業計劃的內容主要包括作業時間、地點、品種、產量及各種消耗定額等。

（1）作業時間是指計劃期的起止時間。

（2）地點是指完成該項作業的地點，如車間、工段、班組或機臺等。

（3）品種是指計劃期內應該生產的產品種類、規格。

（4）產量是指計劃期內所生產的符合質量標準的產品數量。

（5）消耗定額是指計劃期內，在生產過程中關於單件工時、材料、能源、成本等方面的定額規定。

實際中，作業計劃的內容會因為企業的產品特點不同而略有不同。

（二）生產計劃的編製原則

（1）編製生產計劃必須有全局觀點。

(2) 編製生產計劃必須積極平衡，也就是要充分利用企業的現有資源，發揮現有生產能力，挖掘生產潛力，揚長避短，然後進行協調和發展。

(3) 編製計劃必須留有餘地，防止盯得過緊，以便能應付新的情況。

(4) 編製計劃必須切合實際，要深入市場和企業實際，進行調查研究。

(5) 編製計劃必須有可靠的核算基礎，即指生產能力、定額與利用系數等。

(三) 編製作業計劃的主要依據

編製作業計劃的主要依據有以下七個：

(1) 年度生產計劃、季度生產計劃和各項訂貨合同。

(2) 前期生產作業計劃的預計完成情況。

(3) 前期在製品週轉結存預計。

(4) 產品勞動定額及其完成情況，現有生產能力及其利用情況。

(5) 原材料、外購件、工具的庫存及供應情況。

(6) 設計及工藝文件，其他的有關技術資料。

(7) 產品的期量標準及其完成情況。

(四) 作業計劃的編製步驟

在編製生產作業計劃的時候，一般分兩步走。第一步：根據生產計劃編製全廠性的生產作業計劃；第二步：車間根據全廠性的生產作業計劃，編製本部門的生產作業計劃。

(1) 在編製全廠性生產作業計劃的過程中，應由生產主管部門進行一次綜合平衡。

(2) 在全廠性生產作業計劃下達之後，即要求：在有關科室的協助下，車間制訂一個詳細的、可操作性的車間生產作業計劃。

(3) 在編製之前，應核定一下生產能力。

(4) 為了保證計劃的運行，生產主管部門除了將計劃盡可能編製得科學一點，還要建立適宜的制度，做好機構、人員和職責的「三落實」工作。

(五) 作業計劃的編製重點

生產計劃的編製因為生產類型的不同，重點也有所不同。

(1) 大量生產的生產計劃重點。

大量生產的生產管理要求是：生產品種穩定，並反覆連續進行，才可為固定的產品設計專用工序和設備。

此時，生產計劃的編製要注意下列各點：

① 生產能力包括各工序的能力已定，因此編製生產計劃要經常保持一定的生產水平；

② 通過預測等手段使設計的生產能力與需求量相適應；

③ 通過調節庫存產品來調整銷售量和產量之間的差額；

④ 由於產品品種難以急遽改變，因此，新產品的生產和產品型號的改變必須長期地、有計劃地進行。

【例9-11】某中軸加工流水線的日出產量為160件。現設定看管期為2小時，共經過9個工序的加工。各工序的單件工時定額依次為12分鐘、4分鐘、5分鐘、5分鐘、8分鐘、5.5分鐘、3分鐘、3分鐘和6分鐘。試編製出該中軸加工各工序及工作地的標準作業計劃。

解：該中軸生產線看管期標準計劃工作指示圖標如表 9-8 所示。

表 9-8　　　　　　　　中軸生產線看管期標準計劃工作指示圖標

流水線名稱：中軸加工		輪班數：2	日產量：160		節拍分：6	運輸批量件：1	節奏/分：6			看管期：2小時
工序號	輪班任務	單鍵工時定額/分	工作地號	負荷率	工人編號	每一期管期內的工作只是圖標				每一期管期內的生產/件
						20　40　60　80　100　120				
1	80	12	01	100	1				▶	10
			02	100	1				▶	10
2	80	4.0	03	67	2			▶		20
3	80	5.0	04	83	3			▶		20
4	80	5.0	05	83	4			▶ ▼		20
5	80	8.0	06	33	2					5
			07	100	5					15
6	80	5.5	08	92	6				▶	20
7	80	3.0	09	50	7	▶ ▼				20
8	80	3.0	10	50	7				▶	20
9	80	6.0	11	100	8				▶	20

（2）成批生產的生產計劃重點。

成批生產的管理方式，是在一次程序安排中，集中一定數量的同一品種，連續地進行生產，並通過一次次程序的安排，在同一作業工序中，依次進行不同品種的輪番生產。編製成批生產的生產計劃要注意下列各點：

①確定最佳的投入順序和批量，以減少工序的空閒時間和調整準備時間；

②通過零件的通用化和同類產品的安排，減少各工序需要更換的產品品種數；

③從設備上、技術上和經濟上來確定批量的標準。

（3）單件小批生產的生產計劃重點。

單件小批生產的管理方式是指在設備、工藝上能較大範圍生產的產品品種，可靈活地接受訂貨任務，並根據訂貨的交貨期進行生產的方式。編製這種生產計劃要注意下列各點：

① 必須正確估計從訂貨到產品出廠所需的時間（交貨期），以免影響交貨；

② 必須重視工序的平衡問題，保持生產過程的連續性，使各道工序的作用有效地發揮出來；

③必須隨時掌握工序的剩餘能力，以便能靈活地滿足訂貨的要求和做出合理的安排。

【例 9-12】某機器公司可以生產三種不同型號的小型除塵器。一種是政府用，另一種是工業用，還有一種是民用除塵器。但最后一種已經不生產了。政府用除塵器的單價是 1,500 元，工業用除塵器的單價是 1,400 元。

為了完成各月訂貨，生產車間必須制訂一個生產計劃以使費用最低。因為政府用和工業用除塵器都分別有兩種型號：一種使用優質的高碳鋼和一些鋁；另一種使用低

碳鋼和大量鋁，而金屬價格差別很大，所以制訂最優生產計劃並非易事。客戶並不在意公司為他們生產的除塵器是屬於兩種型號中的哪一種。公司決定使用線性規劃制訂最優計劃。問題的關鍵是滿足客戶的總訂貨要求，不超過公司的熟練工人與非熟練技術工人以及生產能力的限制，以使生產費用最小。

各材料的費用是：鋁，107元/10千克；高碳鋼，38元/10千克；低碳鋼，29元/10千克。表9-9列出生產三種除塵器所需的原材料及勞動力工時等。

表9-9　　　　　　　　　　　　　生產所需資源數據

	工業用除塵器 1型	工業用除塵器 2型	政府用除塵器 1型	政府用除塵器 2型	民用輕型除塵器	能力
鋁（千克）	0.2	1	—	0.6	0.2	無限
高碳鋼（千克）	12	—	10	—	4	無限
低碳鋼（千克）	—	11	—	9	—	無限
熟練工（小時）	8	9	7	8	5	9,600
技術工（小時）	9	13	8	10	7	6,400
生產線能力（小時）	7	8	8	9	7	7,000

公司下月的訂貨量為：工業用除塵器300只，政府用除塵器500只，其金屬費用為305,820元。

由於開工不足，公司決定再次生產民用輕型除塵器，售價為800元/只，數量不超過100只。技術工人可以加班，加班費用為15元/小時。

線性規劃模型如表9-10，其中有九個變量，前三種為三種金屬的購買量，後五個是五種不同除塵器的生產數量；最後一個是熟練工加班小時數。模型中有九個約束。前三個約束表明購買的三種金屬的數量至少應滿足生產需求；后兩個表明生產政府用和工業用除塵器的數量要滿足訂貨要求；再后三個是熟練工、技術工和生產線生產能力的限制，最后一個表明最多可以生產100個民用輕型除塵器。

表9-10　　　　　　　　　　　　線性規劃模型變量

	購買鋁 x_1	購買高碳鋼 x_2	購買低碳鋼 x_3	政府一型 x_4	政府二型 x_5	工業一型 x_6	工業二型 x_7	輕型除塵器 x_8	加班小時 x_9		右邊項 RHS
(COST)	107	38	29	0	0	0	0	-800	15		
鋁	-1	0	0	0	.6	.2	1	.2	0	≤	0
高碳鋼	0	-1	0	10	0	12	0	4	0	≤	0
低碳鋼	0	0	-1	0	9	0	11	0	0	≤	0
政府訂貨	0	0	0	1	1	0	0	0	0	=	500
工業訂貨	0	0	0	0	0	1	1	0	0	=	300
技術工	0	0	0	7	8	8	9	5	-1	≤	6,400
熟練工	0	0	0	8	10	8	13	7	0	≤	9,600
生產線	0	0	0	8	9	7	8	7	0	≤	7,000
輕型除塵器	0	0	0	0	0	0	0	1	0	≤	100

問題1：下面哪些因素在目標函數中被考慮了，哪些沒有考慮？
(a) 金屬的費用　　　　是＿＿＿＿　　不是＿＿＿＿
(b) 正常勞動成本　　　是＿＿＿＿　　不是＿＿＿＿
(c) 加班勞動成本　　　是＿＿＿＿　　不是＿＿＿＿
(d) 管理費用　　　　　是＿＿＿＿　　不是＿＿＿＿

問題2：為什麼在目標函數中沒有考慮工業用和政府用除塵器的收益，但卻考慮了民用除塵器的收益？

問題3：民用輕型除塵器的數量是多少，其應用各種金屬的數量是多少？
在最優生產計劃中，生產＿＿＿＿臺輕型除塵器,使用高碳鋼＿＿＿＿千克;使用低碳鋼＿＿＿＿千克;使用鋁＿＿＿＿千克。

問題4：技術工人加班費用是 15 元/小時。當這個費用為多少時，最優計劃將改變？

問題5：如果不允許加班，那麼總費用將如何變化？
答：總費用將＿＿＿＿增加＿＿＿＿元。
　　　　　　＿＿＿＿減少＿＿＿＿元。
　　　　　　＿＿＿＿不能確切得知。

問題6：若熟練工的生產能力增加 1 小時，將會產生什麼影響？
問題7：若工業用除塵器的訂貨增加一臺，那麼它的貢獻是什麼？
問題8：為使民用輕型除塵器市場擴大 25 臺，你願意再支付多少？
問題9：此問題的最優解和最優值各是什麼？解釋其實際意義。
問題10：政府二型在目標中的系數減少＿＿＿＿時才可能被生產？

任務六　生產作業控制

一、背景

在執行作業計劃的過程中，由於存在一些隨機的因素和不確定的因素，比如：機器故障、工人曠工等，因此會產生實際與計劃偏離的情況。為確保按時交貨，提高生產率，並及時消除生產過程中的各種不利因素，我們必須做好生產作業控制。

二、基本內容

(一) 什麼是生產作業控制

生產作業控制，是指在生產作業計劃執行過程中，對有關產品生產的數量和進度的控制。通過生產作業控制，可以及時採取有效措施，預防可能發生的或糾正已經發生的偏離生產作業計劃的偏差，保證按時、按量完成生產作業計劃規定的產品生產任務。

(二) 控制的原因
1. 加工時間估計不準確：單件小批量
2. 隨機因素的影響

3. 工藝路線的多樣性

4. 企業環境的動態性

（三）實施控制的條件

1. 要有一個標準

2. 要取得實際生產進度與計劃偏離的信息

3. 要採取糾正偏差的行動

（四）作業控制的程序

作業控制的程序是按照 PDCA 的邏輯建立起來的，具體步驟如下：

1. 制定標準

2. 下達標準

3. 跟蹤監測

4. 偏差分析

5. 即時糾正

6. 信息處理

（五）生產控制的常用工具

1. 甘特圖

甘特圖是作業排序與控制最常用的一種直觀工具。現在，許多企業的車間都採用甘特圖來制訂計劃與跟蹤作業的完成情況。圖 9-10 就是一個簡單的甘特圖。

工作	4/17	4/18	4/19	4/20	4/21	4/22	4/23	4/24	4/25	4/26
A										
B										
C										

☐ 計劃所用時間　　▬ 實際工作進度

圖 9-10　一個簡單的甘特圖

2. 派工單

派工單是直接用於工序或工作的任務安排文件。它既是任務指令，又是生產控制工具。如表 9-11 所示。

表 9-11　　　　　　　　　生產派工單

產品名稱		派工日期	
加工人員		派工人員	
加工內容			
加工時間	開始時間	驗收人員	生產經理
	結束時間		
備　註			

知識鞏固

一、選擇題

1. 產品發展方向、生產發展規模、技術發展水平等內容應屬於（　　）。
   A. 戰略計劃　　　　　　　B. 戰術計劃
   C. 作業計劃　　　　　　　D. 加工計劃

2. 不屬於綜合生產計劃所考慮的成本因素是（　　）。
   A. 人員成本　　　　　　　B. 庫存成本
   C. 加班成本　　　　　　　D. 銷售成本

3. 制訂綜合生產計劃需要多項信息，哪項來自企業外部（　　）。
   A. 現有庫存水平　　　　　B. 原材料供應能力
   C. 現有員工數量　　　　　D. 現有設備能力

4. 大批大量生產企業的期量標準有（　　）。
   A. 員工數量　　　　　　　B. 節拍
   C. 生產週期　　　　　　　D. 流水線標準工作指示圖標
   E. 在製品定額

二、判斷題

1. 生產計劃可以分為長期計劃、中期計劃和短期計劃。（　　）
2. 綜合生產計劃不具體制定每一品種的生產數量、生產時間以及車間、人員的具體任務。（　　）
3. 在編製綜合生產計劃時，導入互補產品就是調節能力以適應需求的一種方式。（　　）
4. 綜合生產計劃只能通過調節能力以適應需求的方式制定編製策略。（　　）

案例分析

綜合生產計劃案例

　　Force-Master 公司是一間中型的製造商。主要產品是汽油引擎驅動的家用工具。公司初期只生產割草機，八年前開始製造除雪機，之後還推出了幾種相關的產品。各種產品由於相似度高，因此都在同一廠房內生產。Force-Maxter 的員工都具有多種技能，而且常常輪崗。公司根據經驗與實際量測定，製造一部割草機需要 1.8 人工小時，除雪機則需要 2.5 人工小時，而兩種產品的市場需求幾乎是相反的。

　　當本年度已進入最後階段時，Force-Master 公司準備擬訂下一年度的綜合生產計劃。此計劃以兩個月為一期，一月與二月為第一期，其餘類推。公司目前有 350 名員工，每個員工每期約工作 300 小時，平均薪資約為 $6,000，加班的薪資為每小時 $28，但公司規定每個員工每期加班時數不得超過 60 小時。員工每期的自動離職率約為 2%。各級法律與勞資合約規定，員工被解雇時應領取相當於兩個月薪資的遣散費（$6,000），而僱用新員工時需付出廣告、面試、訓練等成本，每人約 $2,000。另外，新進員工在第一期的平均生產力是熟練員工的一半，因此可以假設新進員工有效的工

作時數只有一半。

　　Force-Master 公司預估在本年度結束時，庫存將有 4,500 部除雪機與 500 部割草機。割草機每期的庫存成本大約是 $8，除雪機每期的庫存成本大約是 $10。下一年度割草機的製造成本估計為 $95，除雪機的製造成本為 $110。割草機的預定出貨價格為 $210，除雪機則為 $250。業務部門根據此價格與過去的銷售量估計下一年度各期的需求量，如表 9-12 所示：

表 9-12

期別	割草機（部）	除雪機（部）
1-2	12,000	16,000
3-4	85,000	4,000
5-6	32,000	0
7-8	32,000	5,000
9-10	8,000	35,000
11-12	3,000	45,000

　　Force-Master 公司向來採取保守的人事策略，需求增加時先加班，再考慮增聘員工，而且盡量不解雇員工。分管主任根據這個策略規劃出下年度的綜合生產計劃，如表 9-13 所示：

表 9-13

期別	員工人數（人）			加班時數（小時）	割草機（部）		除雪機（部）	
	熟練	新聘	解雇		製造	庫存	製造	庫存
11-12	350					500		4,500
1-2	343	0	0	0	41,194	29,694	11,500	0
3-4	336	27	0	21,780	64,344	9,038	4,000	0
5-6	356	0	0	20,932	70,962	0	0	0
7-8	349	0	0	0	32,000	0	18,840	13,840
9-10	342	0	0	0	8,000	0	35,280	14,120
11-12	335	0	0	0	3,500	500	37,680	6,800
合計	2,061			42,712	220,000	39,232	107,300	34,760

計劃的成本如下：

薪　　資：(2,061+27)×$6,000 = $12,528,000
加 班 費：42,712×$28 = $1,195,936
雇用成本：27×$2,000 = $54,000
製造成本：220,000×$95 = $20,900,000　　庫存成本：39,232×$8 = $313,856
　　　　　104,500×$110 = $11,495,000　　　　　　　34,760×$10 = $347,600
總　　計：$46,834,392

思考題：

1. 分析該綜合生產計劃的優缺點，要求有理有據。

2. 分析計劃的合理性。如果你有更合適的計劃，請給出一個新的綜合生產計劃，並指出新制訂的綜合生產計劃的特點。

實踐訓練

項目 9-1　作業計劃的編製
【項目內容】
分別調查一家流程型企業和裝配性企業，瞭解其作業計劃的制訂過程。
【活動目的】
加深學生對作業計劃編製流程的理解，鍛煉和提高學生科學編製作業計劃的能力。
【活動要求】
1. 根據活動的目的制訂調查計劃。
2. 按計劃實施檢查活動，並保持活動過程的記錄。
3. 有條件時，讓學生直接參與公司作業計劃的編製過程。
4. 編寫活動總結。重點總結公司作業計劃的內容、編製程序及工作體會等。
【活動成果】
調查計劃，過程記錄，公司作業計劃的內容、編製程序及工作體會等。
【活動評價】
由老師根據學生的現場表現和提交的活動報告、活動總結等對學生的參觀效果進行評價和打分。

項目 9-2　作業控制實踐
【項目內容】
以本校或本班學生開展的某項集體活動為對象，運用所學知識分析確定該項活動的控制內容、控制程序和方法等，並實施過程控制。
【活動目的】
鍛煉和提高學生實際開展活動控制的能力。
【活動要求】
1. 根據活動內容制訂該項活動的控制預案，包括控制內容、步驟和方法及人員等。
2. 保持活動過程控制的所有證明資料（如影像、圖片、文字記錄等）。
3. 開展控制效果分析總結。
【活動成果】
控制預案、過程記錄、效果分析總結。
【活動評價】
由老師和學生結合學生提交的活動成果對學生的實踐成績進行評價與打分。

模塊十
生產物料管理

【學習目標】

1. 瞭解獨立需求和相關需求。
2. 瞭解 MRP 的運算過程。
3. 說出現場物料管理的內容和方法。
4. 說出物料需求計劃的編製依據和步驟。

【技能目標】

通過本模塊的學習，學生應該：
1. 能夠開展物料的領用、入庫、臺帳建立、日報、月報和盤點等工作。
2. 能夠正確地填寫現場物料控制的有關單據和臺帳。
3. 能正確地編製物料需求計劃。

【相關術語】

物料需求計劃（material requirements planning，MRP）

獨立需求（independent demand）

相關需求（dependent demand）

主生產計劃（master production schedule，MPS）

製造資源計劃（manufacturing resource planning，MRP Ⅱ）

企業資源計劃（enterprise resource planning，ERP）

【案例導入】

某高校的學生小明參加社會實踐，去了一家汽車變速箱公司生產部。有一天，公司張部長對小明說，幫我編製一個齒輪箱和傳動軸的需求計劃。張部長提供了以下與計劃編製有關的信息。

(1) 每個變速箱包括一個齒輪箱組建，而每個齒輪箱組建包含兩個傳動軸。
(2) 齒輪箱組件的現有庫存量是 50 件，而傳動軸的現有庫存量是 100 件。
(3) 本月要求生產 300 臺變速箱，需要的齒輪箱組件和傳動軸的數量分別是多少？

小明一看，覺得這還不簡單，很快便有了答案：

齒輪箱組件數量＝300-50＝250（件）
傳動軸的數量＝300×2-100＝500（件）
請問，小明的計算結果對麼？

任務一　編製物料需求計劃

一、背景

MRP 是一種存貨控制方法，也是一種時間進度安排方法。MRP 始於最終商品的時間進度安排，再由它轉換為特定時間生產產成品所需的部件、組件及原材料的時間進度安排。它主要回答三個問題：

——需要什麼？
——需要多少？
——何時需要？

二、基本內容

（一）基本概念
（1）獨立需求與相關需求。

企業運作系統對物料的需求可以劃分為兩種——獨立需求和相關需求。

所謂獨立需求是指物料的需求取決於外部因素，而與其他物料的需求無關。比如，產成品、用於質量服務的備件等都是獨立需求的例子。所謂相關需求是指物料的需求取決於其他物料的需求。這兩類不同的物料之間存在明確的「父—子」關係。產品對各種物料的相關需求可以通過產品結構和「父—子」關係來確定，而不是依賴於客戶訂貨、市場預測及其組合。如圖 10-1 所示，左邊的筆記本電腦屬於獨立需求，而右邊的筆記本內存條就屬於相關需求。

圖 10-1　獨立需求與相關需求示例

（2）主生產計劃。

主生產計劃（MPS）是根據需求預測或顧客訂單確定的，具有獨立需求的特徵。MPS 說明了企業最終要生產哪些產品（或獨立需求的配件或零件），何時生產，以及生產多少。表 10-1 是某種產品的 MPS，表明在第 4 周需要 110 個單位，在第 8 周需要 160 個單位。

表 10-1　　　　　　　　　　　某產品的 MPS

周次	1	2	3	4	5	6	7	8
數量				110				160

（3）物料清單。

物料清單（BOM）又叫產品結構文件，是包含了生產每單位產成品所需要的全部零件、組件與原材料等的清單。它表示了產品的組成及結構信息，反應了產品項目的結構層次以及制成最終產品的各個階段的先後順序。如果把產品組成部分的階層關係用圖形的方式直觀地表示出來，就形成了產品結構樹。在產品結構樹中，配件之間呈現出一定的階層關係。圖 10-2 是椅子的產品結構樹。

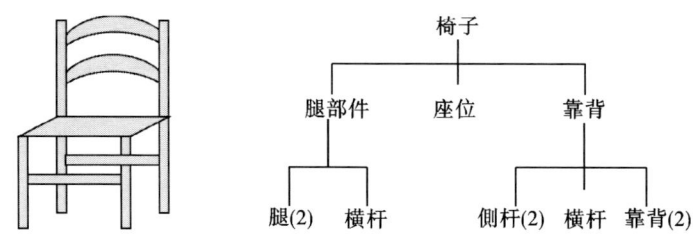

圖 10-2　椅子的產品結構樹

（4）庫存信息文件。

庫存信息文件是記錄庫存信息的文件，其信息主要包括：供貨商的信息、供應或生產提前期、訂貨批量、預測到貨量、預期庫存量、因入庫或出庫所引起的庫存變動、盤存記錄（如報虧報盈）等。庫存信息是計算物料需求的主要依據之一。

（5）總需求：不考慮持有量時，某細項或原材料在各時期的期望總需求。

（6）已在途訂貨：各期初始從賣主或供應鏈上其他地點接受的公開訂貨。

（7）計劃持有量：各期初始期望的存貨持有量，即已在途訂貨量加上期末存貨。

（8）淨需求：各期實際需要量。

（9）計劃收到訂貨：各期初始顯示出來的期望接收量。

（10）計劃發出訂貨：暗指各期計劃訂貨量，等於抵消生產提前期影響后的計劃收到訂貨。

（二）MRP 的邏輯過程

（1）MRP 方法是指先用總進度計劃列明最終產品需求量，再利用組件、部件、原材料的物料清單抵消生產提前期，確定各時期需求。

（2）剖析物料清單后得出的數量是總需求。它尚未考慮持有庫存量與在途訂貨量等因素。

（3）決定淨需求是 MRP 方法的核心：

$$t \text{ 期間淨需求} = t \text{ 期間總需求} - t \text{ 期間計劃存貨} + \text{安全存貨}$$

根據訂貨政策，計劃發出訂貨可以是指定數量的倍數，還可以恰好等於當時的需求量。

模块十 生產物料管理

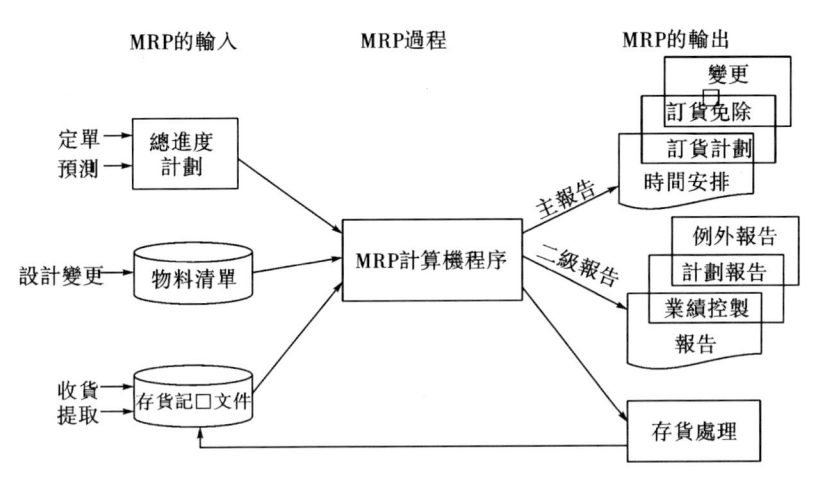

```
MRP的輸入          MRP過程          MRP的輸出
                                    ┌─變更─┐
                                    │訂貨免除│
定單 →  ┌總進度┐                    │訂貨計劃│
預測 →  │計劃  │                    │時間安排│
        └──────┘ ↘                ↗ 主報告
設計變更 → ┌物料清單┐ → MRP計算機程序  ┌例外報告┐
                   ↗         ↘ 二級報告│計劃報告│
收貨                                   │業績控製│
提取 → ┌存貨記□文件┐                  │報告    │
                                       └存貨處理┘
```

圖 10-3　MRP 的邏輯過程

（三）MRP 編製的範例

生產木制百葉窗和書架的某廠商收到 2 份百葉窗訂單：一份要 100 個，另一份要 150 個百葉窗。在當前時間進度安排中，100 單位的訂單應於第四周開始運送，150 單位的訂單則於第八周開始運送。每個百葉窗包括 4 個木制板條部分和 2 個框架。木制部分是工廠自製的，其製作過程耗時 1 周。框架需要訂購，其生產提前期是 2 周。組裝百葉窗需要 1 周。第 1 周（即初始時）的已在途的訂貨數量是 70 個木制部分。為使送貨滿足如下條件，求解計劃發出訂貨的訂貨規模與訂貨時間：

——配套批量訂貨（即訂貨批量等於淨需求）。

——訂貨批量為 320 單位框架與 70 單位木制部分的進貨批量訂貨。

解：a. 製作總進度計劃：

週期	1	2	3	4	5	6	7	8
數量				100				150

b. 製作產品結構樹：

```
           百葉窗
          /      \
      框架(2)   木制部分(4)
```

c. 利用總進度計劃，求解百葉窗總需求，然后再計算淨需求。假設在配套批量訂貨條件下，求解符合總進度計劃的時間安排的計劃收到訂貨與計劃發出訂貨數量。如圖 10-4 所示。

周數	1	2	3	4	5	6	7	8
數量				100				150

百葉窗： LT=1周	總需求				100				150
	已在途訂貨								
	計畫持有量								
	淨需求				100				150
	計畫收到訂貨				100				150
	計畫發出訂貨			100				150	

框架： LT=2周	總需求			200				300	
	已在途訂貨								
	計畫持有量								
	淨需求			200				300	
	計畫收到訂貨			200				300	
	計畫發出訂貨	200				300			

木製部份： LT=1周	總需求				400			600	
	已在途訂貨	70							
	計畫持有量	70	70	70					
	淨需求				330			600	
	計畫收到訂貨				330			600	
	計畫發出訂貨			330			600		

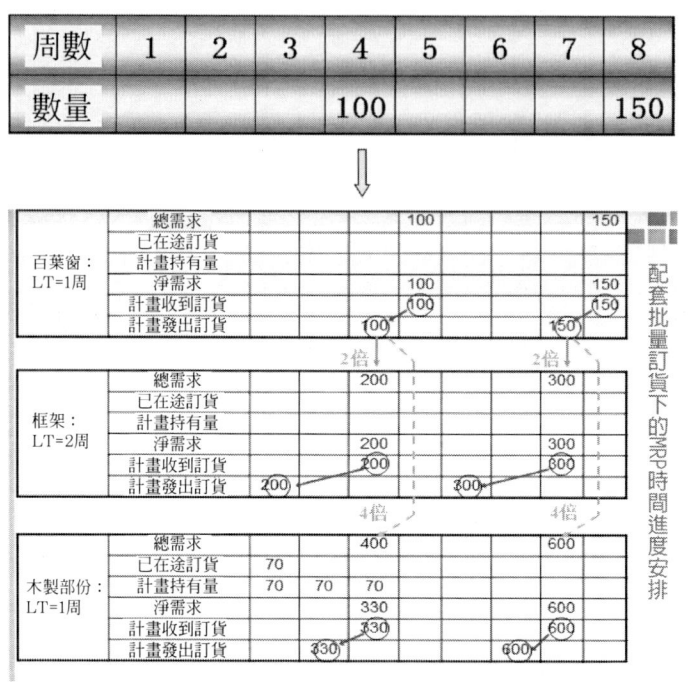

圖 10-4　配套批量訂貨下的 MRP 時間進度安排

d. 在進貨批量訂貨條件下，唯一不同點就是計劃接受數量超過淨需求的可能性。超過部分記入下一期計劃存貨。如圖 10-5 所示。

周數	1	2	3	4	5	6	7	8
數量				100				150

百葉窗： LT=1周 訂貨批量= 配套批量 訂貨	總需求				100				150
	已在途訂貨								
	計畫持有量								
	淨需求				100				150
	計畫收到訂貨				100				150
	計畫發出訂貨			100				150	

框架： LT=2周 訂貨批量= 320的倍數	總需求			200				300	
	已在途訂貨								
	計畫持有量				120	120	120	120	140
	淨需求			200				180	
	計畫收到訂貨			320				320	
	計畫發出訂貨	320				320			

木製部份： LT=1周 訂貨批量= 70的倍數	總需求				400			600	
	已在途訂貨	70							
	計畫持有量	70	70	70	20	20	20	20	50
	淨需求				330			580	
	計畫收到訂貨				350			630	
	計畫發出訂貨			350			630		

圖 10-5　進貨批量下各成分的時間進度安排

任務二 物料的入庫管理

一、背景

採購原材料、標準件、輔料、工量刃具、包材等外購物料都需要辦理入庫的手續，做到帳務相符。只有明確記錄的物品才可領用生產。

二、基本內容

（一）外購物資的入庫管理

外購的物資在入庫前，應該按照嚴格的規定和流程，進行工作和控制。只有經過檢查並在控制過程中確定合格的產品才允許入庫，並同時辦理相關手續。

1. 相關崗位職責分工

（1）PMC 計劃：填寫採購申請單，並發給採購部。

（2）採購部：填寫採購訂單，並發給供應商、品質部、倉庫及財務部，同時錄入系統。

（3）財務部：按照報價合同審核訂單價格及系統數據；審核外購入庫單及系統數據。

（4）供應商：按採購訂單的要求送貨到倉庫。

（5）品質：先檢驗，檢驗完后出具檢驗報告。

（6）倉管部：按採購訂單及送貨單清點數量，填寫檢驗申請單，根據檢驗結果填寫外購入庫單或者辦理退貨，同時將外購入庫單錄入系統。

2. 單據/報表

（1）採購申請單。

（2）採購訂單。

（3）檢驗申請單。

（4）外購入庫單。

3. 流程詳述

（1）PMC 計劃：填寫採購申請單，並發給採購部。

（2）採購部：依據採購申請單填寫採購訂單，並發給供應商、品質部、倉庫及財務部，同時錄入系統。

（3）財務部：按照報價合同審核訂單價格及系統數據；審核外購入庫單及系統數據。

（4）供應商：按採購訂單的要求送貨到倉庫。

（5）品質：按採購訂單的要求、檢驗申請單及配件標準檢驗，檢驗完后出具檢驗報告。

（6）倉管部：按採購訂單及送貨單清點數量，填寫檢驗申請單，根據檢驗結果填寫外購入庫單或者辦理退貨，同時將外購入庫單錄入系統。

（二）退料繳庫管理

退料繳庫是指將製造現場多余的物料或不良物料退回物料倉儲管理部門。通常製造現場進行物料退回繳庫的對象包括下列數據：

(1) 規格不符合的物料。
(2) 超發物料。
(3) 不良物料。
(4) 呆料。
(5) 報廢物料。
(6) 多余的半成品。

退料繳庫需判定是否可再利用。若可再利用應登入帳本或物料存量管制卡或計算機帳。

（三）車間半成品或成品入庫管理

車間管理人員在批次產品生產完畢時，應及時清點本批次作業加工完畢的工件或成品及剩余物料。加工完畢的工件或成品由檢驗人員檢驗後，填寫批量產品生產狀況一覽表，並移交倉庫管理人員清點入庫。半成品、成品入庫單一般一式兩聯，一聯交車間統計，一聯交倉庫保管員。剩余物料依據退料繳庫程序執行。

任務三　庫存管理

一、背景

物資入庫后，應根據物資的種類、性質、形狀、體積等不同的特點要求，妥善保管，以方便物資的存取。其基本要求是：倉庫規範化、存放系列化、養護經常化；保質、保量、保安全；防火、防盜、防汛、防蟲、防變形。

二、基本內容

（一）商品倉儲存在的主要問題

(1) 物品擺放不整齊，通道被阻塞。
(2) 無區位標示，查找物品較困難。
(3) 物品或包裝箱上無物品名稱、編碼標示。
(4) 堆放物品無安全意識，存在隱患。
(5) 呆廢物資未及時處理。
(6) 未按先進先出原則發料。
(7) 帳實不符。
(8) 記帳方法不正確。
(9) 物料編碼不正確或無編碼。
(10) 未按時盤點。
(11) 倉庫物料保管不善。

(二) 庫存管理的相關成本

生產過程也是物資消耗的過程。一方面，生產系統在不斷地耗用庫存物資，以生產出市場需要的產品。庫存物資呈現出逐漸減少的態勢。另一方面，企業不斷地購進物資，補充庫存，以滿足企業生產需要。因此，企業的物資庫存量處於不斷變化的狀態。如何在保證生產正常進行的前提下，不過多地擠壓物資，即如何將庫存水平控制在合理水平上，是庫存控制的核心。在生產需求確定的條件下，平均庫存水平是由每次的訂貨量決定的。如果每次的訂貨數量較大，那麼訂貨次數雖相應減少，但平均庫存水平仍較高。

庫存控制的內容之一就是對與庫存管理相關的成本進行精心控制，因此，庫存管理的相關成本是制定庫存控制決策時應主要考慮的因素。在庫存控制決策中，涉及的成本主要有以下三類：

1. 庫存持有成本

庫存特有成本是指由於持有的庫存而發生的一切成本。通常包括以下因素：

（1）資金成本，也稱機會成本，是指由於投資與庫存的資金已經不能用於公司其他方面的投資活動所帶來的機會成本。資金成本包括購買庫存所需資金的資金成本，如貸款所發生的利息，購買庫存所需資金若用於其他投資的機會成本。

（2）過時成本，是指由市場變化所引起的產品價值的損失部分。

（3）損壞/報廢成本。庫存物資可能受潮、由於搬運被弄臟或以其他方式被損壞。這會使庫存物資不再可售或可用，因而導致了維修或報廢的相關成本。

（4）稅，是指庫存的國家稅、財產稅等。針對許多國家的課庫存稅，有些是根據年度中某一特定時間的庫存投資額來課稅，有些是根據全年的平均庫存投資額來課稅。

（5）保險費用。庫存像其他資產一樣要投保。通常這取決於公司的保險政策。

（6）存儲費用。存儲庫存需要有倉庫、物料搬運設備、相關的管理人員和操作人員。存儲費用包括這些設施與人員的費用。

（7）在庫存持有成本中，資金成本是最主要的組成部分。

2. 訂貨成本

訂貨成本是指向供應商發出訂單購買物資而發生的成本。它一般用每次訂貨的成本來反應，通常不包括庫存的採購成本。

訂貨成本通常包括訂貨手續費、物資運輸裝卸費、驗收入庫費、採購人員差旅費以及通信聯絡費等。訂貨成本的一個共同點是費用僅與訂貨次數有關，而與訂貨批量不發生直接的聯繫。換言之，生產系統的訂貨成本總值主要由企業的訂貨次數決定，隨訂貨次數增加而增加。

企業自製生產物資時發生的調整成本，與外購時發生的訂貨成本相似。生產系統在轉換生產的品種時，通常對設備進行調整而造成短期停工。同時，在轉換生產的初期生產效率通常也較低。上述這些原因引起的損失統稱為調整成本，主要與生產調整的次數有關，而與每次決定自製產品的批量關係不大。

3. 缺貨成本

缺貨成本是指由於無法滿足用戶的需求而產生的損失。缺貨成本由兩部分組成，其一是生產系統為處理誤期任務所付出的額外費用，如加班費、從海運改為空運而產生的額外運費負擔等。其二是誤期交貨對企業收入的影響，包括誤期交貨的罰款等。

上述損失是可以用金錢衡量的；而由於企業缺貨無法滿足用戶的需求，導致的喪失市場份額的后果更為可怕，影響更深遠。對缺貨成本本身很難進行計量，在企業的損益表中也不反應，但缺貨成本確實存在。我們假設發生缺貨時：

要求公司為客戶緊急備貨的概率是55%，則公司的邊際利潤下降5美元；

導致公司失去該筆業務的概率是25%，從而使公司的邊際利潤損失50美元。

根據以上的基本數據，可以計算出由缺貨所造成的損失的期望值為：

0.55×5+0.25×50+0.20×500＝115.25（美元）

該期望值反應的是出現缺貨后的平均損失。一般來說，公司可以通過額外的庫存來避免出現缺貨。如果保持這種額外庫存的成本，低於缺貨后平均損失的期望值，那麼持有這種額外庫存就是有效且必要的。

在上述三種與庫存管理相關的成本中，在需求確定的前提下，增大每次的訂貨批量有利於減少訂貨成本和缺貨成本，但是訂貨批量的增加通常會導致庫存批量的增加，引起庫存持有成本的上升。因此合理控制庫存，使庫存管理的總成本最低，是庫存控制決策的主要目標。

（三）經濟批量訂貨模型

在討論了與庫存管理的各相關成本后，庫存決策的主要目標就在於要確定合適的訂貨批量，使庫存管理總成本最低。

經濟訂貨批量是指使庫存持有成本、訂貨成本和缺貨成本三者之和達到最小的訂貨量。如果每次的訂貨批量大於該經濟訂貨批量，那麼訂貨成本會減小，缺貨成本也可能會降低，但庫存持有成本會增加，而總的成本也會增加。反之，如果每次的訂貨批量小於該經濟訂貨批量，則庫存持有成本會減小，但是訂貨成本和缺貨成本都可能會增加，最終也將導致總成本增加。

1915年，哈里斯提出了著名的經濟訂貨批量公式（EOQ）。這個訂貨批量的公式在企業界得到了廣泛的應用。

EOQ模型的基本假設如下：

（1）需求已知，並且是常量。

（2）提前期為0。

（3）不允許缺貨。

（4）訂貨或生產都是批量進行的。

（5）貨物是單一產品。

在這些假設之下，隨時間變化的庫存水平如圖10-6所示。當庫存消耗到0時，訂一定單位的貨物，會使庫存水平又上升到原來的水平，因為提前期為0。

假設計劃期為一年，年需求量（或者預計的年需求量）為 D，訂貨批量為 Q，每次訂貨的成本為 C，貨位的單價為 P，每單位的庫存的年持有成本為 H（年庫存持有費率 h×單價）。此時，年訂貨次數等於 D/Q，平均庫存量為 $Q/2$，年訂貨成本則為：

$$年訂貨成本 = \frac{D}{Q} \times C$$

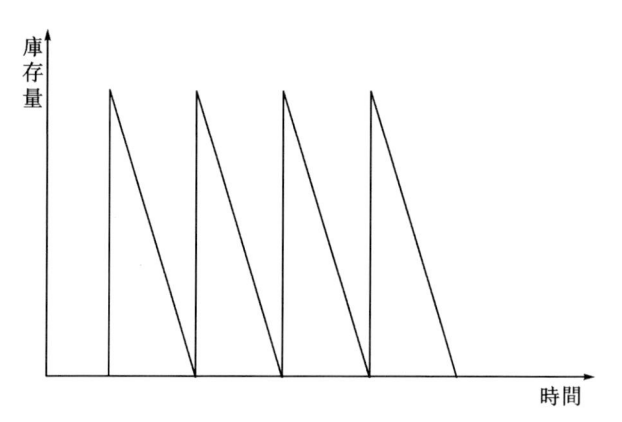

圖 10-6　經濟訂貨批量圖示

年庫存持有成本則為：

年庫存持有成本 $= H \times \dfrac{Q}{2} = Ph \times \dfrac{Q}{2}$

年庫存總成本 TC 為年訂貨成本與年庫存持有成本之和：

$$TC = \dfrac{DC}{Q} + \dfrac{HQ}{2} = \dfrac{DC}{Q} + \dfrac{PhQ}{2}$$

為了使得總成本最小，對總成本函數求關於 Q 的異界倒數，並令其為 0，得 Q 的最優解：

$$Q^* = \sqrt{\dfrac{2DC}{H}} = \sqrt{\dfrac{2DC}{Ph}}$$

求得的訂貨量 Q^* 是使年庫存總成本最小的經濟訂貨批量值。

【例 10-1】某公司每年需要耗用某種零件 10 萬件。為了應用經濟合理的方法對該物資進行採購，公司對各項成本進行了統計。現已知該物資的單件為 8 元，每次的訂貨成本為 10 元，每件物資的保管費率為 25%。公司到底應該如何進行採購才能使得總成本最低呢？

根據以上的 EOQ 公式和各項成本的計算公式，我們可以得到：

$$Q^* = \sqrt{\dfrac{2DC}{Ph}} = \sqrt{\dfrac{2 \times 100,000 \times 10}{8 \times 25\%}} = 1,000 \text{（件）}$$

年訂貨成本 $= \dfrac{D}{Q} \times C = \dfrac{100,000}{1,000} \times 10 = 1,000$（元）

年庫存持有成本 $= Ph \times \dfrac{Q}{2} = 8 \times 25\% \times 500 = 1,000$（元）

總成本 $TC = \dfrac{DC}{Q} + \dfrac{PhQ}{2} = 2,000$（元）

從計算結果可以發現，以經濟訂貨量訂貨時，年訂貨成本與年庫存持有成本相等。此現象並非巧合，如圖 10-7 所示，訂貨成本與庫存成本相等時的訂貨量正好與最小總成本相對應。

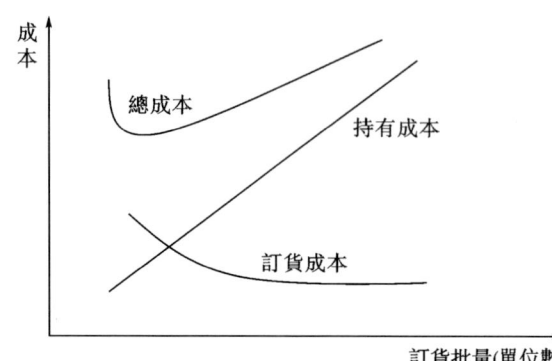

圖 10-7　經濟訂貨批量曲線

EOQ 公式的使用受到很多限制，主要因為在實際的企業中存在以下一些情況：

（1）在實際的情況下，需求往往不是常數，而是一個隨機的數量。

（2）假設貨物的單價不隨採取的數量而變化，而實際上，很多企業是有數量折扣的。

（3）假設批量是同時到達的，而實際上，很多是分多批到達的。

（4）假定提前期為 0，而實際上，企業的採購往往有一個供貨的提前期。

（5）假定只購買單一產品，而實際上企業往往從一個供應商處購買多個產品。

（6）儘管 EOQ 公式是在很多假設下推導出來的，但是在實際中由於很多成本的真實值無法獲取或者獲取的成本非常高，企業就用 EOQ 公式求近似解。

【例 10-2】科威公司銷售注射針頭。這種針頭年需求量是 1,000 單位，訂貨成本為每次 10 元，每年每單位產品的儲存成本為 0.50 元，產品單價 5 元。我們可計算出每次訂貨的最佳數量、總費用、年訂貨次數及訂貨點。

解：（1）$EOQ = Q^* = \sqrt{\dfrac{2DS}{H}} = \sqrt{\dfrac{2 \times 1,000 \times 10}{0.5}} = \sqrt{40,000} = 200$（件）

即每次訂貨 200 件，總費用達到最小。

此時，總費用 $TC = DC + (D/Q) \times S + Q/2 \times H$
　　　　　　　$= 1,000 \times 5 + 1,000 \times 10 \div 200 + 200 \times 0.5 \div 2$
　　　　　　　$= 5,100$（元）

（2）年訂貨次數 $N = $ 年需求量/經濟訂貨批量 $= D/Q^* = 1,000/200 = 5$（次）

（3）訂貨點 $R = d \times L = 4 \times 10 = 40$

提前期 $L = 10$ 天

平均日需求量 $d = $ 年需求量/年工作日數 $= 1,000/250 = 4$（件）

（四）分區分類規劃

1. 分區分類規劃的方法

（1）按庫存物品理化性質不同進行規劃。

（2）按庫存物品的使用方向或按貨主不同進行規劃。

（3）混合貨位規劃。

2. 分區分類規劃的原則
（1）存放在同一貨區的物品必須具有互容性。
（2）保管條件不同的物品不應混存。
（3）作業手段不同的物品不應混存。
（4）滅火措施不同的物品絕不能混存。
由於倉庫的類型、規模、經營範圍、用途各不相同，各種倉儲商品的性質、養護方法也不同，因而分區分類儲存的方法也有多種，需統籌兼顧，科學規劃。
（五）貨位管理
進入倉庫中儲存的每一批物品在理化性質、來源、去向、批號、保質期等各方面都有獨特的特性。倉庫要為這些物品確定一個合理的貨位，既要保證保管的需要，更要便於倉庫的作業和管理。倉庫需要按照物品自身的理化性質和儲存要求，根據分庫、分區、分類的原則，將物品依固定區域與位置存放。此外還應進一步在區域內，將物品按材質和型號規格等的一定順序依次存放。貨位管理的基本步驟如圖 10-8 所示。

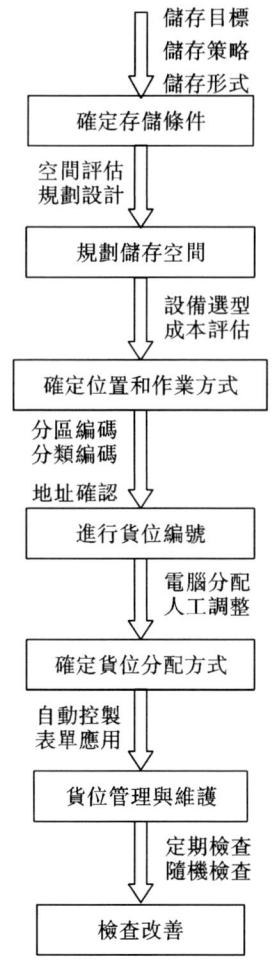

圖 10-8　貨位管理的基本步驟

（六）貨位的存貨方式

貨位存貨方式主要分為固定型和流動型兩種。

1. 固定型

利用信息系統事先將貨架進行分類、編號，並貼上貨架代碼，對各貨架內裝置的物品採取事先加以確定的貨位存貨方式。在固定型管理方式下，各貨架內裝載的物品長期是一致的。

2. 流動型

流動型是指所有物品按順序擺放在空的貨架中，不事先確定各類物品專用的貨架。在流動型管理方式中，各貨架內裝載的物品是不斷變化的。

（七）倉庫貨區佈局

1. 倉庫貨區佈局的基本要求

（1）適應倉儲作業過程的要求，有利於倉儲業務的順利開展。

①單一的物流方向。

②應盡量減少儲存物資在庫內的搬運距離，避免任何迂迴運輸。

③最少的裝卸環節。

④最大限度地利用空間。

（2）有利於提高倉庫的經濟效益。

①貨區佈局應充分考慮地形、地質條件，因地制宜。

②平面布置與豎向布置相適應。

③貨區佈局能充分和合理地利用我國目前普遍使用的門式、橋式起重機等固定設備。

（3）有利於保證安全生產和文明生產。

2. 倉庫貨區佈局的基本形式

（1）貨區布置的基本思路。

①根據物品特性分區分類儲存，將特性相近的物品集中存放。

②將單位體積大、單位質量大的物品存放在貨架底層，並且靠近出庫區和通道。

③將週轉率高的物品存放在進出庫裝卸搬運最便捷的位置。

④將同一供應商或者同一客戶的物品集中存放，以便進行分揀配貨作業。

（2）貨區布置的形式。

垂直式佈局：橫列式佈局、縱列式佈局和縱橫式佈局。如圖10-9、圖10-10、圖10-11所示。

圖 10-9　橫列式佈局

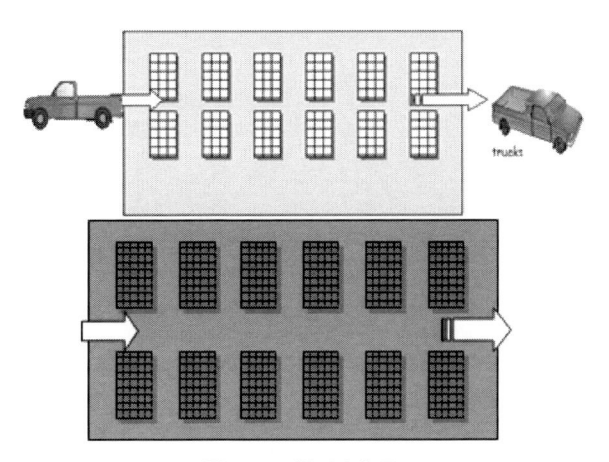

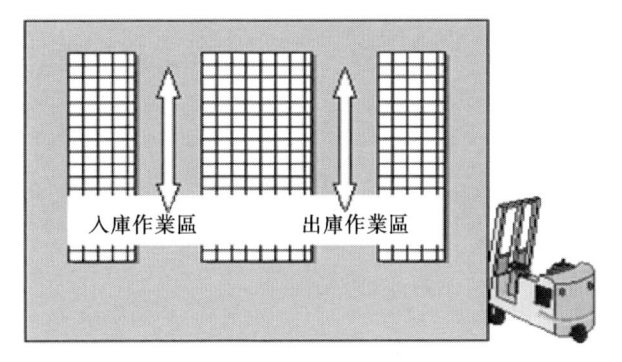

圖 10-10　縱列式佈局

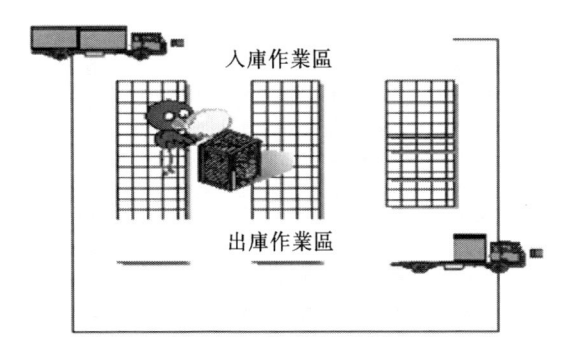

圖 10-11　縱橫式佈局

傾斜式佈局：貨垛傾斜式佈局和通道傾斜式佈局。如圖 10-12、圖 10-13 所示。

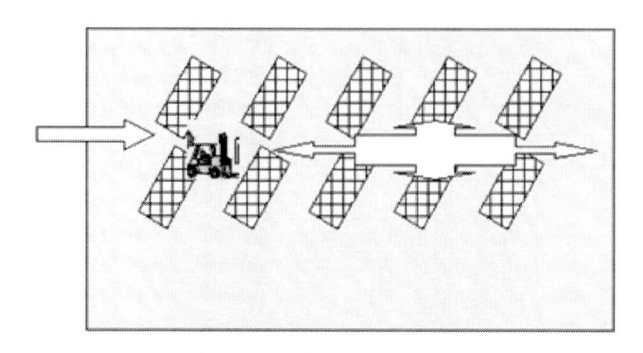

圖 10-12　貨垛傾斜式佈局

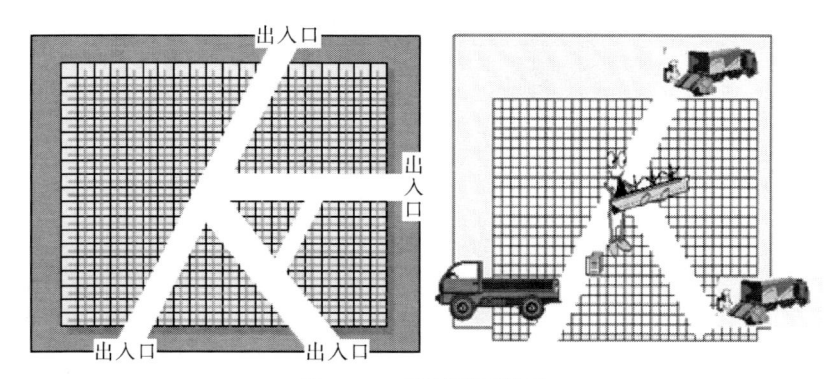

圖 10-13　通道傾斜式佈局

任務四　物料的領用管理

一、背景

物料的領用管理可以使公司物資管理合理化，不僅滿足了工作的需要，還能合理節約開支。本著從實際出發、堅持節約的原則，嚴把領料關，做到能維修的絕不領新的，能少用、能節約的絕不多領，做到精打細算，理性節約。

二、基本內容

（一）物資分類
(1) 機物料（為維護固定資產等設備所消耗的各種材料）、生產勞保用品等。
(2) 原料。
(3) 半成品、包材。
(4) 成品（樣品和公司內部領用產品）。
（二）物資領用管理
(1) 機物料、生產勞保用品等。

車間領用→在倉管辦填寫領用單（一式三聯，交財務一聯）→車間主任審核→生產部經理審批→倉管辦發放物料。

（2）原料、半成品及包材。

車間領用→在倉管辦填寫物料出庫單（一式三聯，交財務一聯）→車間主任審核→倉管辦發放物料→財務月底盤點（包含質檢部和技術部）。

（3）成品（樣品和公司內部領用產品）。

銷售部門員工領用→填寫物料出庫單（一式三聯）→部門負責人審核→分管副總審批→倉管辦發放物料（倉庫收取出庫單的兩聯，其中交財務一聯）→財務月底盤點（包含質檢部抽樣）。

其他部門員工領用成品見辦公室領用規定。

（4）相關簽字負責人不在公司時需電話請示匯報，后補簽手續。

（三）登記消耗材料臺帳

考慮到對消耗物料的管理，應建立消耗臺帳制度。這樣就可以更加精確地掌握各班組原材料等實際消耗情況。通過對預算進行差額分析，就可以發現浪費的原因，為進一步考核提供數據支持。

表10-2　　　　　　　　　　消耗性材料臺帳

部門：＿＿＿＿＿＿　　　　　　　　　　　　　　　　　第　頁總　　頁

日期	名稱	規格型號	單價	數量	總價	領用人簽字記錄	備註

知識鞏固

一、填空題

1. MRP是一種＿＿＿＿方法，也是一種＿＿＿＿安排方法。

2. ＿＿＿＿是根據需求預測或顧客訂單確定的，具有獨立需求的特徵。

二、判斷題

1. 物料需求計劃是用來確定非獨立需求訂貨計劃情況的信息系統。（　　）

2. 為防隨機需求和生產波動，企業往往需要選擇持有最終產品的安全存貨，而不宜選擇各構件的安全存貨。（　　）

3. 相關需求是企業所不能控制的，是一種外生變量。（　　）

4. 進行生產現場物料盤點時，應根據實際臺帳數量調整物料盤點表。（　　）

案例分析

【案例分析 10-1】沃爾瑪如何強化庫存管理

沃爾瑪公司（Wal-Mart Stores, Inc.）（NYSE：WMT）是一家美國的世界性連鎖企業，以營業額計算為全球最大的公司，其控股人為沃爾頓家族。總部位於美國阿肯色州的本頓維爾。沃爾瑪主要涉足零售業，是世界上雇員最多的企業，連續三年在美國《財富》雜誌世界500強企業中居首位。

沃爾瑪公司目前經營著超過10萬種單品。數量巨大與種類繁多的庫存商品迫使沃爾瑪必須讓供應商參與到超市的庫存管理中來，然而供應商並沒有實際權利來管理產品。這使得他們的理念難以變成現實，由此產生了種種問題。

零售鏈系統受限

一般在缺乏供應商動力的情況下，每個沃爾瑪的食品採購經理平均要負責三千個左右的單品。紛繁的單品數量使他們難以對具體的門店、商品進行監管。如果沒有供應商的支持，採購人員也只能在問題變得非常嚴重時才會發現。因此，沃爾瑪希望由供應商來幫助自己管理單品從而盡可能降低自己的人力成本。大多時候，供應商的銷售人員會早於超市的採購人員發現問題，但這需要他們真正地掌握了超市的零售鏈系統。只有原有的配貨中心才能保障自己產品的供應。說到這，沃爾瑪公司在中國的營運和管理正是在這個方面遇到了問題。雖然中國國內的供應商很早就已經連接了沃爾瑪的零售鏈系統，但是受限於國內供應商技術落後等因素，使得其不能完全利用零售鏈系統並進行有效的分析，無法優化自己的產品，無法獲得更多的利潤。因此，多數供應商一開始就不瞭解這種做法的好處到底在哪裡，而只是通過零售鏈系統接受產品訂單，並不是去分析產品的銷售情況並做出調整。事實上，對於零售鏈系統中的數據，供應商沒有能力去分析、調整。可見，供應商的技術約束使得行銷鏈中的網路優勢得不到充分發揮。

庫存管理的硬傷

庫存既是零售企業的資產，同時也是負債。良好的庫存管理可以加快零售企業的資金回轉，增加利潤額。可以說，庫存問題現已成為各大零售企業日常經營中的核心問題。

但是，這並不能說就一定是供應商拖累了沃爾瑪超市的發展。沃爾瑪公司的管理確實沒有像在國外一樣良性地營運。而由此帶來的損失是雙方面的。打個比方，當某個高銷量的單品在幾家門店已經嚴重缺貨，但供應商並沒有及時地瞭解缺貨情況。此時，沃爾瑪的採購人員根本沒有精力管理到每個單品，那這種產品就很可能一直出現缺貨，從而陷入無人管理和解決的惡性循環。高銷量的產品經常性的缺貨，不單單損失了眼前的利益，更為危險的是可能喪失整個市場，使競爭對手在這過程中發展起來。再比方說，因為某個產品的問題而導致單品的銷量太差。此時的供應商如果沒有對銷售/庫存分析數據進行分析，就不能洞悉市場對單個商品需求的變化，進而導致不能及時調整庫存，也就無法建議超市找到相應的替代品來代替目前的商品。基於上述的失誤，就會出現大量的庫存積壓，最後不得不以打折的方式進行處理。這就造成了多方的利益都受到損失，即將淘汰的產品卻成了促銷活動的主角，影響了新產品的促銷。

信息系統不匹配

沃爾瑪超市靈活高效的物流配送系統與成熟的供應鏈管理系統是其取得全球性成功的一個重要原因。它的基本原則是密集建店應圍繞著一個物流供應鏈。當超市達到一定數量時，物流供應鏈的管理作用才能夠發揮到極致。這無疑確保了在市場上的價格優勢。沃爾瑪公司採用美國最大的民用系統，即電子信息系統。其 POS 機（銷售時點數據系統）、EDI（電子數據交換系統）、RFID（射頻識別技術）等都曾領跑於行業內的其他競爭對手。公司的管理層和各分店均可以運用網路與全世界的供應商在一小時內取得聯繫，可以將數千家門店的各類產品的庫存、銷售量完全清點一遍。沃爾瑪供應鏈上面每個節點的部門可以通過信息系統來共享商品的上架、銷售與輸送和訂單的信息等，讓整體與零售環節的銷售、訂貨與配送均保持一致性。

然而沃爾瑪公司受到全球多個國家認可的管理和供應鏈體系，在中國卻遭到了不小的挫折。由於國內與美國的信息網路環境有很大的差距，因此絕大多數國內供應的信息系統和沃爾瑪超市相比更是天差地別。因為，目前國內鮮有沃爾瑪公司要求的供應商配有的相應配套技術平臺，所以供應商最終會在供貨方面出現問題。

庫存管理應因地制宜

在市場經濟高速發展的今天，降低庫存成本，可以減少不必要的倉儲用地，減少無效的物流配送。因此這是每家零售企業都在探尋的庫存管理模式。合理的庫存管理方案可以使整個企業的供應鏈高速運轉，有利於實現零售企業供應鏈各個環節的有機整合。

科學的庫存管理方法應該是，零售商與供應商雙方有效地實現信息共享。供應商通過直接獲得客戶信息來自行管理客戶庫存水平，以及決定庫存的增加或減少，以降低整個供應鏈的供求水平，降低庫存成本。這種減少管理環節的方法不但節省了超市的成本，還能促使供應商提高自身服務水平，加速自身資金和物資週轉，使供應商和超市都能從中獲利。從這點來說，沃爾瑪中國做得還不夠好。供應商難有相應的權限，並且他們也不具備這樣的意識。

現如今，所有的工作都需要用數據說話。比如，有兩種商品，在過去三個月中銷售額都為六萬元，但各自品類利潤的差異直接導致了商品所陳列的數量的差異。又比如兩種商品雖然同期的利潤相同，但是大小不一樣，可能一個是一個小瓶的奶製飲料，一個是大桶的百事可樂。這導致他們的週轉速度、商品運轉週期都不一樣。在沃爾瑪的倡導下，各個供應商應該高效利用這些數據，通過對數據的分析及時調整自身的銷售情況，以提高敏銳的信息反饋能力。目前，中國供應商對沃爾瑪零售管理系統的應用並不存在技術、能力問題，歸根究柢就是對零售鏈的認識還不夠透澈。供應商應該通過管理軟件合理地利用這些基礎數據。沃爾瑪作為行業的領導者，應該幫助供應商努力地學習、使用零售鏈管理系統，加大對培訓成本的投入。供應商在有所體會後，就會意識到供應鏈管理的優勢。

總之，為了適應中國的國情，沃爾瑪的庫存管理必須隨著地域特色有所變動。因此沃爾瑪在中國的發展仍有很多的改善空間。若本文提供的解決方案能夠得到落實與保障，相信沃爾瑪公司的各種庫存問題一定能得到有效地控制，其在中國也能獲得更好地發展。

思考題：
1. 沃爾瑪的庫存管理有什麼問題？給我們什麼啟示？
2. 此案例讓你對物料管理有哪些新的想法和認識？

【案例分析 10-2】 戴爾策略——零庫存

「零庫存」並不意味著沒有庫存。像戴爾這樣的組裝企業，沒有庫存意味著無法生存。只不過戴爾的庫存水平很低，週轉很快，並且戴爾善於利用供應商庫存，因此其低庫存被歸納為零庫存。這只是管理學上導向性的概念，不是企業實際操作中的概念。經過充分的傳播，戴爾的名聲已經與零庫存相聯繫。因此很多人一提起戴爾，馬上就想起了零庫存。精髓是低庫存。戴爾不懈追求的目標是降低庫存量。21 世紀初期，戴爾公司的庫存量相當於 5 天的出貨量，康柏的庫存天數為 26 天，一般 PC 機廠商的庫存時間為 2 個月，而中國 IT 巨頭聯想集團是 30 天。戴爾公司分管物流配送業務的副總裁迪克·亨特說，高庫存一方面意味著佔有更多的資金，另一方面意味著使用了高價物料。戴爾公司的庫存量只相當於一個星期出貨量，而別的公司庫存量相當於四個星期出貨量。這意味著戴爾擁有 3%的物料成本優勢，反應到產品低價就是 2%或 3%的優勢。戴爾的管理人員都借助於信息和資源管理軟件來規範物料流程。在一般的情況下，包括手頭正在進行的作業在內，任何一家工廠內的庫存量都只相當於規定的出貨量。戴爾模式的競爭力在哪裡？專家研究后發現，主要體現在低庫存方面。

戴爾的庫存時間比聯想少 18 天，效率比聯想高 90%。當客戶把訂單傳至戴爾信息中心，由控制中心將訂單分解為子任務，並通過 Internet 和企業間信息網分派給上游配件製造商。各製造商按電子訂單進行配件生產組裝，並按控制中心的時間表供貨。戴爾只需在成品車間完成組裝和系統測試，剩下的就是客戶服務中心的事情。一旦獲得由世界各地發來的源源不斷的訂單，生產就會循環不停、往復週轉，形成規模化。這樣紛繁複雜的工作如果沒有一個完善的供應鏈系統在后臺進行支撐，而通過普通的人工管理來做好，是不可能完成的。

在德州圓石鎮，戴爾公司的托普弗製造中心巨大的廠房可以容納五個足球場，而其零部件倉庫卻不超過一個普通卧室那麼大。工人們根據訂單每三五分鐘就組裝出一臺新的臺式 PC。戴爾沒有零部件倉庫，其零庫存是建立在對供應商庫存的使用或者借用的基礎上。在廈門設廠的戴爾，自身並沒有零部件倉庫和成品倉庫。零部件實行供應商管理庫存（VMI），並且要以戴爾訂單情況的變化而變化。比如 3 月 5 日戴爾的訂單是 9,000 臺電腦；3 月 6 日 8,532 臺電腦等。每天的訂單量不一樣，要求供應商的送貨量也不一樣。不僅戴爾訂單的數量不確定，而且對供應商配件送貨的要求也是可變的。對 15 英寸（1 英寸＝2.54 厘米）顯示屏和 18 英寸顯示屏的需求組合是不同的，如 3 月 5 日的顯示屏需求組合是（5,000+4,000），3 月 6 日的需求組合是（4,000+5,000）等。超薄顯示屏和一般顯示屏的需求組合變化也是一樣的。因此，戴爾的供應商需要經常採取小批量送貨，有時送 3,000 個，有時送 4,000 個，有時天天送貨。訂單密集時需要一天送幾次貨，一切根據需求走。為了方便給戴爾送貨，供應商在戴爾工廠附近租賃倉庫，來存儲配件，以保障及時完成送貨。這樣，戴爾的零庫存是建立在供應商的庫存或者精確配送能力的基礎上。戴爾通過充分利用供應商庫存來降低自己的庫存，並把主要精力放在訂單上。

而戴爾公司的成品管理則完全採取訂單式，即用戶下單，戴爾組裝送貨。由於戴爾採取了以 VMI、CRM 等信息技術為基礎的訂單制度，因此在庫存管理方面基本上實現了完全的零庫存。戴爾以信息代替存貨。因特網受到戴爾公司的充分重視，主要表現在：戴爾與客戶、供應商及其他合作夥伴之間通過網路進行溝通的時間界限已經模糊了。戴爾與客戶在 24 小時進行即時溝通，突破了上班時間的限制。同時，戴爾與合作夥伴之間的空間界限已經被模糊了。戴爾在美國的供應商可以超越地域的局限，通過網路與設在廈門的工廠進行即時溝通，瞭解客戶訂單的情況。通過強化信息優勢，戴爾整合了供應商庫存協作關係，並在實踐中，成功地鍛煉出了供應商的送貨能力。戴爾需要 8,000 個顯示器，在當天供應商就能送 8,000 個顯示器；當戴爾需要 5,000 個大規格的顯示器，供應商在 2 個小時內就能夠配送 5,000 個大規格顯示器。戴爾與供應商培植了緊密的協作關係，為客戶提供了精確的庫存。在流通活動中，客戶的「信息」價值替代「存貨」價值。

在供應鏈管理中，戴爾作為源頭，其主要的分工是凝聚訂單。比如收集 10,000 臺電腦訂單，供應商則及時供貨，提供 10,000 種與電腦相關的配件，如顯示器、鼠標、網路界面卡、芯片及相關軟件等。供應商在戴爾的生產基地附近租賃倉庫，並把零配件放到倉庫中儲備。戴爾在需要這些零配件時，則通知供應商送貨。零配件的產權由供應商轉移到戴爾。另外，戴爾可以充分利用庫存賺取利潤。比如，戴爾向供應商採購零部件時，可以採取 30 天帳期結算；但在賣出電腦時執行先款後貨政策，至少是一手交錢一手交貨，並利用客戶貨款與供應商貨款中間的時間差，來謀求利益。零庫存是一種導向。有專家說：「戴爾的『零庫存』是基於供應商『零距離』之上的。」假設戴爾的零部件來源於全球的四個市場，即美國市場占 10%，中國市場占 50%，日本市場占 20%，歐盟市場占 20%。然后在香港的基地進行組裝后銷售到全球。那麼從美國市場供應商 A 到達香港基地，空運至少 10 個小時，海運至少 25 天；從中國市場供應商 B 到達香港基地，公路運輸至少 2 天；從日本市場供應商 C 到達香港基地，空運至少 4 小時，海運至少 2 天；從歐盟市場供應商 D 到達香港，空運至少 7 小時，海運至少 10 天。如要保證戴爾在香港組裝的零庫存，那麼供應商在香港基地必須建立倉庫，自建或租賃，來保持一定的元器件庫存量。供應商承擔了戴爾公司的庫存風險，而且還要求戴爾與供應商之間要有及時、頻繁的信息溝通與業務協調。而直接模式同樣不可避免地遇到「庫存」問題。戴爾所謂的「拋棄庫存」其實是一種導向，絕對的零庫存是不存在的。庫存問題的實質是：既要千方百計地滿足客戶的產品需求，又要盡可能地保持較低的庫存水平。只有在供應鏈居於領導地位的廠商才能做得到，戴爾就是這樣的企業。

與聯想相比，戴爾在庫存管理方面具有優勢；在與零部件供應商的協作方面，也具有優勢。「以信息代替存貨」，在很多其他廠商看來是不可能的，但在戴爾卻是實際存在的。零庫存是一個完整的體系模式。戴爾的零庫存需要客戶支持、系統改進、供應商關係、市場細分等多個環節的參與配套。離開任何一個方面，零庫存的優勢也是不存在的。沒有強大的訂單凝聚能力，要借用供應商的庫存是不可能的。以顯示器為例，對於需要 10,000 個的訂單和需要 500 萬個的訂單，供應商的反應也是不一樣的。顯然，戴爾擁有了 500 萬個顯示器的需求，可以給供應商提出更多的要求。只不過戴爾可以把訂單拆開，要求供應商送貨 600 次。這樣做，由於訂單總量仍然是很大的，

因此供應商才願意按照「隨需隨送」的要求來參與業務運作,因為雖然供應商承擔了戴爾的庫存風險,但是實際上總的利益還是很大的。如果訂單很小,比如只有10,000個,供應商怎麼可能把自己的倉庫建到戴爾工廠附近,又怎麼能夠做到在需要的時候確保兩小時送貨呢?很顯然,只有訂單足夠大,才能實現這個目標。在微利時代,訂單與低庫存的匹配也是很難的。因為訂單掌握在客戶手裡,能不能產生這樣的需求,產生的需求能不能為戴爾公司掌握,這是很難確定的。經常的情況是,戴爾保持著零庫存,而客戶的訂單是波動的。訂單的成長性也具有淡季和旺季之分,如淡季戴爾一個月可能只賣80萬臺PC,旺季一個月可能要賣200萬臺。戴爾的庫存管理能力必須適應從80萬臺到200萬臺的變化。這對請求零庫存的戴爾是一個很大的挑戰。訂單與低庫存相匹配的按需定制方式是戴爾的優勢,需要有經驗的累積和供應商關係的磨合等。成本控制、節約開支等措施是戴爾日常管理的核心,而且這不能妨礙訂單與供應商庫存的協調。戴爾是如何做到這種匹配的呢?主要的方法有:一是戴爾的強勢影響力,使供應商認同戴爾的潛力並千方百計地滿足戴爾的訂單變化;二是強大的信息溝通機制,能夠使戴爾通過迅速的溝通來滿足配件、軟件的需求;三是有力度的流程管理方式,使戴爾能夠精確地預估未來的需求變化。

戴爾出現庫存過量的背景是,公司成立才4年多,就順利地從資本市場籌集了資金,首期募集資金3,000萬美元。對於靠1,000美元起家的公司來說,這筆錢的籌集,使戴爾的管理者開始認為自己無所不能。大量投資存儲器,一夜之間形勢逆轉,重大存貨風險出現。「我們並不瞭解,自己只知道追求成長,對其他事一無所知,」邁克爾說,「成長的機會似乎是無限的,我們也習慣於不斷追求成長。我們並不知道,每一個新的成長機會,都伴隨著不同程度的風險。」戴爾公司當時大量購買存儲器的原因主要有:

①戴爾成長良好,其領導只看到機會,忽視了風險。

②戴爾當時剛剛上市,募集了數千萬美元的資金。大量的現金趴在帳上,導致領導者產生急於做大的心理,並為資金尋找出路。

③戴爾公司成立的時間不長,因此邁克爾本人對市場機會看得多一些,對風險則認識不足。

④戴爾當時的總經理沃克是個金融家,對PC行業的特性認識不足,沒能制約邁克爾的決策等。

戴爾每年的採購金額已經高達200多億美元。假如出現庫存金額過量10%,就會出現20億美元的過量庫存,一則會占用大量的資金;二則若庫存跌價10%,就會造成2億美元的損失。在採購、生產、物流、銷售等環節,戴爾繼續保持低庫存或者零庫存,避免資金週轉緩慢、產品積壓及存貨跌價方面的風險。邁克爾評價說:「在電子產業裡,科技改變的步調之快,可以讓你手上擁有的存貨價值在幾天內就跌落谷底。而在信息產業,信息的價值可以在幾個小時、幾分鐘,甚至幾秒鐘內變得一文不值。存貨的生命,如同菜架上的生菜一樣短暫。對於原料價格或信息價值很容易快速滑落的產業而言,最糟糕的情況便是擁有存貨。我們在1989年經歷的第一個重大挫折,原因居然與庫存過量有關係。我們當時不像現在,只採購適量的存儲器,而是買進所有可能買到的存儲器。在市場景氣達到最高峰的時候,我們買進的存儲器超過實際所需,然后存儲器價格就大幅度滑落。而屋漏偏逢連夜雨。存儲器的容量幾乎在一夕之間,

從 256K 提升到 1MB。我們在技術層面也陷入了進退兩難的窘況。我們立刻被過多且無人問津的存儲器套牢，而這些東西花了我們大筆的錢。這時，我們這個一向以直接銷售為主的公司，也和那些採取間接模式的競爭對手一樣，掉進了存貨的難題裡。結果，我們不得不以低價擺脫存貨，這大大減少了收益，甚至到了一整季的每股盈余只有一分錢的地步。」庫存過量風險直接引發了戴爾公司的資金週轉危機。假如戴爾當時把募集資金 3,000 萬美元的 30% 用於購買元器件。由於市場變化，在危機后，戴爾庫存價值損失 90%。換句話說，在危機爆發后，戴爾就可能損失 720 萬美元。這對一個成立剛 5 年的公司，打擊可以說是很大的。這時只得被迫低價出售庫存，以拯救公司。

在成長初期，戴爾公司在論證項目和拓展業務時，比較看重收入、利潤這樣一些指標。假如某年戴爾的年銷售收入為 1.5 億美元，那麼其容易確定翻倍的業務計劃，即要求在下一年完成 3 億美元的收入。在確定超高收入計劃的同時，戴爾的支出指標被忽視了。利潤僅僅是帳面指標，不能說明問題。這是戴爾盲目追求成長的主要表現。戴爾公司從直銷電腦起家，開始涉足的產品線比較單一，主要做一些 IBM 的產品。后來，戴爾成長了，產品線的品種逐步豐富起來，不但做 PC 產品的銷售，還做各類 PC 邊緣產品的銷售。后來，戴爾又向海外市場延伸業務，進入歐洲市場。由於業務增長得很快，戴爾內部出現了亂鋪攤子的現象。邁克爾說：「不管是當時也好，或甚至在很長一段時間內，我們並不瞭解其他產業的經濟形態，也沒有現成的系統或者管理架構來監督這種業務。我們不斷地花錢，而此時的獲利率卻開始下降，同時存貨和應收帳款也愈堆愈高。」1993 年戴爾公司的現金週轉成了問題。當庫存過量令戴爾遇到巨大的庫存風險之后，戴爾通過媒體向投資者公開披露風險信息，造成股價暴跌。這使邁克爾本人第一次面臨前所未有的市場壓力。巨大的庫存風險促使戴爾公司積極深刻地反省自己，同時也促使邁克爾深思存貨管理的價值。在 IT 這樣劇烈波動的產業中，制約決策也是很有價值的。這次教訓也堅定了邁克爾引入雙首長管理體制的決心。存貨過量的風險是直接引導戴爾確立「摒棄存貨」原則的基礎：一是充分利用供應商庫存，降低自身的庫存風險；二是通過強化與供應商的合作關係，並利用充分的信息溝通降低存貨風險。在經歷風險之后，戴爾才深刻認識到庫存週轉的價值。

在互聯網技術出現之后，戴爾公司又進一步完善了庫存管理模式，並豐富了「信息代替存貨」的價值內涵。在 20 世紀 90 年代初期，戴爾公司發現存貨管理的價值和重要性，並認識到庫存流通的價值。「從這次經驗裡學到，庫存流通不僅是制勝的策略，更是必要的措施。它有助於抵抗原料的快速貶值，而且現金需求少，風險較低」，邁克爾說。

為了控制庫存，在技術上，戴爾將現有的資源規劃和軟件應用於其分佈在全球各地的所有生產設施中。在此基礎上，戴爾對每一家工廠的每一條生產線每隔兩個小時就做出安排，而戴爾只向工廠提供足夠兩小時使用的物料。在一般情況下，包括手頭正在進行的作業在內，戴爾任何一家工廠內的庫存量都只相當於大約 5 個小時或 6 個小時的出貨量。這就加快了戴爾各家工廠的運行週期，並且減少了庫房空間。在節省下的空間內，戴爾代之以更多的生產線。對於戴爾公司而言，如果觀察到某種特定產品需求持續兩天或者三天疲軟，就會發出警告；對於任何一種從生產角度而言「壽命將盡」的產品，戴爾將確定某個生產限額。戴爾的零庫存優勢是如何形成的呢？主要的方式是：

一是整合供應商工作做得好。戴爾通過各種方式，贏得了供應商的信任，以至於不少供應商在戴爾工廠附近建造自己的倉庫，形成了「戴爾頻繁要求訂貨，供應商謹慎送貨」的運作模式。

二是形成了良好的溝通機制。戴爾與供應商形成了多層次的溝通機制，使戴爾的採購部門、生產部門、評估部門與供應商建立了密切的業務協同；

三是打造強勢供應鏈運作機制，使供應商必須按照戴爾的意圖來安排自己的經營計劃。海爾集團CEO張瑞敏評價說：「在戴爾，它的每一個產品都是有訂單的。它通過成熟網路，每20秒就整合一次訂單。」

所有客戶要通過訂單提前確定，隨后由戴爾的生產線裝配。國內的聯想等對手不是這樣。它的許多產品是先要生產出來，並通過經銷渠道銷售出去。這可能面臨經銷商賣不出去的風險。按單生產不僅意味著經營中減少資金占用的風險，還意味著減少戴爾對PC行業巨大降價風險的迴避。按單生產的精髓在於速度。優勢體現在庫存成本低，甚至是無庫存。特別是在計算機行業，由於產品更新迅速、價格波動頻繁，戴爾的按單生產優勢體現得淋灕盡致。很多企業的問題是訂單缺乏或難以獲取訂單，這使生產線大量閒置。相反，有些企業沒有強有力的配送和訂單整合能力，即使獲取訂單，也難以盡快滿足客戶需求。很多公司提出按單生產的方案。但實際上很難落實，主要是因為需求和供給難以平衡起來，特別是凝聚需求、獲取訂單的能力跟不上。

大約在2000年，邁克爾決定在奧斯丁附近新建一個裝配工廠，其新工廠的目標是人均產量翻一番。至於如何做到這一點，邁克爾沒有任何提示，他只是告訴手下：「我不想再看到這麼多的零部件和電腦成品堆在工廠裡，占用場地和人力。」2003年，戴爾的願望完全實現：新工廠的占地面積比原來小了一半，但產量卻猛增了3倍多，平均每天可組裝2.5萬臺。戴爾的作業效率是如何提高的呢？

①只做最直接的工序，沒有多余的動作。

②新裝配件的自動化程度更高。雖然工人裝配電腦的程序和過去大致一樣，但是他們經手接觸電腦的次數只有13次，幾乎比對手少了一倍以上。

③客戶發出指令后不到1分鐘，裝配廠的電腦控制中心就會收到訂貨信息，然后向配件供應商預訂有關零部件，並在收到零部件后直接指示工廠投入生產。

④省去了批發、零售等環節的開銷，每臺電腦的成本因此下降50美元左右。

⑤過去，戴爾公司的電腦成品是先運到一個轉運中心，然后再分給不同工種來進行作業。而現在，其成品直接從裝配線裝上貨車。僅這一項就砍掉了25萬平方英尺的大倉庫，而且還大大節約了交貨時間。

戴爾副總裁薩克斯說：「由於戴爾的直接經營模式，我們可以從市場得到第一手的客戶反饋和需求，然后，生產等其他業務部門便可以及時將這些客戶信息傳達到戴爾原材料供應商和合作夥伴那裡。」戴爾打造信息溝通的基本工具是免費800電話和全球性強大的網路交易、訂貨、接單體系。利用互聯網，戴爾可以面對個性化的客戶，並提供符合其需要的個性化服務，如提供針對財務部門的應用服務，針對銷售部門的應用服務等。這樣使戴爾能夠成功地凝聚有特殊需求的客戶群體。戴爾設在廈門的工廠，對於明天生產什麼產品，在白天是一無所知的，因為訂單在晚上才會收到。正因為戴爾與客戶之間沒有環節，他們可以很好地瞭解客戶的需要。同時，生產的產品第二天就可以發貨，幾天之內就到客戶的手中。客戶有什麼問題，馬上能夠反饋給戴爾，以

便迅速加以改進。

在戴爾，沒有批量的概念。即使100臺電腦恰好具備同樣的配置，也會按照不同的客戶訂單分別進行處理。而一般的廠商，採取流水線作業。一種款式的PC生產開機後，一次性可以生產10,000臺PC，然后通過渠道來進行銷售。通過訂單驅動的庫存管理，戴爾每天與1萬多名客戶進行對話，這就相當於給了戴爾公司1萬次機會爭取訂單。每年，戴爾擁有數百萬次機會來爭取訂單，並通過訂單整合供應商資源，使供應和需求取得平衡。如果某一部件將出現短缺現象，採購部門會提前瞭解這一問題，經過與銷售部門聯繫，把需求調整到其手頭所擁有的物料上。戴爾可以利用訂單變化，來調整供應商庫存的變化，進而調整自己的庫存管理。戴爾推出的每一款新產品都要以高品質來滿足客戶需求。在最短的時間裡，戴爾能夠收集到足夠的品質數據，並進行品質驗證。

戴爾測試職位的權力也很大。原因在於，戴爾不允許有瑕疵特徵的產品出售。為此，戴爾採取了類似6-Sigma管理的方式，對產品進行精確測試。一旦發現產品不合格，就要求迅速改進。戴爾始終把低庫存放在經營活動的重點方面。戴爾直接獲取訂單，獲得更多的第一手需求信息，因為客戶會告訴戴爾他們的需要或者他們的不滿。戴爾的採購人員經常被要求研究下列問題：技術的發展趨勢怎樣；供應商能否適應客戶需求的變化；供應商的成本結構和產能是否跟得上形勢的變化；供應商今年提供15英吋的顯示器，明年能否提供18英吋的顯示器；某供應商上年提供100萬只鍵盤，明年能否提供130萬只鍵盤；等等。當市場上出現了對手血拼高端的情況時，戴爾總是不動聲色地專注低端，以求保持最低庫存。戴爾每年都要推出一些重要新款式產品，如工作站、存儲設備、服務器、交換機等。戴爾對這些產品同樣堅持零庫存管理。戴爾能夠做到業界最低的庫存，最重要的是真實的客戶信息。

一走進美國戴爾的裝配工廠，人們就可以看到樓梯旁掛著一排排專利證書。它們似乎在告訴每一位參觀者：以直銷起家的戴爾並不僅僅只是一個把別人生產的零部件拼裝在一起的裝配商。仔細看看那些證書，就會發現，這些發明創造的重點不在於新產品的開發，而是加工裝配技術的革新，比如流程的提速、包裝機的自動控制等。它們體現的是「戴爾模式」的精髓：效率第一。

戴爾工廠的作業效率是很高的。從進料到產品下線，其包裝全都在一個足球場大的車間裡進行。戴爾的產品經過測試後，可以打包裝箱，直接運往最終客戶手中。一臺PC機從原料進場到打包離廠只有五六個小時的時間。戴爾很注意尋找降低庫存的方法。主要的做法有：精確預測最低庫存量。每週召開供需平衡會議。在會議上，來自銷售、行銷、製造和採購等部門的業務經理一起制訂具體的行動計劃，這增強了庫存的流動性。對客戶需求和市場趨勢做出正確反應和預測。戴爾的基本優勢是低庫存。這個優勢是具有行業水準的。在IT界，沒有哪家競爭對手的庫存水平能夠超越戴爾。戴爾每天根據訂單來對整合供應商資源。比如說，戴爾可以給供應商說，我們需要600萬個顯示器，需要200萬個網路界面。這對供應商來說是很大的機會。因此，供應商願意按照戴爾的要求把自己的庫存能力貢獻出來，為戴爾做配套，也盡量滿足戴爾提出的「隨時需要，隨時送貨」的要求。

戴爾是如何實現低庫存的呢？主要是精確預測客戶需求；評選出具有最佳專業、經驗及品質的供應商；保持暢通、高效的信息系統。最關鍵的還是保持戴爾對供應商

的強勢影響力。這樣，戴爾就能超越供給和需求不匹配的市場經濟常態的限制，打造出自己的低庫存優勢。在戴爾，很少會出現某種配件的庫存量相當於幾個月出貨量的情況。戴爾零庫存目標的實現主要依賴於戴爾的強勢品牌、供應商的配合以及合理的利潤分配機制的整合等。按照法國物流專家沙衛教授的觀點，戴爾要想與供應商建立良好的戰略合作夥伴關係，應多方面照顧供應商的利益，支持供應商的發展。首先，在利潤上，戴爾除了要補償供應商的全部物流成本（包括運輸、倉儲、包裝等費用）外，還要讓其享受供貨總額3%～5%的利潤。這樣供應商才能有發展機會。其次，在業務運作上，要避免由零庫存導致的採購成本上升。戴爾向供應商承諾長期合作，即一年內保證預定的採購額。一旦採購預測失誤，戴爾就把消化不了的採購額轉移到全球別的工廠，以盡可能減輕供應商的壓力，保證其利益。同時，《商業周刊》曾就戴爾供應鏈管理的秘密與戴爾公司分管供應鏈管理的副總裁迪克‧L‧亨特進行訪談。雖然我們無從得知具體的技術細節，但通過採訪內容，可以熟悉，戴爾公司目前採用的資源規劃和使用系統是由i2Technologies公司編寫的軟件。這套軟件在啟用10個月之後覆蓋了戴爾全球所有的生產設施，並開始產生效益。亨特說，在計算機零部件生產中，與其同20個已經進入市場的生產者競爭，還不如同其中最優秀的企業達成合作更經濟。這樣，戴爾自身可以集中有限的資金和資源生產能夠產生市場附加值的部分，而一般的零部件則交給其他優勢企業生產。通過這種強強合作，戴爾與供應商建立起夥伴關係，實現充分的信息共享。其結果是，戴爾不再需要用完整的生產體系去管理，因此減少了公司管理成本和管理工作量，提高了運行效率；供應商的技術人員在產品開發和銷售服務中成為戴爾的有機組成部分。公司對市場的反應更加快捷，能夠創造出更多的價值，同時，確保了戴爾公司的技術始終保持一流水平。

　　戴爾剛進入中國市場時，由於物流新模式的緣故，與海關的監管方式產生了矛盾。戴爾不僅在全球採購幾千種零件，而且承諾接單后7天內將產品送到用戶手裡。在廈門的戴爾工廠，近20輛卡車一字排開隨時等候裝貨。這些卡車就是倉庫。長期以來，海關的加工貿易監管模式是與計劃性生產相配套的。企業接到進口加工的訂單后，要拿外貿部門審批好的合同到海關備案。這往往需要10天左右或者更長時間。但是，在IT行業中以「零庫存」制勝的戴爾公司，從接到訂單到把貨送到客戶手中要求7天時間，這成了困擾企業和海關的難題。另外，戴爾的進口物料有幾千種。幾乎每份報關單都是IT行業的最新信息。相對於其他公司只有幾項商品的報關單，戴爾的單實在是太多了。海關后期的核銷工作更艱鉅，往往一調取戴爾的進出口數據，電腦就死機，因為數據太多了。這種監管方式使海關人員受累不算，還令企業認為海關的辦事效率太低了。戴爾公司生產和電子商務結合的運作模式，給海關工作帶來了挑戰。廈門海關的當務之急是不斷改革加工貿易監管方式。廈門海關將戴爾作為聯網監管的試點，充分利用現代科技手段，將海關監管與企業生產管理有機地結合起來。聯網監管的優勢很快體現出來。企業可以在進出口實際發生前，通過聯網系統傳輸細化的料件和成品單向海關備案。海關嚴密監管，通過聯網系統查詢進口料件的規格型號和出口成品的耗單，據以驗收放貨，提高了通關效率。即時監控運用使海關能及時掌握企業的經營狀況，為中期核查提供了即時、準確的數據。實現計算機自動核銷核算，極大地提高核銷的質量和效率。但是，在聯網監管之初，在廈門海關內部引起了意想不到的「思想波動」。一些關員想不通，憑著企業提供的進出口料件數據辦理海關手續可靠嗎？

廈門海關認識到，必須教育海關人員轉變觀念，為此組織海關人員去戴爾（中國）公司瞭解其經營模式和生產流程。廈門海關負責人說，「光講這家企業信譽好，監管風險小，沒用。有感性認識了，海關人員疑慮才能打消。要把戴爾的事放在支持外貿出口的大局考慮。戴爾的運作模式很新，其落戶在廈門，對廈門關區是一個挑戰。雖然目前只有一個戴爾，但是若干年後肯定會有很多家。」1993年8月，廈門海關與檢驗檢疫局在信息平臺對接，實現「電子通關」，讓廈門5,000多家進出口企業更為方便。電子通關係統，將檢驗檢疫機構簽發的出入境通關單的電子數據傳輸到海關。海關對報檢報關數據進行確認後，再予以放行。這樣，企業使用電子申報後，足不出戶可完成通關手續。

實踐訓練

項目　辦理無聊的出入庫

【項目內容】
帶領學生參觀某製造企業的倉庫。

【活動目的】
通過對製造企業倉庫的參觀，理解物料出入庫的流程。

【活動要求】
1. 有參觀過程記錄。
2. 每人寫一份參觀學習提綱。
3. 保留參觀主要環節和內容的詳細圖片、文字記錄。
4. 分析企業的物料出入流程和規定。
5. 每人寫一份參觀活動總結。

【活動成果】
參觀過程記錄、活動總結。

模塊十一
生產現場管理

【學習目標】

1. 說出生產現場管理的主要內容與目標。
2. 說出生產現場管理的常用方法。
3. 說出定制管理、目視管理和5S活動的意義、內容與實施步驟。

【技能目標】

1. 運用所學知識分析評價生產現場管理水平。
2. 根據生產現場特點科學開展目視管理、定制管理。
3. 組織開展生產現場的5S活動。

【相關術語】

生產現場（producing spot）
定制管理（fixed location management）
現場管理（bottom-round management）
5S管理（5S management）

【案例導入】

某項目經理部為了創建文明施工現場，對現場管理進行了科學規劃。該規劃明確提出了現場管理的目的、依據和總體要求，對規範廠容、環境保護和衛生防疫做出了詳細的設計。以施工平面圖為依據，加強場容管理。對各種可能造成污染的問題，均有防範措施。衛生防疫設施齊全。

思考題：

(1) 在進行現場管理規劃交底時，有人說，現場管理只是項目經理部內部的事。這種說法顯然是錯誤的。請你提出兩點理由。
(2) 施工現場管理和規範場容的最主要依據是什麼？
(3) 施工現場入口處設立的「五牌」和「兩圖」指的是什麼？
(4) 施工現場可能產生的污水有哪些？怎樣處理？
(5) 現場管理對醫務方面的要求是什麼？

任務一　生產現場目視管理

一、背景

在日常活動中，我們是通過「五感」（視覺、嗅覺、聽覺、味覺、觸覺）來感知事務的。其中最常用的是「視覺」。根據統計，人的行動有60%是從「視覺」的感知開始的。而從「視覺」所獲取的信息更高達80%。因此，在企業管理中，各種管理狀態、管理方法應清楚明瞭，即一目了然，從而容易明白、易於遵守，讓員工完全自主地理解、接受、執行各項工作。這將給工作帶來極大的好處。

二、基本內容

（一）什麼是目視管理

目視管理是利用形象直觀而又色彩適宜的各種視覺感知信息來組織現場生產活動，從而提高勞動生產率的一種管理手段。它以公開化和視覺顯示為特徵，也叫可視化管理。

（二）目視管理的目的

目視管理的目的是以視覺信號為基本手段，以公開化為基本原則，盡可能地將管理者的要求和意圖讓大家都看得見，借以推動看得見的管理、自主管理、自我控制。目標管理具有如下三個特點：

（1）視覺化——大家都看得見。

（2）公開化——自主管理，控制。

（3）普通化——員工、領導、同事相互交流。

（三）目視管理的原則

（1）激勵原則。目視管理要起到對員工的激勵作用，要對生產改善起到推動作用。

（2）標準化原則。目視管理的工具與色彩使用要規範化與標準化，要統一各種可視化的管理工具，便於理解與記憶。

（3）群眾性原則。目視管理讓「管理看得見」。因此目視管理的群眾性體現在兩個方面：一是要得到群眾的理解與支持，二是要讓群眾參與與支持。

（4）實用性原則。目視管理必須講究實用，切忌形式主義，要真正起到現場管理的作用。

（四）目視管理的優點

（1）目視管理形象直觀，有利於提高工作效率。

現場管理人員組織指揮生產，其實質是在發布各種信息。操作工人在接收信息後有秩序地進行生產作業。在機器生產條件下，為了使生產系統高速運轉，信息傳遞和處理要既快又準。如果與每個操作工人有關的信息都要由管理人員直接傳達，那麼不難想像，擁有成百上千工人的生產現場，將要配備多少管理人員。

目視管理為解決這個問題找到了捷徑。它告訴我們，迄今為止，操作工人接受信息最常用的感覺器官是眼、耳和神經末梢，其中又以視覺最為普遍。

可以發出視覺信號的手段有儀器、電視、信號燈、標誌牌、圖表等。其特點是形象直觀，容易認讀和識別，簡單方便。在有條件的崗位，充分利用視覺信號顯示手段，可以迅速而準確地傳遞信息，不需要管理人員現場指揮即可有效地組織生產。

（2）目視管理透明度高，便於現場人員互相監督，發揮激勵作用。

實行目視管理，對生產作業的各種要求可以做到公開化。幹什麼、怎樣幹、幹多少、什麼時間幹、在何處幹等問題一目了然。這就有利於人們默契配合、互相監督，使違反勞動紀律的現象不容易隱藏。

例如，根據不同車間和工種的特點，規定穿戴不同的工作服和工作帽，很容易使那些擅離職守、串崗聊天的人處於眾目睽睽之下，促使其加強自我約束，逐漸養成良好習慣。又如，有些地方對企業實行了掛牌制度，單位經過考核，按優秀、良好、較差、劣四個等級掛上不同顏色的標誌牌；個人經過考核，有序與合格者佩戴不同顏色的臂章，不合格者無標誌。這樣，目視管理就能起到鼓勵先進、鞭策後進的激勵作用。

總之，大機器生產既要求有嚴格的管理，又需要培養人們自主管理、自我控制的能力。目視管理為此提供了有效的具體方式。

（3）目視管理有利於產生良好的生理和心理效應。

對於改善生產條件和環境，人們往往比較注意從物質技術方面著手，而忽視現場人員生理、心理和社會特點。例如，控制機器設備和生產流程的儀器、儀表必須配齊。這是加強現場管理不可缺少的物質條件。

不過，哪種形狀的刻度表容易認讀？數字和字母的線條粗細的比例多少才最好？白底黑字是否優於黑底白字等。人們對此一般考慮不多。然而這些卻是降低誤讀率、減少事故所必須認真考慮的生理和心理需要。又如，誰都承認車間環境必須乾淨整潔。但是，不同車間（如機加工車間和熱處理車間）的牆壁是否應「四白落地」，還是採用不同的顏色？什麼顏色最適宜？諸如此類的色彩問題也同人們的生理、心理和社會特徵有關。

目視管理的長處就在於，它十分重視綜合運用管理學、生理學、心理學和社會學等多學科的研究成果，能夠比較科學地改善同現場人員視覺感知有關的各種環境因素，使之既符合現代技術要求，又適應人們的生理和心理特點。這樣，就會產生良好的生理和心理效應，調動並保護工人的生產積極性。

（五）目視管理的常用方法

（1）定位法。將需要的東西放在固定的位置。位置的四個角可以用定位線標示出來，如圖 11-1 所示。

圖 11-1　定位法示例

（2）表示法。將場所、物品等用醒目的字體標示出來，如圖 11-2 所示。

圖 11-2　表示法示例

（3）分區法。採用畫線的方式表示不同性質的區域。例如：各種工作區域的劃分，如圖 11-3 所示。

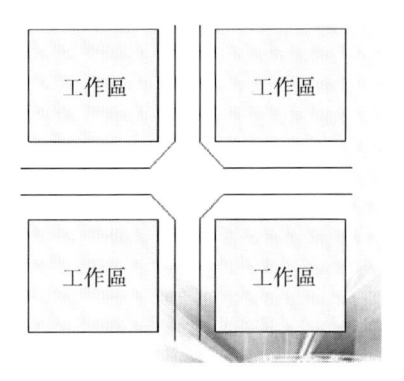

圖 11-3　分區法示例

（4）圖形法。用大眾都能識別的圖形表示公共設施，如圖 11-4 所示。

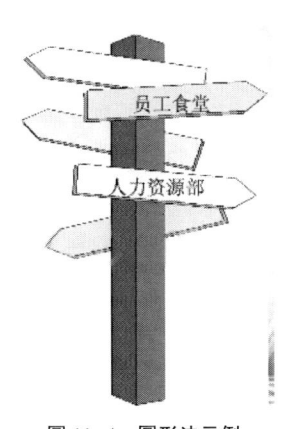

圖 11-4　圖形法示例

（5）顏色法。用不同的顏色表示差異。例如：工作顯示燈，如圖 11-5 所示。

圖 11-5　顏色法示例

（6）方向法。此法用於指示行動的方向。例如：車輛行駛路線，如圖 11-6 所示。

圖 11-6　方向法示例

（7）影繪法/痕跡法。將物品的形狀畫在要放的地方。例如：物品定置擺放，如圖 11-7 所示。

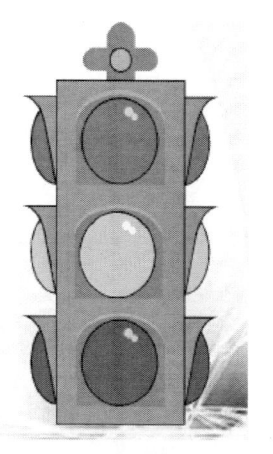

圖 11-7　影繪法/痕跡法示例

（8）透明法。內在物品要開放，以便讓其他人瞭解其中的東西。例如：各種設備油面、液面標註等，如圖 11-8 所示。

圖 11-8　透明法示例

（9）監察法。能隨時注意事務的動向。例如，員工工作去向表、設備工作狀態，如圖 11-9 所示。

圖 11-9　監察法示例

（10）公告法。以公告牌的形式通知有關人員。例如：公告板、管理目視板等，如圖 11-10 所示。

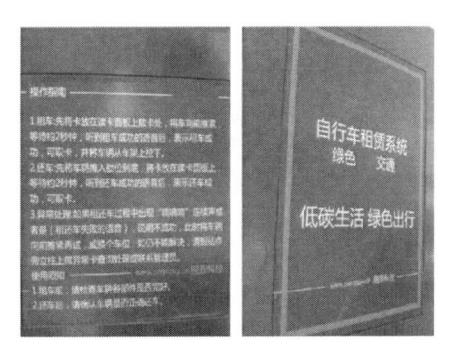

圖 11-10　公告法示例

（六）目視管理的主要工具

目視管理需要借助一定的工具，按照這些工具的不同，目視管理可劃分為：

（1）紅牌。紅牌用於 5S 活動中的整理階段，用來區分日常生產活動中非需要品。

（2）看板。在生產現場，看板是用來表示使用物品、放置場所等基本狀況的告示板。將具體位置在哪裡、做什麼、數量多少、誰負責等重要事項記入，讓人一看就清楚。

（3）信號燈。信號燈用於提示生產現場的操作者、管理者，生產設備是否在正常開動或作業，發生了什麼異常狀況。

（4）操作流程圖。操作流程圖是描述生產中重點工序、作業順序的簡要說明書，用於指導工人生產作業。

（5）反面教材。將它和實物、帕累托圖結合使用，讓生產現場的每個人瞭解不良現象和后果。一般將它放在顯著的位置，讓人們一眼就可以看到。

（6）提醒板。健忘是人們的大忌。但有時又難以杜絕，借助提醒板這種自主管理的方法來減少遺忘或遺漏。

（7）區域線。在生產現場，對原材料、半成品、成品、通道等區域用醒目的線條

區分割出，以保持生產現場的良好生產秩序。

（8）警示線。在倉庫或生產現場或放置物品的現場，警示線用於表示最大或最小的在庫量。

（9）生產管理板。用於表示生產現場中流水線設備的生產狀況，可記載生產實績、設備的開動率、異常原因等。

任務二　生產現場定置管理

一、背景

勞動場所經常會出現：找一件東西，不大清楚它放在何處？要花較長時間才找到它。如果每天都被這些小事纏繞，那麼你的工作情緒就會受到影響，工作效率會大大降低。解決上述「症狀」的良方是在車間推行「定置管理」。

二、基本內容

（一）什麼是定置管理

對於物品的存放，我們通常採用「定置管理」。定置管理是根據物流運動的規律性，按照人的生理、心理、效率、安全的需求，科學地確定物品在工作場所的位置，實現人與物的最佳結合的管理方法。

（二）定置管理的基本原理

1. 物品的定置與放置的區別

定置管理的範圍是對生產現場物品的定置過程進行設計、組織、實施、調整，並使生產和工作的現場管理達到科學化、規範化、標準化的全過程。物品的定置與放置不同，如圖11-11所示：

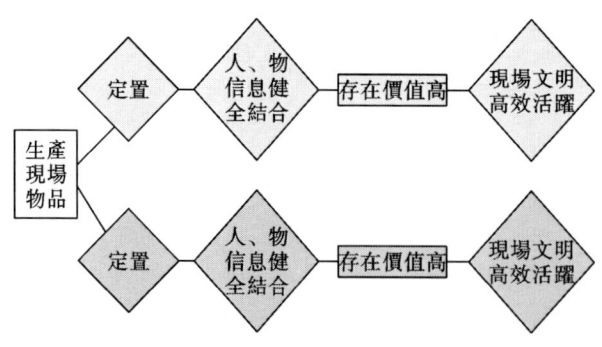

圖11-11　物品的定置與放置比較圖

2. 定置管理內容及類型

定置管理內容及類型如圖11-12所示：

模塊十一　生產現場管理

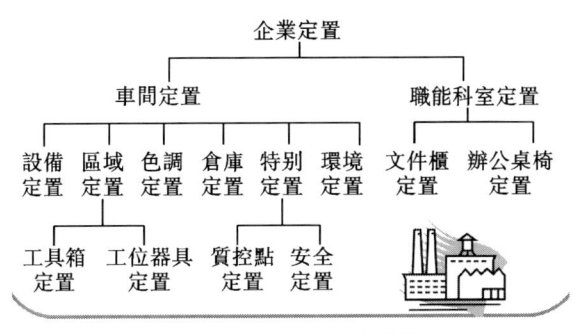

```
                        企業定置
              ┌────────────┴────────────┐
           車間定置                   職能科室定置
   ┌────┬────┬────┬────┬────┐      ┌────┴────┐
  設備  區域  色調  倉庫  特別  環境   文件櫃   辦公桌椅
  定置  定置  定置  定置  定置  定置   定置     定置
         ┌────┬────┬────┐
        工具箱 工位器具 質控點 安全
        定置   定置    定置   定置
```

圖 11-12　定置管理內容及類型

3. 人、物、場所的獨立級結合狀態

人、物、場所的獨立級結合狀態如圖 11-13 所示：

要素	A狀態	B狀態	C狀態
場所	指良好的作業環境。如場所中工作面積、通道、加工方法、通風設施、安全設施、環境保護（包括溫度、光照、噪聲、粉塵、人的密度等）都應符合規定。	指需不斷改進的作業環境。如場所環境只能滿足生產需要而不能滿足人的生理需要，或相反。故應改進，以既滿足生產需要，又滿足人的生理需要。	指應消除或徹底改進的環境。如場所環境既不能滿足生產需要，又不能滿足人的生理需要。
人	指勞動者本身的心理、生理、情緒均處在高昂、充沛、旺盛的狀態；技術水平熟練，能高質量地連續作業。	指需要改進的狀態，人的心理、生理、情緒、技術四要素，部份出現了被動和低潮狀態。	指不允許出現的狀態，人的四要素均處於低潮，或某些要素如身體、技術居於極低潮等。
物	指正在被使用的狀態。如正在使用的設備、工具、加工件，以及妥善、規範放置，處於隨時和隨手可取、可用狀態的坯料、零件、工具等。	指尋找狀態。如現場混亂，庫房不整，需用的東西要浪費時間逐一去找的零件與工具等物品的狀態。	指與生產和工作無關，但處於生產現場的物品狀態，需要清理，即應放棄的狀態。
人、物、場所的結合	三要素均處於良好與和諧的、緊密結合的，有利於連續作業的狀態，即良好狀態。	三要素在配置上、結合程度上還有待進一步改進，還未能充分發揮各要素的潛力，或者部份要素處於不良好狀態等，也稱為需改進狀態。	指要取消或徹底改造的狀態。如凡嚴重影響作業，妨礙作業，不利於現場生產與管理的狀態。

圖 11-13　人、物、場所的獨立級結合狀態

定置管理的核心就是盡可能減少和不斷清除 C 狀態，改進 B 狀態，保持 A 狀態，同時還要逐步提高和完善 A 狀態。

4. 人與物的結合方式

在工廠生產活動中，最主要的要素是人、物、場所和信息。其中最基本的是人與物的因素。在生產場所中，所有物品都是為了滿足人的需要而存在的，因而必須使物品以一定的形式與人結合。其結合方式有兩種：

（1）直接結合。即人所需要的物品（通常指隨身攜帶或放在身邊唾手可得之物）能立即拿到手的結合。這種結合不需要尋找，不需要因尋找物品而造成工時消耗。這是人所追求的理想結合。

（2）間接結合。即人和物處於分離狀態，必須依靠信息的作用才能結合。通常處於間接結合狀態的物品，是人在生產現場看不到摸不著的。如存放在倉庫的毛刷，它

放在何處？是何物？若無確切的信息，毛刷是找不到的，當然也就不可能實現結合。

5. 定置的兩種基本形式

（1）固定位置。

固定位置即場所的固定、物品存放位置固定、物品的信息媒介物固定。固定位置適用於那些在物流系統中週期性地迴歸原地，在下一生產活動中重複使用的物品。

（2）自由位置。

自由位置是指相對地固定一個存放物品的區域。自由位置適用於物流系統中那些不迴歸、不重複使用的物品。

（三）定置管理開展程序

定置管理開展程序如圖11-14所示。企業可按自己的實際情況進行調整制定。

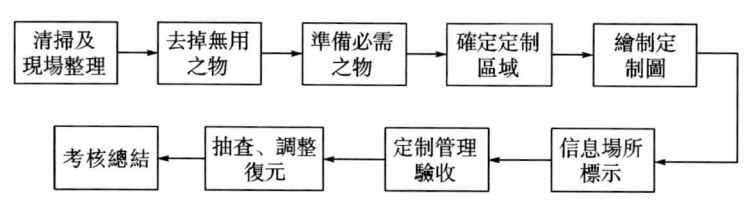

清掃及現場整理 → 去掉無用之物 → 準備必需之物 → 確定定制區域 → 繪制定制圖

考核總結 ← 抽查、調整復元 ← 定制管理驗收 ← 信息場所標示

圖11-14　定置管理開展程序

（四）定置管理的實施

1. 制定定置管理標準

（1）定置管理標準制定的目的。

①使定置管理標準化、規範化和秩序化。

②使定置工作步調一致，有利於企業統一管理。

③使定置管理工作檢查有方法、考核有標準、獎罰有依據，能長期有效地堅持下去。

④培養員工良好的文明生產和文明操作習慣。

（2）定置管理標準的主要內容。

①定置物品的分類規定。企業從自己的實際出發，將生產現場的物品分為A，B，C三類，以使人們直觀而形象地理解人與物的結合關係，從而明確定置的方向。

②定置管理信息名牌規定。信息名牌是放置在定置現場，表示定置物所處狀態、定置類型、定置區域的標示牌。它應由企業統一規定尺寸、形狀和製作，以做到標準化。但要注意檢查現場的定置區域是否含有製造的區域，其劃分和信息符合應統一規定。

檢查現場區域一般分為五個區域：

①成品、半成品待檢區。

②返修品區。

③待處理品區。

④廢品區。

⑤成品、半成品合格區。

【案例】11-1 小小定置圖 換優質環境

為了貫徹 ISO14000 的精神，使車間環境有所改善，做到統一、規範、整潔，二廠衝壓車間工藝員王培富同志在賀毛新經理的倡議和各工段的配合下，設計製作出了一套車間定置管理示意圖。經過了一個多月的仔細勘查、嚴謹製作，再經過反覆核實修改，終於將各工段內如何定置擺放何種器具，都用不同顏色的小圖標表示出來，進而組成了一幅全車間的定置管理圖。

定置管理圖的實施，使車間面貌變得整齊、有序、乾淨了許多。以前，每個工段都有一些不用或者亂七八糟的箱子和櫃子，由於不經常使用，造成了周邊環境不整潔，衛生死角很多。通過這次定置管理的實施，明確標明了應該放哪些東西，不應該放哪些東西，把以前一些不常用的箱子和櫃子一一清理掉。

比如，以前每個工段都有放頂篷的箱子。職工們都把頂篷放在專門放頂篷的小車上，要用時，就把載有頂篷的小車推出去就可以了。而箱子裡的頂篷不經常使用。由於定置管理措施的出抬，這些頂篷箱子沒有了藏身之處，終於從一線退了下來。

通過這次定置管理的實施，也進一步明確了各工段的管理範圍，各司其職，使以前一些含糊不清的區域找到了「主人」。如三線一號機前的一塊堆料區，以前是落料工段和三線所在工段都在進行管理，「權利和義務」比較模糊，經過激烈的討論，終於明確責任，決定這塊區域為落料工段管理。

（五）定置檢查與考核

定置管理的一條重要原則就是持之以恒。只有這樣，才能鞏固定置成果，並使之不斷發展。因此，必須建立定置管理的檢查、考核制度，制定檢查與考核辦法，並按標準進行獎罰，以實現定置長期化、制度化和標準化。

定置管理的檢查與考核一般分為兩種情況：

一是定置后的驗收檢查，檢查不合格的不予通過，必須重新定置，直到合格為止。

二是定期對定置管理進行檢查與考核。這是要長期進行的工作，比定置后的驗收檢查工作更為複雜，更為重要。

定置考核的基本指標是定置率。它表明生產現場中必須定置的物品已經實現定置的程度。

其計算公式是：定置率＝實際定置的物品個數（種數）/定置圖規定的定置物品個數（種數）×100%。

檢查的要求：

（1）工作場所的定置要求。首先要制定標準比例的定置圖。生產場地、通道、檢查區、物品存放區，都要進行規劃和顯示。明確各區域的管理責任人。零件、半成品、設備、垃圾箱、消防設施、易燃易爆的危險品等均用鮮明直觀的色彩或信息牌顯示出來。凡與定置圖要求不符的現場物品，一律清理撤除。

（2）生產現場各工序、工位、機臺的定置要求。首先，必須要有各工序、工位、機臺的定置圖。要有相應的圖紙文件架、櫃等資料文件的定置硬件。工具、夾具、量具、儀表、機器設備在工序、工位、機臺上停放應有明確的定置要求。材料、半成品及各種用具在工序、工位擺放的數量、方式也應有明確的定置要求。附件箱、零件貨架的編號必須同零件帳、卡、目錄一致。

(3) 檢查現場的定置要求。首先，要檢查現場的定置圖，並對檢查現場劃分不同的區域，以不同顏色加以標誌區分。待檢查區用白色標誌，合格品區用綠色標誌，返修品區用紅色標誌，待處理區用黃色標誌，廢品區用黑色標誌。

以下的順口溜可用來概括熟記：

- 綠色行，
- 紅色停，
- 白色沒檢查，
- 黃色等判定，
- 黑色全是報廢品

【案例】11-2　定置管理法在煤礦企業的安全方面應用

對於一個煤礦企業來說，綜合機械化回採工作面（以下簡稱綜採工作面）的安裝和撤除是為保證礦井正常生產而隨時都要進行的作業過程。這項工作如果做不好，會造成礦井不能正常接續生產，甚至會導致作業人員和生產設備重大傷亡損毀。

山東濟寧二號煤礦綜機服務中心就是這樣一個專門負責綜採工作面安裝和撤除作業的高危區隊。近年來，綜機服務中心圍繞綜採工作面人和物兩個方面，摸索出了一套綜採工作面安裝和撤除中成功運用的精細化、標準化、程序化安全管理體系——安全定置管理法。

安全定置管理是以優化綜採工作面安裝和撤除現場為研究對象，使人、物、場所處於最佳結合狀態，從而建立起「人—機—環境和諧、協調、配套的運轉體系」。該管理法不僅能最大限度地減少物的不安全狀態，提高礦井本質安全化水平，而且能消除人的各種不安全行為，保證礦井安全生產。

一、8項管理方法確保礦井安全生產

具體方法是根據綜採工作面的安裝和撤除條件，對人和物兩個方面進行安全定置管理，以現場作業人員的定置作為核心內容。對人採取安全思想定位和「定片、定人、定崗、定責、定量、定時」的「六定」管理；對物採取「定位、定量、定標、定期、定人」的「五定」管理；對危險源和安全隱患採取「定人、定標、定時、定查和定措施」的「五定」管理。以圖、表、牌、板、欄和線等進行標示和管理控制，應用點檢卡、命令牌等鏈式閉環連鎖制度進行安全確認，最終形成精細化、標準化、程序化的安全管理體系。

1. 安全思想定位

全區職工深刻認識到安全生產永無止境，堅定「事故可防、可治、可以避免」的信心，把落實安全當成自己的神聖職責與使命，始終把安全工作放到「先於一切、高於一切、重於一切，沒有安全就沒有一切」的位置。堅定信心，嚴格按照「準軍事化、精細化、內部市場化、企業文化」的「四化」管理要求，加強「每日一題、每週一課、每旬一案、每月一考、每季一評」的「五個一」教育，立足「超前思維、超前管理、超前落實」的「三超前」，強化安全責任落實。

2. 設計定置圖

定置圖是對生產現場所在的人和物進行定置，並通過調整來改善場所中人與物、

人與場所、物與場所相互關係的綜合反應圖。採用的種類有：區域範圍定置圖、各作業區定置圖和崗位（地點）定置圖。它是作業流程、措施的一項內容，應對其進行編製，並對新辨識的定置內容及時補充。同時，若在各定置點或定置區主要位置懸掛標示標誌，其內容與設計定置圖一致。

3. 物的「五定」管理

物的「定位、定量、定標、定期、定人」——「五定」管理，是指按照設計定置圖的要求，將生產現場所有設備、器材和工具等物品進行分類、搬、轉、調整並予定位。確定出放置位置和適當數量，制定放置的安全管理標準、制度和放置期限，並確定負責管理的責任人員，同時由專人按照制度標準定期或不定期檢查確認，並做到掛牌標示，現場公示。

4. 人的「六定」管理

具體人的「定片、定人、定崗、定責、定量、定時」——「六定」管理，是指將作業現場管理範圍劃分為相對獨立的作業片區。各個片區根據作業崗位定置出作業人員，使每個作業人員明確崗位責任制度，限定各個工作人員和崗點的工作量，並規定各個時間段人員和崗點的流動變化情況，同時建立和完善現場作業安全保護區和人員休息安全區。

5. 危險源的「五定」管理

危險源和安全隱患的「定人、定標、定時、定查和定措施」——「五定」管理，是指對危險源確定高素質的辨識人員，確定具體的控制標準，確定恰當的控制時間，確定具體的安全檢查確認人員，確定防止發生事故的具體措施。對於檢查發現的生產隱患，應及時確定整改責任人、整改標準、整改完成時間、復查確認人和防止重複出現的具體措施。

6. 標示和控制

安全定置管理採取圖、表、牌、板、欄、線等方法進行標示和控制。各類定置標示以礦用安全文化標示為參照，規定分類顏色標準。

安全定置管理圖包括設計定置圖和現場懸掛標示的實際定置圖。針對實際情況，一般使用安全定置管理圖較多。綜採工作面安裝和撤除使用人員安全定置圖要有人員定置管理圖和重點區域人員定置管理圖等。

安全定置管理表在綜採工作面安裝和撤除中使用，包括工作量定量安排表、安全檢查定性表、勞動組織工作定員表和崗位人員分工定位表等。

安全定置管理牌是指示定置物所處狀態、標誌區域、定置類型的標誌，是實現目視管理的手段。綜採工作面安裝和撤除常使用的有區域範圍安全定置管理牌、崗位（地點）人員安全定置管理牌、定人檢查簽字牌和警示牌等。

板即記錄崗位人員或現場設備定置情況的牌板，有現場「五位一體」安全確認牌板、斜巷運輸管理牌板和示板圖等。

欄即安全隔離護欄（網），對人和物起安全定置管理保護作用，在現場有效發揮作業安全保護區和人員休息安全區的安全定置作用。

線即定置崗位人員的各種警戒繩、帶等。在綜採工作面安裝和撤除中通過懸掛警戒繩、警戒帶和警戒牌，定置安全區域、地點，實現警戒隔離和相對安全定位。

7. 連鎖制

為保證安全定置管理的實效性，採取鏈式閉環連鎖制度，形成縱橫交錯、全覆蓋無縫隙的確認體系。即每項安全定置管理措施都由實施和監督落實兩部分完成，兩者之間要設計成連鎖關係。如實施崗位人員分工定位表的連鎖制度，即先由安全工長負責填寫當班人員分工定位，值班員進行確認簽字后，交由當班跟班員到現場對安全定置管理落實情況進行確認，符合要求時由跟班員在表上簽字並發布開工命令，將「發令牌」交給安全工長，同時，安全工長將「受令牌」交給跟班員。下班后，兩牌各歸原處，跟班員將崗位人員分工定位表交給值班員，完成整個定置鏈式閉環連鎖過程。

8. 點檢卡

將安全定置管理重要內容列成提綱式要領並編製成卡片，由定置崗位人員負責在現場逐項檢查劃號，確認完好后簽字並將卡片交由片區安全負責人確認簽字，雙方確認完成后方可開始工作。點檢卡由定置崗位人員收好，班后交區隊存檔。它是定置管理表和鏈式閉環連鎖制度的綜合運用。目前，區隊共建有作業現場點檢卡、絞車工點檢卡、信號把鉤工點檢卡和電工點檢卡等13種，實現了每個崗位、每道工序都通過點檢卡檢查確認后才開工生產。

二、安全定置管理法應用效果立顯

推行綜採工作面安裝和撤除安全定置管理法后，有力地提高了區隊職工的安全工作質量、現場安全管理水平。

該礦63下07綜放工作面切眼最大傾角23°長182米，運順最大傾角10°30′長860米，外部63下06軌順最大傾角12°長1,550米。區隊負責沿途18部絞車的運輸，這是礦井安裝難度很大的工作面。通過應用安全定置管理法，63下07綜放工作面採取圖、表、牌、板、欄、線、連鎖制和點檢卡等方法，設計設備、運輸系統及供電系統定置管理圖，實現了對物的「五定」管理。設計綜放工作面安裝人員定置、重點區域人員定置管理圖，實現了對28個崗位具體人的「六定」管理，取得了理想的安全效果，減少了安裝和撤除作業中的險肇事故。

該礦33下04工作面位於三採區中部，是三採區的最后一個工作面。工作面長179.67米，推進長度1,672米，切眼配置12架ZTF-6500/19/32型端頭支架、110架ZFS-7200/18/35型支架、1部SGZ-960/800型前部運輸機、1部SGZ-900/750H型后部運輸機。兩巷與採空區預留煤柱高3.5米。由於屬於孤島開採工作面，該撤除工作面沒有設計兩端頭絞車硐室。這就造成撤除空間極為狹窄。而且切眼與軌順存在落差1.8米，形成10°坡度。再加上區隊有2年多沒有進行回撤，職工有2/3沒有從事過回撤工作。這就給安全管理帶來很大難度。區隊通過應用安全定置管理法，突出對24個崗位具體人的「六定」管理、危險源和安全隱患的「五定」處理，確保了整個工作面回撤時的安全。

這些情況說明，在複雜條件下運用綜採工作面安裝和撤除安全定置管理法是一種成功的探索。

通過不斷創新和落實安全定置管理的措施，全區上下努力抓好生產源頭和過程安全控制。這提高了職工隊伍整體素質和區隊安全管理水平，為礦井綜採工作面安裝和撤除工作的安全生產提供有力的保證。目前，區隊在礦井不斷開拓延伸、綜採設

備不斷更新、生產技術不斷改進、綜採工作面開採條件越來越複雜、回採速度越來越快、工作面接續緊張、安裝和撤除頻繁且時間緊等情況下，不僅保證了礦井正常生產接續，而且順利實現了 2 年無任何生產安全事故。特別是近期安裝和撤除 5 個工作面，更是杜絕了輕微傷、嚴重「三違」和重大安全隱患，實現了安全生產。

任務三　生產現場 5S 活動

一、背景

5S 起源於日本，是指在生產現場中對人員、機器、材料、方法等生產要素進行有效的管理。這是日本企業獨特的一種管理辦法。1955 年，日本的 5S 的宣傳口號為「安全始於整理，終於整理整頓」。當時只推行了前兩個 S，其目的僅是確保作業空間和安全。到了 1986 年，日本的 5S 的著作逐漸問世，從而對整個現場管理模式起到了衝擊的作用，並由此掀起了 5S 的熱潮。

二、基本內容

（一）什麼是 5S

5S 管理的思路非常簡單。它針對企業中每位員工的日常行為提出要求，倡導從小事做起，力求使每位員工都養成事事「講究」的習慣，從而達到提高整體工作質量的目的。

「5S」是整理（Seiri）、整頓（Seiton）、清掃（Seiso）、清潔（Seiketsu）和素養（Shitsuke）這 5 個詞的縮寫。因為這 5 個詞在日語中羅馬拼音的第一個字母都是「S」，所以簡稱 5S。以整理、整頓、清掃、清潔、素養為內容的活動，稱為 5S 活動。如圖 11-15、圖 11-16、圖 11-17 所示。

圖 11-15　5S 組成部分一

圖 11-16　5S 組成部分二

圖 11-17　5S 組成部分三

(二) 5S 的定義與目的

1. 1S——整理

定義：區分要與不要的東西。職場除了要用的東西以外，一切都不放置。一個概略的判定原則，可將未來 30 天內，用不著的任何東西都可移出現場。該階段的關鍵道具是「紅單運動」。

目的：將空間騰出來活用。

2. 2S——整頓

定義：要的東西依規定定位、規定方法擺放整齊，明確數量，明確標示，即實現「三定」——定名、定量、定位。

目的：不浪費時間找東西。

3. 3S——清掃

定義：清除職場內的髒污，並防止污染的發生。

目的：消除髒污，保持職場乾乾淨淨、明明亮亮。

4. 4S——清潔

定義：將上面 3S 實施的做法制度化，規範化，維持其成果。

目的：通過制度化來維持成果。

5. 5S——素養

定義：培養文明禮貌習慣，按規定行事，養成良好的工作習慣。

目的：提升人的品質，使員工成為對任何工作都講究認真的人。

5S 之間的關係如圖 11-18 所示。

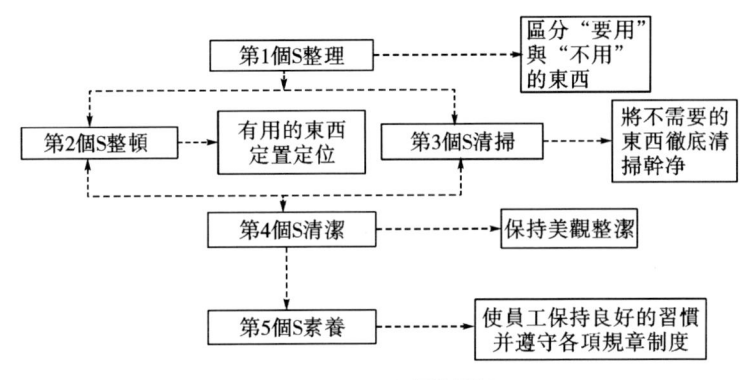

圖 11-18　5S 之間的關係

（三）推行步驟

企業開展 5S 活動，應該根據自身實際情況，制訂切實可行的實施計劃，分階段推行展開。一般步驟如下：

（1）建立組織、明確責任範圍；

（2）制定方針與目標；

（3）制訂計劃及實施方案；

（4）宣傳與培訓；

（5）活動實施；

（6）督導、診斷與檢查；

（7）評價活動；

（8）不斷改善活動效果；

（9）5S 是一項長期的活動，只有持續的推行才能真正發揮 5S 的效力。各部門應每週、每月對發現的問題進行匯總，使各部門限期整改項目。

【案例】11-3　華洋公司：從一只工具箱開始

在工作中，我們往往會被這樣的問題困擾：我們在生產現場打開一只工具箱，發現工具箱裡除了工具之外，還有雨傘、茶杯、鞋子、報紙等雜物，甚至它們掩蓋了工具。有時我們費了好大工夫才找到了急需的工具，卻發現它已破損不能使用，只有停下手中的活向別的崗位去借，多費了時間也耽誤了生產……

這些問題的存在，使得我們的工作效率大大降低，白白浪費了寶貴的時間和金錢，甚至可能威脅到我們的安全生產。

要解決這些問題，加強現場管理顯得尤為重要。華洋公司生產系統從建廠初期便開展了 5S 管理活動，經過 3 年多的運行已進入了正常的軌道。通過有效的推行和積極的實施，取到了良好的效果。

一、從 5S 的基本——「整理、整頓、清掃、清潔、素養」出發，培養員工的現場管理意識。通過現場區塊的劃定以及區塊功能的確定，確定了車間的物流走向和靜態物體的擺放，從根本上杜絕了混亂場面的現象。

二、不斷強化 5S 管理意識，養成良好的行為習慣，促進素養的逐步提升。我們在進行 5S 管理過程中也碰到現狀水平的波動起伏甚至下降。在摸索過程中，我們將職責分解到班組，以班組為單位，定期開展「5S」工作，並形成記錄，通過小團體對現有狀況的自我分析、自我解決，達到了強化的目的。通過活動的開展，發揮員工的主觀能動性，在培養習慣的同時提升了素養。

三、循環提升基本要求，良性提高素養及管理水平。對於現場管理中不斷出現的新問題，運用 5S 進行簡單管理也是不可取的。新問題錯綜複雜，要求我們的組織以及組織中的每個人都必須具有對問題更全面的分析以及解決的能力。我們在現場管理工作中，實行對 5S 小組活動記錄進行定期查看，通過查看、瞭解以及和員工的充分溝通，對當前的工作進行指導。定期將活動情況上報給上級主管，結合上級主管給予的意見和建議，調整當前的工作方式，改進工作方法，提高工作能力，從而實現全面提高。

【案例】11-4　家具公司 5S 現場管理案例分析

5S 管理作為企業提升整體管理水平的基礎性管理方法，主要是對企業生產現場中人、物的管理方法等進行調整，以便發揮其應用的最大效能，為企業提高管理水平創造條件。

一、家具公司現場管理存在的問題

某家具公司是一家擁有 200 多名員工的中小型家具企業。雖然生產設備比較先進，但是在生產現場仍然存在著以下一系列不良現象：①廠房設施與現在的生產能力不相適應。在興建之初，廠房的原設計生產能力為 1,000 萬，現在的生產量卻為 4,000 萬。這使很多產成品堆積在組裝車間，不能及時入庫，給產品的品質造成一定的影響。②通道不暢。通道不暢是許多工廠的通病，會使生產作業發生停滯現象，降低生產效率。③電線亂拉、物品擺放混亂。④邊角余料處理不及時，木屑刨花堆積。在生產過程中，沒有對邊角余料進行篩選，以待利用。⑤木材倉庫管理不完善。該企業對木材倉庫的管理很不完善，比較粗放。特別對原木材疏於管理，隨用隨拿，木材余料堆積混亂，數量不清。

二、實施 5S 管理的方案

為使公司的基礎管理工作更加完善，公司引進 5S 管理制度，旨在通過 5S 管理來提升企業的整體形象，提高員工素質和產品的品質。該公司從 2005 年 2 月起開始實施 5S 管理，根據國內外許多企業 5S 管理實施的成功經驗，家具公司實施 5S 管理通過 4 個層面的 4 個步驟來進行。這 4 個步驟是：高層領導統領階段、5S 實施策劃階段、教育培訓階段、5S 實施與提高階段。

1. 高層領導統領階段

企業高層對 5S 的信念和實施的決心是 5S 成功實施的前提和基礎，管理者的意識在推行 5S 活動中占主導地位。公司高層管理者在整個策劃當中一直全力支持 5S 實施，統一全體員工的思想，特別是管理層的思想，並將 5S 活動宣布為本年度重要的經營活動，並列入 2005 年度企業工作計劃當中。

2. 5S 實施策劃階段

在本階段，企業成立了 5S 管理推行委員會，制定 5S 實施的方針和各階段目標，策劃 5S 實施的具體行動計劃。

第一步：建立了 5S 推行委員會。

（1）確定了組織結構。組織結構層次共設立 4 層：推行委員會主任 1 人、副主任 2 人、執行秘書 1 人、執行小組 5 個（技術組、生產組、供應組、售後服務組、質檢組）。各部門部長任執行小組負責人，負責本執行小組的工作。

（2）5S 推行委員會的主要工作：制定 5S 方針和目標，策劃 5S 實施計劃。

（3）5S 實施方針：告別昨天，挑戰自我，規範現場，提升人的品質。

（4）5S 實施目標：有來賓到廠參觀，不必臨時整理現場。制定的方針和目標簡要地描述了 5S 實施的意義和方向。在制定目標的過程中，根據目標管理的 SMART 原則：①目標要明確（Specific）。如設備上無灰塵，即設備得到及時清理，達到表面乾淨狀態。②目標可量化（Measurable）。以數據作為活動的目標，便於量化比較。如管理目標定為，工傷率降低 30%，放置方法 100% 設定等。③目標具有可達性（Attainable）。制定的目標不能盲目求大，由員工自行制定，各部門的主管予以確認。目標制定要多級化。作為基礎比較薄弱的中小型家具企業，若制定「一月之內達到 5S 標準化」的目標，此目標就失去了意義。④目標與組織要結合（Relevant）。要結合產品特點和未來規劃，與組織宗旨相結合，為企業整體水平提高的目標服務。⑤目標要有時限（Timetable）。

第二步：制訂實施計劃。

第三步：策劃 5S 實施的具體行動計劃。

首先，策劃實施方式。考慮到邀請諮詢公司來指導實施比自己實施費用要高，採取自己實施的方式。

其次，策劃實施計劃。先籌劃推行方案，再起草實施計劃，最后制定評價標準和激勵措施。

最后，策劃實施活動。根據本企業實際情況，採用具體的活動配合實施計劃的執行，以提高士氣、增強實施效果。如「5S 活動月」（參觀其他企業 5S 實施成果）、5S 經驗交流及成果發表報告會等。

3. 教育培訓階段

在此階段，採用徵文、海報，舉辦 5S 知識專題講座，並開展適當的活動來宣傳。領導以身作則，公司董事長每月召開一次會議，把 5S 專題加入每月例行的各部門月末總結中；車間主任利用每天早會，強調推動 5S 活動的決心和重要性。另外，公司領導還對員工進行必要的現場指導。

4. 5S 實施與提高階段

該階段分為「5S 實施試點」和「5S 實施推廣」2 個階段。

第一步，推行委員會首先對企業的現場進行了診斷，瞭解本企業現場管理的狀況，

使5S的實施有的放矢，並起到與實施后的成果對比的作用。

之后，公司開始了局部試點的推行工作。樣板區為實木椅區。選定此區域的原因為：本區域設備多，共有8臺；隨時都會產生大量的料頭、灰塵，且灰塵大，實施難度大；近3年來實木椅的獲利水平居公司所有產品的前位；該區域實施難度大，但具有很強的教育意義。

改善的過程：劃分責任區，訂立清理整頓的標準，重點安置立式雙軸銑床的吸塵袋。製作各工位的余料箱，及時清掃場地，定時擦洗窗戶。

經過2周的推行，該區域有了較大的改善：地面、機臺旁乾淨，物品按標準擺放，窗戶明亮。通過設立樣板區域為下一步全面實施5S帶來了良好的開端，堅定了員工改善現場狀況的信心。

第二步：全面實施5S階段。

首先，在各車間劃分責任區域，確定崗位職責，制訂具體實施方案，讓每個員工知道5W2H，即：做什麼（WHAT）、為什麼做（WHY）、在哪做（WHERE）、何時做（WHEN）、誰來做（WHO）、怎麼做（HOW）、做到什麼程度（HOW MUCH）。

其次，訂立5S推行標準。監督方式是員工自檢、互檢與上級巡視、檢查相結合。

「整理、整頓、清掃、清潔」，是基本動作，也是手段。這些活動使員工在無形中養成一種保持整潔的習慣。主管人員不斷地教育部屬，對員工進行5S的意識培訓，使員工5S意識永遠保鮮。

三、5S實施成果

家具公司自實施5S管理以來取得了一定的成果。公司面貌有了明顯的改觀，員工的工作習慣也有了較大的改變，由剛開始對5S的不理解到逐漸認可、配合、支持，改變很大。該公司取得了以下成績：①生產現場狀況得到很大改善；②辦公區域的管理得到改善；③廠區環境徹底得到改變；④建立健全生產作業標準，保證了生產成本的降低；⑤標準化的工作準則，保障了生產的安全運行；⑥在生產過程中，主要控制了等待的浪費、不合格品的浪費、動作的浪費、庫存的浪費4個方面的浪費；⑦為提升員工的品質，注入新的活力；⑧為企業塑造了良好的形象。通過5S管理，培育了團隊精神。員工行為更加規範，企業的知名度和誠信度得以提升。5S所提倡的規範化、制度化、標準化的工作方式，為穩定生產、提高品質打下了堅實的基礎，贏得了顧客的信賴。

通過企業實施5S管理，可以看出，為了提升企業現場管理水平，實施5S是一條重要且有效的途徑。

四、結語

家具公司通過實施現場管理，創造了一個乾淨、清爽的工作環境，培養了全體員工遵守規則的良好工作習慣，提升了企業的形象，從而加強了企業的基礎管理。具體成效如下：

1. 強化基礎管理，實現基礎管理規範化

首先，明確各部門的管理項目，實施績效考核，完善規章制度，促進基礎管理制度化。通過加強人力資源管理，提升員工思想素質；加強設備管理，提高設備利用率，減少設備的浪費；完善定額管理，降低生產成本；加強品質管理，提高產品質量；完善工藝管理規程，加強技術改造。此外，制定標準細則，促進基礎管理標準化。

2. 完善5S管理制度，健全考評機制

考評機制健全與否關係到企業員工的工作積極性，因此，在完善5S管理的基礎上，建立一套現實可行的考評機制，不但有利於激發企業員工的工作熱情，而且也間接地促進了企業績效的提高。

3. 加強團隊文化建設，構建高績效團隊

首先，提升員工個人素質，促進企業核心競爭力形成。培養企業的核心文化，加強企業和環境之間的溝通和交流，從而提高企業的績效。其次，優化團隊的群體素質，為5S管理的順利實施奠定堅實的群眾基礎。

總而言之，實施5S管理是一項長遠的工作。應不斷地對企業的結構進行改善與調整，以發揮企業員工、設備的最大潛能，但同時也應該清醒地認識到，5S管理制度與原有制度的實施結合是一個長期的過程。只有實施得越久，其效能才會越來越大。

【案例】11-5　松下馬達公司推行5S現場管理項目諮詢案例

以前，我從車間巡查回來後總免不了要生氣，卻又沒有可量化的標準對員工進行考核或要求整改；推行5S後，所有生產要素均處於受控狀態，現場管理在一定程度上有所改觀。從車間巡查回來後，我的心情輕鬆了許多……

5S推行感悟

以流水線生產模式組織上億元產值的生產，結果會怎樣？

杭州松下馬達有限公司成立於1994年，主要生產與銷售家電產業馬達及其零部件。公司本著「為人類改善提高而創造，為世界文明進步發展而追求」的經營理念和提高家電產業馬達質量、服務社會的信念在中國開創事業，不斷開發高質量、先進技術、高效率、低噪音、長壽命的新產品。1995年，公司正式投入生產，進行少品種、小量的生產。1999年AR直流無刷馬達投入生產，公司的業務量有了突飛猛進的發展。2001—2003年，AR、室內馬達在市場上需求量上升，2003年，Φ58真空泵、Φ114洗碗機正式投產。2004年1月，公司的銷售額突破億元大關，以後幾個月的銷售還在成倍地上升。生產方式主要是流水線式的，期間公司招募了大量的操作工。因為操作工是非專業人員，因此在安全、品質上出現了問題；不論是管理素質還是人員素質的基礎都比較差。由於公司的發展速度遠遠超過了基礎管理的改善和人員素質的提高速度，因此出現了管理嚴重滯後於公司發展的弊端。各方面的管理都比較混亂，尤其是生產現場的管理。生產現場堆滿了原材輔料、半成品、成品和包裝材料，連走廊裡兩個人對面走過都要側身，根本分不清哪裡是倉庫，哪裡是生產現場。

經常有客戶到公司考察訪問，剛開始客戶對我們的現場狀況不大滿意。他們所看到的現場是混亂、較為臟的現場，以至於懷疑我們生產出來的產品，對我們的產品曾抱著試試的心態。雖然我們的產品在市場上有很大的價格優勢，但是因為客戶的訂單少，公司1994—1998年的產量及銷售額在同行中均處於劣勢。

從1998年開始，公司調整了發展戰略，引進了松下先進的管理模式並結合中國國內的實際情況，從抓產值、抓訂單數量，轉變為抓管理、抓質量、抓效率、抓對客戶的服務。由於公司採取半機械化手工作業，因此不論是職工的素質，還是管理人員的素質都比較差。絕大多數管理人員都是非技術出身的，對工廠的管理都是出於一些本能的感悟，對現代化的管理方法和手段更是知之甚少。在很多方面，我們感覺自己做

得不好。同時，大家都覺得無從下手，怎麼樣做才能做好，心裡都沒有底。只好摸著石頭過河，自己慢慢探索。

與5S結緣，推動良好的工作習慣和現場規範的形成

2003年日本松下株式會社解體，其屬下的員工被分配到其分社公司，總部支配了10余名支援者到馬達公司。這時公司領導在原有的基礎上，從總部重新引進5S現場管理模式，由日方支援者牽頭，對公司現場的狀況進行了深層而又規範的改革；公司領導討論決定成立現場5S小組，該小組專門從事5S的現場管理活動。5S現場改革內容深深地吸引了我，我知道了什麼樣的現場管理才是規範的管理，現場管理的規範化要做哪些工作，走哪些步驟。2004年4月，公司領導及日方支援者參觀了上海美培亞精密機電有限公司，學習了5S的管理方法，對現場的現狀驚訝不已，十分佩服公司的管理、也十分欣賞現場的乾淨、整潔。回來後，我們對上海一行進行總結、對其在管理上的方法進行探討，採納有效的管理方法。同時，我們根據現場情況，成立了以各有關生產現場部門領導幹部為主體的現場自我改善活動委員會，在公司領導的指導下正式將5S活動推向另一個臺階。

5S絕非「大掃除」，要通過相應的管理和考核制度去規範

5S活動剛開始推行時，很多職工：

包括一部分管理幹部，都認為這又是一次大規模的群眾性大掃除運動，只不過大掃除的時間變成4個月了。但隨著5S活動的逐步推行，每個職工都感覺到這次和普通的大掃除有本質的不同。

5S活動要求我們每個生產現場的職工：

在整理階段，如何制定必要物和不必要物的標準，如何將不必要物清理出生產現場並進行相應的處置；

在整頓階段，如何根據3定（定點、定容、定量）和3要素（場所、方法、標示）原則對生產現場的必要物進行規範有效的管理，如何整理工作臺面和辦公桌面，如何對工作場所和必要物進行科學而規範的標示，如何根據直線運動、最短距離、避免交叉的原則重新規劃生產流程；

在清掃階段，如何制定每個區域、每個員工的清掃責任和清掃方法；

在清潔階段，如何科學嚴謹地制定每一個員工的5S職責，保證整理、整頓、清掃的成果與每個現場員工的考核掛勾，以有效確保整理、整頓、清掃的成果；

在素養階段，如何通過一系列的活動，將以上4S的規範變成職工的生產習慣，提高員工和管理者的綜合素質。

更為關鍵的是，在進行整理、整頓、清掃、清潔、素養的每一個階段，諮詢師都幫我們導入了相應的管理和考核制度，確保了制度的長期性和嚴肅性。

通過近半年的5S活動，職工徹底體會到了5S和傳統意義上的大掃除不同，徹底改變了公司生產現場的面貌和職工的精神面貌，使我們的工廠有了較大的變化。

通過5S活動的開展，馬達全體員工的現場規範化管理意識得到了增強。從前，所有管理人員和工人都覺得自己在工廠的現場管理中是一個被管理者，現在大家都認為自己是工作現場的管理者，現場的好壞是自己工作的一部分，並且能做到相互提醒、相互配合、相互促進，因為現場管理的評比結果關係到每個人、每個班組、每個車間的榮譽。高層管理人員完全從現場管理的一些瑣事中解放了出來。過去我們一到生產

現場看到混亂現象要花很多時間和精力去糾正，因為沒有一個統一和規範的管理辦法，下次還要糾正其他人的同樣的問題。現在所有的做法都在制度中有規定，並且這些規定根據生產實踐也在不斷改進、不斷豐富和發展。我們到了生產現場根本用不著去規範現場的管理工作。基層的管理人員會按照有關的責任制度把現場管理好。所有來我們公司參觀訪問的客人，都誇獎公司的現場狀況。特別是以前來過公司訪問的，對公司現在的變化更是大加讚賞。這又增強了我們全體員工的榮譽感和自豪感，有力地促進了我們的現場保持和現場改進工作，形成了良性互動。我們高層的管理人員可以騰出很多時間和精力來思考更多和更高層次的管理問題。實施5S管理，最重要的，也是最難的，是每個人都要和自己頭腦中的習慣勢力做最堅決、最徹底的鬥爭。

通過開展5S活動，我覺得企業必須要有很強的學習能力和對外部知識的整合能力。作為一個企業來說，不一定可以在每個職位上都能找到最好的管理人才，但你可以找到有學習能力和開放心態的管理人才，然後找到一家好的諮詢機構，將他們先進的管理思想整合到自己的企業中來。而且5S活動必須強調全員參與的意識。我們在開展5S活動中，有很多這樣的案例。比如說工人喝水杯的擺放位置，我們先讓工人自己討論是統一位置擺放方便，還是單獨定點擺放方便，然後將形成共識的方法制定成制度，讓大家遵照執行。這樣的制度實際上是工人自己制定的，更有利於長期保持和遵守。作為一個企業的高級管理人員，在提高企業管理水平、提升企業員工素質方面，必須有堅定的意志和堅持不懈的精神，要有在管理上不斷開拓創新的意識。通過規範的、嚴格的管理制度，高級管理人員將管理工作的細節交給基層幹部去執行，以騰出精力來研究新方法，解決新問題，幫助基層幹部協調工作中的難題。只有這樣，各級幹部的素質才會不斷提高、不斷進步，才能保證企業管理的良性發展。

我認為，實施5S管理，最重要的，也是最難的，是每個人都要和自己頭腦中的習慣勢力做最堅決、最徹底的鬥爭。這一點說起來容易，做起來很難。不好的工作習慣，不是一天形成的，也不可能一天改正，必須用「自己革自己的命」的精神來對待變革。只要是有利於提高管理效力的、有利於提高企業素質的方法，但又和自己的習慣做法不同，就要堅定不移地改進自己的思維定勢。只有這樣，高管的管理水平和管理素質才能與時俱進，永遠站在變革的最前列，不被時代所淘汰。

強化5S管理，再創佳績

2003年8月杭州松下馬達（家電）有限公司成立，這標誌著公司在生產及銷售上又將上一個新的臺階。中日雙方制訂了翻3倍的中期計劃，即「2003年1,000萬臺、銷售額5.9億元；2004年2,000萬臺、銷售額13億元；2006年3,000萬臺、銷售額18億元」的目標。產品100%用於出口。本公司成為世界上最大的空調家電馬達製造基地。

我們要在企業中通過開展5S等活動，來強化公司的現場管理及質量管理，全面提高公司內部的各項管理水平和產品質量，提高用戶和社會對企業的滿意度，從而在競爭激烈的馬達市場中穩居同行之首。我們的目標是與時俱進、永續經營。

【案例】11-6　某工廠設備5S管理制度

為了給員工創造一個乾淨、整潔、舒適的工作場所和空間環境，保持設備良好的運行環境，提高設備運轉率。促進公司特有的企業文化氛圍，達到提升員工素養、公

司整體形象和管理水平的目的。特制定本制度。

一、整理

(1) 所有符合工藝設計要求、保證整個生產系統正常運行的設備均為「要」。

(2) 針對現場零部件類，「要」與「不要」的判別標準為：為正常生產運行設備所準備，在運行設備發生故障時能夠進行替換的為「要」。其餘的一律為「不要」。

(3) 工器具：檢修工作所必需的工器具為「要」。其餘的一律為「不要」。

二、整頓

(1) 現場運行設備統一標示。

(2) 現場零部件：長時間不用的「要」的固定資產設備應掛牌標示並存放於指定位置。體積較小、使用頻率高的「要」的零部件應存放於車間庫房或指定位置並分類標示定置。「不要」的零部件應集中歸類並存於指定位置。

(3) 生產現場如需配置檢修工具（如電焊機），需報安環部審核後規定區域定置。

(4) 生產檢修過程中產生的廢舊零部件及下腳料應同「不要」零部件一起集中堆放。

三、清掃

(1) 在清掃現場，將運行設備臟污擦拭乾淨，以恢復設備原有外觀和顏色。

(2) 傳動裝置應保持密封良好，油、水位合適，避免出現滴、漏。如出現滴、漏及時採取措施並對產生的油污及時清理，並和定檢結合起來及時處理。

(3) 對容易出現跑、冒的部位（如窯頭、尾密封、輸送及下料溜子等）要留心觀察，及時清掃並和定檢結合起來及時處理。

(4) 設備、工具、儀器檢修或使用過程中應有防止產生污染的措施，並隨時清理污物。

(5) 整頓後「不要」的以及生產檢修過程中產生的廢舊零部件及下腳料要及時清理。

(6) 生產檢修過程中替換下來的設備，應放置於規定區域並及時報修。

四、清潔

(1) 徹底落實前面的整理、整頓、清掃工作，通過日檢、周檢、月檢等保持整理、整頓、清掃的成果。

(2) 結合設備巡檢標準，按要求、頻次做好設備保養工作，保持設備良好的運行環境。

(3) 各車間制定本車間設備5S管理檢查考核細則，對本車間班組、員工進行考核落實。

(4) 設備部制定公司設備5S管理考核細則，保持5S的活力，並長期保持。

五、素養

所有員工應自覺遵守公司5S管理各項制度等有關規定。車間應加強教育，增強員工責任心，增強員工品質意識，最終達到公司5S管理目標。

本廠5S檢查評分表如表11-1所示：

表 11-1　　　　　　　　　5S 檢查評分表（現場）

10F5

受檢部門：　　　　　　　檢 查 者：　　　　　　　　　　　最總得分

受檢部門負責人簽字：　　　　　　　　　　　　　　　　　　_____分

內容	項次	檢查項目	得分	檢查狀況
整理	1	通道	0	有很多東西 □
			1	雖能通行，但要避開，叉車不能通行 □
			2	擺放的物品超出通道 □
			3	超出通道，但有警示牌 □
			4	很通暢，又整潔 □
	2	工作場所設備、材料	0	一個月以上未用的物品雜亂放著 □
			1	角落放置不必要的東西 □
			2	放半個月以後要用的東西 □
			3	一週要用，且整理好 □
			4	3 日內使用，且整理很好 □
	3	辦公桌（作業臺）上下及抽屜	0	不使用的物品雜亂堆放著 □
			1	半個月才用一次的也有 □
			2	一週內要用，但過量 □
			3	當日使用，但雜亂 □
			4	桌面及抽屜之物品均最低限度，且整齊 □
	4	料架	0	不使用的東西雜亂存放 □
			1	料架破舊，缺乏整理 □
			2	擺放不使用的物品，但較整齊 □
			3	料架上的物品整齊擺放 □
			4	擺放物為近日用，很整齊 □
	5	操作室	0	東西隨意堆放，人不易行走 □
			1	東西有過整理，但灰塵較多 □
			2	有定位規定，但沒被嚴格遵守 □
			3	有定位也有管理，但進口不方便 □
			4	有定位也有管理，且標誌清楚，進出口方便 □
小計				分

任務四　豐田生產方式

一、背景

豐田生產體系（Toyota Production System，TPS），又被稱為 JIT（Just In Time）生產方式。它是日本豐田汽車公司在 20 世紀 60 年代實行的一種生產方式，1973 年以後，這種方式對豐田公司渡過第一次能源危機起到了突出的作用，之后引起其他國家生產企業的重視，並逐漸在歐洲和美國的日資企業及當地企業中推行開來。現在 TPS 與源自日本的其他生產、流通方式一起被西方企業稱為「日本化模式」。近年來，TPS 不僅作為一種生產方式，也作為一種通用管理模式在物流、電子商務等領域得到推行。

二、基本內容

(一) 豐田生產的核心思想

(1) 消除一切形式的浪費。凡是對顧客不產生附加價值的活動都屬無效勞動，都是浪費，都是應該消除的。

(2) 不斷改進、不斷完善、追求盡善盡美。

(3) 把調動人的積極性、創造性放在一切管理工作的首位。把人看做生產力諸要素中最寶貴的資源，因為人具有能動作用，具有創造力。

(二) 豐田式生產管理的目標

在福特時代，降低成本主要是依靠單一品種的規模生產來實現的。但是在多品種與中、小批量生產的情況下，這一方法是行不通的。因此，TPS 模式力圖通過「徹底消除浪費」來達到這一目標。在 TPS 模式下，浪費的產生通常被認為是由不良的管理造成的。比如，大量原材料的存在可能便是由供應商管理不善所造成的。因此，TPS 的目標是徹底消除無效勞動和浪費。為了排除這些浪費，就相應地制定了質量目標、生產目標、時間目標三個子目標。

(1) 質量目標。

廢品量最低。TPS 模式要求消除各種產生不合格品的原因，在加工過程中每一工序都要求達到最好水平。

(2) 生產目標。

庫存量最低。TPS 模式下，庫存是生產系統設計不合理、生產過程不協調、生產操作不良的證明，因此批量應盡量小。

(3) 時間目標。

準備時間最短。準備時間長短與批量選擇相聯繫。如果準備時間趨於零，準備成本也趨於零，就有可能採用極小批量。生產提前期應盡可能短。短的生產提前期與小批量相結合的系統，應變能力強，彈性好。

(三) 實現 JIT 的基本要素

(1) 多面手工人。

豐田公司製造具有多種規格的各種各樣的汽車。而各種形式的汽車常常會受到需求變化的風吹雨打。為了適應需求的變化，作業現場的作業人員人數具有靈活性（在豐田公司稱為「少人化」）。在豐田公司，所謂「少人化」意味著在生產上的需求產生變化（減少或增加）的時候變更（減少或增加）作業現場的作業人員人數。

「少人化」，在根據需求的變化必須減少作業人員人數時具有特別重要的意義。例如，在某一條生產線上，5 名作業人員製造一定數量的產品。如果該生產線的生產量減至 80%的話，那麼作業人員也必須減至 4 人（等於 5×0.8）。假如需求減至 20%的話，作業人員就要減至一人。

(2) 製造單元。

豐田採用 U 字型設備布置，具有獨特而高效的製造元。U 字型設備布置的要點是，生產線的入口和出口在相同的位置，生產線出口和入口的作業由一個人進行。這其中雖然被認為有凹形、圓形等幾種變化形式，但是不管是哪一種，這種 U 字型設備布置最重要的優點是在適應生產量的變化（需求的變化）時，可以自由地增減所需要的作

業人員人數。也就是說，在 U 字型作業現場的內部，追加作業人員、抽減作業人員都是可能的。如圖 11-19 所示。

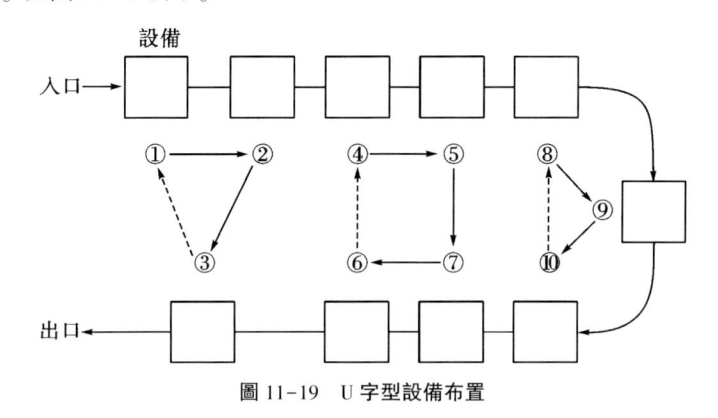

圖 11-19　U 字型設備布置

（3）全面質量管理（TQM）。

豐田進行的全面質量管理主要有以下 3 個特徵：

①所有部門參加 QC 活動。

②全體員工參加 QC 活動。

③QC 同公司其他相關職能（成本管理、生產管理等）密切結合。

（4）全面產能維護（Total Productive Maintenance，TPM），也譯作全面生產維修制，簡稱 TPM。其做法和內容主要有：

①以徹底消滅故障為目標，推行「三全」，即全系統、全效率、全員。

②推行 5S（即整理、整頓、清潔、清掃、素養）管理活動。

③對設備進行 ABC 分類，突出重點設備的維修工作。

④履行日常點檢和定期點檢。

⑤規定一系列技術經濟指標，作為評價維修工作的標準。

（5）與供應商的全面合作。

豐田汽車之所以有如此優秀的品質，部分歸功於其供貨商在創新、工程、製造及整體信賴度方面的優異表現。

豐田的供貨商是豐田準時生產的一分子。不論是在豐田公司的即時生產流程順利運作時，還是在出現問題而停滯不前時，其供貨商都扮演著重要角色。豐田公司在投資建立高效能供貨商網路以與豐田的高度精益化相互整合方面一直走在同行的前面。

豐田公司在保持自身核心競爭力的同時，尋找夥伴，和供貨商形成全面合作的夥伴關係，以長期互惠方式共同成長。

【案例】11-7　豐田公司的精益生產管理方式

通過及時生產（Just In Time）和在生產過程中保證質量的一系列手段，豐田汽車給汽車工業中的質量、可靠性和製造成本等標準帶來了革命性的變化。由此帶來的種種好處使許多製造型企業都爭先恐後地學習並且實施豐田生產系統（Toyota Production System），以增強自身在競爭中的優勢。但令人失望的是，許多企業在努力之後得出了一個悲觀的結論——豐田生產系統不適合本公司和本行業的實際情況。事實果真如

此嗎？

　　我在精益生產領域的多年研究以及對幾十個涉及不同工業領域的公司所進行的精益實施成敗的調查表明，精益思維對貴公司是適合的。精益思維遠比我們想像的要靈活，並且在不同程度上給各行各業都能帶來意想不到的好處。下面，我們將就精益思維做一個深入淺出的探討。

　　許多對精益生產是否適用於公司業務所產生的懷疑起源於「到底什麼是精益」。如果精益只是一套豐田汽車用於供應商管理、整車裝配以及零部件供應的特定工具和技巧，那麼若您的業務與豐田模式不匹配，移植這些工具與技巧無疑是有相當難度的。這裡列出了豐田汽車公司的一些基本特性：

　　(1) 成熟工業，漸進式的產品更替。比如：車型三年一小改，六年一大變。

　　(2) 大批量高速生產。每分鐘一輛車下線。

　　(3) 選裝件有限。雖然整車配置可以有上萬種變化，但是每個零部件只有幾種選裝配置（比如不同顏色，不同質地的座椅）。

　　(4) 許多小型零部件。雖然車身結構件和覆蓋件相對較大，但是大多數的零部件都能放在小型的標準化料箱中。

　　(5) 通過分銷商實現最終銷售。根據分銷商的訂單制訂生產計劃。如果直接向最終用戶銷售將會增加難度。

　　(6) 均衡的生產計劃。豐田花費了大量的精力來均衡生產計劃，盡量保證在每天的生產計劃中，生產數量和不同車型的混合比達到均衡。這樣能夠保證所需要的零部件庫存維持在一個最優和最低的數量。

　　(7) 具有高度工作積極性和自主權的員工。這在日本幾乎是相當普遍的企業文化。在豐田的海外工廠中，豐田通過自身的評估中心來招募適合豐田企業文化的當地員工。

　　(8) 長遠的眼光。豐田不用擔心每個季度的華爾街盈利狀況。

　　對於一個非汽車行業的製造企業來說，如果上述幾大特性不符合您企業的情況，那麼實施豐田生產系統是一項不可能完成的任務。比如，豐田使用看板拉動系統和物料超市來對生產線旁的零部件進行補充。零部件供應商每隔一至兩個小時會對該物料超市中的幾千種零件進行補充。因此當您去參加了一個研討會，學習了拉動系統，興衝衝地回到本公司，希望建立一個物料超市和看板拉動系統。但是當您花費了相當的金錢與精力後，卻發現無法實現真正的業務運轉，這到底是因為什麼呢？

　　(1) 您沒有一個均衡的生產計劃。在物料超市中的庫存水平是直接由貴公司的生產計劃的波動來決定的。您必須保證一個最小的最大庫存量來維持生產的順利進行。但是如果您的生產計劃波動過大，那麼所有涉及的零件的最大庫存也要相應增加。這樣您最后可能會發現自己被淹沒在零部件的海洋之中。

　　(2) 您的工廠可能有上千種最終產品，由此牽涉的零部件可能會達到幾萬甚至是十幾萬種。某些用於特殊訂單或季節性訂單的零部件一年甚至只會用上一次。而與此相對應的是，豐田生產系統適用於大批量、少品種的穩定生產情況（比如電腦、家電行業）。

　　(3) 您的物料部門員工認為物料拉動系統是一種麻煩，不予以採納。

　　那麼什麼才是正確的答案呢？您可以由此得出結論：精益生產不適合您的情況，並且決定嘗試其他方法，如限制理論、六西格瑪理論、電子排序等。或者您可以退一步

問自己：豐田生產系統的真諦到底是什麼？怎樣才能適用於我們的情況？我希望您的選擇是后者。如果您意識到精益是一種哲學思想，並且能將豐田的那套工具因地制宜地加以實施的話，那麼您的精益轉化是能獲得成功的。

我們如何才能成功實施精益轉化呢？

其實答案非常簡單。精益生產並非是一套您可以從其他企業照抄過來的一成不變的程序，甚至對於豐田生產系統的根本原則，您都必須進行這樣或那樣的調整來適應您的具體情況。精益是一種理念、一種思維方式，其根本因素還是「通過消除非增值（浪費）活動來縮短生產流程」。實施過程則因地而異。您必須根據您的業務內容和生產技術來制訂出適合您具體情況的解決方案。

最終的解決方案仍是「一物流」，豐田至今仍在努力向該方向邁進，但是豐田在很久以前就已經意識到這只是一種理想狀態。實際上，看板拉動系統（某些人將它與豐田生產系統的實質相混淆）只是一種妥協的手段。當一物流在現實中不可行時，退而求其次的是控制原材料和在製品庫存，並將庫存逐步縮小。看板則是一種為達到該目的而建立起來的、簡單的目視化管理系統。實際上，有許多方法來控制廠內的物流——用看板控制小包裝零件。大的零件則可以用按燈系統來進行物料填充，通過排序將大的零件送到生產流水線旁、目視化管理的先進先出緩衝區等。設計一個精益系統意味著決定什麼樣的控制手段或工具適用於什麼樣的零件。

迄今為止，我們對此進行分析的最有力工具是「價值流程圖標」（Value Stream Mapping）。價值流程圖標起源於豐田開發的一種用來描述物流和信息流的方法。在價值流程圖中，各生產工藝被畫成由箭頭連接的方框。在各個工藝之間有代表在製品庫存的三角框。各種圖標表示不同的物流和信息流。連接信息系統和生產工藝之間的折線表示信息系統正在為該生產工藝進行排序等。在完成目前狀態的價值流程圖繪製工作以後，您將描繪出一個精益遠景圖（Future Lean Vision）。在這個過程中，更多的圖標用來表示連續的流程、各種類型的拉動系統、均衡生產以及縮短工裝更換時間。典型的結果為操作工序縮短，推動系統被由顧客為導向的拉動系統所替代，生產週期被細分為增值時間和非增值時間。

當然，如果不付諸實踐，一張規劃得再巧妙的圖表也只是廢紙一張。精益遠景圖必須轉化為實施計劃。實施計劃必須包括什麼（What），什麼時候（When）和誰來負責（Who）。並且必須在實施過程中設立評審節點。當該計劃付諸實施后，精益遠景圖逐步成為現實。在價值流程圖標的指導下，各個獨立的改善項目被賦予了新的意義。比如，大家就會明確為什麼要實施全員生產性維護系統。這並非是一套可有可無的東西，而是一項非常關鍵的措施。有了全員生產性維護系統，我們能夠提高機器開動率，用來支持低庫存率的物料超市，並且保持我們對客戶的成品供應。

在車間現場發生的顯著改進能引發滾雪球效應般的一系列企業文化變革。但是如果以為車間平面布置和定置管理上的改進就能自動推進積極的文化改變，顯然是不明智的。

中國企業應用精益生產存在的問題：我們的生產計劃無法均衡、客戶需求季節性變化太大、員工隊伍素質不行。我們的最終產品有幾萬種，但我們的需求只是我們供應商業量的1%，因此他們不肯及時供貨。必須承認，所有這些情況都或多或少地存在，但這些理由更加說明了為什麼不能生搬硬套別人成功的經驗，特別是具體操作程

序。在此，我想再次強調精益不是一套可以硬性拷貝的工具，而是一種靈活的理念，以及與之相關的一系列可用來幫助您持續改進的強有力工具。您首先必須理解這種理念，再學習使用這套工具，然後構築您自己的精益系統。價值流程圖標必須成為您工具箱的一部分。組織持續改進研討會以及讓合適的人參與其中也應該成為您工具箱的一部分。學習如何實施精益的最佳手段是從一個先導（Pilot）項目開始，使樣板線（Model Line）迅速成功，然後將樣板線推廣至整個生產系統，並且邊干邊學——就像豐田那樣！

知識鞏固

一、選擇題

1. 目視管理的原則包括：
   A. 激勵原則　　　　　　　　B. 標準化原則
   C. 群眾性原則　　　　　　　D. 實用性原則
2. 下列哪些是目視管理的常用方法：（　　）
   A. 表示法　　　　　　　　　B. 分區法
   C. 定位法　　　　　　　　　D. 顏色法
3. 豐田生產的管理目標有（　　）
   A. 質量目標　　　　　　　　B. 生產目標
   C. 時間目標　　　　　　　　D. 費用目標

二、判斷題

1. 定制管理就是把物品放在規定的地方。　　　　　　　　　　　（　　）
2. 清掃活動就是打掃現場衛生。　　　　　　　　　　　　　　　（　　）
3. 清掃活動就是通過打掃讓現場整潔。　　　　　　　　　　　　（　　）
4. 5S活動既是一種現場管理方法，也是一種現場管理思想。　　　（　　）
5. 目視管理透明度高，便於現場人員互相監督，發揮激勵作用。　（　　）
6. 「5S」是整理、整頓、清掃、清潔和素養這5個詞的縮寫。　　（　　）

案例分析

中國企業推行豐田生產方式（TPS）活動存在的問題

20世紀80年代初，長春第一汽車製造廠就派出一個40人的代表團專門訪問豐田公司，進行了達半年之久的現場考察學習，回來後在一汽各分廠推行豐田生產方式。特別是到了20世紀90年代初，一汽變速箱廠採用豐田生產方式，取得了降低在製品70%的佳績。另外，湖北東風汽車公司的「一個流」生產，以及上海易初摩托車廠的精益生產都收效甚佳。但是這些廠家都存在一個怎樣繼續深入發展TPS的問題。

IE（工業工程）是TPS的根基。日本自20世紀60年代從美國引進了IE技術，根據本國民族文化特色加以發展、應用。這為TPS這一先進的生產管理模式提供了堅實的基礎。IE解決的主要問題是各類產品生產過程及服務過程中的增值鏈問題。通俗地講，就是新產品進入生產階段後，運用IE的知識來解決生產的組織與運行問題。如：

如何縮短生產線，如何進行零部件和製成品的全球配送，如何保持生產或服務的質量等。美國是 IE 的發源地。IE 奠定了美國的世界經濟霸主地位。英國、德國、日本以及亞洲四小龍都成功引進了 IE，促進了本國經濟的騰飛。這些發達國家和地區的 IE 建設與發展經驗，值得導入 TPS 的國內企業借鑑與效仿。

在國內也有眾多的企業未能成功試行豐田生產方式。原因是多方面的。其中，如何正確理解 TPS 是關鍵問題。概括地說，在國內對 TPS 理解不完善的地方大致在如下幾個方面：

(1) 關於 JIT 的問題。豐田生產方式不僅僅是準時生產與看板管理。如果僅僅從形式去效仿看板管理是不能成功的。JIT 是 TPS 核心問題之一。拉動生產是 JIT 的主要手段，也是大野耐一的典型代表作。但是 JIT 不能脫離另一支柱——人員自主化而獨立存在。因而 TPS 的開發必然是一個企業整體的、長期的行為。它是一個全員參加的、思想統一的、不斷改進的系統過程。TPS 的開發從局部試點開始，毫無疑問是正確的，但絕不能局限在局部，不能孤立存在。

(2) 關於推行豐田生產方式的條件。改善是 TPS 哲理的基礎與條件。也就是說，推行 TPS 首先從連續改善入手。目前，天津豐田技術中心正在豐田公司與天津汽車公司的合資企業中推行 TPS。他們就是先從改善入手，而不是馬上推行 JIT。原因何在？首先是因為改善貫穿 TPS 的產生、成長、成熟的發展的整個過程。其次，JIT 的實行需要有較高水平的管理基礎來保證。如，快速換模、先進的操作方法、合理的物流系統、科學的定額和期量標準、員工素質與設備完好率高等。必須具備所有這些條件，才能實行 JIT 生產。

(3) 關於質量管理。質量管理不是獨立存在的體系。它必須融於生產過程。我國的企業都設有專門的質量管理部門。這使質量管理形成了相對獨立的管理體系。而質量管理是不能脫離生產現場的加工操作及包裝、運輸的全部過程的，必須將其融為一體，而不是獨做表面文章。

(4) 關於工業工程（IE-Industrial Engineering）。日本豐田汽車公司生產調整部部長中山清孝指出，「豐田生產方式就是工業工程在豐田公司現代管理中的應用。」可以說，工業工程是豐田生產方式實現的支撐性技術體系。改善活動依託的理與方法主要是 IE。同時，IE 也是美國、西歐各種現代管理模式（例如：CIMS, MRP Ⅱ）的技術支撐體系。因而，我國企業要推行 TPS，特別是建立適合國情、廠情的 TPS，就一定要從推行工業工程入手，否則很難成功。

(5) 關於整體化問題。我國許多企業在推行質量管理、工業工程、技術改造、市場研究、CIMS 工程等方面都按職能部門劃分，甚至成立專門的領導機構，各搞一套。這是不正確的。上述工作應集成一體，形成全廠行為。應確立本企業的模式，以 IE 為支撐技術。經過連續不斷的努力，最終實現企業整體化效益。

思考題：

1. 日本與韓國和中國的國情比較相似。他們引進 IE 都比較成功。日本更是開啓了 TQS 時代。中國企業實施 TPS 應注意吸取哪些經驗呢？

2. 根據一汽的經驗，你認為我國企業推行 TPS，應通過怎樣的途徑呢？

實踐訓練

項目 11-1　目視管理工具應用

【項目內容】

學生以小組為單位，開展以學校及其周邊企業單位為對象的目視管理工具應用調查。

【活動目的】

通過對企業目視管理的綜合認識，培養學生科學使用目視管理工具的技能。

【活動要求】

1. 每個小組至少調查兩家以上的單位。
2. 調查前，擬訂調查方案。
3. 每個小組提交一份調查報告。
4. 結合親身感受，評價被調查單位的目視管理工具的應用情況，並在此基礎上對被調查單位的現場目視管理提出合理化建議。
5. 以小組為單位開展活動總結和班級交流。每個小組推薦一名代表參加班級交流。

【活動成果】

調查方案、過程記錄、調查報告。

【活動評價】

由老師根據學生的活動成果及班級交流情況對學生的時間活動過程進行評價和打分。

項目 11-2　定制管理實踐

【項目內容】

學生以小組為單位，開展以學校及其周邊企業單位為對象的定制管理調查。

【活動目的】

強化學生對定制管理的認識。

【活動要求】

1. 以小組（4~5人）形式進行。
2. 每個小組提交一份定制管理調查報告。
3. 每個小組派代表介紹調查結果。
4. 介紹內容要包括書面提綱。

【活動成果】

參觀過程記錄、活動總結。

【活動評價】

由老師和學生根據各小組的活動成果及其介紹情況進行評價打分。

模塊十二 項目管理

【學習目標】

1. 瞭解項目與項目管理的若干基本概念。
2. 瞭解項目計劃以及項目跟蹤與控制的系統框架。
3. 掌握網路計劃技術的基本原理與應用。

【技能目標】

通過本模塊的學習，學生應該：
1. 瞭解常用的網路計劃編製的方法。
2. 掌握運用甘特圖和網路圖繪製項目計劃。
3. 能夠熟練開展計劃調整與優化。

【相關術語】

項目（project）
項目管理（project management）
項目計劃（project plan）
計劃評審技術（PERT）
最早開始時間（early start time）
最早結束時間（early finish time）
最遲開始時間（last start time）
最遲結束時間（last finish time）
時差（time difference）
關鍵工序（critical procedure）
關鍵路線（critical path）
總工期（total time limit for a project）
工期—資源優化（time-resource optimization）
時間成本優化（time cost optimization）

【相關資料】

IPMA：International Project Management Association，國際項目管理協會，是一個在瑞士註冊的非營利性組織，是項目管理國際化的主要促進者。IPMA 創建於 1965 年，最早是一個在國際項目領域的項目經理交流各自經驗的論壇，1967 年，IPMA 在維也納主持召開了第一屆國際會議。項目管理從那時起即作為一門學科而不斷發展。

IPMA 的成員主要是各個國家的項目管理協會，到目前為止共有 29 個成員組織。這些國家的組織用他們自己的語言服務於本國項目管理的專業要求。IPMA 則以廣泛接受的英語作為工作語言提供有關需求的國際層次的服務。為了達到這一目的，IPMA 提供了大量的產品和服務，包括研究與發展、培訓和教育、標準化和證書制以及有關廣泛的出版物支撐的會議、學習班和研討會等。

PMI：Project Management Institute，美國項目管理學術組織，成立於 1969 年，是一個有近 5 萬名會員的國際性學會。它致力於向全球推行項目管理，是項目管理領域最大的由研究人員、學者、顧問和經理組成的全球性專業組織，在教育、會議、標準、出版和認證等方面發起技術計劃和活動，以提高項目管理專業的水準。PMI 正在成為一個全球性的項目管理知識與智囊中心。

PMI 的項目管理專業人員認證與 IPMA 的資格認證有不同的側重。它雖然有項目管理能力的審查，但是更注重於知識的考核。參加認證的人員必須參加並通過包括 200 個問題的考試。項目管理現在已經成為美國的優選職業。根據統計數據，在美國，從事項目管理工作的初級工作人員年薪在 4.5 萬～5.5 萬美元，中級人員在 6.5 萬～8.5 萬美元，高級人員為 11 萬～30 萬美元。美國的大學開始設立項目管理的碩士學位，並有取代 MBA 專業學位的趨勢。

PMBOK：Project Management Body of Knowledge，項目管理知識體系。這是 PMI 在 20 世紀 70 年代末提出的項目管理的知識體系。該知識體系構成了 PMP 考試的基礎。它的第一版是由 200 多名國際項目管理專家歷經四年才完成的，集合了國際項目管理界精英的觀點，避免了一家之言的片面性。而更為科學的是，每隔數年，來自世界各地的項目管理精英會重新審查與更新 PMBOK 的內容，使它始終保持權威的地位。

由於從提出知識體系到具體實施資格認證有一整套的科學手段，因而 PMI 推出的 PMBOK 充滿了活力，並得到了廣泛的認可。國際標準組織（ISO）以 PMBOK 為框架制定了 ISO10006 標準。同時 ISO 通過對 PMI 資格認證體系的考察，向 PMI 頒發了 ISO9001 質量管理體系證書，表明 PMI 在發展、維護、評估、推廣和管理 PMP 認證體系時，完全符合 ISO 的要求。這也是世界同類組織中唯一獲此榮譽的。

PMP：Project Management Institute，項目管理專業人士資格認證，是由 PMI 發起的項目管理專業人員資格認證，其目的是為了給項目管理人員提供一個行業標準，使全球的項目管理人員都能夠獲得科學的項目管理知識。美國項目管理協會（PMI）一直致力於項目管理領域的研究工作。全球 PMI 成員都在為探索科學的項目管理體系而努力。今天，PMI 制定出的項目管理方法已經得到全球公認。PMI 也已經成為全球項目管理的權威機構，其組織的項目管理資格認證考試，也已經成為項目管理領域的權威認證。全球每年都有大量從事項目管理的人員參加 PMP 資格認證。

【案例導入】

一家非營利性組織的項目問題

當地一家非營利組織的董事會成員正在舉行二月份的董事會會議。這一組織負責籌集和購買食品，然后分發給生活困難的人們。在會議室裡，有董事會主席貝斯·史密斯（Beth Smith）、董事會成員羅斯瑪麗·奧爾森（Rosemary Olsen）和史蒂夫·安德魯（Steve Andrews）。貝斯首先發言：「我們的資金幾乎用光了，而食品儲備的需求卻一直在增加。我們需要弄清楚怎麼才能得到更多的資金。」

「我們必須建立一個籌集資金的項目。」羅斯瑪麗回應道。

史蒂夫建議：「難道我們不能向地區政府要求一下，看他們是否能給我們增加分配額？」「他們也緊張，明年他們甚至可能會削減我們的分配額。」貝斯回答。

「我們需要多少錢才能度過今年？」羅斯瑪麗問道。

「大約10,000美元，」貝斯回答，「我們兩個月後就會開始急需這部分錢了。」

「我們除了錢還需要很多東西。我們需要更多的志願者、更多的儲存空間和一臺安放在廚房裡的冰箱。」史蒂夫說。

「哦，我想我們完全可以自己做這份籌集資金的項目，這將是很有趣的！」羅斯瑪麗興奮地說。

「這個項目正在擴大，我們不可能及時做完。」貝斯說道。

羅斯瑪麗回答說：「我們將解決它並且做好，我們一向能做到的。」

「項目是我們真正需要的嗎？我們明年將做什麼——另一個項目？」史蒂夫問道，「此外，我們正在經歷一個困難時期，很難得到志願者。或許我們應當考慮一下，我們怎樣能用較少的資金來運作一切。例如，我們怎樣能定期得到更多的食品捐獻，這樣我們就不必買這麼多食品。」

羅斯瑪麗插話說：「多妙的主意，當我們去試著籌集資金時，你又能同時繼續工作。我們可以想盡所有辦法。」

「好了，」貝斯說，「這些都是好主意，但是我們只有有限的資金和志願者，並且有一個增長的需求。我們現在需要做的是，確保我們在兩個月後不必關門停業。我想，我們必須採取行動，但是不能確定我們的目標是否一致。」

資料來源：［美］吉多，克萊門斯. 成功的項目管理［M］. 北京：電子工業出版社，2010.

思考題：

1. 已識別的需求是什麼？
2. 項目目標是什麼？
3. 如果有的話，應當從事的有關項目應具備什麼樣的假定條件？
4. 項目涉及的風險是什麼？

【小組活動】

聯繫一家你所在社區的非營利性組織，告訴他們你對他們的運作很感興趣，請他們描述一下目前正從事的項目。目標是什麼？制約因素是什麼？資源是什麼？

如果有可能，你們小組可以為這個項目投入幾小時的時間。通過這次鍛煉，你將在幫助他人的同時，學會真正的項目運作。準備一份報告，總結一下這個項目和你從

這次經歷中所學到的東西。

項目管理是一種管理方法體系，是一種已被公認的管理模式，而不是任意的管理過程。項目管理是第二次世界大戰后期發展起來的重大新管理技術之一，最早起源於美國。20世紀60年代，項目管理的應用範圍也還只是局限於建築、國防和航天等少數領域，但項目管理在美國的阿波羅登月項目中取得巨大成功后風靡全球，后由華羅庚教授於20世紀50年代引進中國。

國際上許多人開始對項目管理產生了濃厚的興趣，並逐漸形成了兩大項目管理的研究體系。其一是以歐洲為首的體系——國際項目管理協會（IPMA）；另外是以美國為首的體系——美國項目管理協會（PMI）。在過去的30多年中，他們的工作卓有成效，為推動國際項目管理現代化發揮了積極的作用。

任務一　項目管理

一、背景

最近，項目管理已經變成全世界組織競爭的重要利器。無論是企業或是政府都以提倡項目管理為第一要務。驅動這種潮流的主要原因，是企業的競爭態勢逐漸由區域性（local competition）轉變成全球性（global competition）。從此，企業不能只是生產一成不變的產品而是必須時時刻刻進行產品和服務的創新，才能佔有市場並且擺脫對手，而企業的每一次創新求變就是一個項目（project）。

二、基本內容

（一）什麼是項目

項目是為創造獨特的產品、服務或成果而進行的臨時性工作，是在限定的資源及限定的時間內需完成的一次性任務。具體可以是一項工程、服務、研究課題及活動等。比如：iPhone6 的研發和推廣、建設一個體育場、舉行一場運動會。

1. 項目分類

（1）按項目的規模分類。

根據投入項目的人工、項目的程序時間、項目投資額等指標，可以將項目分為大項目（比如中國的高鐵建設）、中等項目及小項目。在採用這種方法對項目分類時，不同的國家、不同的行業會有不同的標準。

（2）按項目的複雜程度分類。

項目包含的內容、技術、組織關係、人員關係的複雜程度是不同的。根據這些差別，可以把項目分為複雜項目和簡單項目。

（3）按行業分類。

按項目所在的行業，可以把項目分為農業項目、工業項目、投資項目、建設項目、教育項目、社會項目等。

（4）按項目的結果分類。

項目的結果基本上有兩類，即產品和服務。項目也因此主要分為結果為產品的項目和結果為服務的項目這兩大類，當然，有的項目結果是兩者兼有的。

2. 項目的特點

（1）臨時性。

臨時性是指項目有明確的起點和終點。項目的間隔有一定的跨度。當項目目標達成時，或當項目因不會或不能達到目標而中止時，或當項目需求不復存在時，項目就結束了。如果客戶（顧客、發起人或項目倡導者）希望項目終止，那麼項目也可能被終止。臨時性並不一定意味著項目的持續時間短。它是指項目的參與程度及其長度。項目所創造的產品、服務或成果一般不具有臨時性。大多數項目都是為了創造持久性的結果。例如，國家紀念碑建設項目就是要創造流傳百世的成果。項目所產生的社會、經濟和環境影響，也往往比項目本身長久得多。

（2）獨特性。

獨特性是指每個項目產生特別的產品或服務或成果，與其他不同。項目的產出可能是有形的，也可能是無形的。儘管某些項目可交付成果或活動中可能存在重複的元素，但是這種重複並不會改變項目工作本質的獨特性。例如，即便採用相同或相似的材料，由相同或不同的團隊來建設，但是每個建築項目都因不同的位置、不同的設計、不同的環境和情況等，而具備獨特性。

（3）有明確的目標，可漸進明細。

每個項目都有明確的目的性要求。它可以被分解位子任務。同時，在整個生命週期中，反覆開展項目工作。項目活動對於項目團隊成員來說可能是全新的，需要比其他例行工作進行更精心的規劃。此外，項目可以在組織的任何層面上開展。一個項目可能只涉及一個人，也可能涉及很多人；可能只涉及一個組織單元，也可能涉及多個組織的多個單元。

（二）項目管理概述

項目管理就是指將知識、技能、工具與技術應用於項目活動，以滿足項目的要求。根據其邏輯關係，把這些過程歸類成五大過程組，即：啟動、規劃、執行、監控、收尾。如圖12-1所示。

管理一個項目通常包括（但不限於）：

- 識別需求。
- 在規劃和執行項目時，要考慮干系人的各種需要、關注和期望。
- 在干系人之間建立、維護和開展積極、有效和合作性的溝通。
- 為滿足項目需求和獲取項目可交付成果而管理干系人。
- 平衡相互競爭的項目制約因素，包括（但不限於）範圍、質量、進度、預算、風險。

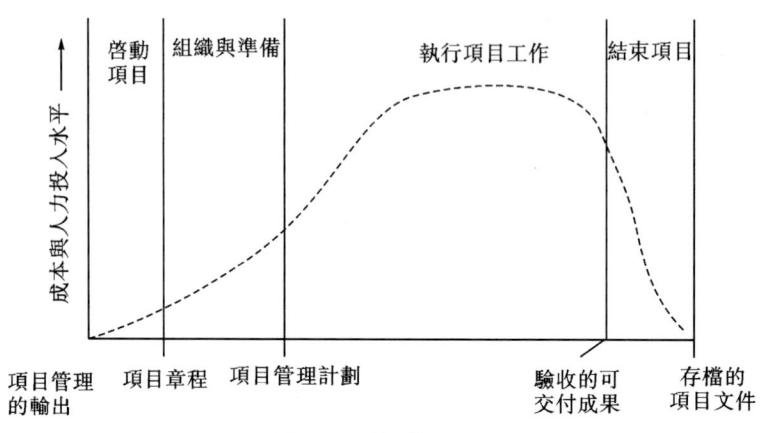

圖 12-1　項目管理過程

項目的具體特徵和所處的具體環境會對制約因素產生影響。項目管理團隊應對此加以關注。

這些制約因素之間的關係是：任何一個因素發生變化，都會影響至少一個其他因素。例如，縮短工期通常都需要提高預算，以增加額外的資源，從而在較短時間內完成同樣的工作量；如果無法提高預算，那麼只能縮小範圍或降低質量，以便在較短時間內以同樣的預算金額交付項目最終成果。項目干系人可能對哪個因素最重要有不同的看法，使情形變得更為複雜。改變項目要求或目標可能引發更多的風險。為了取得項目成功，項目團隊必須能夠正確評估項目狀況，平衡項目要求，並與干系人保持積極主動的溝通。

由於可能發生變化，應該在整個項目生命週期中，反覆開展制訂項目管理計劃的工作，對計劃進行漸進明細。漸進明細是指隨著信息越來越詳細具體、估算越來越準確，而持續改進和細化計劃。漸進明細的方法使得項目管理團隊可以隨項目進展，對項目工作進行更為明確的定義和更為深入的管理。

1. 項目管理的目標

（1）時間進度。

項目的進度控制是項目管理的核心內容。項目的完工期限一旦確定下來，項目經理的任務就是要以此為目標，通過控制各項活動的進度，確保整個項目按期完成。

（2）成本。

項目經理的一項重要工作是通過合理組織項目的實施，控制各項費用支出，使整個項目的各項費用支出之和不超過項目的預算。

（3）質量。

「百年大計，質量第一」。質量是項目的生命。如果一項大型工程項目的質量好，就可以福澤子孫，功在千秋；如果質量差，不僅會造成經濟上的重大損失，而且會貽誤子孫，禍及后世。

2. 項目管理的特點

（1）目的性。

項目管理的目的性要通過開展項目管理活動去保證滿足或超越項目有關各方面明

確提出的項目目標或指標以及項目有關各方未明確規定的潛在需求和追求。

(2) 獨特性。

項目管理的獨特性是指項目管理不同於一般的企業生產營運管理，也不同於常規的政府的管理內容，是一種完全不同的管理活動。

(3) 集成性。

項目管理的集成性是指在項目的管理中必須根據具體項目各要素或各專業之間的配置關係做好集成性的管理，而不能孤立地開展項目各個專業或專業的獨立管理。

(4) 創新性。

項目管理的創新性包括兩層含義：其一是指項目管理是對創新（項目所包含的創新之處）的管理；其二是指任何一個項目的管理都沒有一成不變的模式和方法，都需要通過管理創新去實現具體項目的有效管理。

(三) 項目經理的角色

項目經理是由執行組織委派，領導團隊實現項目目標的個人。項目經理的角色不同於職能經理或營運經理。一般而言，職能經理專注於對某個職能領域或業務單元的管理和監督，而營運經理負責保證業務營運的高效性。

基於組織結構，項目經理可能向職能經理報告。而在其他情況下，項目經理可能與其他項目經理一起，向項目集或項目組合經理報告。項目集或項目組合經理對整個企業範圍內的項目承擔最終責任。在這類組織結構中，為了實現項目目標，項目經理需要與項目集或項目組合經理緊密合作，確保項目管理計劃符合所在項目集的整體計劃。項目經理還需與其他角色緊密協作，如業務分析師、質量保證經理和主題專家等。

1. 項目經理的責任與能力

總體來說，項目經理有責任滿足以下需求：任務需求、團隊需求和個人需求。項目管理是一門很重要的戰略性學科，項目經理是戰略與團隊之間的聯繫紐帶。項目對於組織的生存與發展至關重要。項目可以用改進業務流程的方式創造價值，對新產品和新服務的研發不可或缺，能使組織更容易應對環境、競爭和市場變化。因此，項目經理的角色在戰略上越來越重要。但是，僅理解和使用那些被公認為良好做法的知識、工具和技術，還不足以實現有效的項目管理。要有效管理項目，除了應具備特定應用領域的技能和通用管理方面的能力以外，項目經理還需具備以下能力：

(1) 知識能力——項目經理對項目管理瞭解多少。

(2) 實踐能力——項目經理能夠應用所掌握的項目管理知識做什麼、完成什麼。

(3) 個人能力——項目經理在執行項目或相關活動時的行為方式。個人態度、主要性格特徵和領導力，決定著項目經理指導項目團隊平衡項目制約因素、實現項目目標的能力，決定著項目經理的行為的有效性。

2. 項目經理的人際技能

項目經理通過項目團隊和其他干系人來完成工作。有效的項目經理需要平衡道德因素、人際技能和概念性技能，以便分析形勢並有效應對。下面描述了一些重要的人際技能，包括：領導力、團隊建設、激勵、溝通、影響力、決策能力、政治和文化意識、談判、建立信任、衝突管理、教練技術。

(四) 項目團隊

項目團隊包括項目經理，以及為實現項目目標而一起工作的一群人。項目團隊包

括項目經理、項目管理人員，以及其他執行項目工作但不一定參與項目管理的團隊成員。項目團隊由不同團體的個人組成。他們擁有執行項目工作所需的專業知識或特定技能。項目團隊的結構和特點可以相差很大，但無論項目經理對團隊成員有多大的職權，項目經理作為團隊領導者的角色是固定不變的。

1. 項目團隊成員的角色

（1）項目管理人員。開展項目管理活動的團隊成員，可以履行或支持這些工作：規劃進度、制定預算、報告與控制、管理溝通、管理風險、提供行政支持。

（2）項目人員。執行工作以創造項目可交付成果的團隊成員。

（3）支持專家。支持專家為項目管理計劃的制訂或執行提供支持。如合同、財務管理、物流、法律、安全、工程、測試或質量控制等方面的支持，取決於項目的規模大小和所需的支持程度。支持專家可以全職參與項目工作，或者只在項目需要他們的特殊技能時才參與團隊工作。

（4）用戶或客戶代表。將要接受項目可交付成果或產品的組織，可以派代表或聯絡員參與項目，來協調相關工作，提出需求建議，或者確認項目結果的可接受性。

（5）賣方。賣方又稱為供應商、供方或承包方，是根據合同協議為項目提供組件或服務的外部公司。通常，項目團隊負責監管賣方的工作績效，並驗收賣方的可交付成果或服務。如果賣方對交付項目結果承擔著大部分風險，那麼他們就在項目團隊中扮演著重要角色。

（6）業務夥伴成員。業務夥伴組織可以派代表參與項目團隊，以協調相關工作。

（7）業務夥伴。業務夥伴也是外部組織，但是與本企業存在某種特定關係。這種關係可能是通過某個認證過程建立的。業務夥伴為項目提供專業技術或填補某種空白，如提供安裝、定制、培訓或支持等特定服務。

2. 項目團隊的組成

項目團隊的組成因各種因素而異，如組織文化、範圍和位置等。項目經理和團隊之間的關係因項目經理的權限而異。有些情況下，項目經理是團隊的直線經理，能全權管理團隊成員。另一些情況下，項目經理幾乎或完全沒有管理團隊成員的職權，可能只是兼職或按合同領導項目。以下是項目團隊的兩種基本組成方式：

（1）專職團隊。在專職團隊中，所有或大部分項目團隊成員都全職參與項目工作。項目團隊可能集中辦公，也可能是虛擬團隊。團隊成員通常直接向項目經理匯報工作。對項目經理來說，這是最簡單的結構，因為職權關係非常清楚，團隊成員專注於項目目標。

（2）兼職團隊。有些項目是臨時的附加工作。項目經理和團隊成員一邊在本來的部門從事本職工作，一邊在項目團隊從事項目工作。職能經理控制著團隊成員和項目資源。項目經理可能同時肩負其他管理職責。兼職的團隊成員也可能同時參與多個項目。

專職團隊和兼職團隊可存在於任何組織結構中。專職項目團隊經常出現在項目型組織中。在這種組織中，大部分組織資源都用於項目工作，項目經理擁有很大的自主性和職權。兼職項目團隊通常出現在職能型組織中。矩陣型組織中既有專職項目團隊，也有兼職項目團隊。那些在項目各階段有限地參與項目工作的人員，可以被看做兼職項目團隊成員。

項目團隊的組成會因組織結構而發生變化。例如，在合夥項目上，多個組織通過合同或協議，建立合夥、合資、結盟或聯盟關係，來開展某個項目。在這種結構中，某個組織擔當領導角色，並委派項目經理對合作各方的工作進行協調。合夥項目可以用較低的成本獲取較大的靈活性。但是，這種優勢可能被以下問題所削弱：項目經理對團隊成員的控制程度較低，需要建立溝通機制和進展監控機制。開展合夥項目，也許是為了利用行業協同優勢，共擔任何一方無力單獨承擔的風險，或者出於其他政治原因或戰略考慮。

項目團隊的組成也會因成員所處的地理位置而發生變化，例如虛擬項目團隊。借助溝通技術，處於不同地理位置或國家的人員，可以組成虛擬團隊開展工作。虛擬團隊使用協同工具（如共享在線空間、視頻會議等）來協調項目活動，傳遞項目信息。虛擬團隊可以採用任何一種組織結構和團隊組成方式。如果項目活動所需要的資源，有些在現場，有些不在現場，往往就有必要採用虛擬團隊。領導虛擬團隊的項目經理需要適應文化、工作時間、時區、當地條件和語言等方面的差異。

（五）項目管理的組織類型

在項目開始之前，企業高層必須確定採用何種組織結構，以便該項目的活動與企業的經營活動緊密聯繫。資質結構的類型包括職能型、項目性以及位於這兩者之間的各種矩陣型結構。

1. 職能制

典型的職能型組織是一種層級結構。每位雇員都有一位上級。如圖 12-2 所示。人員按專業分組，如最高層可分為生產、行銷、工程和會計。各專業還可進一步分成更小的職能部門，如將工程專業進一步分為機械工程和電氣工程。在職能型組織中，各個部門獨立地開展各自的項目工作。職能項目的優缺點如表 12-1 所示。

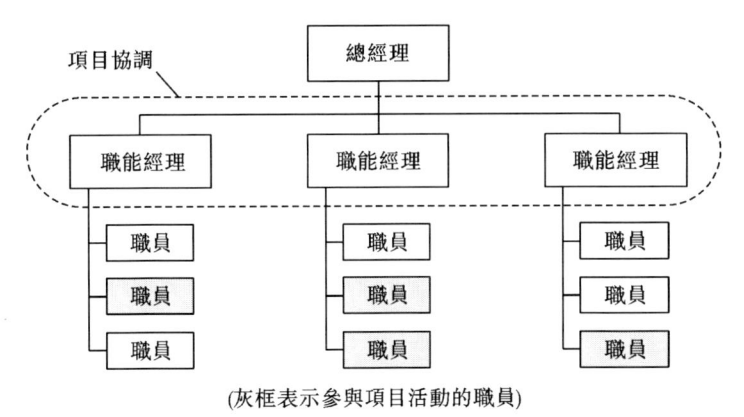

(灰框表示參與項目活動的職員)

圖 12-2　職能型組織

表 12-1　　　　　　　　　　職能項目的優缺點分析

優點	缺點
・每個小組成員都可以參加幾個項目 ・技術專家們即使離開了項目或組織，也繼續留在職能區域裡 ・職能區域是小組成員在項目結束後的「家」，職能專家可以垂直發展 ・特殊領域的職能專家組成一個關鍵部門，協同解決項目存在的技術問題	・與職能區域不直接相關的項目各部分缺乏必要的變革 ・小組成員的情緒經常變得很低落 ・顧客需求被放在了第二位，對顧客需求的反應速度減慢

2. 項目制

與職能型組織相對的是項目型組織，如圖 12-3 所示。在項目型組織中，團隊成員通常集中辦公，組織的大部分資源都用於項目工作，項目經理擁有很大的自主性和職權。這種組織中也經常採用虛擬協同技術來獲得集中辦公的效果。項目型組織中經常有被稱為「部門」的組織單元，但他們或者直接向項目經理報告，或者為各個項目提供支持服務。項目制的優缺點如表 12-2 所示。

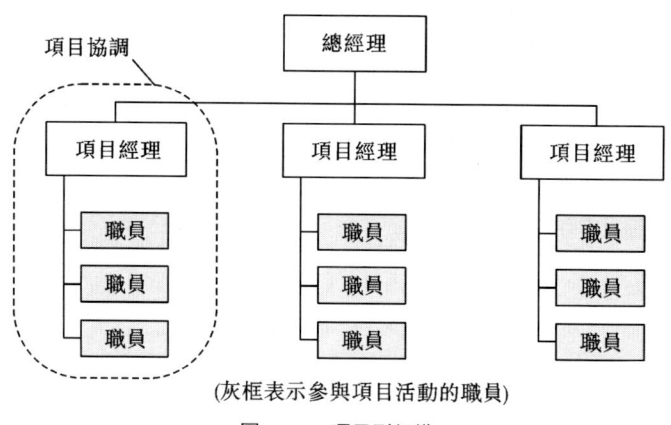

(灰框表示參與項目活動的職員)

圖 12-3　項目型組織

表 12-2　　　　　　　　　　項目制的優缺點分析

優點	缺點
・項目經理對項目擁有充足的權力 ・小組成員只向一個上司匯報。他們不必擔心必須投入部分精力向職能區域的管理者負責 ・聯繫線路縮短，可以迅速做出決策 ・小組成員的士氣及信譽都很高	・資源重複配置，設備和人員都不能跨部門共享 ・忽視了組織目標和企業政策。小組成員無論在精神上還是在實質上都與組織發生了偏離 ・由於削弱了職能區域的權力而使組織在新技術和新知識方面落後了 ・因為小組成員沒有職能領域的「家」，所以他們缺乏安全感，會為項目結束後的生計而擔憂，並且由此導致項目結束時間的延遲

3. 矩陣制

矩陣制是比較專業化的項目管理組織結構，如圖 12-4 所示。它集合了職能制和項目制的優點。當執行每個項目時，相關人員可以從不同的職能區域抽調人員。根據職能經理和項目經理之間的權力和影響力的相對程度，矩陣型組織可分為弱矩陣、平衡矩陣和強矩陣。矩陣制的優缺點如表 12-3 所示。

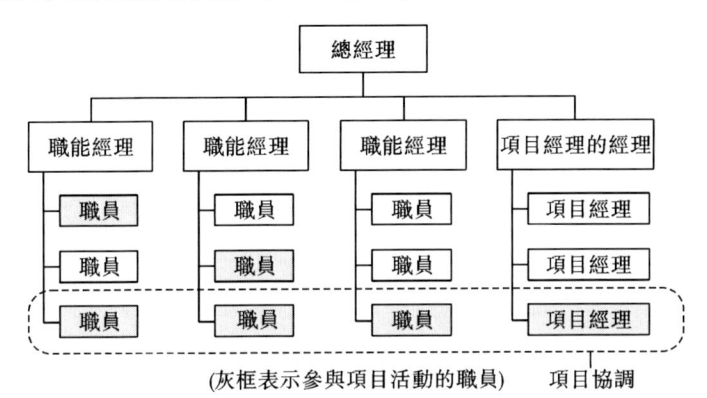

圖 12-4　矩陣制的組織結構圖

表 12-3　　　　　　　　　　矩陣制的優缺點分析

優點	缺點
·加強了不同職能區域間的聯繫 ·項目經理對項目的成功負責 ·實現資源的重複配置最小化 ·項目完成後小組成員還有一個職能部門的「家」。因此與項目形式相比，小組成員減少了項目完成後「無家可歸」的後顧之憂 ·遵循了企業政策，提供了對項目的支持	·存在兩個以上的上司。相比項目經理的命令，優先執行職能管理者的命令 ·除非項目經理具有很強的談判能力，否則項目注定要失敗 ·本位主義乘虛而入。經常出現項目經理為自己的項目囤積資源的現象，並由此損害了其他項目的利益

最後，大家要明白，無論採用哪一種組織形式，與顧客最初和最主要的接觸人都是項目經理。當項目經理對一個項目完全負責時，項目的成功率就大大提高了。表 12-4 就是不同的組織結構對項目的影響。

表 12-4　　　　　　　　　　組織結構對項目的影響

組織結構 項目特徵	職能型	矩陣型			項目型
		弱矩陣	平衡矩陣	強矩陣	
項目經理的職權	很小或沒有	小	小到中	中到大	大到幾乎全權
可用的資源	很少或沒有	少	小到中	中到多	多到幾乎全部
項目預算控制者	職能經理	職能經理	混合	項目經理	項目經理
項目經理的角色	兼職	兼職	全職	全職	全職
項目管理行政人員	兼職	兼職	兼職	全職	全職

【案例】12-1　某公司 A 項目組織結構的選擇

某計算機公司計劃擬開展 A 項目。該項目目標是設計、生產並銷售一種多任務的便攜式個人電腦。該電腦的特點有：32 位處理器、32 兆以上內存、2G 以上硬盤、200 兆以上處理速度、重量不超過 1.5 千克、點陣式彩色顯示器、電池正常操作下可用 6 小時以上、零售價不超過 2 萬元。

根據 A 項目的目標，相關負責人列出了項目的關鍵任務以及相應的組織單元，見表 12-5。

表 12-5　　　　　　　　　　項目的關鍵任務及組織單元

編號	項目的關鍵任務	相關的組織單元
A	描述產品的要求	市場部、研究部
B	設計硬件，做初步測試	研發部
C	籌備硬件生產	生產部
D	建造生產線	生產部
E	進行小批量生產及質量和可靠性測試	生產部、質保部
F	編寫（或採用自己的）操作系統	軟件開發部
G	測試操作系統	質保部
H	編寫（或採用自己的）應用系統	軟件開發部
I	測試應用軟件	質保部
J	編寫所有文檔，包括用戶手冊	生產部、軟件開發部
K	建立服務體系，包括備件、手冊等	市場部
L	制訂行銷計劃	市場部
M	準備促銷演示	市場部

根據上述內容，項目的關鍵任務主要有 4 個方面：①設計、生產、測試硬件；②設計、編製、測試軟件；③建立服務和維修體系；④開展行銷策劃，包括演示、宣傳等。

此外，項目還需要下面一些支持子系統：①設計軟件的小組和設計硬件的小組；②測試軟件的小組和測試硬件的小組；③組織硬件生產的小組；④行銷策劃小組；⑤文檔編寫小組；⑥管理以上各小組的行政小組。

這些子系統涉及公司的五個部門。其中，軟件設計小組和硬件設計小組的工作關係非常密切，而測試小組的工作則相對獨立，但測試的結果對軟件和硬件設計的改善很有幫助。

該計算機公司在人力上完全有能力完成這個任務，在硬件和操作系統設計上也能達到當前的先進水平。A 項目預計持續 18~24 個月，是目前為止該公司投資最大的項目。

問題：

針對 A 項目，該公司的高層管理者應採用什麼類型的項目組織結構？

下面是企業管理層的討論記錄：

A：不同的部門都要參與，應採用職能型組織結構。

B：不對吧，雖然不同的部門都有參與，但是也可能是矩陣型組織結構。我認為應該採用矩陣型組織結構。

C：我覺得採用項目型組織結構是最合理的。這是公司主抓的項目。成立專門的項目組開展這個項目應該是最合理的。

B：矩陣型組織結構也可以啊，而且不需要成員全職參與，避免了人員的浪費。
A：哦，這樣的話，那矩陣型組織結構和項目型組織結構是不是都可以啊？
專家點評：
該項目不適合採用職能型組織結構，因為該項目涉及部門多，很難將其歸於某個職能部門之下進行管理。項目型組織結構或矩陣型組織結構都是可行的。如果要做選擇的話，只要人員費用增加幅度不是太大，項目型組織更好，因為項目型組織的管理更簡單。但是，如果項目不需要資深研究人員的全職參與，那麼選擇矩陣型組織結構可能更好。

任務二　編製項目進度計劃

一、背景

項目的進度控制是項目管理的核心內容。項目的完工期限一旦確定下來，項目經理的任務就是要以此為目標，通過控制各項活動的進度，確保整個項目按期完成。俗話說的話，「勇謀相較，謀占先機」。良好的進度計劃，是確保項目能夠按進度完成的重要前提。

二、基本內容

（一）甘特圖

甘特圖又叫橫道圖。它是第一次世界大戰期間，由美國管理學家亨利·甘特提出的一種計劃和控制生產的有效工具。它能幫助管理者為項目做好進度安排，對比實際和計劃進度，將管理的注意力集中到一些關鍵的環節和容易發生異常的地方，從而實現對項目進度等的有效控制，使項目按預期目標完工。

在甘特圖中，橫向表示時間進度，縱向表示項目的各項作業階段，用橫道表示每項作業從開始到結束的持續時間。圖 12-5 是某測評項目的計劃甘特圖。從圖 12-5 可知，該項目被分解為四個階段。四個階段全部完成大概需要 36 天。各項活動的開始時間、持續時間都清晰可見。

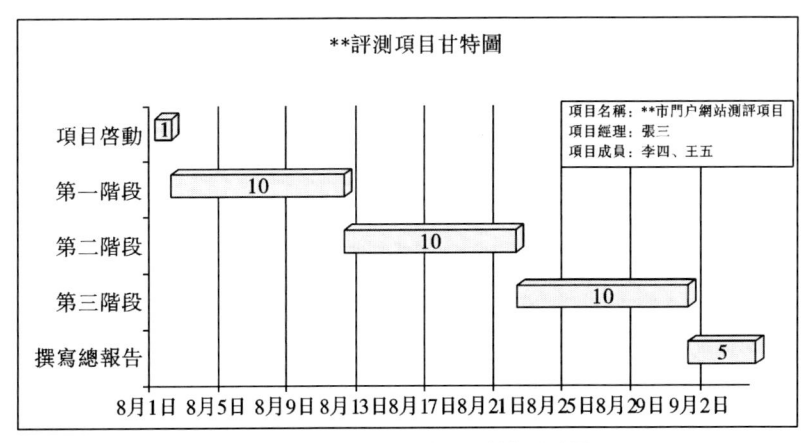

圖 12-5　某測評項目的進度計劃甘特圖

（二）網路計劃技術

網路計劃技術是指許多相互聯繫與相互制約的活動（作業或工序）所需資源與時間及其順序安排的一種網路狀計劃方法。它的基本原理是：利用網路圖表示一項計劃任務的進度安排和各項活動之間的相互關係；在此基礎上進行網路分析，計算網路時間，確定關鍵路線；利用時差，不斷改進網路計劃，求得工期、資源和成本的優化方案。

應用網路計劃技術解決問題也有一系列的工作步驟，如圖 12-6 所示：

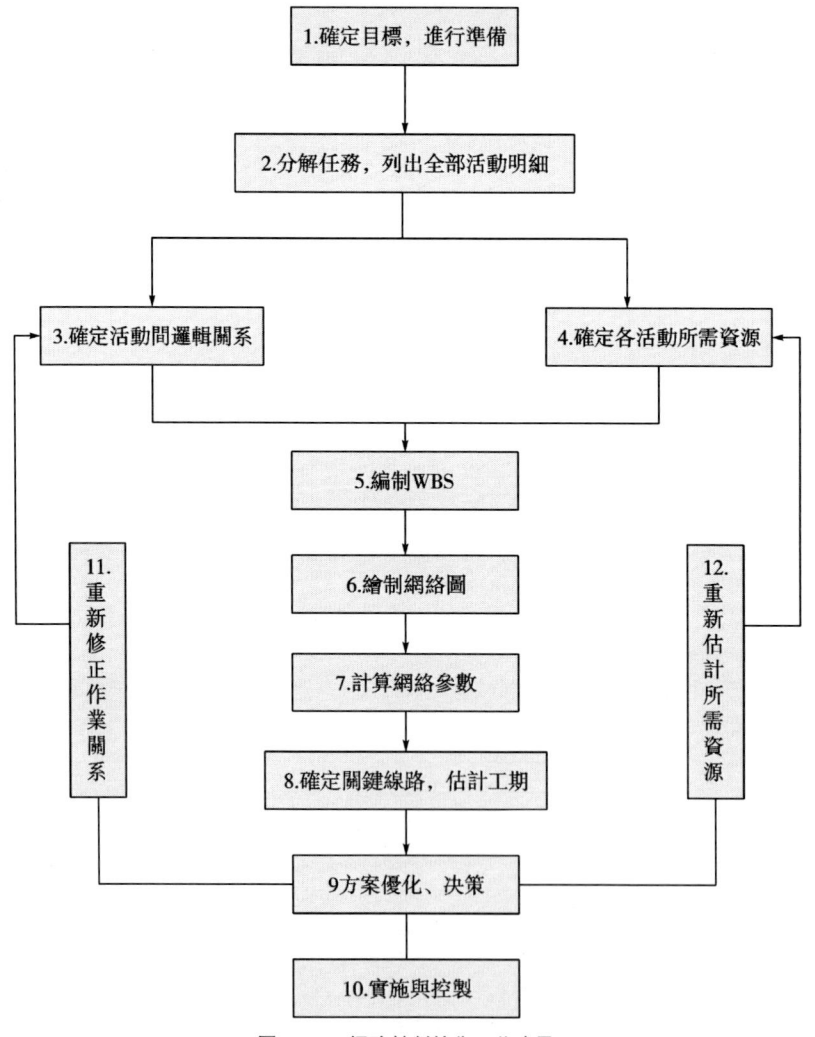

```
1.確定目標，進行準備
        ↓
2.分解任務，列出全部活動明細
        ↓
3.確定活動間邏輯關係    4.確定各活動所需資源
              ↓
          5.編制WBS
              ↓
          6.繪製網絡圖
              ↓
          7.計算網絡參數
              ↓
      8.確定關鍵線路，估計工期
              ↓
11.重新修正作業關系  9方案優化、決策  12.重新估計所需資源
              ↓
          10.實施與控制
```

圖 12-6　網路計劃技術工作步驟

1. 工作結構分解

工作結構分解（Work Breakdown Structure，WBS）是項目管理的基礎與核心。它把項目可交付成果和項目工作分解成較小的、更易於管理的組件的過程。本過程的主要作用是，對所要交付的內容提供一個結構化的視圖。

WBS 是對項目團隊為實現項目目標、創建可交付成果而需要實施的全部工作範圍的層級分解。一個軟件產品的 WBS 如圖 12-7 所示：

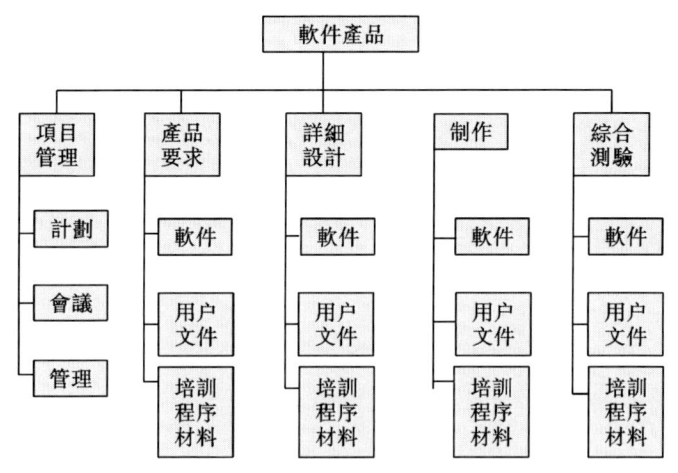

圖 12-7　一個軟件產品的 WBS

WBS 組織並定義了項目的總範圍，代表著經批准的當前項目範圍說明書中所規定的工作。

WBS 最底層的組件被稱為工作包，包括計劃的工作。工作包對相關活動進行歸類，以便對工作安排進度進行估算，開展監督與控制。在「工作分解結構」這個詞語中，「工作」是指作為活動結果的工作產品或可交付成果，而不是活動本身。

工作結構分解的方法多種多樣，常用的方法包括類比法、自上而下法、自下而上法。

（1）類比法。

類比法就是以類似項目的 WBS 為基礎，制定本項目的 WBS。例如，某船舶製造公司，曾設計製造多種類型的船舶，當需要某種新型船舶時，公司就可以根據以往設計的子系統，開始新項目的 WBS 的編製工作。

（2）自上而下法。

自上而下法是構建 WBS 的常規方法，即從項目最大的單位開始，逐步將項目分解成下一級的多個子項，然後再將子項進一步分解。

（3）自下而上法。

自下而上法，是要項目組成員從一開始就盡可能地確定有關的具體任務，然後將各項具體任務進行整合，並歸總到一個整體活動或上一級活動中去。自下而上法一般比較費時，但對於全新的項目來說，這種方法效果比較好。

【案例】12-2　游泳池建造項目能獲利嗎？

小王剛從北京的一所大學畢業，獲得了項目管理專業學士學位，回到家鄉海南後加入了他父親的公司——宏偉公司工作，成為一名項目經理。老王很想瞭解兒子的工作能力，於是給兒子布置了一個他自己沒時間調查、但卻十分關心的項目——建造游泳池。

雖然宏偉公司 20% 的銷售收入來自於游泳池設備的銷售，但該公司並不承接建造游泳池的業務。老王想讓小王來決定宏偉公司是否可以進入「建造游泳池」這個領域。

小王決定首先估算宏偉公司建造游泳池的成本，然后再調查一下競爭對手的報價，這樣就能算出進入建造游泳池領域是否可以獲利。

小王首先採用了在學校所學的 WBS 方法對游泳池的建造工時進行估算。具體數據如表 12-6 所示。估算結果為 1,200 個工時可以完工且每工時 50 元人民幣。

由此小王計算出總成本為 60,000 元。同時，小王經過調查還發現，競爭對手類似的游泳池建造報價為 72,000 元。鑒於小王從未親自建造過游泳池，他決定為了預防萬一而把預算提高 10%。小王認為該項目是可以獲利的。他給他父親打電話，說明了他的結論即建造游泳池項目能夠獲利。

思考題：

下面是小王的同學們對項目的分析，請大家參考。

(1) 小王所做的方案合理嗎？為什麼？

A：我覺得這個方案挺合理的，小王估算的工時還留下了多餘，可見他是個謹慎的人。

B：這個方案不夠合理。無論是小王自身還是公司，都沒有建造游泳池的經驗。雖然他在工時預算上留有余地，但是小王估算的工時數和單位工時成本是否合理還有待考察。

C：建造游泳池僅考慮人工成本是不夠的，還要購買各種建築材料。材料成本怎麼可以不計算在內呢？

A：聽你們一說，這個方案確實存在問題。另外，小王還沒把建造游泳池需要的設備成本考慮在內。

(2) 老王將會考慮這個方案的哪些方面？

A：作為公司老總，老王一定會考慮建造游泳池所使用的材料成本。畢竟公司 20% 的收入來源於游泳池設備的銷售。

B：老王還會考慮建造游泳池所需的設備成本。

C：老王應該還會實地考察游泳池的建造過程，彌補小王在進行工作分解時的不足。

A：老王還會調查單位人工成本的實際金額。

表 12-6　　　　　　　　游泳池建造的工作分解結構

工作任務	工時（估計值）	
地面準備		260
清理	100	
耙平	30	
平整	100	
墊沙底	30	
安放游泳池框架		240
底部框架	80	
側板	40	

表12-6(續)

工作任務	工時（估計值）	
頂部框架	120	
安裝塑料襯裡		50
游泳池組裝		160
安裝木支架		300
平面圖	100	
組裝	200	
充水實驗		190
總計		1,200

2. 網路圖

網路圖由活動、事項和路線三部分組成。

（1）活動（作業、工序）是指一項作業或一道工序。活動通常用一條箭線「→」表示。

箭杆上方標明活動名稱，下方標明該項活所需時間，箭尾表示該項活動的開始，箭頭表示該項活動的結束，從箭尾到箭頭則表示該項活動的作業時間。

（2）事項（結點、網點、時點）是指一項活動的開始或結束那一瞬間，它不消耗資源和時間，一般用圓圈表示。在網路圖中有始點事項、中間事項和終點事項之分。如圖12-8所示。

A　B　C
①→②→③→④

圖 12-8　事項圖

事項②，即表示 A 項活動的結束，又表示 B 項活動的開始。對中間事項②來說，A 為其緊前工序，B 為其緊後工序。

（3）路線是指從網路圖的始點事項開始，順著箭線方向到達網路圖的終點事項為止的一條通道。一個網路圖均有多條路線。其中，作業時間之和最長的那一條路線稱為關鍵路線。關鍵路線可能有兩條以上，但至少有一條。關鍵路線可用粗實線或雙線表示。

繪製網路圖一般應遵循以下規則：

（1）有向性。各項活動按順序排列，從左到右，不能反向。

（2）無回路。箭線不能從一個事項出發，又回到原來的事項上。

（3）箭線首尾都必須有結點。不允許從一條箭線中間引出另一條箭線。

（4）二點一線。它是指兩個結點之間只允許出現一條箭線，若出現幾項活動平行或交叉作業時，應用虛箭線「┈→」表示。

（5）事項編號。從小到大，從左到右，不能重複。

（6）源匯合一。每個網路圖中，只能有一個始點事項和一個終點事項。如果出現幾道工序同時開始或結束，那麼可用虛箭線同網路圖的始點事項或終點事項聯結起來。

任務三　計算項目時間

一、背景

按時、保質地完成項目大概是每一位項目經理最希望做到的。但工期拖延的情況卻時常發生。因而合理地安排項目時間是項目管理的一項關鍵內容。它的目的是保證按時完成項目、合理分配資源、發揮最佳工作效率。

二、基本內容

（一）工序時間估算

工序時間是指完成某項工作或某道工序所需要的時間。目前比較常用的有以下幾種方法：

1. 專家判斷

通過借鑑歷史信息，專家判斷能提供持續時間估算所需的信息，或根據以往類似項目的經驗，給出活動持續時間的上限。

2. 類比估算

類比估算是一種通過使用相似活動或項目的歷史數據，估算當前活動或項目的持續時間或成本的技術。以過去類似項目的參數值（如持續時間、預算、規模、重量和複雜性等）為基礎，估算未來項目的同類參數或指標。

3. 三點估算

通過考慮估算中的不確定性和風險，可以提高活動持續時間估算的準確性。這個概念源自計劃評審技術（PERT）。PERT 使用三種估算值來界定活動持續時間的近似區間。

（1）最可能時間（T_m）。它是指基於最可能獲得的資源、最可能取得的資源生產率、對資源可用時間的現實預計、資源對其他參與者的可能依賴及可能發生的各種干擾等，所估算的活動持續時間。

（2）最樂觀時間（T_O）。它是指基於活動的最好情況，所估算的活動持續時間。

（3）最悲觀時間（T_P）。它是指基於活動的最差情況，所估算的活動持續時間。

基於持續時間在三種估算值區間內的假定分佈情況，使用公式來計算期望持續時間 tE。基於三角分佈和貝塔分佈的兩個常用公式如下：

三角分佈 $T_E = (T_O + T_M + T_P) / 3$

貝塔分佈(源自傳統的 PERT 技術) $T_E = (T_O + 4T_M + T_P) / 6$

（二）計算網路時間值

網路時間值是一個專業概念。為了分析各作業在時間的銜接上是否合理、是否有潛力可以挖掘，必須設置網路時間值。在一項工作中，有些作業是環環相扣的，一環脫節，影響全局；而有些作業，在一定條件下，開始或結束早一點、晚一點，對后續作業沒有影響，也不影響全局。前者，作業時間毫無機動性；后者，在時間上則有一定的機動性。網路時間的具體內容為：

ES——最早開始時間。某項作業最早何時開始。
EF——最早結束時間。某項作業最早何時結束。
兩者關係為：EF＝ES＋工作延續時間。如圖 12-9 所示。

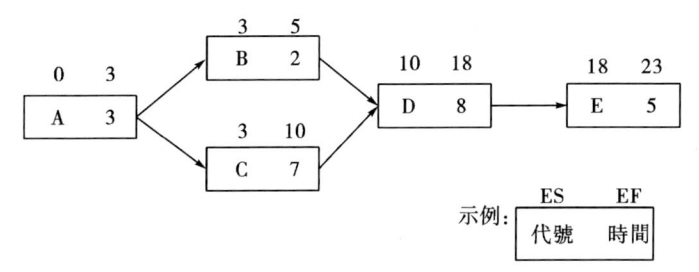

圖 12-9　最早開始/結束時間計算

LS——最遲開始時間。某項作業最遲必須何時開始，才能確保緊后作業按時開工。
LF——最遲結束時間。某項作業最遲必須何時結束，才能確保緊后作業按時開工。
兩者關係為：LS＝LF－工作延續時間。如圖 12-10 所示。

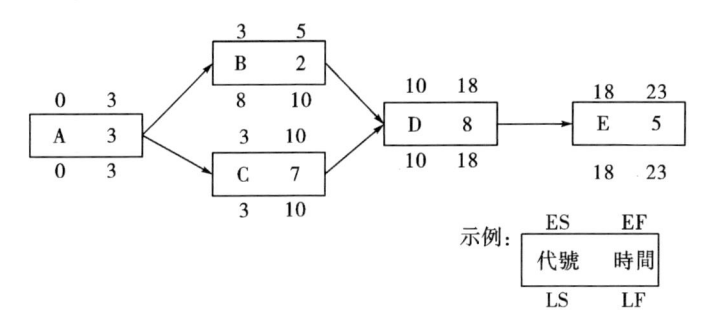

圖 12-10　最早/遲時間參數計算

總時差（ST）：在不影響整個工程計劃完工的條件下，某項作業最遲開始時間與最早開始時間的差值，即該項作業開始時間允許推遲的最大限度。也可以用某項作業的最遲結束時間與最早結束時間的差值表示。如圖 12-11 所示。

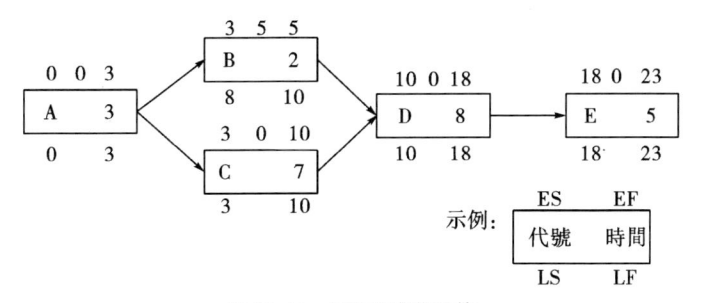

圖 12-11　總時差參數計算

自由時差（FF）：在不影響隨后工作進度的前提下，工作時間可以變動的時間範圍。如圖 12-12 所示。

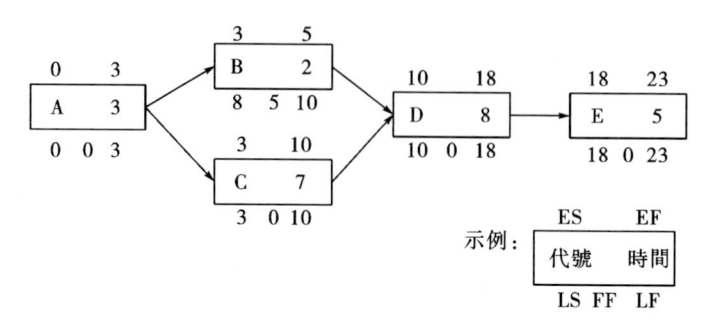

```
        ┌─────┐  3   5
        │     │┌─────┐
 0   3  │  B  │   2 │      10   18      18   23
┌─────┐→└─────┘     │    ┌─────┐     ┌─────┐
│  A  │   3    8  5 10   │  D  │  8  │  E  │  5
└─────┘→┌─────┐     │    └─────┘  →  └─────┘
 0 0 3  │     │ 3   10   10  0  18   18  0  23
        │  C  │   7 │
        └─────┘
                3 0 10
                              示例： ┌─────────┐
                                    │ ES   EF │
                                    ├─────────┤
                                    │代號  時間│
                                    ├─────────┤
                                    │ LS FF LF│
                                    └─────────┘
```

圖 12-12　自由時差參數計算

（三）　確定關鍵路線

計算網路圖時間參數的目的之一就是找出關鍵線路。在網路圖中，從始時間開始，沿著箭頭的方向，由時間和箭頭所組成的連續不斷地到達事件的路徑，稱為線路。每條線路上的各項活動的活動時間之和成為該線路的週期。在網路圖的所有路線中，週期最長的線路成為關鍵線路，而關鍵線路上的活動成為關鍵活動。

關鍵線路上個關鍵工序的完工時間都會直接左右整個工程的進度，影響工期。因此，確定關鍵線路並進行進度控制，才能優化資源配置。

【案例】 12-3　偉業公司的公路大橋建設項目為何延遲？

偉業公司兩年前承建了一個公路大橋項目。合同規定工期為 3 年。工期若有延遲，則每延遲一個月需要支付約為客戶付款額 2% 的罰金。該項目的記錄表明，目前項目進度計劃只完成了 50%，而且存在很多問題。該公司的上級部門鑒於可能發生的損失，對該項目進行了深入調查。調查結果發現：該項目工程設計的變更次數太多；項目專業技術人員不足；工作不合格的比率非常高。

思考題：

1. 作為項目經理，你認為導致該項目延遲的原因是什麼？

A：我先說一點：項目工程設計變更次數太多。

B：而且，項目的專業技術人員不足。

C：還有，項目的工作不合格比率太高。

2. 該項目在範圍管理方面存在哪些問題？癥結何在？

A：首先，這個項目在收集需求時存在問題，沒有很好地確定客戶的需求，進而導致項目的範圍定義產生偏差。

B：項目的範圍確認也存在問題。範圍的不斷變更導致無法最終進行範圍的確認。

C：範圍的控制也不夠好。

3. 你認為該項目現在是否還需要做出範圍變更？如果需要，應該在哪些方面做出變更？

A：還是不要再變更範圍了吧。現在的進度都已經大大拖延了。如果再繼續變更，肯定要完不成任務了。

B：我覺得也是。按照目前的狀況，能按時完工就很不錯了，還是不要變更了。

C：我不同意你們的說法。如果能通過變更使得項目的範圍管理走上正軌，那麼再

次變更不失為一次很好的嘗試。既可以按時完成項目，避免罰款，還能鍛煉項目團隊。

4. 你認為該項目的前景如何？

A：我覺得這個項目注定要失敗，因為時間過了三分之二，進度只完成一半。

B：說不定。如果處置得當，這個項目還是有可能按期完工的。

C：嗯，關鍵在於項目團隊的應對措施是否得當。如果措施得當，應該能夠按時完工，至少可以少付點罰金吧。

任務四　項目人力資源管理

一、背景

項目人力資源管理包括組織、管理與領導項目團隊的各個過程。項目團隊由為完成項目而承擔不同職責的人員組成。項目團隊成員可能具備不同的技能，可能是全職或兼職的，可能隨項目進展而增加或減少。項目團隊成員也可稱為項目人員。儘管項目團隊成員被分派了特定的角色和職責，但是讓他們全員參與項目規劃和決策仍是有益的。團隊成員應在規劃階段就參與進來。這既可使他們為項目規劃提供專業技能，又可以增強他們對項目的責任感。

二、基本內容

（一）規劃人力資源管理

規劃人力資源管理是識別和記錄項目角色、職責、所需技能、報告關係，並編製人員配備管理計劃的過程。本過程的主要作用是，建立項目角色與職責、項目組織圖，以及包含人員招募和遣散時間表的人員配備管理計劃。

通過人力資源規劃，明確和識別具備所需技能的人力資源，保證項目成功。人力資源管理計劃描述如何安排項目的角色與職責、報告關係和人員配備管理。它還包括人員管理計劃（列有人員招募和遣散時間表）、培訓需求、團隊建設策略、認可與獎勵計劃、合規性考慮、安全問題及人員配備管理計劃對組織的影響等。

需要考慮稀缺資源的可用性或稀缺資源的競爭，並編製相應的計劃，保證人力資源規劃的有效性。可按團隊或團隊成員分派項目角色。這些團隊或團隊成員可來自項目執行組織的內部或外部。其他項目可能也在爭奪具有相同能力或技能的人力資源。這些因素可能對項目成本、進度、風險、質量及其他領域有顯著影響。

（二）工具與技術

1. 組織圖和職位描述

可採用多種格式來記錄團隊成員的角色與職責。大多數格式屬於以下三類：層級型、矩陣型和文本型。如圖12-13所示。此外，有些項目人員安排可在子計劃（如風險、質量或溝通管理計劃）中列出。無論使用什麼方法，目的都是要確保每個工作包都有明確的責任人，確保全體團隊成員都清楚地理解其角色和職責。例如，層級型可用於規定高層級角色，而文本型更適合用於記錄詳細職責。

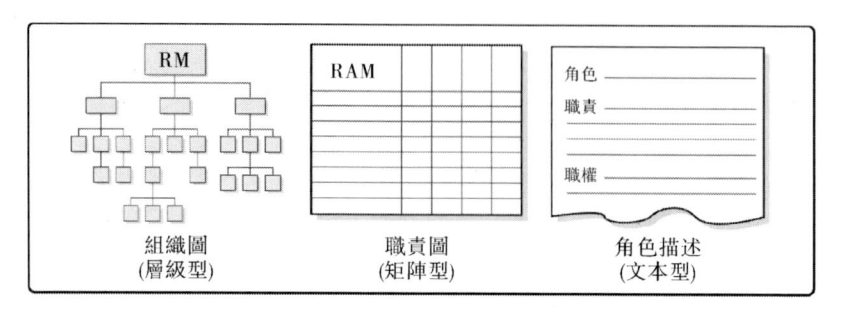

圖 12-13　角色與職責定義格式

2. 人際交往

人際交往是指在組織、行業或職業環境中與他人的正式或非正式互動。人員配備管理的有效性會受各種政治與人際因素的影響。人際交往是瞭解這些政治與人際因素的有益途徑。通過成功的人際交往，增長與人力資源有關的知識（如勝任力、專門經驗和外部合作機會），增加獲取人力資源的途徑，從而改進人力資源管理。人際交往活動的例子包括主動寫信、午餐會、非正式對話（如會議和活動）、貿易洽談會和座談會。人際交往在項目初始時特別有用，並在項目期間及項目結束後有效促進項目管理職業的發展。

3. 專家判斷

制訂人力資源管理計劃時，專家判斷被用於：

(1) 列出對人力資源的初步要求。
(2) 根據組織的標準化角色描述，分析項目所需的角色。
(3) 確定項目所需的初步投入水平和資源數量。
(4) 根據組織文化確定所需的報告關係。
(5) 根據經驗教訓和市場條件，指導提前配備人員。
(6) 識別與人員招募、留用和遣散有關的風險。
(7) 為遵守適用的政府法規和工會合同，制定並推薦工作程序。

【案例】12-4　倫敦急救服務中心

世界上最大的倫敦急救服務中心每年大約處理 100 萬次呼叫，進行 50 萬次出診，擁有 3,000 員工和 800 多輛車，分佈在 640 平方英里（1 英里＝1,609.344 米，下同）的範圍內，為大約 750 萬居民和 250 萬旅遊者服務。

這個組織面臨著許多因素的挑戰。在 1978 年和 1992 年，組織分別創建了急救派送系統項目，最終都以徹底的失敗而告終。1992 年，員工的士氣非常低落，甚至到了返回手工作業的地步——緊急呼叫產生的大量單據被傳遞到決策制定者和救護車派送員工的手中。

為了幫助解決這個問題，組織雇用了蘭泰來領導這個團隊。此時，員工們承受著極大的公共批評壓力，並且產生了害怕再一次失敗的畏懼思想。這種思想非常糟糕。員工們甚至開始相信在這種環境中根本無法取得成功。因為沒有有效的溝通渠道，所以員工傾向於不說出問題，或者是他們說了，也沒有人來傾聽。

為了改變這種現狀，蘭泰採取了一系列措施，設定了清楚的項目管理目標，制訂了完整的項目計劃，並且將其分解成易於管理的細目。蘭泰和他的團隊在項目各種資源和預算的基礎上，開發了一個細節時間表，並且鼓勵團隊成員進行溝通，改變「不要告訴我，我不感興趣」的態度，使大家能夠開放和坦誠地對話。

　　項目完成後，這個系統達到了預先設定的目標：在接到電話後，救護車在3分鐘內上路的比例提高了一倍，超過80%；在接到電話後14分鐘內，救護車到達的比例超過90%，而這一比例以前只有75%；40%的病例處理時間不超過8分鐘，而以前這個比例只有13%。整個項目為公共健康護理做出了巨大的貢獻。

　　在討論蘭泰的戰略時，他提出了以下建議：
（1）在項目團隊和組織中鼓勵進行開放、坦誠的溝通；
（2）使團隊參與計劃和決策的制定；
（3）把項目分解成為能管理的細目；
（4）激發團隊精神；
（5）建立堅固的項目基礎，如計劃、時間表、預算和控制範圍。

下面是討論的問題及討論意見：
1. 蘭泰提出的建議合適嗎？有無不足之處？
A：我認為是比較合適的。但需要對團隊成員進行適當的物質激勵。
B：嗯，我認為這對該項目的改進是比較有幫助的。
C：我認為他應該改進這個項目的基礎設施，為硬件提供支持。
2. 怎樣鼓勵團隊成員積極關心團隊的工作和發展？
A：讓團隊成員有主人翁意識。
B：讓團隊成員參與決策。
C：激發團隊精神。
B：讓團隊成員相互溝通，彼此信任。
A：讓團隊成員看到希望，並加以激勵。
3. 什麼是團隊精神？如何建立團隊精神？
A：團隊精神，簡單來說就是大局意識、協作精神和服務精神的集中體現。
B：團隊精神是組織文化的一部分。良好的管理可以通過合適的組織形態將每個人安排至合適的崗位，充分發揮集體的潛能。
C：團隊精神的基礎是尊重個人的興趣和成就。
A：團隊精神的核心是協同合作。最高境界是全體成員的向心力、凝聚力。

任務五　優化項目計劃

一、背景

　　網路計劃的優化是指在一定約束條件下，按既定目標不斷改進網路計劃，以尋求滿意方案的過程。根據優化目標的不同，網路計劃的優化可分為：工期優化、費用優化。

二、基本內容

（一）工期優化

工期優化是指當網路計劃的計算工期不滿足要求工期時，通過壓縮關鍵工作的持續時間滿足要求工期目標的過程。

（二）費用優化

費用優化又稱工期成本優化，是指尋求工程總成本最低時的工期安排，或按要求工期尋求最低成本的計劃安排的過程。

在建設工程施工過程中，完成一項工作通常可以採用多種施工方法和組織方法。而不同的施工方法和組織方法，又會有不同的持續時間和費用。

1. 工程費用與工期的關係

工程總費用由直接費和間接費組成。

直接費由人工費、材料費、機械使用費、其他直接費及現場經費等組成。施工方案不同，直接費也就不同；如果施工方案一定，工期不同，那麼直接費也不同。直接費會隨著工期的縮短而增加。

間接費包括企業經營管理的全部費用。它一般會隨著工期的縮短而減少。在考慮工程總費用時，還應考慮工期變化帶來的其他損益。其他損益包括效益增量和資金的時間價值等。工程費用與工期的關係如圖12-14所示。

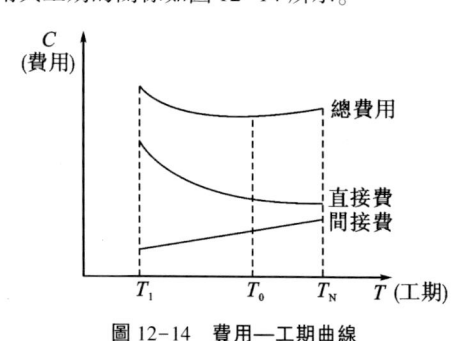

圖12-14 費用—工期曲線

T_L—最短工期 T_0—最優工期；T_N—正常工期

2. 工作直接費與持續時間的關係

由於網路計劃的工期取決於關鍵工作的持續時間，因此為了進行工期成本優化，必須分析網路計劃中各項工作的直接費與持續時間之間的關係。它是網路計劃工期成本優化的基礎。

工作的直接費與持續時間之間的關係類似於工程直接費與工期之間的關係。工作的直接費隨著持續時間的縮短而增加，如圖12-14所示。為簡化計算，工作的直接費與持續時間之間的關係被近似地認為是一條直線關係。

工作的持續時間每縮短單位時間而增加的直接費稱為直接費用率。工作的直接費用率越大，說明將該工作的持續時間縮短一個時間單位，所需增加的直接費就越多。因此，在壓縮關鍵工作的持續時間以達到縮短工期的目的時，應將直接費用率最小的關鍵工作作為壓縮對象。當有多條關鍵線路出現而需要同時壓縮多個關鍵工作的持續

時間時，應將它們的直接費用率之和（組合直接費用率）最小者作為壓縮對象。

【案例】12-5　TCL項目研發費用的控制有效嗎？

TCL集團有限公司創於1981年，在2000年中國電子信息百強企業中名列第五。2001年，TCL集團銷售收入是211億元，利潤是7.15億元，上繳稅金是10.84億元，出口是7.16億美元，品牌價值達145億元。TCL是廣東省最大的工業製造企業之一和最有價值的品牌之一。

TCL的發展不僅有賴於敏銳的觀察力和強勁的研發力、生產力、銷售力，還得益於對項目研發費用的有效控制與管理，使產品一進入市場便以優越的性能價格比迅速占領市場，實現經濟效益的穩步提高。

很多產品在設計階段就注定其未來製造費用會高過市場價格。只要提到費用控制，很多人便產生加強生產的現場管理、降低物耗、提高生產效率的聯想。人們往往忽略了一個問題：費用在廣義上包含了設計（研發）費用、製造費用、銷售費用三大部分。也就是說，很多人在費用控制方面往往只關注製造費用、銷售費用等方面的控制。如果我們將目光放得更遠一點，那麼以研發過程的費用控制作為整個費用控制的起點才是產品控制費用的關鍵。

我們知道，一個產品的生命週期包含了產品成長期、成熟期、衰退期三個階段。這三個階段的費用控制管理重點是不同的，即設計費用、生產費用、銷售服務費用。實際上，產品研發和設計是我們生產、銷售的源頭所在。一個產品的目標費用其實在設計成功后就已經基本成型。對於后期的產品生產等製造工序（實際製造費用）來說，其最大的可控度只能是降低生產過程中的損耗以及提高裝配加工效率（降低製造費用）。有一個觀點是被普遍認同的，就是產品費用的80%是約束性費用，並且在產品的設計階段就已經確定。也就是說，一旦一個產品完成研發，其目標材料費用、目標人工費用便已基本定性。製造中心很難改變設計留下的先天不足。有很多產品在設計階段，就注定其未來的製造費用會高過市場價格。目標價格、目標利潤與目標費用之間的關係是：

目標價格－目標利潤 = 目標費用

研發費用必須小於目標費用，為了保證我們設計的產品在給定的市場價格、銷售量、功能的條件下取得可以接受的利潤，我們在產品設計開發階段引進了目標費用和研發費用的控制。

目標費用的計算又稱為「由價格引導的費用計算」。它與傳統的「由費用引導的價格計算」（即由費用加成計算價格）相對應。產品價格通常需要綜合考慮多種因素的影響，包括產品的功能、性質及市場競爭力。一旦確定了產品的目標，包括價格、功能、質量等，設計人員將用目標價格扣除目標利潤得出目標費用。目標費用就是我們在設計、生產階段關注的中心，也是設計工作的動因，同時也為產品及工序的設計指明了方向和提供了衡量的標準。在產品和工序的設計階段，設計人員應該使用目標費用的計算來推動設計方案的改進工作，以降低產品未來的製造費用。

開發（設計）過程中的三大誤區：

第一，過於關注產品性能，忽略了產品的經濟性（費用）。設計工程師有一個通病：他們往往容易僅僅為了產品的性能而設計產品。也許是由於職業上的習慣，設計

師經常容易將其所負責的產品項目作為一件藝術品或者科技品來進行開發，這就容易使設計師對產品的性能、外觀追求盡善盡美，卻忽略了許多部件在生產過程中的費用，沒有充分考慮到產品在市場上的價格性能比和受歡迎的程度。實踐證明，在市場上功能最齊全、性能最好的產品往往並不一定就是最暢銷的產品，因為它必然也會受到價格及顧客認知水平等因素的制約。

第二，關注表面費用，忽略隱含費用。我們公司有一個下屬企業曾經推出一款新品。該新品總共用了 12 枚螺釘進行外殼固定，而同行的競爭對手僅僅用了 3 枚螺釘就達到了相同的外殼固定的目的。當然，單從單位產品 9 枚螺釘的價值來說，最多也只不過是幾毛錢的差異。但是一旦進行批量生產後就會發現，因多了這 9 枚螺釘而相應增加的採購費用、材料費用、倉儲費用、裝配（人工）費用、裝運費用和資金費用等相關的費用便不期而至。雖然僅僅比競爭對手多了 9 枚螺釘，但是所帶來的隱含費用將是十分高的。

第三，急於新品開發，忽略了原產品替代功能的再設計。一些產品之所以昂貴，往往是因為設計不合理。在沒有作業費用引導的產品設計中，工程師們往往忽略了許多部件及產品的多樣性和複雜的生產過程的費用。而這往往可以通過對產品的再設計來達到進一步削減費用的目的。但是很多時候，研發部門開發完一款新品後，往往都會急於將精力投放到其他正在開發的新品上，以求加快新品的推出速度。

在研發（設計）過程中費用控制的三個原則：

第一，以目標費用作為衡量的原則。目標費用一直是我們關注的中心。目標費用的計算有利於我們在研發設計中關注同一個目標：將符合目標功能、目標品質和目標價格的產品投放到特定的市場。因此，在產品及工藝的設計過程中，當設計方案的取捨會對產品費用產生巨大的影響時，我們就採用目標費用作為衡量標準。

在目標費用計算的問題上，沒有任何協商的可能。沒有達到目標費用的產品是不會也不應該被投入生產的。目標費用最終反應了顧客的需求，以及資金供給者對投資合理收益的期望。因此，客觀上存在的設計開發壓力，迫使設計開發人員必須尋求和使用有助於他們達到目標費用的方法。

第二，剔除不能提高市場價格卻增加產品費用的功能。我們認為顧客購買產品，最關心的是性能價格比，也就是產品功能與顧客認可價格的比值。

任何給定的產品都會有多種功能，而每一種功能的增加都會使產品的價格產生一個增量，當然也會給費用帶來一定的增量。雖然企業可以自由地選擇所提供的功能，但是市場和顧客會選擇價格能夠反應功能的產品。因此，如果顧客認為設計人員所設計的產品功能毫無價值，或者認為此功能的價值低於價格所體現的價值，那麼這種設計費用的增加就是沒有價值的或者說是不經濟的。顧客不會為他們認為毫無價值或者與產品價格不匹配的功能支付任何款項。因此，我們在產品的設計過程中，把握的一個非常重要的原則就是：剔除那些不能提高市場價格但又增加產品費用的功能，因為顧客不認可這些功能。

第三，從全方位來考慮費用的下降與控制。作為一個新項目的開發，我們認為應該組織相關部門人員參與（起碼應該考慮將採購、生產、工藝等相關部門納入項目開發設計小組）。這樣有利於大家集中精力從全局的角度去考慮費用的控制。正如前面所提到的問題，研發設計人員往往容易走入過於重視表面費用而忽略隱含費用的誤區。

正是有了採購人員、工藝人員、生產人員的參與，才基本上杜絕為了降低某項費用而引發的其他相關費用的增加的現象。因為在這種內部環境下，不允許個別部門強調某項功能的固定，而是必須從全局出發來考慮費用的控制問題。

資料來源：www.xahuading.com 華鼎項目管理資訊網

思考題：

1. TCL 公司為什麼應該確定費用控制管理的重點？
2. TCL 公司應如何從全局出發來考慮項目費用的控制？
3. 如果你是 TCL 公司的一個研發項目的項目經理，你打算如何控制該項目的費用？

【案例】12-6 軍事移動通信系統

1981 年，美國軍隊使用的還是不能相互聯繫的、混亂的通信設備。不同的服務使用不同的機器。每一個機器都有自己的使用方法。聲音通信設備與數據、傳真和 E-mail 是完全不同的。James Ambrose 當時是陸軍的副軍長，啟動了一個 4.2 億美元的計劃，以全面地調整整個陸軍通信系統。這是陸軍有史以來實施的最大的通信項目。他提出 6 個獨特的標準，使這一提案取得了巨大的成功。

(1) 承包商要負責以下方面：系統監測、產品集成、培訓、后勤和維修保養。

(2) 承包商要確保系統滿足 19 項設計要求和 82 個要具備的特徵。

(3) 承包商提供已經完全開發好的、可以投入使用的設備，不再需要技術上的開發。

(4) 這一系統要在 22 個月以后交付使用，在最初操作使用后的 60 個月完工。

(5) 承包商負責購買每一個設備，即使這一設備已經在使用中。

(6) 承包商要接受一切費用，標價是固定不變的。

1985 年，GTE 在競爭中以低於另一競爭者 3 億美元的提案得到了承包權。GTE 用 35 年的時間發展並精簡了項目的管理能力。一個項目小組成立了，包括 32 個子承包商、700 個供應商（提供 8,000 個移動無線電收音機）、1,400 個電話交換中心、25,000 個電話。這一系統可以使用移動設備發射機接收電話、電子郵件、數據、傳真，在 37,500 平方千米之內毫無障礙地使用移動設施。

最終系統滿足了 19 個必要的特性要求以及 82 個準特性要求中的 69 個。該項目還滿足了嚴格的交貨截止日期，並實現了 21,700,000 美元的成本結余。在 1991 年，該系統非常成功地運用在海灣戰爭沙漠風暴行動中。戰爭期間，該系統連續運行兩個星期，期間僅停止 45 分鐘。該系統能在規定的 30 分鐘內全部完成安裝並拆卸（有一次，僅用 5 分鐘時間）。它真正實現了「從散兵坑到戰壕指揮官到總統的高效通信聯繫」的目標。這一不俗的表現分別受到了四個美國陸軍的獎勵，其中包括美國國防部頒發的「年度最有價值的工程承包商獎」。

資料來源：A. A. Dettbam, et at.,「成本表列及質量指標之優化」PM 網路，1992 年 1 月。

思考題：

1. 本項目與以往的項目有什麼顯著的不同點？
2. 提議所降低的 30 億美元占整個項目費用相當大的部分嗎？
3. 對於前期合同的履行，3 號準則指的是什麼？

【案例】12-7 製作可有效實施的簡報

Lisa 被指派為項目經理，為她公司一個數據庫系統做一個新的用戶接口。在這個公司有一種共同的體驗：項目一向拖拖拉拉。Lisa 決心展示她在管理這類工作上的才干。這是她從數據錄入員跨入高級管理層的一次絕好機會。而項目也一直遲滯不前。

表 12-7 和表 12-8 顯示了項目第一階段的進展數據。在項目的第 8 天，所有匯集的難點明朗。考慮到進度，Lucy 開始接觸資源經理，嘗試獲得更多的資源。同樣，在她的公司，資源經理總是不太合作的。他們總是聲稱也面臨資源短缺的問題。系統開發部的主管 Andrew，給她提供了一份如表 12-9 所示的數據。這倒令她想到了一個獲取資源的絕妙主意。

Lucy 很快意識到，要獲取更多的資源，就得接近高級管理層。她還意識到，高層管理者往往十分厭倦人們抱怨資源不足。他們懷疑這些所謂的不足不過是用於掩蓋工作業績差的托詞。

表 12-7

任務	允諾的完成時間	項目的實際完成時間
任務 A：需要分析	10 天	13 天
任務 B：功能需要	20 天	30 天
任務 C：測試時間進展	13 天	20 天
任務 D：原型進展	40 天	60 天
任務 E：原型測試	44 天	64 天

表 12-8

任　務	原始成就的估計	修改后成就的估計
任務 A：需要分析	5	10
任務 B：功能的需求	10	20
任務 C：測試數據的發展	5	8
任務 D：原型發展	40	60
任務 E：原型測試	3	3

表 12-9

	程序規劃員的合計數	程序員當前許諾的時間
1–10 天	6	6.5
11–20 天	6	7.0
21–30 天	6	8.0
31–40 天	6	7.8
41–50 天	6	8.2
51–60 天	6	8.0

思考題：

把你自己放在蘇珊的位置上，然后：

1. 運用上表數據，將數據整理組織后作為有力證據遞交給管理階層，讓他們確信項目需要更多資源。

2. 將數據轉換成圖表。
3. 在課前將你的案例準備好。

【案例】12-8　舊金山地鐵管制計劃

舊金山經濟區建造在一片松散的填充物之上。那裡一度曾是舊金山海灣的一部分。19世紀80年代末期，它的交通成為了一個很嚴重的問題。面對海灣地區運輸狀況的迅速改變，如增加公共汽車、地鐵和出租車，不斷往來的車輛給這個區的交通造成了嚴重的阻塞。為了緩解這種壓力，政府發布了 MUNI 地鐵計劃以增加這個區的運輸容量並為將來交通的繼續膨脹提供保障。這11年計劃包括：建造兩個直徑為18米的隧道，其中6英里（1英里=1,609.344米）被建在舊金山最擁擠的路面下。它與另一個被建在舊金山第二擁擠的路面下的5英里的隧道被一個高23米、寬55米的混凝土空間連接起來。有足足386英尺（1英尺=0.304,8米）的地方可以看到牆和突出的地面。

除了這個計劃在運作過程中本身固有的困難外（當然從上面的描述我們是可以看出來的），這個計劃還面臨著多方面的挑戰。這些挑戰甚至超過剛才所提及的交通、商業和旅遊業方面的困難。

（1）這個隧道必須直接從僅僅低於其4.5米的 BAET 隧道上通過，要穿過填充物和泥濘。

（2）用於支撐碼頭和防水堤的木樁已經多年失修，將很快威脅到這個隧道工程。

（3）開鑿和挖掘工作必須經過很多高投資的建築和一些歷史建築。

（4）低於地下水位的隧道必須離舊金山海灣的實際水面非常接近。

（5）這一地區的地震活動頻繁，這樣又對其安全措施提出了更高的要求。

很明顯，這個工程的管理要求有嚴格和認真的控制。它不僅體現在上述方面，還應體現在計劃和成本方面。

· 帳戶計劃包括工作細分和帳戶成本。它給予報告和檢測以準確的計劃和成本。

· 控制預算包括數量、成本和帳戶計劃分配的工作時間。

· 趨勢計劃遵循了範圍的改變並確認由於任何新的變化而造成的潛在的成本衝突。計劃管理者用此制定成本或利益決策以控制成本。

· 範圍改變紀錄列出了從趨勢計劃到可能被認可或刪除的所有改變。

· 契約總結計劃是所有建築計劃的總結。按月制定這個計劃以和以前的計劃形成實際的比較。

· 建築計劃由上面的契約總結計劃得出並取得總立約人的一致認可。

· 三周滾動的建築計劃顯示了完整的活動。它被用於監測工程進程。

· 質量控制和質量保證責任分別由立約人和承包人分擔。

· 建立了立約人的相關的活動報告系統。只有30個報告在這11年裡被發表。

· 工程的開幕典禮在1996年12月舉行。這11年的計劃僅晚了兩個月並僅用了2,200萬美元。

思考題：

1. 畫結構圖要有對每一個控制系統的解釋。

2. 你對質量控制和質量保證的分離是怎麼看的？你認為各方各應該承擔什麼責任？

3. 這個計劃在 11 年中已經意識到了範圍蔓延的可能。你認為應該如何控制這一危險？

(三) 常見方法

項目計劃的優化是指在特定的條件下，綜合考慮時間、成本、資源的關係，以尋求工期最短或者成本最低的計劃。通常有下面幾種方式：

(1) 資源平衡。為了在資源需求與資源供給之間取得平衡，根據資源制約對開始日期和結束日期進行調整。如果共享資源或關鍵資源只在特定時間可用，數量有限，或被過度分配，如一個資源在同一時段內被分配至兩個或多個活動，就需要進行資源平衡。也可以為保持資源使用量處於均衡水平而進行資源平衡。資源平衡往往導致關鍵路徑改變，通常是延長。如圖 12-15 所示。

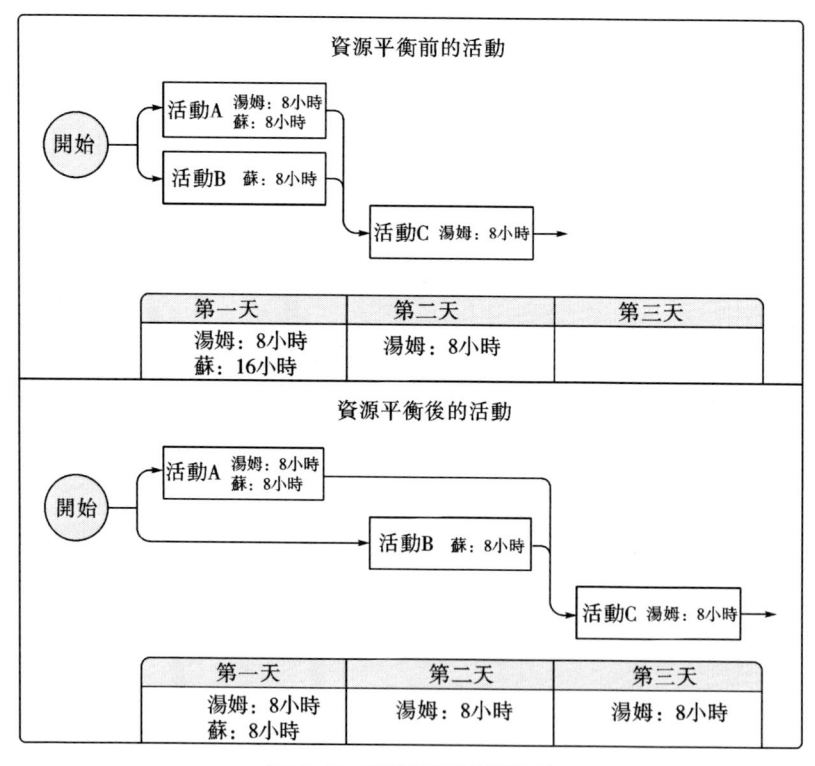

圖 12-15　資源平衡前後對比圖

(2) 資源平滑。對進度模型中的活動進行調整，從而使項目資源需求不超過預定的資源限制。相對於資源平衡而言，資源平滑不會改變項目關鍵路徑，完工日期也不會延遲。也就是說，活動只在其自由時間和總浮動時間內延遲。因此，資源平滑技術可能無法實現所有資源的優化。

(3) 進度壓縮。進度壓縮技術是指在不縮減項目範圍的前提下，縮短進度工期，以滿足進度制約因素、強制日期或其他進度目標。進度壓縮技術包括 (但不限於)：

①趕工。通過增加資源，以最小的成本增加來壓縮進度工期。趕工的例子包括：

批准加班、增加額外資源或支付加急費用,來加快關鍵路徑上的活動。趕工只適用於那些通過增加資源就能縮短持續時間的,且位於關鍵路徑上的活動。趕工並非總是切實可行,可能導致風險和成本的增加。

②快速跟進。它是一種將正常情況下按順序進行的活動或階段改為並行開展的一種進度壓縮技術。例如,在大樓的建築圖紙尚未全部完成前就開始建地基。快速跟進可能造成返工和增加風險。它只適用於能夠通過並行活動來縮短項目工期的情況。

知識鞏固

一、選擇題

1. 估計作業時間通常有哪些方法?(　　)
   A. 專家估算　　B. 類似估算
   C. 三點估算　　D. 心裡預估
2. 網路圖由哪幾部分組成?(　　)
   A. 結點　　B. 時間
   C. 活動　　D. 路線
3. 項目管理的組織形式有哪些?(　　)
   A. 複合型組織　　B. 職能型組織
   C. 項目型組織　　D. 矩陣型組織
4. 項目優化的基本內容包括(　　)
   A. 工期優化　　B. 費用優化
   C. 質量優化　　D. 功能優化

三、判斷題

1. 網路圖中的虛箭線通常用來表示特殊活動。　　(　　)
2. 時差為0的作業一定在關鍵路線上。　　(　　)
3. 工作結構分解是項目管理的基礎與核心。　　(　　)
4. 項目制存在多頭領導的問題。　　(　　)
5. 資源平衡往往導致關鍵路徑改變,通常是延長。　　(　　)

案例分析

《越獄》中的項目管理

畢業於名牌大學、有建築學碩士學位並就職於某知名建築公司的結構工程師邁克爾·斯科菲爾德,入獄搭救即將被執行死刑的哥哥林肯·布魯斯(此人被冤枉殺死了副總統的弟弟)。在入獄前,他花了大量的精力,精心地做了前期準備工作,之後按照他所計劃的步驟,故意持槍搶劫銀行,從而得以進入林肯·布魯斯所在的福克斯河畔監獄,並在那裡組建了越獄團隊。

在越獄的整個過程中,我們可以看到邁克爾·斯科菲爾德近乎完美的計劃,對項目過程的執行力,對項目干系人的控制力,以及對項目風險的把握和及時變更的能力等。從各方面來說,邁克爾·斯科菲爾德是一個成功的項目經理。他的學識、冷靜、

自信和堅定，以及對於越獄這個目標的縝密計劃，使得他獲得了他人的信賴。而他也利用這樣的信任和依賴，巧妙地周旋於各個干系人之間。干系人女醫生薩拉·唐科里迪、黑幫老大阿布茲、超級大盜 D·B 庫珀爾還有脫衣舞女，都是他計劃內的。而對於計劃外的室友蘇克雷、戀童癖「背包」、提供藥丸的「便條」、獄長以及看守隊長等都屬於非計劃內的。這也體現了項目執行過程中最大的變量就是「人」，也是決定項目成敗的關鍵。對於這些人，有其各自獨特乃至相互衝突的利益需求、性格和背景。但是有一點是共同的，任何一個人都對項目成功有關鍵性作用。任何一個人、一件事情處理不好，都有可能使越獄功敗垂成。所有這些需求，邁克爾都能滿足。找到共同點後，邁克爾·斯科菲爾德又靠著信任和相互的依存關係遊刃於其中。這種信賴以及他對干系人的準確定位，使得他利用項目干系人之間的依存關係，找到了他越獄所需要的種種資源和支持。他向我們演示了如何緊扣需求和利益對項目干系人做出動態的管理。最終以他出色的資源協調能力，成功地完成了越獄計劃。

思考題：

1.《越獄》中邁克爾制訂的越獄計劃是否具備項目及項目管理的特徵？表現在什麼地方？

2. 越獄計劃在項目管理方面的啟示有哪些？

3. 邁克爾在制訂計劃及準備越獄的過程中出現了哪些失誤？請從項目管理的角度進行分析。

實踐訓練

項目

【項目內容】

學生以小組為單位，現場考察一個在建項目，並運用網路計劃技術繪製出項目的網路計劃圖，並在此基礎上與工作人員一起估算出活動的時間，計算出該項目的總工期，確定項目的關鍵路線，分析項目各項活動的最早開始時間和最遲完工時間。

【活動目的】

鍛煉和提高學生應用網路計劃技術的能力。

【活動要求】

1. 制訂出安全、可行的實踐活動方案。

2. 要深入工作現場，在專業技術人員的幫助下，瞭解項目的活動構成和估計時間。

3. 正確繪製項目網路計劃圖，並確定關鍵路線、總工期，分析出各項活動的最早開始和最遲必須完工時間。

4. 將回執的項目計劃圖及時間計算結果呈送該工程管理人員審閱，並提出意見。

5. 以小組為單位討論並撰寫活動小結。

【活動成果】

活動方案；項目的網路計劃圖；有關構成活動的時間計算；項目的關鍵路線和總工期；專業人員評價；活動小結。

【活動評價】

由老師根據學生的活動成果對學生的時間成績進行評價打分。

參考文獻

[1] 劉麗文. 生產與運作管理 [M]. 3 版. 北京：清華大學出版社，2006.
[2] 周桂瑾，於雲波. 生產管理實務 [M]. 北京：北京交通大學出版社，2013.
[3] 陳榮秋，馬士華. 生產與運作管理 [M]. 北京：高等教育出版社，1999.
[4] 龔國華，龔益鳴. 生產與營運管理 [M]. 上海：復旦大學出版社，1998.
[5] [美] William. J. Stevenson. 生產與運作管理 [M]. 張群，張杰，等，譯. 北京：機械工業出版社，2000.
[6] [美] Richard. B. Chase. 生產與作業管理：製造與服務 [M]. 宋國防，譯. 北京：機械工業出版社，1999.
[7] 任建標. 生產與運作管理 [M]. 北京：電子工業出版社，2010.
[8] 陳志詳. 生產運作管理基礎 [M]. 北京：電子工業出版社，2010.
[9] 陳心德，吳忠. 生產營運管理 [M]. 北京：清華大學出版社，2011.
[10] 張建民，吳奇志，等. 現代企業生產營運管理 [M]. 北京：機械工業出版社，2013.

國家圖書館出版品預行編目(CIP)資料

生產運營管理實務 / 梁川，王積慧，陳宜華 主編. -- 第一版.
-- 臺北市：財經錢線文化出版：崧博發行，2019.01

面； 公分

ISBN 978-957-680-290-4(平裝)

1.生產管理

494.5　　　　107019126

書　名：生產運營管理實務
作　者：梁川、王積慧、陳宜華 主編
發行人：黃振庭
出版者：財經錢線文化事業有限公司
發行者：崧博出版事業有限公司
E-mail：sonbookservice@gmail.com
粉絲頁　　　　　網　址：
地　址：台北市中正區延平南路六十一號五樓一室
8F.-815, No.61, Sec. 1, Chongqing S. Rd., Zhongzheng Dist., Taipei City 100, Taiwan (R.O.C.)
電　話：(02)2370-3310　傳　真：(02) 2370-3210
總經銷：紅螞蟻圖書有限公司
地　址：台北市內湖區舊宗路二段 121 巷 19 號
電　話：02-2795-3656　傳真：02-2795-4100　網址：
印　刷：京峯彩色印刷有限公司（京峰數位）

　　本書版權為西南財經大學出版社所有授權崧博出版事業有限公司獨家發行電子書及繁體書繁體版。若有其他相關權利及授權需求請與本公司聯繫。

定價：650元

發行日期：2019 年 01 月第一版

◎ 本書以POD印製發行